U0176109

王小波　主编

中国海域海岛地名志

浙江卷第二册

海洋出版社
2020 年 · 北京

图书在版编目（CIP）数据

中国海域海岛地名志．浙江卷．第二册 / 王小波主编．—北京：海洋出版社，2020.1
ISBN 978-7-5210-0560-8

Ⅰ．①中…　Ⅱ．①王…　Ⅲ．①海域－地名－浙江②岛－地名－浙江
Ⅳ．①P717.2

中国版本图书馆CIP数据核字（2019）第297030号

主　　编：王小波（自然资源部第二海洋研究所）
责任编辑：薛菲菲
责任印制：赵麟苏
海洋出版社 出版发行
http：//www.oceanpress.com
北京市海淀区大慧寺8号　邮编：100081
廊坊一二〇六印刷厂印刷
2020年1月第1版　2020年11月河北第1次印刷
开本：889mm×1194mm　1/16　印张：29
字数：426千字　定价：340.00元
发行部：010-62100090　邮购部：010-62100072
总编室：010-62100034
海洋版图书印、装错误可随时退换

《中国海域海岛地名志》

总编纂委员会

总 主 编：王小波

副总主编：孙　丽　王德刚　田梓文

专 家 组（按姓氏笔画顺序）：

丰爱平　王其茂　王建富　朱运超　刘连安

齐连明　许　江　孙志林　吴桑云　佟再学

陈庆辉　林　宁　庞森权　曹　东　董　珂

编纂委员会成员（按姓氏笔画顺序）：

王　隽　厉冬玲　史爱琴　刘春秋　杜　军

杨义菊　吴　頔　谷东起　张华国　赵晓龙

赵锦霞　莫　微　谭勇华

《中国海域海岛地名志·浙江卷》

编纂委员会

主　编：潘国富

副主编：谢立峰　郑文炳　张　钊　张兴林　黄　沛

编写组：

自然资源部第一海洋研究所：刘世昊　赵锦霞

自然资源部第二海洋研究所：刘杜娟　陈培雄　胡涛骏　陈小玲

舟山市海洋勘测设计院：彭　苗　李爱国　胡申龙　单海峰　王蕾飞　严镔镔　廖维敏

宁波海洋开发研究院：任　哲　杨竞争　任建新　吴佳莉

宁波市海洋与渔业研究院：王海航

宁波市海域海岛使用动态监视监测中心：甘付兵

台州海洋环境监测站：吴智清

台州市新海陆测绘有限公司：张自贵　黄　鹏

温州海洋环境监测中心站：鲍平勇　陈子航　付声景　任　钢

前 言

我国海域辽阔，海域海岛地理实体众多，在历史的长河中产生了丰富多彩、类型各异的地名，是重要的基础地理信息。开展全国海域海岛地名普查工作，对于维护国家主权和领土完整，巩固国防建设，促进经济社会协调发展，方便社会交流交往、人民群众生产生活，提高政府管理水平和公共服务能力，都具有十分重要的意义。

20 世纪 80 年代，中国地名委员会组织开展了我国第一次地名普查，对海域地名也进行了普查（台湾省及香港、澳门地区的地名除外），并进行了地名标准化处理。经过近 30 年的发展，在海域海岛地理实体中，有实体无名、一实体多名、多实体重名的现象仍然不同程度存在；有些地理实体因人为开发、自然侵蚀等原因已经消失，但其名称依然存在。在海洋经济已经成为拉动我国国民经济发展有力引擎的新形势下，特别是党的十九大报告提出“坚持陆海统筹，加快建设海洋强国”，开展海域海岛地名普查及标准化工作刻不容缓。

根据《国务院办公厅关于开展第二次全国地名普查试点的通知》（国办发〔2009〕58 号）精神和《第二次全国地名普查试点实施方案》的要求，原国家海洋局于 2009 年组织开展了全国海域海岛地名普查工作，对海域、海岛及其他地理实体展开了全面的调查，空间上涵盖了中国所有海岛，获取了我国海域海岛地名的基本情况。全国海域海岛地名普查工作得到了沿海省、直辖市、自治区各级政府的大力支持，11 个沿海省（市、区）的各级海洋主管部门、37 家海洋技术单位、数百名调查人员投入了这项工作，至 2012 年基本完成。对大陆沿海数以万计的海岛进行了现场调查，并辅以遥感影像对比；对港澳台地区的海岛地理实体进行了遥感调查，并现场调查了西沙、南沙的部分岛礁，获取了大量实地调查资料和数据。这次普查基本摸清了全国海域、海岛和其他地理实体的数量与分布，了解了地理实体名称含义及历史沿革，掌握了地理实体的开发利用情况，并对地理实体名称进行了标准化处理。《中国海域海岛地名志》即是全国海域海岛地名普查工作成果之一。

地名志是综合反映地名的专著，也是标准化地名的工具书。1989 年，中国地名委员会以第一次海域地名普查成果为基础，编纂完成《中国海域地名志》，收录中国海域和海岛等地名 7 600 多条。根据第二次全国海域海岛地名普查工作总体要求，为了详细记录全国海域海岛地名普查成果，进一步加强海域海岛名称管理，传承海域海岛地名历史文化，维护国家海洋权益，原国家海洋局组织成立了《中国海域海岛地名志》总编纂委员会，经过沿海省（市、区）地名普查和编纂人员三年的共同努力，于 2014 年编纂完成了《中国海域海岛地名志》初稿。2018 年 6 月 8 日，国家海洋局、民政部公布了《我国部分海域海岛标准名称》。编委会依据公布的海域海岛标准名称，对初稿进行了认真的调整、核实、修改和完善，最终编纂完成了卷帙浩繁的《中国海域海岛地名志》。

《中国海域海岛地名志》由辽宁卷，山东卷，浙江卷，福建卷，广东卷，广西卷，海南卷和河北、天津、江苏、上海卷共 8 卷组成。其中河北、天津、江苏、上海合为一卷，浙江卷分为 3 册，福建卷分为 2 册，广东卷分为 2 册，全国共 12 册。共收录海域地理实体地名 1 194 条、海岛地理实体地名 8 923 条，内容涵盖了地名含义及沿革、位置面积资源等自然属性、开发利用现状等社会经济属性以及其他概况。所引用的数据主要为现场调查所得。

《中国海域海岛地名志》是全面系统记载我国海域海岛地名的大型基础工具书，是我国海洋地名工作一项有意义的文化工程。本书的出版，将为沿海城乡建设、行政管理、经济活动、文化教育、外事旅游、交通运输、邮电、公安户籍、地图测绘等事业，提供历史和现实的地名资料；同时为各企事业单位和广大读者提供地名查询服务，并为海洋科技工作者开展海洋调查提供基础支撑。

本书是《中国海域海岛地名志·浙江卷》，共收录海域地理实体地名 238 条，海岛地理实体地名 3 032 条。本卷在搜集材料和编纂过程中，得到了原浙江省海洋与渔业局、浙江省各级海洋和地名有关部门以及杭州国海海洋工程勘测设计研究院、宁波市海洋与渔业研究院、宁波海洋开发研究院、舟山市海洋勘测设计院、温州海洋环境监测中心站、台州海洋环境监测站、台州市新海陆测绘有限公司、自然资源部第一海洋研究所、自然资源部第二海洋研究所、自然资源部第三海洋研究所、国家卫星海洋应用中心、国家海洋信息中心、国家海洋技术中心等海洋技术单位的大力支持。在此我们谨向为编纂本书提供帮助和支持的所有领导、专家和技术人员致以最深切的谢意！

鉴于编者知识和水平所限，书中错漏和不足之处在所难免，尚祈读者不吝指正。

《中国海域海岛地名志》总编纂委员会

2019 年 12 月

凡　例

1. 本志主要依据国家海洋局《关于印发〈全国海域海岛地名普查实施方案〉的通知》（国海管字〔2010〕267 号）、《国家海洋局海岛管理司关于做好中国海域海岛地名志编纂工作的通知》（海岛字〔2013〕3 号）、《国家海洋局民政部关于公布我国部分海域海岛标准名称的公告》（2018 年第 1 号）进行编纂。

2. 本志分前言、凡例、目录、地名分述和附录。

3. 地名分述分海域地理实体、海岛地理实体两部分。海域地理实体包括海、海湾、海峡、水道、滩、半岛、岬角、河口；海岛地理实体包括群岛列岛、海岛。

4. 按条目式编纂。

（1）海域地理实体的条目编排顺序，在同一省份内，按市级行政区划代码由小到大排列，在县级行政区域内按地理位置自北向南、自西向东排列。

（2）群岛列岛的条目编排顺序，原则上在省级行政区域内按地理位置自北向南、自西向东排列；有包含关系的群岛列岛，范围大的排前。

（3）海岛的条目编排顺序，在同一省份内，按市级行政区划代码由小到大排列，在县级行政区域内原则上按地理位置自北向南、自西向东排列。有主岛和附属岛的，主岛排前。

5. 入志范围。

（1）海域地理实体部分。

海：2018 年国家海洋局、民政部公布的《我国部分海域海岛标准名称》（以下简称《标准名称》）中收录的海。

海湾：《标准名称》中面积大于 5 平方千米的海湾和小于 5 平方千米的典型海湾。

海峡：《标准名称》中收录的海峡。

水道：《标准名称》中最窄宽度大于 1 千米且最大水深大于 5 米的水道和已开发为航道的其他水道。

滩：《标准名称》中直接与陆地相连，且长度大于 1 千米的滩。

半岛：《标准名称》中面积大于 5 平方千米的半岛。

岬角：《标准名称》中已开发利用的岬角。

河口：《标准名称》中河口对应河流的流域面积大于 1 000 平方千米的河口和省级界河口。

（2）海岛地理实体部分。

群岛、列岛：《标准名称》中大陆沿海的所有群岛、列岛。

海岛：《标准名称》中收录的海岛。

6. 实事求是地记述我国海域地理实体、海岛地理实体的地名含义及历史沿革；全面真实地反映地理实体的自然属性和社会经济属性。对相关属性的描述侧重当前状态。上限力求追溯事物发端，下限至 2011 年年底，个别特殊事物和事件适当下延。

7. 录用的资料和数据来源。

地名的含义和历史沿革，取自正史、旧志、地名词典、档案、文件、实地调访以及其他地名资料。

群岛列岛地理位置为遥感调查。海岛地理位置为现场实测，并与遥感调查比对。

岸线长度、近岸距离、面积，为本次普查遥感测量数据。

最高点高程，取自正史、旧志、调查报告、现场实测等。

人口，取自现场调查、民政部门登记资料以及官方网站公布数据。

统计数据，取自统计公报、年鉴、期刊等公开资料。

8. 数据精确度按以下位数要求。如引用的数据精确度不足以下要求位数的，保留引用位数；如引用的数据精确度超过要求位数的，按四舍五入原则留舍。

地理位置经纬度精确到分位小数点后一位数。

湾口宽度、海峡和水道的最窄宽度、河口宽度，小于 1 千米的，单位用“米”，精确到整数位；大于或等于 1 千米的，单位用“千米”，精确到小数点后两位。

岸线长度、近陆距离大于 1 千米的，单位用“千米”，保留两位小数；小于 1 千米的，单位用“米”，保留整数。

面积大于 0.01 平方千米的，单位用“平方千米”，保留四位小数；小于 0.01 平方千米的，单位用“平方米”，保留整数。

高程和水深的单位用“米”，精确到小数点后一位数。

9. 地名的汉语拼音，按 1984 年 12 月 25 日中国地名委员会、中国文字改革委员会、国家测绘局颁布的《中国地名汉语拼音字母拼写规则（汉语地名部分）》拼写。

10. 采用规范的语体文、记述体。行文用字采用国家语言文字工作委员会最新公布的简化汉字。个别地名，如“礤”“砈”“沥”等方言字、土字因通行于一定区域，予以保留。

11. 标点符号按中华人民共和国国家标准《标点符号用法》（GB/T 15834－1995）执行。

12. 度量衡单位名称、符号使用，采用国务院 1984 年 3 月 4 日颁布的《中华人民共和国法定计量单位的有关规定》。

13. 地名索引以汉语拼音首字母排列。

14. 本志中各分卷收录的地理实体条目和各地理实体相对位置的表述，不作为确定行政归属的依据。

15. 本志中下列用语的含义：

海，是指海洋的边缘部分，是大洋的附属部分。

海湾，是指海或洋深入陆地形成的明显水曲，且水曲面积不小于以口门宽度为直径的半圆面积的海域。

海峡，是指陆地之间连接两个海或洋的狭窄水道或狭窄水面。

水道，是指陆地边缘、陆地与海岛、海岛与海岛之间的具有一定深度、可通航的狭窄水面。一般比海峡小或是海峡的次一级名称。

滩，是指高潮时被海水淹没、低潮时露出，并与陆地相连的滩地。根据物质组成和成因，可分为海滩、潮滩（粉砂淤泥质）和岩滩。

半岛，是指伸入海洋，一面同大陆相连，其余三面被水包围的陆地。

岬角，是指突入海中、具有较大高度和陡崖的尖形陆地。

河口，是指河流终端与海洋水体相结合的地段。

海岛，是指四面环海水并在高潮时高于水面的自然形成的陆地区域。

有居民海岛，是指属于居民户籍管理的住址登记地的海岛。

常住人口，是指户口在本地但外出不满半年或在境外工作学习的人口与户口不在本地但在本地居住半年以上的人口之和。

群岛，是指彼此相距较近的成群分布的岛群。

列岛，一般指线形或弧形排列分布的岛链。

目 录

海岛地理实体

海 岛

海岛地理实体

HAIDAO DILI SHITI

海　岛

舟山岛 (Zhōushān Dǎo)

北纬 30°03.4′，东经 122°08.3′。位于杭州湾东南方向、浙江省东北部海域，距大陆最近点 8.75 千米。曾名甬东、翁山、翁洲、舟山、昌国、定海、定海山。甬东地名在战国之际就已出现：《春秋左传》载“冬十一月丁卯越灭吴，请使吴王居甬东”；《国语》载“勾践获夫差，欲使居甬东，君百家”。翁山、翁洲、舟山地名于元代大德年间出现：元大德《昌国州图志·叙山》载“翁山一名翁洲，去州东一舍”；又载“舟山，在州之南，有山翼如枕海之湄，以舟之所聚，故名”。亦记为舟山：“舟山状如覆舟，船棹往来于此维泊。”宋、元时名为“昌国”：宋乾道《四明图经》载“昌国县，本鄞县地，周围环海，穷东一涯，而地不相属。唐开元廿六年，与明州同置，即翁山县是也。”定海地名于清代光绪年间出现：清光绪《定海厅志》载“定海古春秋甬东地，唐曰翁山……士人则以舟山呼之。”清康熙二十六年（1687 年），康熙帝认为：“山名为舟，则动而不静”，诏改舟山为“定海山”。《中国海洋岛屿简况》(1980)、《浙江省海域地名录》(1988)、《中国海岸带和海涂资源综合调查图集》(1988)、《中国海域地名志》(1989)、舟山市地图（1990）、《舟山岛礁图集》(1991)、《中国海域地名图集》(1991)、《浙江海岛志》(1998)、《舟山市定海区地名志》(1999)、舟山市政区图（2008）和《全国海岛名称与代码》(2008) 均记为舟山岛。

舟山市最大的海岛，为舟山群岛主岛，是中国第四大岛。岸线长 195.04 千米，面积 488.3 平方千米，最高点高程 503.5 米。东西长 44.66 千米，南北宽 19.42 千米。基岩岛，绝大部分由上侏罗统高坞组、西山头组熔结凝灰岩构成，局部由夹凝灰质砂岩等构成。土壤有滨海盐土、潮土、水稻土、红壤和粗骨土 5 个土类。维管植物有 1 000 余种，天然植被有 73 个群系，人工植被可划分为 33 个类型，以草本栽培植被、针叶林、木本栽培植被、阔叶林、竹林为主，间有少量水生沼生植被和滨海盐生植被。针叶林有 12 个群系，主要为马尾松林和黑松林。国家保护植物有普陀樟、野大豆、短穗竹、海滨木槿等。近岸水深 2～10 米，10 米以上深水岸线长 19.7 千米。

为舟山市人民政府驻地。2009 年户籍人口 470 497 人，常住人口 635 595 人。拥有渔业、港口、旅游三大优势。渔业主要为海洋捕捞，兼张网作业和海水养殖，是中国最大的海产品生产、加工、销售基地，素有“东海鱼仓”和“中国渔都”之美称。岛上港湾众多，附近航道纵横、水深浪平，是天然深水良港。有大小泊位 94 个，主要分为三个港区：定海港区，位于定海市区正南面，是舟山对外交通的主要基地；老塘山港区，位于舟山港西部，是新开发的杂货大宗物资水上中转港；沈家门港区，位于舟山岛东端，是多功能的重要港口。此外还有西码头港和岑港。旅游资源可分为沈家门和定海两部分。沈家门与普陀山、朱家尖构成旅游“金三角”。定海是历史文化名城，名胜古迹和历史文物众多。2009 年舟山跨海大桥建成，连接宁波镇海 — 金塘岛 — 册子岛 — 富翅岛 — 舟山岛。2011 年 7 月，国务院正式批复建设舟山群岛新区。岛上水库、山塘众多，有发电厂，并有架空电缆与大陆相连，有海底水管与大陆相连。

龙北礁 (Lóngběi Jiāo)

北纬 30°13.7′，东经 121°53.5′。位于舟山市定海区北部，东南距舟山岛约 7.7 千米，距大陆最近点 30.33 千米。《浙江省海域地名录》（1988）、舟山市地图（1990）、《舟山岛礁图集》（1991）和《定海县志》（1994）均记为龙北礁。岸线长 55 米，面积 237 平方米，最高点高程 2.5 米。基岩岛。无植被。

小横档礁 (Xiǎohéngdàng Jiāo)

北纬 30°12.8′，东经 122°05.0′。位于舟山市定海区长白岛东北部海域，西南距长白岛约 3.5 千米，距大陆最近点 33.77 千米。又名横档礁、横档礁-1。《浙江省海域地名录》（1988）记为横档礁。《浙江海岛志》（1998）记为 789 号无名岛。《全国海岛名称与代码》（2008）记为横档礁-1。2010 年浙江省人民政府公布的第一批无居民海岛名称中记为小横档礁。位于横档礁东北方向，面积比横档礁小，故名。岸线长 61 米，面积 261 平方米，最高点高程 3 米。基岩岛，由晚侏罗世潜流纹斑岩构成。无植被。

横档北岛（Héngdàng Běidǎo）

北纬 30°12.8′，东经 122°05.0′。位于舟山市定海区长白岛东北部海域，西南距长白岛约 3.45 千米，距大陆最近点 33.76 千米。因该岛位于横档礁北面，第二次全国海域地名普查时命今名。岸线长 53 米，面积 170 平方米。基岩岛。无植被。

横档礁（Héngdàng Jiāo）

北纬 30°12.8′，东经 122°05.0′。位于舟山市定海区长白岛东北部海域，西南距长白岛约 3.47 千米，距大陆最近点 33.7 千米。又名横档、横档礁-2。《中国海洋岛屿简况》（1980）、舟山市地图（1990）和《舟山岛礁图集》（1991）均记为横档。《中国海域地名志》（1989）、《中国海域地名图集》（1991）、《定海县志》（1994）、《浙江海岛志》（1998）、《舟山市定海区地名志》（1999）和 2010 年浙江省人民政府公布的第一批无居民海岛名称中均记为横档礁。《全国海岛名称与代码》（2008）记为横档礁-2。因岛形狭长，像一道门槛横拦小峙中山门北口，故名。岸线长 177 米，面积 621 平方米，最高点高程 7 米。基岩岛，由晚侏罗世潜流纹斑岩构成。西侧水深 5.4 米左右。长有灌木和草丛。由舟山市定海区人民政府颁发林权证，面积 89 亩①。

鲫鱼礁（Jìyú Jiāo）

北纬 30°12.7′，东经 122°04.0′。位于舟山市定海区长白岛东北部海域，西南距长白岛约 1.9 千米，距大陆最近点 33.69 千米。又名鸟屙礁。《中国海洋岛屿简况》（1980）记为鸟屙礁。《浙江省海域地名录》（1988）、《中国海域地名志》（1989）、舟山市地图（1990）、《舟山岛礁图集》（1991）、《中国海域地名图集》（1991）、《定海县志》（1994）、《浙江海岛志》（1998）、《舟山市定海区地名志》（1999）、《全国海岛名称与代码》（2008）和 2010 年浙江省人民政府公布的第一批无居民海岛名称中均记为鲫鱼礁。该岛形似鲫鱼，故名。又因该岛为多种鸟类歇息之地，鸟粪较多，“粪”当地方言称“屙”，故又名鸟屙礁。岸

① 亩为非法定计量单位，1 亩≈666.7 平方米。——编者注

线长 203 米，面积 2 331 平方米，最高点高程 6.7 米。基岩岛，由上侏罗统茶湾组凝灰质砂岩、凝灰岩等构成。周围水深 0.4 ～ 1.6 米。长有草丛。由舟山市定海区人民政府颁发林权证，面积 5 亩。

小乌峙岛 (Xiǎowūzhì Dǎo)

北纬 30°12.4′，东经 122°01.8′。位于舟山市定海区长白岛北部约 720 米处，距大陆最近点 33.34 千米。因位于乌峙山屿附近且面积小，第二次全国海域地名普查时命今名。岸线长 69 米，面积 383 平方米。基岩岛。长有草丛。

长白岛 (Chángbái Dǎo)

北纬 30°11.0′，东经 122°02.1′。隶属于舟山市定海区，位于舟山岛北部约 1.6 千米处，距大陆最近点 28.76 千米。又名长白、长白山。《中国海洋岛屿简况》（1980）记为长白山。《浙江省海域地名录》（1988）、《中国海岸带和海涂资源综合调查图集》（1988）、《中国海域地名志》（1989）、舟山市地图（1990）、《舟山岛礁图集》（1991）、《中国海域地名图集》（1991）、《定海县志》（1994）、《浙江海岛志》（1998）、《舟山市定海区地名志》（1999）、舟山市政区图（2008）和《全国海岛名称与代码》（2008）均记为长白岛。据传，明朝汤和为平倭事赴岱山，船过该岛北部海面，望岛形狭长，山上光白无树，因以“长白”命名此岛。

基岩岛。岸线长 18.91 千米，面积 11.4 平方千米，最高点高程 249.3 米。南北长 5.02 千米，东西宽 3.37 千米。基岩岛，由上侏罗统酸性熔岩构成，西北部穿插一条晚侏罗世霏细斑岩岩脉。丘陵地土质瘠薄，石砂土性，土壤有滨海盐土、红壤、粗骨土 3 个土类，周围水深 0.3 ～ 12 米。

有居民海岛，为长白乡人民政府驻地。2009 年户籍人口 5 203 人，常住人口 6 022 人。主要产业为农业、林业、畜牧业、海洋捕捞业、海水养殖业和工业。工业以船舶修造业为主，主要产品为船舶修造、水产品和橡胶。有太平洋海洋工程（舟山）有限公司、舟山中电绿科船舶修造有限公司等船舶修造企业。岛南端小龙山建有灯桩 1 座。岛上交通便利，建有码头、埠头，岛南渡口有定期班轮至定海北部海丰码头。有大小水库多座。用电由舟山岛电网输送，并备有小型柴油发电机组发电及风力发电。

上癞头西岛（Shànglàitóu Xīdǎo）

北纬 30°09.1′，东经 122°07.3′。隶属于舟山市定海区，位于舟山岛北部约 640 米处，距大陆最近点 26.68 千米。该岛原与上癞头礁、下癞头岛统称上癞头礁，后界定为独立海岛。因其位于上癞头礁西侧，第二次全国海域地名普查时命今名。岸线长 73 米，面积 269 平方米。基岩岛。无植被。建有白色灯桩 1 座。

上癞头礁（Shànglàitóu Jiāo）

北纬 30°09.1′，东经 122°07.3′。隶属于舟山市定海区，位于舟山岛北部约 645 米处，距大陆最近点 26.66 千米。又名三江礁、癞头礁。民国《定海县志·列岛分图一》注为三江礁。《浙江省海域地名录》（1988）、《中国海域地名志》（1989）、舟山市地图（1990）、《舟山岛礁图集》（1991）、《中国海域地名图集》（1991）、《定海县志》（1994）、《浙江海岛志》（1998）、《舟山市定海区地名志》（1999）和《全国海岛名称与代码》（2008）均记为癞头礁。2010 年浙江省人民政府公布的第一批无居民海岛名称中记为上癞头礁。因岛上岩石光秃似癞头，故名。又因地处长白水道、灌门（水道）和大长山水道交界处而得名三江礁，江即港，是当地群众对港湾和水道的俗称。岸线长 107 米，面积 698 平方米，最高点高程 4 米。基岩岛，由上侏罗统高坞组熔结凝灰岩构成。长有灌木和草丛。由舟山市定海区人民政府颁发林权证，面积 2 亩。

下癞头岛（Xiàlàitóu Dǎo）

北纬 30°09.1′，东经 122°07.4′。隶属于舟山市定海区，位于舟山岛北部约 650 米处，距大陆最近点 26.67 千米。该岛原与上癞头礁、上癞头西岛统称上癞头礁，后界定为独立海岛。因位于上癞头礁东南侧，当地以南为下，第二次全国海域地名普查时命今名。岸线长 31 米，面积 65 平方米。基岩岛。无植被。

小团山屿（Xiǎotuánshān Yǔ）

北纬 30°08.9′，东经 122°07.3′。隶属于舟山市定海区，位于舟山岛北部约 580 米处，距大陆最近点 26.38 千米。又名团山、下长山、下长山-2。《中国海洋岛屿简况》（1980）记为团山。《中国海域地名志》（1989）和《中国海域地名图集》（1991）均记为下长山。《浙江海岛志》（1998）记为898号无名岛。《全国海岛名称与代码》（2008）记为下长山-2。2010年浙江省人民政府公布的第一批无居民海岛名称中记为小团山屿。岸线长242米，面积3 556平方米，最高点高程20米。基岩岛，由上侏罗统高坞组熔结凝灰岩构成。周围水深9米以上。

粽子山屿 (Zòngzishān Yǔ)

北纬30°07.5′，东经122°10.1′。隶属于舟山市定海区，位于舟山岛北部约750米处，距大陆最近点24.18千米。又名中柱山、粽子山、粽子山-1。《中国海洋岛屿简况》（1980）、《浙江省海域地名录》（1988）、《中国海域地名志》（1989）、舟山市地图（1990）、《舟山岛礁图集》（1991）、《中国海域地名图集》（1991）、《定海县志》（1994）、《浙江海岛志》（1998）和《舟山市定海区地名志》（1999）均记为粽子山。《全国海岛名称与代码》（2008）记为粽子山-1。2010年浙江省人民政府公布的第一批无居民海岛名称中记为粽子山屿。因位于灌门（水道）中间，如中流砥柱，又名中柱山。“中柱”与“粽子”方言音相近，故名。岸线长845米，面积6 472平方米，最高点高程19.5米。基岩岛，由上侏罗统高坞组熔结凝灰岩构成。长有灌木和草丛。最高处建有白色灯桩1座，并有1条简易水泥路通向灯桩。周围水深5.6～18米，南侧灌门（水道），水深流急，多涡流，最大水深超过50米。

龙王礁 (Lóngwáng Jiāo)

北纬30°07.1′，东经122°09.9′。位于舟山市定海区北部约20米处，距大陆最近点23.46千米。舟山市地图（1990）、《舟山岛礁图集》（1991）和《舟山市定海区地名志》（1999）均记为龙王礁。该岛在舟山岛龙王宫附近，故名。岸线长162米，面积1 127平方米，最高点高程6.5米。基岩岛。长有草丛。

富翅岛 (Fùchì Dǎo)

北纬30°05.8′，东经121°58.2′。位于舟山市定海区册子岛东部约650米处，距大陆最近点19.09千米。又名孤翅岛、菰茨山。《浙江沿海岛屿图说》记为菰茨山。《中国海洋岛屿简况》（1980）、《浙江省海域地名录》（1988）、《中国海岸带和海涂资源综合调查图集》（1988）、《中国海域地名志》（1989）、舟山市地图（1990）、《舟山岛礁图集》（1991）、《中国海域地名图集》（1991）、《定海县志》（1994）、《浙江海岛志》（1998）、《舟山市定海区地名志》（1999）、舟山市政区图（2008）和《全国海岛名称与代码》（2008）均记为富翅岛。据传二百多年前，每当涨潮，岛上三座山均被海水隔开，形似蝙蝠的双翅与一只身躯分离的孤翅，称孤翅岛，后人向往富裕，遂改为今名。

岛呈棱形，岸线长 6.11 千米，面积 1.17 平方千米，最高点高程 86.7 米。基岩岛，由上侏罗统酸性熔岩构成。土壤有滨海盐土、红壤、粗骨土 3 个土类。植被有成片松林，间有杉、樟、李、毛竹等。周围水深 8 ～ 40 米。有居民海岛。2009 年户籍人口 578 人，常住人口 669 人。岛上有富翅村，产业以农、牧业为主，兼营渔业、运输业、工业、旅游业。有耕地 453 亩，种植水稻、番薯、玉米和豆类，有多处养鸡场。筑海塘 3 条，并建有配套渔港供船舶避风。建有码头 4 座，即富翅经济合作社方块渡运码头、富翅石料厂方块石子码头、富翅经济合作社沙头渡运码头、富翅采石场大茶园石子码头。曾有渡船通往岑港，连岛大桥开通后，渡船于 2004 年 11 月 30 日停航。工业以石料开采为主。有灯桩、通信塔各 1 座，输电塔多座。岛西北有水库 1 座，蓄水量 6 万立方米，电力由舟山岛电网输送。

册子岛（Cèzi Dǎo）

北纬 30°05.6′，东经 121°56.1′。隶属于舟山市定海区，位于舟山岛西部约 3.1 千米处，距大陆最近点 16.07 千米。又名元宝山、册子山。《中国海洋岛屿简况》（1980）记为册子山。《浙江省海域地名录》（1988）、《中国海岸带和海涂资源综合调查图集》（1988）、《中国海域地名志》（1989）、舟山市地图（1990）、《舟山岛礁图集》（1991）、《中国海域地名图集》（1991）、《定海县志》（1994）、《浙江海岛志》（1998）、《舟山市定海区地名志》（1999）、舟山市政区图（2008）和《全国海岛名称与代码》（2008）均记为册子岛。因从西北方向看岛似元宝，得名元宝山。因中部凤凰山将本岛隔成南岙、西岙两个岙口，形似翻开放着的书册，故名。

岸线长 22.75 千米，面积 14.613 平方千米，最高点高程 275 米，南北长 5.54

千米，东西宽4.42千米。基岩岛，岩石为上侏罗统火山岩，中部和南部为酸性熔岩，四壁陡峭，岸线曲折，东为桃夭门（水道），西为西堠门（水道）。土壤有滨海盐土、红壤、粗骨土3个土类。周围水深3～60米。

有居民海岛，为册子乡人民政府驻地。2009年户籍人口3 978人，常住人口4 444人。主要产业有工业、农业、林业、畜牧业和旅游业。工业以船舶修造业为主，海运业为辅，企业主要分布于岛东部海岸沿线，自北向南分别为浙江正和造船有限公司、舟山市定海永存船舶有限公司、舟山南洋之星船业有限公司、定海区册子船厂和舟山市鼎衡造船有限公司。岛上农作物主要种植水稻、玉米、油菜籽以及蔬菜、瓜果。畜牧业未形成规模化养殖，农户零星养殖为主。岛上筑有海塘。建有山塘、水库，电力由舟山岛电网输送。

鲚鱼礁北岛 (Jìyújiāo Běidǎo)

北纬30°05.5′，东经121°54.5′。位于舟山市定海区册子岛西部约16米处，距大陆最近点17.45千米。因该岛位于鲚鱼礁北部，第二次全国海域地名普查时命今名。岸线长66米，面积204平方米。基岩岛。长有草丛。

鲚鱼礁 (Jìyú Jiāo)

北纬30°05.4′，东经121°54.4′。位于舟山市定海区册子岛西部约20米处，距大陆最近点17.28千米。《浙江省海域地名录》(1988)、舟山市地图(1990)、《舟山岛礁图集》(1991)、《定海县志》(1994)和《舟山市定海区地名志》(1999)均记为鲚鱼礁。该岛因干出后，形似鲚鱼而得名。岸线长66米，面积110平方米，最高点高程3.4米。基岩岛。无植被。岛上西堠门航道东侧建有绿色灯桩1座。

册子西岛 (Cèzi Xīdǎo)

北纬30°05.2′，东经121°54.8′。位于舟山市定海区册子岛西部约20米处，距大陆最近点17.33千米。《中国沿海岛屿简况》有记载，但无名。因该岛位于册子岛西部，第二次全国海域地名普查时命今名。岸线长99米，面积509平方米。基岩岛。长有灌木和草丛。

册子双螺南岛 (Cèzi Shuāngluó Nándǎo)

北纬30°05.0′，东经121°55.1′。位于舟山市定海区册子岛西部约650米处，距大陆最近点 17.16 千米。因该岛位于册子双螺礁南部，第二次全国海域地名普查时命今名。岸线长 143 米，面积 1 008 平方米。基岩岛。长有草丛。

北钓礁 (Běidiào Jiāo)

北纬 30°04.2′，东经 121°58.4′。位于舟山市定海区册子岛西部约 2.85 千米处，距大陆最近点 17.37 千米。又名小园礁。《中国海洋岛屿简况》（1980）记为小园礁。《浙江省海域地名录》（1988）、《中国海域地名志》（1989）、《舟山岛礁图集》（1991）、《中国海域地名图集》（1991）、《定海县志》（1994）、《浙江海岛志》（1998）、《舟山市定海区地名志》（1999）、《全国海岛名称与代码》（2008）和 2010 年浙江省人民政府公布的第一批无居民海岛名称均记为北钓礁。该岛因处钓礁之北，故名。岸线长 142 米，面积 1 243 平方米，最高点高程 5 米。基岩岛，由上侏罗统酸性火山岩夹沉积岩构成。长有灌木和草丛。建有国家大地控制点 1 个，冶宁勘院 GPS 控制点 1 个。

钓礁 (Diào Jiāo)

北纬 30°02.9′，东经 121°57.8′。位于舟山市定海区册子岛东南部约 3.15 千米处，距大陆最近点 14.67 千米。又名鸟屙礁、鸟礁。《中国海洋岛屿简况》（1980）记为鸟屙礁。《浙江省海域地名录》（1988）、舟山市地图（1990）、《舟山岛礁图集》（1991）、《中国海域地名图集》（1991）、《定海县志》（1994）、《浙江海岛志》（1998）、《舟山市定海区地名志》（1999）、《全国海岛名称与代码》（2008）和 2010 年浙江省人民政府公布的第一批无居民海岛名称中均记为钓礁。因岛上常有鸟类栖息，故别名鸟礁。该岛因在原钓山（岛）附近，故名。岸线长 86 米，面积 541 平方米，最高点高程 4.7 米。基岩岛，由上侏罗统酸性火山岩夹沉积岩构成。无植被。建有白色灯桩 1 座。

金塘岛 (Jīntáng Dǎo)

北纬 30°01.6′，东经 121°52.7′。隶属于舟山市定海区，位于舟山岛西部约 5.7 千米处，距大陆最近点 3.38 千米。又名金塘山。《中国海洋岛屿简况》（1980）和《全国海岛名称与代码》（2008）记为金塘山。《浙江省海域地名录》（1988）、《中国海岸带和海涂资源综合调查图集》（1988）、《中国海域地名志》（1989）、舟山市地图（1990）、《舟山岛礁图集》（1991）、《中国海域地名图集》（1991）、《定海县志》（1994）、《浙江海岛志》（1998）、《舟山市定海区地名志》（1999）、《金塘志》（1999）和舟山市政区图（2008）均记为金塘岛。名称来历有两说：一说“金塘虽处海中，实隶翁州之内，譬之家：翁州为门，金塘为庭，镇海为室，是金塘兀峙中间，与邑相为唇齿，中多险要，如据险而守，固若金汤”，由此引申为金塘；另一说，民间相传，古时居民在岛西南方，今大浦湾海塘以内，筑有大塘，塘内土地肥沃，年年丰收，誉称为金塘，遂以岛名。

为舟山群岛第四大岛。岸线长 49.01 千米，面积 77.916 5 平方千米，最高点高程 455.9 米。南北长 13.29 千米，东西宽 8.98 千米。基岩岛，岩石大部分由上侏罗统西山头组熔结凝灰岩夹凝灰质砂岩、凝灰质砂岩及相关的潜流纹斑岩构成。土壤靠海边地势平坦处为海洋积沉土壤母质，丘陵岙口中部是浅海沉积和冲积体相叠和，丘陵下部母质为冲积体或坡积体，丘陵坡地为砂石土、亮眼砂等。有深水岸线 18.5 千米，可供开发深水港岸线 14.5 千米。

有居民海岛，为金塘镇人民政府驻地。2009 年户籍人口 41 995 人，常住人口 43 915 人。是舟山工业重镇之一，工业有塑机螺杆、船舶修造、塑料化工、针织机械、建筑材料和服装加工等门类，其中塑机螺杆产量约占全国 70%，为全国最大的塑机螺杆产业和出口基地，被称为“中国螺杆之乡”。金塘大桥连通宁波市，通过西堠门大桥与册子岛相连。岛上水电均与舟山岛联网。

大黄狗礁 (Dàhuánggǒu Jiāo)

北纬 30°00.0′，东经 121°55.8′。位于舟山市定海区金塘岛东部约 150 米处，距大陆最近点 8.67 千米。曾名黄狗礁，又名大黄狗、大黄狗岛。民国《定海县志·列岛分图一》注为黄狗礁。《浙江省海域地名录》（1988）、舟山市地图（1990）、《舟山岛礁图集》（1991）、《定海县志》（1994）、《舟山市定海区地名志》（1999）、《金塘志》（1999）和 2010 年浙江省人民政府公布的第一批无居民海岛名称均记为大黄狗礁。《浙江海岛志》（1998）记为大黄狗岛。《全国海岛名称与代码》（2008）记为大黄狗。因地处岸线转折处，潮流湍急，对航行有较大威胁，群众以恶狗挡道来喻之，故名。岸线长 120 米，面积 743 平方米，最高点高程 5.5

米。基岩岛，由上侏罗统西山头组熔结凝灰岩夹凝灰质砂岩等构成。无植被。建有白色灯桩 1 座。

盘峙岛 (Pánzhì Dǎo)

北纬 29°59.3′，东经 122°04.5′。隶属于舟山市定海区，位于舟山岛南部约 910 米处，距大陆最近点 8.26 千米。曾名盘屿山、盘山、大盘屿山、盘峙、盘屿，又名大盘峙。盘屿山地名在元代就已出现：元大德《昌国州图志·卷四》记为盘屿山，“以其山势环拥故曰盘”。盘山、大盘屿山、盘峙、盘屿地名至清代出现：清康熙《定海县志·县境全图》注为盘山，《定海县志·卷三》载“山势盘旋故名”；清光绪《定海厅志·卷二十》记为大盘屿山，“该岛因山势怀抱形如盘，又与舟山隔江对峙，故曰盘峙”，《定海县志·盐仓庄图》注为盘屿。民国《定海县志·列岛分图一》注为盘屿。《中国海洋岛屿简况》(1980)记为大盘峙。《浙江省海域地名录》(1988)、《中国海岸带和海涂资源综合调查图集》(1988)、《中国海域地名志》(1989)、舟山市地图(1990)、《舟山岛礁图集》(1991)、《中国海域地名图集》(1991)、《定海县志》(1994)、《浙江海岛志》(1998)、《舟山市定海区地名志》(1999)、舟山市政区图(2008)和《全国海岛名称与代码》(2008)均记为盘峙岛。该岛因山势怀抱形如盘，又与舟山隔江对峙，故曰盘峙。老百姓习称盘峙岛。岸线长 9.74 千米，面积 3.840 1 平方千米，最高点高程 159 米。基岩岛，由上侏罗统西山头组熔结凝灰岩夹凝灰岩、凝灰质砂岩等构成。地貌类型分丘陵区和平地区两类。

有居民海岛，为千岛社区驻地。2009 年户籍人口 1 765 人，常住人口 2 273 人。以船舶工业为主，兼营农业和水产养殖业。船舶工业企业 8 家，分别为长礁船厂、大神洲船厂、同心船厂、汇丰船厂、荣欣舱洗、兴港船厂、盘峙船厂和长坑船厂。仓储企业 1 家，为正东油库。共有各类码头 10 余座。通过跨海大桥连接大王脚山岛。有水库 5 座，蓄水量 26.2 万立方米；山塘 7 座，蓄水量 3.45 万立方米。水电均与舟山岛联网。

周家园山 (Zhōujiāyuán Shān)

北纬 29°59.1′，东经 122°08.8′。位于舟山市定海区长峙岛西北约 280 米处，距大陆最近点 8.56 千米。又名周家圆山。《中国海洋岛屿简况》（1980）、《浙江省海域地名录》（1988）、《中国海域地名志》（1989）、《中国海域地名图集》（1991）、《浙江海岛志》（1998）和《全国海岛名称与代码》（2008）均记为周家园山。《舟山岛礁图集》（1991）、《定海县志》（1994）和《舟山市定海区地名志》（1999）均记为周家圆山。该岛原是姓周人家经营，又因当地习称小山岛为“悬山”，方言中的“悬山”与“园山”谐音，故名。岸线长 1.48 千米，面积 0.064 1 平方千米，最高点高程 35 米。基岩岛，由上侏罗统茶湾组凝灰质砂岩构成。周围水深 2.8 ～ 13 米。由舟山市人民政府颁发林权证，面积 55 亩。有废弃采石场 1 座，斜坡码头 1 座，废弃房屋 6 间，废弃煤堆若干。

西岠岛 (Xījù Dǎo)

北纬 29°59.0′，东经 122°06.2′。隶属于舟山市定海区，位于舟山岛西南约 1.17 千米处，距大陆最近点 7.79 千米。曾名大渠山、大渠、小渠山，又名西巨岛、大岠山、西距岛。大渠山、大渠地名在清代就已出现：清康熙《定海厅志・县环全图》注为大渠山；清光绪《定海厅志・卷二十》记为大渠。小渠山地名于民国时期出现：民国《定海县志・列岛一》记为小渠山。《中国海洋岛屿简况》（1980）记为大岠山。《浙江省海域地名录》（1988）、《中国海岸带和海涂资源综合调查图集》（1988）、舟山市地图（1990）、《舟山岛礁图集》（1991）、《定海县志》（1994）、《浙江海岛志》（1998）、《舟山市定海区地名志》（1999）和舟山市政区图（2008）均记为西岠岛。《中国海域地名志》（1989）和《中国海域地名图集》（1991）记为西距岛。《全国海岛名称与代码》（2008）记为西巨岛。据传，从前有人乘船巡视各岛给以命名，远望海上有一大山，便称为大岠山，其后一岛为小岠山。当船过大岠山后，发现小岠山更大，但坚持君子一言为定，而使岛名大小颠倒，沿称至今。1985 年 6 月为避免混淆，以方位更名为西岠岛。岸线长 2.06 千米，面积 0.197 9 平方千米，最高点高程 36 米。基岩岛，由上侏罗统高坞组熔结凝灰岩构成。有居民海岛。2009 年户籍人口 162 人，常住人口 200 人。建有大岠船厂，有养殖塘 1 处，交通码头 1 座，渔用码头 1 座。有旱地、山林等。岛上电、通信均与舟山岛联网，有小型水库 1 座。

铜盆礁（Tóngpén Jiāo）

北纬 29°58.7′，东经 122°07.8′。隶属于舟山市定海区，距大陆最近点 7.51 千米。曾名金盆礁。民国《定海县志·册一》载："金盆礁，在东蟹峙南。"《定海县志·列岛分图一》注为铜盆礁。《浙江省海域地名录》（1988）、《中国海域地名志》（1989）、《定海县志》（1994）、《浙江海岛志》（1998）、《舟山市定海区地名志》（1999）、《全国海岛名称与代码》（2008）和 2010 年浙江省人民政府公布的第一批无居民海岛名称中均记为铜盆礁。因形似铜盆而得名。民间传说，北面的大、小凤凰以此盆洗脸、喝水。岸线长 125 米，面积 970 平方米，最高点高程 5 米。基岩岛，由上侏罗统中酸性火山岩、沉积岩等构成。周围水深 4.4～9.2 米。无植被。由舟山市人民政府颁发林权证，面积 0.15 亩。

麦糊礁（Màihú Jiāo）

北纬 29°58.6′，东经 122°05.7′。隶属于舟山市定海区，距大陆最近点 7.54 千米。又名干尾石。《浙江省海域地名录》（1988）、《舟山岛礁图集》（1991）、《定海县志》（1994）和《舟山市定海区地名志》（1999）均记为麦糊礁。因涨潮时该岛周围潮水特别浑浊似麦糊而得名。海图资料记为干尾石，由小干山屿派生而得名。岸线长 13 米，面积 10 平方米，最高点高程 3 米。基岩岛。无植被。岛东侧建有红黑相间灯桩 1 座。

皇地基岛（Huángdìjī Dǎo）

北纬 29°58.5′，东经 122°08.1′。隶属于舟山市定海区，位于舟山岛南部约 1.61 千米处，距大陆最近点 7.15 千米。曾名黄田基。民国《定海县志·册一》载："小凤凰山南微偏东的盐地长一里，阔三分里之二，曰黄田基。"《浙江省海域地名录》（1988）、《中国海岸带和海涂资源综合调查图集》（1988）、《中国海域地名志》（1989）、《舟山岛礁图集》（1991）、《中国海域地名图集》（1991）、《定海县志》（1994）、《浙江海岛志》（1998）、《舟山市定海区地名志》（1999）和《全国海岛名称与代码》（2008）均记为皇地基岛。据民间传说，岛西北有大小两凤凰（山），常来该岛嬉戏，凤凰为百鸟之皇，故名。岸线长 1.55 千米，面积 0.149 5 平方千米，最高点高程 3.4 米。基岩岛。海岛表面没有基岩出露，潮间带土壤为滨海盐土类泥涂。周围水深 6.6～13 米。长有灌木和草丛。有居民海岛。2009 年户籍人口 1 人，常住人口 7 人。岛上有养殖塘、房屋 7 间、简易棚屋 1 间，正在建设游艇基地。

长峙岛（Chángzhì Dǎo）

北纬 29°58.5′，东经 122°10.0′。隶属于舟山市定海区，位于舟山岛南部约 2.03 千米处，距大陆最近点 7.08 千米。又名长峙山、长峙。《中国海洋岛屿简况》（1980）记为长峙山。《中国海岸带和海涂资源综合调查图集》（1988）记为长峙。《浙江省海域地名录》（1988）、《中国海域地名志》（1989）、舟山市地图（1990）、《舟山岛礁图集》（1991）、《中国海域地名图集》（1991）、《定海县志》（1994）、《浙江海岛志》（1998）、《舟山市定海区地名志》（1999）、舟山市政区图（2008）和《全国海岛名称与代码》（2008）均记为长峙岛。岛西部有一座狭长的山，与舟山岛仅一水之隔，形成对峙，故名。原与岛东南部外长峙山相距 1.7 千米，后北塘与南塘围成后相连，合称长峙岛。岸线长 14.63 千米，面积 6.740 5 平方千米，最高点高程 105 米。基岩岛。有居民海岛，有长峙村。2009 年户籍人口 1 705 人，常住人口 4 677 人。有工业企业 6 家，主要行业有盐化工、修船等，南、北塘内海涂土质咸碱，均为盐田。舟山港务集团在岛东南建有万吨级码头 1 座，舟山引航站在建引航基地，整岛由绿城集团统一开发。岛上有各类码头 12 座，2013 年浙江海洋学院迁至该岛。水电均与舟山岛联网。

雷浮礁（Léifú Jiāo）

北纬 29°58.3′，东经 122°11.1′。位于舟山市定海区长峙岛东部约 170 米处，距大陆最近点 9.17 千米。《浙江省海域地名录》（1988）、《中国海域地名志》（1989）、舟山市地图（1990）、《舟山岛礁图集》（1991）、《定海县志》（1994）和《舟山市定海区地名志》（1999）均记为雷浮礁。传说，该礁在打雷及潮水上涨时，似能上浮而得名。岸线长 191 米，面积 1 475 平方米，最高点高程 3 米。基岩岛。长有草丛。

东岠岛（Dōngjù Dǎo）

北纬 29°58.3′，东经 122°06.8′。隶属于舟山市定海区，位于舟山岛南部约 1.12 千米处，距大陆最近点 5.64 千米。又名东巨岛、小岠山、东距岛。《中国海洋岛屿简况》（1980）记为小岠山。《浙江省海域地名录》（1988）、《中国海岸带和海涂资源综合调查图集》（1988）、舟山市地图（1990）、《舟山岛礁图集》（1991）、《定海县志》（1994）、《浙江海岛志》（1998）、《舟山市定海区地名志》（1999）和舟山市政区图（2008）均记为东岠岛。《中国海域地名志》（1989）记为东距岛。《中国海域地名图集》（1991）和《全国海岛名称与代码》（2008）记为东巨岛。据传，从前有人乘船巡视各岛给以命名，远望海上有一大山，便称为“大岠山”，其后一山为“小岠山”。当船过大岠山后，发现小岠山更大，但坚持君子一言为定，而使岛名大小颠倒，沿称至今。1985 年 6 月为避免混淆，以方位更名为“东岠岛”。岸线长 7.82 千米，面积 3.054 1 平方千米，最高点高程 209 米。基岩岛，由上侏罗统中酸性、酸性火山碎屑岩构成。周围水深 3～19.2 米。有居民海岛。2009 年户籍人口 354 人，常住人口 100 人。岛上有养殖塘、水田、山林、房屋等，有交通船码头 1 座、中石化加油码头 1 座、登陆艇码头 1 座、渔用码头 1 座。岛上筑有水库，库容量约 4.25 万立方米，电力与舟山岛联网。

小馒头礁（Xiǎomántou Jiāo）

北纬 29°58.2′，东经 121°51.5′。位于舟山市定海区金塘岛南约 40 米处，距大陆最近点 3.45 千米。又名小馒头山。《浙江省海域地名录》（1988）、《中国海域地名志》（1989）、舟山市地图（1990）、《定海县志》（1994）和《舟山市定海区地名志》（1999）均记为小馒头礁。《金塘志》（1999）记为小馒头山。因从西望，该岛形似馒头且面积较小，故名。岸线长 184 米，面积 2 203 平方米，最高点高程 4.5 米。基岩岛。长有灌木和草丛。

黄牛礁（Huángniú Jiāo）

北纬 29°57.9′，东经 121°54.0′。位于舟山市定海区金塘岛南约 1.21 千米处，距大陆最近点 4.39 千米。曾名黄由礁。黄由礁、黄牛礁地名在清代就已出现：清康熙《定海县志·卷五》载“黄由礁，定海内洋。东至洋螺礁山，计水程四十里；南至茅礁，计水程八里；西至三山，计水程十五里；北至本营沥港汛金塘山，计水程十五里”。《定海县志·卷十四》记为黄牛礁。民国《定海县志·列岛分图一》注为黄牛礁，《定海县志·册一》载：“黄牛礁，在金塘东南。”《浙江省海域地名录》（1988）、《中国海域地名志》（1989）、舟山市地图（1990）、《舟山岛礁图集》（1991）、《中国海域地名图集》（1991）、《定海县志》（1994）和《金塘志》（1999）均记为黄牛礁。礁形上圆下长，形似黄牛背脊，西南端似牛尾，故名。岸线长 138 米，面积 1 190 平方米，最高点高程 7.5 米。基岩岛。长有草丛。建有白色灯桩 1 座。

大猫岛 (Dàmāo Dǎo)

北纬 29°57.0′，东经 122°02.3′。隶属于舟山市定海区，位于舟山岛南约 3.06 千米处，距大陆最近点 4.35 千米。曾名大茆山，又名大猫山。大茆山、大猫山地名在清代就已出现：清康熙《定海县志・卷三》载“大茆山离县约三十里，童山，无产，一作大猫”。清光绪《定海厅志・卷二十》记为大猫山。《中国海洋岛屿简况》（1980）记为大猫山。《浙江省海域地名录》（1988）、《中国海岸带和海涂资源综合调查图集》（1988）、《中国海域地名志》（1989）、舟山市地图（1990）、《舟山岛礁图集》（1991）、《中国海域地名图集》（1991）、《定海县志》（1994）、《浙江海岛志》（1998）、《舟山市定海区地名志》（1999）、舟山市政区图（2008）和《全国海岛名称与代码》（2008）均记为大猫岛。因岛形似卧猫而得名。

岸线长 12.49 千米，面积 6.201 4 平方千米，最高点高程 331 米。基岩岛，由上侏罗统西山头组熔结凝灰岩夹凝灰质砂岩、凝灰岩等构成。土壤有滨海盐土、水稻土、红壤、粗骨土 4 个土类。周围水深 0.5～11.4 米。岛上存有舟山市树新木姜子种苗 3 万棵。有居民海岛，有大猫村。2009 年户籍人口 1 462 人，常住人口 300 人。产业以农业、工业和海上运输业为主，兼营水产养殖业。工业以采石业为主，现有采石场 2 座，年产量 60 万吨。有各类型码头 10 座，输电塔 1 座。白色灯桩 1 座。有水库 6 个，山塘 3 座，蓄水量共计 21.6 万立方米。电力与舟山岛联网。

岙山笔架岛 (Àoshān Bǐjià Dǎo)

北纬 29°57.0′，东经 122°06.9′。隶属于舟山市定海区，距大陆最近点 4.23 千米。曾名狠虎山，又名笔架山、笔架山岛。民国《定海县志・册一》记为笔架山，并载“俗呼狠虎山”。《中国海洋岛屿简况》(1980)、《浙江省海域地名录》(1988)、《中国海岸带和海涂资源综合调查图集》(1988)、《中国海域地名志》(1989)、舟山市地图(1990)、《舟山岛礁图集》(1991)、《中国海域地名图集》(1991)、《定海县志》(1994)、《浙江海岛志》(1998)、《舟山市定海区地名志》(1999)和《全国海岛名称与代码》(2008)均记为笔架山。舟山市政区图(2008)记为笔架山岛。2010年浙江省人民政府公布的第一批无居民海岛名称中记为岙山笔架岛。因从东往西看,该形似笔架,故名。因重名,加前缀“岙山”。又因从西往东看,岛形似猫头鹰而得名狠虎山,狠虎为当地方言对猫头鹰的称呼。岸线长1.56千米,面积0.068 6平方千米,最高点高程41米。基岩岛,由上侏罗统西山头组熔结凝灰岩夹凝灰质砂岩等构成,西北端和东南端为紫红色红砂岩。由舟山市人民政府颁发林权证,面积113亩。有废弃房屋1间。周围水深3.2～18.8米。

岙山笔架南岛 (Àoshān Bǐjià Nándǎo)

北纬29°56.9′,东经122°07.0′。隶属于舟山市定海区,距大陆最近点4.22千米。因该岛位于岙山笔架岛南部,第二次全国海域地名普查时命今名。岸线长20米,面积约20平方米。基岩岛。长有灌木和草丛。

小山 (Xiǎo Shān)

北纬29°56.7′,东经122°08.1′。隶属于舟山市定海区,距大陆最近点4.25千米。《中国海洋岛屿简况》(1980)和《舟山市定海区地名志》(1999)记为小山。岸线长95米,面积468平方米,最高点高程6.1米。基岩岛。无植被。有红白相间灯桩1座。

黄兴鱼爿礁 (Huángxīng Yúpán Jiāo)

北纬30°12.8′,东经122°38.1′。位于舟山市普陀区东极海域,黄兴岛北端铁钉嘴西岸外近旁,属中街山列岛,距大陆最近点59.5千米。因岛形似一爿鱼鲞,称鱼爿,居于黄兴岛旁,按当地习称定名。岸线长94米,面积196平方米。基岩岛。无植被。

锤子礁 (Chuízi Jiāo)

北纬30°12.7′,东经122°38.7′。位于舟山市普陀区东极海域,黄兴岛东北端皇龙山嘴西岸外近旁，属中街山列岛，距大陆最近点60.23千米。因岛形似锤子，按当地习称定名。岸线长30米，面积50平方米。基岩岛。无植被。

乌峙 (Wū Zhì)

北纬30°12.7′，东经122°37.5′。位于舟山市普陀区东极海域，黄兴岛西北约720米，属中街山列岛，距大陆最近点58.61千米。《浙江省普陀县地名志》（1986）、《浙江省海域地名录》（1988）、《中国海域地名图集》（1991）和《舟山海域岛礁志》（1991）均记为乌峙。因岛岩石呈黑色，当地泛称岛礁为峙，故名。岸线长30米，面积60平方米。基岩岛，由上侏罗统高坞组熔结凝灰岩构成。无植被。附近海域渔业资源丰富，为流钓作业区。

夹夹洞礁 (Jiājiādòng Jiāo)

北纬30°12.7′，东经122°42.4′。位于舟山市普陀区东极海域，青浜岛最北端岸外近旁，属中街山列岛，距大陆最近点65.16千米。曾名夹夹动，又名夹夹洞。《浙江省普陀县地名志》（1986）和《舟山海域岛礁志》（1991）记为夹夹洞。《浙江省海域地名录》（1988）和《中国海域地名图集》（1991）记为夹夹洞礁。因岛附近潮流急，船只经过发出“夹夹”响声，故名“夹夹动”，同音误写为“夹夹洞”，故名。岸线长115米，面积533平方米。基岩岛，由燕山晚期钾长花岗岩构成。无植被。

大青山西上岛 (Dàqīngshān Xīshàng Dǎo)

北纬30°12.7′，东经122°37.6′。位于舟山市普陀区东极海域，东极大青山北屿西北岸外近旁，属中街山列岛，距大陆最近点58.63千米。因该岛位于东极大青山岛群西侧北（上）部，第二次全国海域地名普查时命今名。岸线长128米，面积403平方米。基岩岛。无植被。

狮子礁 (Shīzi Jiāo)

北纬30°12.7′，东经122°40.1′。位于舟山市普陀区东极海域，庙子湖岛西北端门脚嘴头西北岸外，属中街山列岛，距大陆最近点61.97千米。又名达直。民国《定海县志·列岛分图四》有狮子礁名称记载。民国《定海县志·册一》载：“白老虎礁、狮子礁，在庙子湖西北。”《中国海洋岛屿简况》（1980）记为达直。《浙江省普陀县地名志》（1986）、《浙江省海域地名录》（1988）、《中国海域地名志》（1989）、《中国海域地名图集》（1991）、《舟山海域岛礁志》（1991）、《浙江海岛志》（1998）、《全国海岛名称与代码》（2008）和 2010 年浙江省人民政府公布的第一批无居民海岛名称均记为狮子礁。因岛形似狮子而得名。岸线长 230 米，面积 1 776 平方米，最高点海拔 17 米。基岩岛，由燕山晚期钾长花岗岩构成。海岸高耸、陡立。无植被。附近海域渔业资源丰富，为流钓作业区。

月亮边礁 (Yuèliangbiān Jiāo)

北纬 30°12.7′，东经 122°42.4′。位于舟山市普陀区东极海域，青浜岛最北端岸外，夹夹洞礁西南 15 米，属中街山列岛，距大陆最近点 65.13 千米。按当地习称定名。岸线长 33 米，面积 68 平方米。基岩岛。无植被。

白老虎礁 (Báilǎohǔ Jiāo)

北纬 30°12.7′，东经 122°39.7′。位于舟山市普陀区东极海域，庙子湖岛西北端门脚嘴头西，属中街山列岛，距大陆最近点 61.45 千米。民国《定海县志·列岛分图四》有白老虎礁名称记载。民国《定海县志·册一》载：“白老虎礁、狮子礁，在庙子湖西北。”《中国海洋岛屿简况》（1980）、《浙江省普陀县地名志》（1986）、《浙江省海域地名录》（1988）、《中国海域地名志》（1989）、《中国海域地名图集》（1991）、《舟山海域岛礁志》（1991）、《浙江海岛志》（1998）、《全国海岛名称与代码》（2008）和 2010 年浙江省人民政府公布的第一批无居民海岛名称中均记为白老虎礁。岛岩呈白色，山形似虎，位于航道中要伤船，凶险如虎，故名。岸线长 253 米，面积 4 415 平方米，最高点海拔 30 米。基岩岛，由燕山晚期钾长花岗岩构成。海岸高耸、陡立。无植被。岛顶有新老灯桩各 1 座，有 2 个简易码头及通往山顶灯桩的水泥台阶。附近海域渔业资源丰富，为流钓作业区。岛西侧为黄兴门水道。

华龙礁 (Huálóng Jiāo)

北纬 30°12.7′，东经 122°40.2′。位于舟山市普陀区东极海域，庙子湖岛西北端门脚嘴头东岸外近旁，属中街山列岛，距大陆最近点 62.1 千米。按当地习称定名。岸线长 67 米，面积 219 平方米。基岩岛。无植被。

东极大青山北屿 (Dōngjí Dàqīngshān Běiyǔ)

北纬 30°12.7′，东经 122°37.6′。位于舟山市普陀区东极海域，黄兴岛北部西岸鹰窠头嘴外，属中街山列岛，距大陆最近点 58.56 千米。又名大青山-1。《浙江海岛志》（1998）记为 803 号无名岛。《全国海岛名称与代码》（2008）记为大青山-1。2010 年浙江省人民政府公布的第一批无居民海岛名称中记为东极大青山北屿。因该岛在东极大青山岛群三个主要海岛中位置偏北，故名。岸线长 466 米，面积 9 112 平方米，最高点海拔 30 米。基岩岛，由上侏罗统高坞组熔结凝灰岩构成。岛岸为壁立的海蚀崖，山坡陡峭，东北岸破碎，多海蚀洞穴。土壤为粗骨土类。岛顶部长有少量白茅草丛。附近海域渔业资源丰富，为流钓作业区。岛东侧为大青门，西侧为小板门，是舟山群岛东部重要南北向航道。

大青山西中岛 (Dàqīngshān Xīzhōng Dǎo)

北纬 30°12.7′，东经 122°37.6′。位于舟山市普陀区东极海域，黄兴岛北部西岸鹰窠头嘴外，东极大青山北屿西岸外 10 米，属中街山列岛，距大陆最近点 58.56 千米。位于东极大青山岛群西侧中部，第二次全国海域地名普查时命今名。岸线长 91 米，面积 379 平方米。基岩岛。无植被。

水坪头礁 (Shuǐpíngtóu Jiāo)

北纬 30°12.7′，东经 122°38.1′。位于舟山市普陀区东极海域，黄兴岛西北端大水坪西岸外近旁，属中街山列岛，距大陆最近点 59.31 千米。因位近黄兴岛西北大水坪，按当地习称定名。岸线长 19 米，面积 26 平方米。基岩岛。无植被。

后娘嘴礁 (Hòuniángzuǐ Jiāo)

北纬 30°12.7′，东经 122°38.8′。位于舟山市普陀区东极海域，黄兴岛东北后娘嘴东岸外近旁，属中街山列岛，距大陆最近点 60.21 千米。因位近黄兴岛东北后娘嘴，按当地习称定名。岸线长 21 米，面积 26 平方米。基岩岛。无植被。

大青山西下岛（Dàqīngshān Xīxià Dǎo）

北纬 30°12.6′，东经 122°37.6′。位于舟山市普陀区东极海域，黄兴岛北部西岸鹰窠头嘴外，东极大青山北屿西南岸外 10 米，属中街山列岛，距大陆最近点 58.54 千米。因该岛位于东极大青山岛群西侧南（下）部，第二次全国海域地名普查时命今名。岸线长 101 米，面积 507 平方米。基岩岛。无植被。

青道枕（Qīngdàozhěn）

北纬 30°12.6′，东经 122°42.4′。位于舟山市普陀区东极海域，青浜岛北面北地湾内，属中街山列岛，距大陆最近点 64.96 千米。按当地习称定名。岸线长 49 米，面积 123 平方米。基岩岛。无植被。

东极大青山西屿（Dōngjí Dàqīngshān Xīyǔ）

北纬 30°12.6′，东经 122°37.6′。位于舟山市普陀区东极海域，黄兴岛北部西岸鹰窠头嘴外，属中街山列岛，距大陆最近点 58.56 千米。又名大青山、大青山-3。《浙江省普陀县地名志》（1986）、《浙江省海域地名录》（1988）、《中国海域地名志》（1989）、《中国海域地名图集》（1991）和《舟山海域岛礁志》（1991）均记为大青山。《浙江海岛志》（1998）记为 804 号无名岛。《全国海岛名称与代码》（2008）记为大青山-3。2010 年浙江省人民政府公布的第一批无居民海岛名称中记为东极大青山西屿。因该岛在东极大青山岛群的三个主要海岛中位置偏西，故名。岸线长 213 米，面积 1 538 平方米，最高点海拔 13.2 米。基岩岛，由上侏罗统高坞组熔结凝灰岩构成。海岸平直、壁立。无植被。附近海域渔业资源丰富，为流钓作业区。岛东侧为大青门，西侧为小板门，是舟山群岛东部重要南北向航道。

双溇礁（Shuānglóu Jiāo）

北纬 30°12.6′，东经 122°38.8′。位于舟山市普陀区东极海域，黄兴岛东北端岸外，属中街山列岛，距大陆最近点 60.2 千米。又名双溇。《浙江省普陀县地名志》（1986）、《浙江省海域地名录》（1988）和《舟山海域岛礁志》（1991）均记为双溇。《中国海域地名图集》（1991）记为双溇礁。岛礁似螺似卵，而名为螺或卵的甚多，谐音得名双溇礁。岸线长 132 米，面积 594 平方米。基岩岛。无植被。

门直礁 (Ménzhí Jiāo)

北纬 30°12.6′，东经 122°40.2′。位于舟山市普陀区东极海域，庙子湖岛西北门直嘴西侧岸外近旁，属中街山列岛，距大陆最近点 61.93 千米。因该岛位近庙子湖岛西北门直嘴（山嘴），按当地习称定名。岸线长 90 米，面积 346 平方米。基岩岛。无植被。

黄兴小时罗 (Huángxīng Xiǎoshíluó)

北纬 30°12.6′，东经 122°38.8′。位于舟山市普陀区东极海域，黄兴岛东北岸外 15 米，属中街山列岛，距大陆最近点 60.16 千米。岛体面积相对较小，当地习惯将小岛礁称为时罗，又位近黄兴岛，按当地习称定名。岸线长 45 米，面积 120 平方米。基岩岛。无植被。

大青山南上岛 (Dàqīngshān Nánshàng Dǎo)

北纬 30°12.6′，东经 122°37.7′。位于舟山市普陀区东极海域，黄兴岛北部西岸鹰窠头嘴外，属中街山列岛，距大陆最近点 58.66 千米。第二次全国海域地名普查时命今名。岸线长 132 米，面积 789 平方米。基岩岛。无植被。

大青山南下岛 (Dàqīngshān Nánxià Dǎo)

北纬 30°12.5′，东经 122°37.7′。位于舟山市普陀区东极海域，黄兴岛北部西岸鹰窠头嘴外，属中街山列岛，距大陆最近点 58.62 千米。第二次全国海域地名普查时命今名。岸线长 130 米，面积 817 平方米。基岩岛。长有草丛。

黄抄时罗 (Huángchāo Shíluó)

北纬 30°12.5′，东经 122°38.0′。位于舟山市普陀区东极海域，黄兴岛北部西岸鹰窠头嘴北侧岸外近旁，属中街山列岛，距大陆最近点 59.03 千米。按当地习称定名。岸线长 24 米，面积 34 平方米。基岩岛。无植被。

外风嘴礁 (Wàifēngzuǐ Jiāo)

北纬 30°12.5′，东经 122°40.9′。位于舟山市普陀区东极海域，庙子湖岛东北端风势嘴岸外，属中街山列岛，距大陆最近点 62.91 千米。因靠近庙子湖岛东北风势嘴（山嘴），按当地习称定名。岸线长 84 米，面积 210 平方米。基岩岛。无植被。

后缆埠头礁 (Hòulǎnbùtóu Jiāo)

北纬 30°12.5′，东经 122°38.1′。位于舟山市普陀区东极海域，黄兴岛西北部磨里南侧小湾内，属中街山列岛，距大陆最近点 59.07 千米。按当地习称定名。岸线长 10 米，面积 6 平方米。基岩岛。无植被。

走不过礁 (Zǒubùguò Jiāo)

北纬 30°12.5′，东经 122°40.2′。位于舟山市普陀区东极海域，庙子湖岛西北岸外近旁，属中街山列岛，距大陆最近点 61.82 千米。该岛无法在低潮时直接从庙子湖岛徒步登岛，按当地习称定名。岸线长 52 米，面积 183 平方米。基岩岛。无植被。

棺材时罗 (Guāncai Shíluó)

北纬 30°12.4′，东经 122°38.0′。位于舟山市普陀区东极海域，黄兴岛北部西岸鹰窠头嘴西南岸外近旁，属中街山列岛，距大陆最近点 58.84 千米。因岛形似棺材，当地习惯称小岛礁为时罗，按当地习称定名。岸线长 27 米，面积 49 平方米。基岩岛。无植被。

过得去礁 (Guòdéqù Jiāo)

北纬 30°12.4′，东经 122°40.2′。位于舟山市普陀区东极海域，庙子湖岛西北岸外近旁，属中街山列岛，距大陆最近点 61.74 千米。该岛在低潮时可直接从庙子湖岛徒步登岛，按当地习称定名。岸线长 125 米，面积 439 平方米。基岩岛。无植被。

扁担时罗 (Biǎndan Shíluó)

北纬 30°12.4′，东经 122°38.8′。位于舟山市普陀区东极海域，黄兴岛东岸桃树坑东岸外近旁，属中街山列岛，距大陆最近点 59.96 千米。因岛形似扁担，当地习惯将小岛礁称为时罗，按当地习称定名。岸线长 46 米，面积 168 平方米。基岩岛。无植被。

打缆时罗 (Dǎlǎn Shíluó)

北纬 30°12.3′，东经 122°38.2′。位于舟山市普陀区东极海域，黄兴岛西部桃场湾西岸外近旁，属中街山列岛，距大陆最近点 59.01 千米。该岛常被用于小船系缆，当地习惯将小岛礁称为时罗，按当地习称定名。岸线长 48 米，面积 131 平方米。基岩岛。无植被。

人影时罗礁 (Rényǐngshíluó Jiāo)

北纬 30°12.3′，东经 122°42.5′。位于舟山市普陀区东极海域，青浜岛东约 30 米，属中街山列岛，距大陆最近点 64.86 千米。又名人影时罗。《浙江省普陀县地名志》（1986）和《舟山海域岛礁志》（1991）记为人影时罗。《浙江省海域地名录》（1988）和《中国海域地名图集》（1991）记为人影时罗礁。因岛上有一块石，长似人影，当地称小岛礁为时罗，按当地习称定名。岸线长 73 米，面积 297 平方米。基岩岛，由燕山晚期钾长花岗岩构成。无植被。

小钓火礁 (Xiǎodiàohuǒ Jiāo)

北纬 30°12.3′，东经 122°40.2′。位于舟山市普陀区东极海域，庙子湖岛西直岙西侧山嘴岸外近旁，属中街山列岛，距大陆最近点 61.69 千米。因该岛邻近钓火礁，且比钓火礁小，按当地习称定名。岸线长 17 米，面积 19 平方米。基岩岛。无植被。

钓火礁 (Diàohuǒ Jiāo)

北纬 30°12.3′，东经 122°40.2′。位于舟山市普陀区东极海域，庙子湖岛西直岙西，属中街山列岛，距大陆最近点 61.67 千米。曾名鸟屙礁。《浙江省普陀县地名志》(1986)、《浙江省海域地名录》(1988)、《舟山海域岛礁志》(1991)和《中国海域地名图集》（1991）均记为钓火礁。该岛是成群海鸟栖息地，多鸟粪，故称鸟屙礁，“鸟屙”绘图者听为“钓火”，由此得名。岸线长 27 米，面积 45 平方米。基岩岛，由燕山晚期钾长花岗岩构成。无植被。附近海域渔业资源丰富，为流钓作业区。

东极小青山小屿 (Dōngjí Xiǎoqīngshān Xiǎoyǔ)

北纬 30°12.2′，东经 122°37.3′。位于舟山市普陀区东极海域，黄兴岛中部西岸外 1 千米，属中街山列岛，距大陆最近点 57.73 千米。又名小青山、小青山-1。民国《定海县志・列岛分图四》注为小青山。《中国海洋岛屿简况》（1980）、《浙江省普陀县地名志》（1986）、《浙江省海域地名录》（1988）、《中国海域地名图集》（1991）和《舟山海域岛礁志》（1991）均记为小青山。《浙江海岛志》（1998）记为 817 号无名岛。《全国海岛名称与代码》（2008）记为小青山-1。2010 年浙江省人民政府公布的第一批无居民海岛名称中记为东极小青山小屿。在东极小青山岛群的主要海岛中，该岛面积较小，故名。岸线长 608 米，面积 8 554 平方米，最高点海拔 13 米。基岩岛，由上侏罗统高坞组熔结凝灰岩构成。岛岸陡峭，顶部平缓。仅岩缝间长有几丛茅草。潮间带以下多贻贝、藤壶、螺和紫菜等贝、藻类资源。附近海域渔业资源丰富，为流钓作业区。东侧为大青门，西侧为小板门，是舟山群岛东部重要南北向航道。岛西北角建有航标灯桩 1 座。

外下坎礁 (Wàixiàkǎn Jiāo)

北纬 30°12.2′，东经 122°38.2′。位于舟山市普陀区东极海域，黄兴岛西岸下坎西侧岸外近旁，属中街山列岛，距大陆最近点 59.04 千米。因位于黄兴岛下坎西（外）侧，按当地习称定名。岸线长 93 米，面积 254 平方米。基岩岛。无植被。

龌龊时罗 (Wòchuò Shíluó)

北纬 30°12.2′，东经 122°38.2′。位于舟山市普陀区东极海域，黄兴岛西岸桃场嘴头外近旁，属中街山列岛，距大陆最近点 58.92 千米。该岛常有成群海鸟停息，岛上布满鸟屎，以“龌龊”形容，地方习称小岛礁为时罗，按当地习称定名。岸线长 36 米，面积 74 平方米。基岩岛。无植被。

东极小青山西岛 (Dōngjí Xiǎoqīngshān Xīdǎo)

北纬 30°12.2′，东经 122°37.3′。位于舟山市普陀区东极海域，黄兴岛中部西岸外 1 千米，紧靠东极小青山小屿南岸，属中街山列岛，距大陆最近点 57.75 千米。第二次全国海域地名普查时命今名。岸线长 38 米，面积 95 平方米。基岩岛。无植被。

黄胖东岛 (Huángpàng Dōngdǎo)

北纬 30°12.2′，东经 122°41.9′。位于舟山市普陀区东极海域，青浜岛中部西岸外 15 米，属中街山列岛，距大陆最近点 63.87 千米。因该岛位于黄胖山屿东侧，第二次全国海域地名普查时命今名。岸线长 230 米，面积 2 133 平方米。基岩岛。无植被。

鸟屎礁 (Niǎoshǐ Jiāo)

北纬 30°12.2′，东经 122°37.9′。位于舟山市普陀区东极海域，距黄兴岛西岸桃场嘴头，属中街山列岛，距大陆最近点 58.45 千米。曾名鸟尿礁。民国《定海县志·列岛分图四》有鸟屎礁名称记载。《浙江省海域地名录》（1988）记为鸟屎礁，别名鸟尿礁。《浙江省普陀县地名志》（1986）、《中国海域地名志》（1989）、《中国海域地名图集》（1991）和《舟山海域岛礁志》（1991）均记为鸟屎礁。因岛常有成群海鸥等海鸟停息，岛上布满鸟屎，故名。岸线长 92 米，面积 290 平方米，最高点海拔 4.7 米。基岩岛，由上侏罗统高坞组熔结凝灰岩构成。无植被。潮间带以下多贻贝、藤壶、螺和紫菜等贝、藻类资源。附近海域渔业资源丰富，为流钓作业区。

外道场礁 (Wàidàochǎng Jiāo)

北纬 30°12.2′，东经 122°38.2′。位于舟山市普陀区东极海域，黄兴岛中部西岸外约 180 米，距大陆最近点 58.84 千米。又名外道场。《浙江省普陀县地名志》（1986）、《舟山海域岛礁志》（1991）记为外道场。《浙江省海域地名录》（1988）、《中国海域地名图集》（1991）、《浙江海岛志》（1998）、《全国海岛名称与代码》（2008）和 2010 年浙江省人民政府公布的第一批无居民海岛名称均记为外道场礁。因靠近黄兴岛道场湾（桃场湾）外侧而得名。岸线长 124 米，面积 498 平方米，最高点海拔 3 米。基岩岛，由上侏罗统高坞组熔结凝灰岩构成。无植被。潮间带以下多贻贝、藤壶、螺和紫菜等贝、藻类资源。附近海域渔业资源丰富，为流钓作业区。

走不过半边礁 (Zǒubùguò Bànbiān Jiāo)

北纬 30°12.2′，东经 122°40.3′。位于舟山市普陀区东极海域，庙子湖岛西直西侧岸外近旁，属中街山列岛，距大陆最近点 61.73 千米。该岛位于庙子湖岛侧旁，但低潮时无法直接从庙子湖岛徒步登岛，当地方言称“侧旁”为“半边”，按当地习称定名。岸线长 34 米，面积 86 平方米。基岩岛。无植被。

黄兴岛 (Huángxīng Dǎo)

北纬 30°12.2′，东经 122°38.6′。位于舟山市普陀区东极海域，普陀城区东北约 42 千米，庙子湖岛西约 2 千米，属中街山列岛，距大陆最近点 58.59 千米。

曾名黄星山、黄星，又名黄星岛。清康熙《定海县志》和民国《定海县志·册一》记为黄星。《中国海洋岛屿简况》（1980）记为黄星岛。《浙江省海域地名录》（1988）记为黄兴岛，又名黄星山。《浙江省普陀县地名志》（1986）、《中国海域地名志》（1989）、《中国海域地名图集》（1991）、《舟山海域岛礁志》（1991）、《浙江海岛志》（1998）和《全国海岛名称与代码》（2008）均记为黄兴岛。该岛表层大部为黄土，从东南海面远望一片黄色。又有传说，最早来此定居的祖先希望岛上子孙后代兴旺发达，故名。

岸线长 15.75 千米，面积 2.36 平方千米，最高点海拔 207.1 米。基岩岛，大部分由燕山晚期侵入钾长花岗岩和花岗岩构成，岛西北部覆盖上侏罗统高坞组火山碎屑岩。地貌为低丘陵，坡度较大，坡脚多为海蚀崖，崖高 10～50 米，在岛西部庙岙一带有砾石沙滩发育。海岸线曲折，有 6 个岬角海湾，较大的有 3 处。土壤主要有棕红泥砂土和棕黄泥砂土 2 个土种。植被主要有黑松林、日本野桐萌生灌丛、白茅草丛等，分布一定数量的滨海植物，常见的有海桐、日本野桐、滨柃、柃木、番杏、滨海前胡等。附近海域海洋生物资源丰富。西侧为小板门、大青门，东侧为黄兴门，是舟山群岛东部重要南北向航道。

有居民海岛，岛上有黄兴经济合作社，属东极村。2009 年 12 月户籍人口 1 195 人，往往是户口在人不在。有庙岙、南桃树坑、磨里、桃场湾、鹿井沙头、桃树坑、后岙、南岙 8 个自然村落。有码头 16 座，主要分布在庙岙和南岙等地，兼作客渡和渔船埠之用。南岙口筑有防浪堤 1 条，长 120 米，堤内可停船避各向大风。产业以渔业为主，居民主要从事港湾养殖贻贝和采猎岩礁贝类、藻类，并有一定的旱地作物种植等。旅游资源主要有蓝天碧海的“极地”风光、海钓基地及渔村遗迹等。岛上淡水资源较少，旱季用水较困难。为解决用水困难，家家户户都挖有蓄水池，雨天把屋顶水接入蓄水池，供日常应用。供电由庙子湖电厂通过海底电缆输送。在普陀中街山列岛国家级海洋特别保护区内，岛周围建有黄兴岛西北侧岛礁资源和岩礁性鱼类资源一级保护区，保护对象为岛西北侧岛礁潮间带贝、藻类资源及邻近海域黑鲷、褐鲳鲉、石斑鱼等岩礁性鱼类亲体资源和种苗资源。

夜桶礁（Yètǒng Jiāo）

北纬 30°12.1′，东经 122°42.5′。位于舟山市普陀区东极海域，青浜岛东岸沙浦东侧山嘴外约 50 米，属中街山列岛，距大陆最近点 64.64 千米。又名夜桶、大夜桶。《浙江省普陀县地名志》（1986）、《浙江省海域地名录》（1988）和《舟山海域岛礁志》（1991）均记为夜桶，别名大夜桶。《中国海域地名图集》（1991）记为夜桶礁。因岛形似夜桶而得名。岸线长 54 米，面积 164 平方米，最高点海拔 3.6 米。基岩岛，由燕山晚期钾长花岗岩构成。岛顶部平坦，四岸陡峭。无植被。

青浜岛（Qīngbāng Dǎo）

北纬 30°12.1′，东经 122°42.3′。位于舟山市普陀区东极海域，普陀城区东北约 47.2 千米，庙子湖岛东约 1 千米，属中街山列岛，距大陆最近点 63.62 千米。曾名青浜山、青帮山、青帮，又名青滨岛。清康熙《定海县志》和清光绪《定海厅志》记为青帮。民国《定海县志》有“青浜山亦名青帮山”记载。《中国海洋岛屿简况》（1980）记为青滨岛。《浙江省普陀县地名志》（1986）、《浙江省海域地名录》（1988）、《中国海域地名志》（1989）、《中国海域地名图集》（1991）、《舟山海域岛礁志》（1991）、《浙江海岛志》（1998）和《全国海岛名称与代码》（2008）均记为青浜岛。岛上青草茂盛，且四周海水色青，当地又称海边为浜，故名。

岸线长 11.65 千米，面积 1.377 5 平方千米，最高点海拔 131.6 米。基岩岛，主要由燕山晚期侵入钾长花岗岩构成，辉绿玢岩脉比较发育，中部有一条近南北走向的花岗斑岩岩脉。地貌以低丘陵为主，坡度中等，坡脚多为海蚀崖，崖高 10～30 米。海岸线曲折，有 4 个较大的岬角海湾。岛上多长白茅草丛，远看一片葱绿，乔木和灌木主要有黑松林、日本野桐萌生灌丛等。分布一定数量的滨海植物，常见的有海桐、日本野桐、滨柃、柃木、番杏、滨海前胡等。所在海域为中街山渔场，水产资源丰富，盛产黄鱼、带鱼、乌贼等，也是淡菜、紫菜、海蜓、虾米等海味品产区。

有居民海岛，岛上有青浜经济合作社，属东极村，2009 年 12 月户籍人口 2 117 人，往往是户口在人不在。居民分布在南岙、沙浦、南田湾、西风湾、小岙、石柱湾、大岙 7 个自然村。主要产业为渔业和旅游业。渔业生产共有大小捕捞船只 100 多艘，产量 1 600 多吨，养殖面积 200 多亩。岛上的民房层层叠叠，酷似海上“布达拉宫”。有码头 13 座，主要分布在南岙、西风湾、石柱湾、大岙等地，兼作客渡和渔船埠之用。岛上淡水资源较少，旱季用水较困难。为解决用水困难，家家户户都挖有蓄水池，雨天把屋顶水接入蓄水池，供日常应用。供电通过架空电缆，由庙子湖电厂提供。

道场礁 (Dàochǎng Jiāo)

北纬 30°12.1′，东经 122°42.4′。位于舟山市普陀区东极海域，青浜岛东 80 米，青浜岛东岸沙浦东南，属中街山列岛，距大陆最近点 64.44 千米。又名青道场礁、青道场、青道场礁-1。《浙江省普陀县地名志》（1986）和《舟山海域岛礁志》（1991）记为青道场。《浙江省海域地名录》（1988）和《中国海域地名图集》（1991）记为青道场礁。《浙江海岛志》（1998）记为 832 号无名岛。《全国海岛名称与代码》（2008）记为青道场礁-1。2010 年浙江省人民政府公布的第一批无居民海岛名称中记为道场礁。该岛顶部平坦，当地称平坦场地为道场，故名。岸线长 89 米，面积 305 平方米。基岩岛，由燕山晚期钾长花岗岩构成。无植被。潮间带以下多贻贝、藤壶、螺和紫菜等贝、藻类资源。附近海域渔业资源丰富，为流钓作业区。

青道场礁 (Qīngdàochǎng Jiāo)

北纬 30°12.0′，东经 122°42.4′。位于舟山市普陀区东极海域，青浜岛东 70 米，青浜岛东岸大岙东北，道场礁南侧，属中街山列岛，距大陆最近点 64.4 千米。又名青道场、青道场礁-3。《浙江省普陀县地名志》（1986）、《浙江省海域地名录》（1988）、《中国海域地名图集》（1991）、《舟山海域岛礁志》（1991）和《浙江海岛志》（1998）均记为青道场。《全国海岛名称与代码》（2008）记为青道场礁-3。2010 年浙江省人民政府公布的第一批无居民海岛名称中记为青道场礁。该岛顶部平坦，当地称平坦场地为道场，且邻近青浜岛，故名。岸线长 252 米，面积 956 平方米，最高点海拔 3.3 米。基岩岛，由燕山晚期钾长花岗岩构成。无植被。潮间带以下多贻贝、藤壶、螺和紫菜等贝、藻类资源。附近海域渔业资源丰富，为流钓作业区。

庙子湖岛（Miàozǐhú Dǎo）

北纬 30°12.0′，东经 122°40.8′。位于舟山市普陀区东极海域，普陀城区东北约44.5千米，属中街山列岛，距大陆最近点61.62千米。又名苗子湖岛。民国《定海县志》已录庙子湖岛名。《中国海洋岛屿简况》（1980）记为苗子湖岛。《浙江省普陀县地名志》（1986）、《浙江省海域地名录》（1988）、《中国海域地名志》（1989）、《中国海域地名图集》（1991）、《舟山海域岛礁志》（1991）、《浙江海岛志》（1998）和《全国海岛名称与代码》（2008）均记为庙子湖岛。相传，最先上岛的福建渔民见岛上有一小庙，庙下有一水池，称“庙”为“庙子”，称水池为“湖”，故名。

岸线长 13.61 千米，面积 2.596 8 平方千米，最高点海拔 136.5 米。基岩岛，主要由燕山晚期侵入花岗岩构成，其间穿插几乎近南北向的辉绿玢岩。地貌属低丘陵，普遍比较平缓，丘陵斜坡局部比较陡峭。岛西北多露岩，形状奇特秀丽，岛东南山腰以下土层较厚，宜林宜农。海蚀地貌发育，大部分海岸和岬角前缘为海蚀崖、槽、柱的组合。潮间带除少数海湾顶部为砾石滩外，其余均为岩滩，且坡度大。土壤主要有红壤和滨海盐土 2 个土类。植被以黑松林、白茅草丛为主，并有坡地旱地作物等，分布一定数量的滨海及海岛特有植物，常见的有日本野桐、滨柃、柃木、全缘冬青、滨海前胡等。岛四周海水清澈，海洋生物资源丰富。所在海域是我国著名渔场——舟山渔场的重要组成部分、中街山渔场的中心地带。

有居民海岛，为东极镇人民政府所在地，建有东极行政村，设有庙子湖经济合作社，下辖南岙、八套里、后岙、达直岙、西极 5 个自然村。2009 年 12 月户籍人口 2 195 人，很多是户口在人不在。主要产业为渔业和旅游业。庙子湖经济合作社共有大小船只 160 多艘，以海洋捕捞为主。东极港是国家一级渔港。旅游资源有奇峰异石，并开发观海垂钓、捕鱼尝鲜、海滩拾贝等，渔民画以层次分明、海洋气息和渔乡风味浓郁而著称。1999 年 12 月，放火山上的陈财伯墓和纪念碑被普陀区政府批准为“区级文物保护单位”。有 7 座码头、2 个埠头，主要分布在南岙东极港中，其中 500 吨客货码头 1 座，简易候船室 1 座，每天有班船往返沈家门和黄兴岛。建有环岛公路，筑混凝土基。有直升机停机坪。

淡水资源比较缺乏，有库塘、坑道井、地面井等多处，居民家家户户基本上都挖有地下水池，雨天屋顶水接到水池里，供日常生活应用。建有海水淡化设施，以应淡水紧缺之需。生产和生活用电由岛上新电厂直接提供。2006 年 5 月 1 日国家批准设立普陀中街山列岛海洋特别保护区，包括普陀区中街山列岛所在海域，面积 202.9 平方千米，保护对象为渔业资源（鱼、贝、藻类等）、鸟类资源、岛礁资源、旅游景观及其所处的海洋生态系统。岛上设有保护区管理委员会。

把门礁 (Bămén Jiāo)

北纬 30°11.9′，东经 122°42.4′。位于舟山市普陀区东极海域，青浜岛东岸后岙门口，属中街山列岛，距大陆最近点 64.33 千米。又名清浜岛-1、把门时罗、把门碟。《浙江省普陀县地名志》（1986）和《舟山海域岛礁志》（1991）记为把门礁，别名把门时罗，当地习称小岛礁为时罗。《浙江省海域地名录》（1988）记为把门礁，别名把门碟。《中国海域地名图集》（1991）记为把门礁。《浙江海岛志》（1998）记为 839 号无名岛。《全国海岛名称与代码》（2008）记为清浜岛 -1。2010 年浙江省人民政府公布的第一批无居民海岛名称中记为把门礁。因该岛位于青浜岛后岙 (小海湾）门口而得名。岸线长 88 米，面积 542 平方米，最高点海拔 3.5 米。基岩岛，由燕山晚期钾长花岗岩构成。无植被。

螺浆时罗 (Luójiāng Shíluó)

北纬 30°11.9′，东经 122°42.4′。位于舟山市普陀区东极海域，青浜岛东岸后岙门口西侧岸边，属中街山列岛，距大陆最近点 64.28 千米。因岛形似螺浆（一种由螺加工的食物），当地习惯将小岛礁称为时罗，按当地习称定名。岸线长 50 米，面积 92 平方米。基岩岛。无植被。

黄时罗屿 (Huángshíluó Yŭ)

北纬 30°11.9′，东经 122°42.4′。位丁舟山市普陀区东极海域，青浜岛东岸后岙东侧，属中街山列岛，距大陆最近点 64.29 千米。又名黄时罗岛、青浜岛-2。《浙江海岛志》（1998）记为黄时罗岛。《全国海岛名称与代码》（2008）记为青浜岛-2。2010 年浙江省人民政府公布的第一批无居民海岛名称中记为黄时罗屿。因岛上岩石颜色偏黄，当地习称小岛礁为时罗，故名。岸线长 462 米，面积 4 246 平方米，最高点海拔 9.3 米。基岩岛，由燕山晚期钾长花岗岩构成。无植被。岛南端和西端各筑有低海堤与青浜岛相连，中间围塘进行水产养殖。

道逢葱礁 (Dàoféngcōng Jiāo)

北纬 30°11.9′，东经 122°39.0′。位于舟山市普陀区东极海域，黄兴岛中部东岸外 30 米，属中街山列岛，距大陆最近点 59.63 千米。《浙江省普陀县地名志》(1986)、《浙江省海域地名录》(1988)、《中国海域地名志》(1989) 和《舟山海域岛礁志》(1991) 均记为道逢葱礁。岛上植被甚少，仅山顶岩缝长有丛丛茅草，似岛缝中长了葱，谐音为道逢葱礁。岸线长 55 米，面积 229 平方米，最高点海拔 16.4 米。基岩岛，由燕山晚期钾长花岗岩构成。植被稀少，仅山顶岩缝长有些茅草。

三块弄礁 (Sānkuàilòng Jiāo)

北纬 30°11.9′，东经 122°42.0′。位于舟山市普陀区东极海域，青浜岛中部西岸外近旁，属中街山列岛，距大陆最近点 63.69 千米。按当地习称定名。岸线长 28 米，面积 53 平方米。基岩岛。无植被。

庙子湖大时罗 (Miàozǐhú Dàshíluó)

北纬 30°11.9′，东经 122°40.5′。位于舟山市普陀区东极海域，庙子湖岛庙坑西岸外，属中街山列岛，距大陆最近点 61.7 千米。位于庙子湖岛边，面积大于边上几个小岛，地方习称小岛礁为时罗，按当地习称定名。岸线长 48 米，面积 116 平方米。基岩岛。无植被。

青浜圆时罗 (Qīngbāng Yuánshíluó)

北纬 30°11.8′，东经 122°42.4′。位于舟山市普陀区东极海域，青浜岛东岸外近旁，黄时罗屿南 30 米，属中街山列岛，距大陆最近点 64.33 千米。因岛形圆，紧邻青浜岛，地方习称小岛礁为时罗，按当地习称定名。岸线长 32 米，面积 66 平方米。基岩岛。无植被。

大糯米团礁 (Dànuòmǐtuán Jiāo)

北纬 30°11.8′，东经 122°41.9′。位于舟山市普陀区东极海域，青浜岛中部西岸山嘴外，属中街山列岛，距大陆最近点 63.55 千米。又名大糯米团。《中国海洋岛屿简况》（1980）、《浙江省普陀县地名志》（1986）、《中国海域地名志》（1989）和《舟山海域岛礁志》（1991）均记为大糯米团。《浙江省海域地名录》（1988）和《中国海域地名图集》（1991）记为大糯米团礁。因该岛形似糯米团子且较大，故名。岸线长 199 米，面积 2 140 平方米，最高点海拔 10 米。基岩岛，由燕山晚期钾长花岗岩构成。无植被。潮间带以下多贻贝、藤壶、螺和紫菜等贝、藻类资源。

蛤蟆礁（Háma Jiāo）

北纬 30°11.8′，东经 122°41.9′。位于舟山市普陀区东极海域，青浜岛和大糯米团礁之间，青浜岛西约 7 米，属中街山列岛，距大陆最近点 63.61 千米。因岛形似蛤蟆，按当地习称定名。岸线长 39 米，面积 80 平方米。基岩岛。无植被。

青浜长时罗（Qīngbāng Chángshíluó）

北纬 30°11.8′，东经 122°42.5′。位于舟山市普陀区东极海域，青浜岛小岙东岸外，属中街山列岛，距大陆最近点 64.34 千米。因岛形长，紧邻青浜岛，地方习称小岛礁为时罗，故名。岸线长 71 米，面积 194 平方米。基岩岛。无植被。

小糯米团礁（Xiǎonuòmǐtuán Jiāo）

北纬 30°11.8′，东经 122°42.0′。位于舟山市普陀区东极海域，青浜岛沙角底西，属中街山列岛，距大陆最近点 63.59 千米。又名小糯米团。《浙江省普陀县地名志》（1986）、《浙江省海域地名录》（1988）、《中国海域地名志》（1989）、《中国海域地名图集》（1991）、《浙江海岛志》（1998）、《全国海岛名称与代码》（2008）均记为小糯米团礁。《舟山海域岛礁志》（1991）记为小糯米团。2010 年浙江省人民政府公布的第一批无居民海岛名称中记为小糯米团礁。因靠近大糯米团礁且较小，故名。岸线长 114 米，面积 510 平方米，最高点海拔 4.5 米。基岩岛，由燕山晚期钾长花岗岩构成。无植被。潮间带以下多贻贝、藤壶、螺和紫菜等贝、藻类资源。

西边三块礁（Xībiān Sānkuài Jiāo）

北纬 30°11.7′，东经 122°40.6′。位于舟山市普陀区东极海域，庙子湖岛庙坑西南岸外，属中街山列岛，距大陆最近点 61.68 千米。该岛由三块小礁石相连构成，位于庙子湖西侧，按当地习称定名。岸线长 28 米，面积 61 平方米。基岩岛。无植被。

南岙西礁 (Nán'ào Xījiāo)

北纬 30°11.7′，东经 122°38.5′。位于舟山市普陀区东极海域，黄兴岛南岙口西侧岸边，属中街山列岛，距大陆最近点58.76千米。因该岛位于黄兴岛南岙(小海湾）口西侧，按当地习称定名。岸线长 107 米，面积 569 平方米。基岩岛。无植被。

黄兴三块礁 (Huángxīng Sānkuài Jiāo)

北纬 30°11.7′，东经 122°38.9′。位于舟山市普陀区东极海域，黄兴岛南部东岸外，属中街山列岛，距大陆最近点 59.4 千米。黄兴岛东南侧海域分布三个相似小岛，此为其中之一，按当地习称定名。岸线长 19 米，面积 30 平方米。基岩岛。无植被。

高三块礁 (Gāosānkuài Jiāo)

北纬 30°11.7′，东经 122°38.9′。位于舟山市普陀区东极海域，黄兴岛南部东岸外 25 米。属中街山列岛，距大陆最近点 59.37 千米。黄兴岛东南侧海域分布三个相似小岛，此岛稍高，按当地习称定名。岸线长 43 米，面积 78 平方米。基岩岛。无植被。

平三块礁 (Píngsānkuài Jiāo)

北纬 30°11.6′，东经 122°38.9′。位于舟山市普陀区东极海域，黄兴岛南部东岸外，属中街山列岛，距大陆最近点 59.31 千米。黄兴岛东南侧海域分布三个相似小岛，此岛稍平，按当地习称定名。岸线长 40 米，面积 103 平方米。基岩岛。无植被。

庙道场礁 (Miàodàochǎng Jiāo)

北纬 30°11.6′，东经 122°40.8′。位于舟山市普陀区东极海域，庙子湖岛南岙东极港内，距庙子湖岛 30 米，属中街山列岛，距大陆最近点 61.81 千米。《浙江省普陀县地名志》(1986)、《浙江省海域地名录》(1988)、《中国海域地名志》(1989)、《中国海域地名图集》(1991) 和《舟山海域岛礁志》(1991) 均记为庙道场礁。因岛顶较平坦，当地习称平地为道场，又因其对岸庙子湖岛上原有一座庙，故名。岸线长 116 米，面积 842 平方米。基岩岛，由燕山晚期钾长花岗岩构成。无植被。

东边高时罗 (Dōngbiāngāo Shíluó)

北纬 30°11.6′，东经 122°41.3′。位于舟山市普陀区东极海域，庙子湖岛南部东岸外，属中街山列岛，距大陆最近点 62.53 千米。位于庙子湖岛东侧且岛体相对较高，地方习称小岛礁为时罗，按当地习称定名。岸线长 41 米，面积 73 平方米。基岩岛。无植被。

里角横礁 (Lǐjiǎohéng Jiāo)

北纬 30°11.6′，东经 122°40.9′。位于舟山市普陀区东极海域，庙子湖岛南岙东极港内，距庙子湖岛约 95 米，属中街山列岛，距大陆最近点 61.9 千米。《浙江省普陀县地名志》（1986）和《舟山海域岛礁志》（1991）记为里角横礁。岸线长 35 米，面积 82 平方米。基岩岛，由燕山晚期钾长花岗岩构成。无植被。

庙子湖羊角礁 (Miàozǐhú Yángjiǎo Jiāo)

北纬 30°11.6′，东经 122°41.3′。位于舟山市普陀区东极海域，庙子湖岛南部东岸外，属中街山列岛，距大陆最近点 62.52 千米。因岛形似羊角，邻近庙子湖岛，按当地习称定名。岸线长 70 米，面积 282 平方米。基岩岛。无植被。

松毛礁 (Sōngmáo Jiāo)

北纬 30°11.5′，东经 122°40.7′。位于舟山市普陀区东极海域，靠近庙子湖岛西南端松毛尖头，属中街山列岛，距大陆最近点 61.63 千米。《浙江省普陀县地名志》（1986）、《浙江省海域地名录》（1988）、《中国海域地名图集》（1991）和《舟山海域岛礁志》（1991）均记为松毛礁。该岛靠近庙子湖岛松毛尖头（山嘴），故名。岸线长 45 米，面积 110 平方米。基岩岛，由燕山晚期钾长花岗岩构成。无植被。

黄兴羊角礁 (Huángxīng Yángjiǎo Jiāo)

北纬 30°11.5′，东经 122°39.0′。位于舟山市普陀区东极海域，靠近黄兴岛东南端南沙角，属中街山列岛，距大陆最近点 59.36 千米。因岛形似羊角，紧邻黄兴岛，按当地习称定名。岸线长 79 米，面积 242 平方米。基岩岛。无植被。

青浜石柱礁 (Qīngbāng Shízhù Jiāo)

北纬 30°11.5′，东经 122°42.4′。位于舟山市普陀区东极海域，青浜岛南侧石柱湾内，属中街山列岛，距大陆最近点 63.93 千米。因岛形似石柱，靠近青浜岛，按当地习称定名。岸线长 34 米，面积 75 平方米。基岩岛。无植被。

庙子湖长时罗 (Miàozǐhú Chángshíluó)

北纬 30°11.5′，东经 122°41.4′。位于舟山市普陀区东极海域，庙子湖南部东岸外近旁，属中街山列岛，距大陆最近点 62.51 千米。因岛呈长条形，位近庙子湖岛，当地习称小岛礁为时罗，按当地习称定名。岸线长 20 米，面积 21 平方米。基岩岛。无植被。

咀堆礁 (Zuǐduī Jiāo)

北纬 30°11.5′，东经 122°38.5′。位于舟山市普陀区东极海域，黄兴岛西南岸外 35 米，属中街山列岛，距大陆最近点 58.61 千米。又名嘴堆。《浙江省普陀县地名志》（1986）和《舟山海域岛礁志》（1991）记为嘴堆。《浙江省海域地名录》（1988）、《中国海域地名志》（1989）和《中国海域地名图集》（1991）均记为咀堆礁。该岛位于黄兴岛西岸小山嘴旁，形似几块礁石堆在一起，故名。岸线长 38 米，面积 76 平方米。基岩岛，由燕山晚期钾长花岗岩构成。无植被。

木角时罗 (Mùjiǎo Shíluó)

北纬 30°11.4′，东经 122°39.0′。位于舟山市普陀区东极海域，黄兴岛东南端岸外近旁，属中街山列岛，距大陆最近点 59.21 千米。岛体光滑没有明显棱角，“没角”谐音“木角”，当地习称小岛礁为时罗，按当地习称定名。岸线长 101 米，面积 619 平方米。基岩岛。无植被。

乌贼子礁 (Wūzéizǐ Jiāo)

北纬 30°11.4′，东经 122°38.9′。位于舟山市普陀区东极海域，黄兴岛南端尖船湾内，属中街山列岛，距大陆最近点 59.09 千米。因岛形似乌贼且小，按当地习称定名。岸线长 21 米，面积 33 平方米。基岩岛。无植被。

马咀头礁 (Mǎzuǐtóu Jiāo)

北纬 30°11.4′，东经 122°42.3′。位于舟山市普陀区东极海域，青浜岛西南角山嘴，属中街山列岛，距大陆最近点 63.68 千米。又名马咀头、马嘴头。《浙江省普陀县地名志》（1986）记为马嘴头。《浙江省海域地名录》（1988）记为马咀头礁。《中国海域地名图集》（1991）和《舟山海域岛礁志》（1991）记为马咀头。该岛形似鳗鱼嘴巴，当地称鳗为咀头，误写成马咀头，故名。岸线长 32 米，面积 55 平方米。基岩岛，由燕山晚期钾长花岗岩构成。无植被。

招仙礁 (Zhāoxiān Jiāo)

北纬 30°11.4′，东经 122°39.0′。位于舟山市普陀区东极海域，黄兴岛东南端里墙基东岸外，属中街山列岛，距大陆最近点 59.2 千米。按当地习称定名。岸线长 71 米，面积 309 平方米。基岩岛。无植被。

外大滩子礁 (Wàidàtānzǐ Jiāo)

北纬 30°11.4′，东经 122°38.7′。位于舟山市普陀区东极海域，黄兴岛南岸大滩子外近旁，属中街山列岛，距大陆最近点 58.69 千米。因位于黄兴岛南侧大滩子外侧，按当地习称定名。岸线长 54 米，面积 145 平方米。基岩岛。无植被。

外墙基岛 (Wàiqiángjī Dǎo)

北纬 30°11.3′，东经 122°39.0′。位于舟山市普陀区东极海域，黄兴岛东南端外墙基东，属中街山列岛，距大陆最近点 59.03 千米。因该岛位于黄兴岛外墙基（山嘴）近旁，第二次全国海域地名普查时命今名。岸线长 259 米，面积 1 233 平方米。基岩岛。无植被。

小绕汇带北岛 (Xiǎoràohuìdài Běidǎo)

北纬 30°11.3′，东经 122°41.4′。位于舟山市普陀区东极海域，庙子湖岛东南角岸外，小绕汇带礁北约 30 米，属中街山列岛，距大陆最近点 62.3 千米。该岛位于小绕汇带礁北面，第二次全国海域地名普查时命今名。岸线长 28 米，面积 43 平方米。基岩岛。无植被。

小绕汇带礁 (Xiǎoràohuìdài Jiāo)

北纬 30°11.3′，东经 122°41.3′。位于舟山市普陀区东极海域，庙子湖岛东南角岸外，属中街山列岛，距大陆最近点 62.25 千米。又名庙子湖岛 -1。《浙江海岛志》（1998）记为 853 号无名岛。《全国海岛名称与代码》（2008）记为庙子湖岛-1。2010 年浙江省人民政府公布的第一批无居民海岛名称中记为小绕汇带礁。因位近大绕汇带礁且面积较小，故名。岸线长 71 米，面积 235 平方米。基岩岛，由燕山晚期钾长花岗岩构成。无植被。

小鸡弄岛 (Xiǎojīlòng Dǎo)

北纬 30°11.2′，东经 122°42.8′。位于舟山市普陀区东极海域，鸡弄礁西北 23 米，属中街山列岛，距大陆最近点 64.23 千米。因近邻鸡弄礁且面积小，第二次全国海域地名普查时命今名。岸线长 66 米，面积 283 平方米。基岩岛，由上侏罗统高坞组熔结凝灰岩构成。无植被。

鸡弄礁 (Jīlòng Jiāo)

北纬 30°11.2′，东经 122°42.8′。位于舟山市普陀区东极海域，属中街山列岛，距大陆最近点 64.23 千米。又名鸡弄、鸡笼。《浙江省普陀县地名志》（1986）和《舟山海域岛礁志》（1991）记为鸡弄，习称鸡笼。《浙江省海域地名录》（1988）、《中国海域地名图集》（1991）、《浙江海岛志》（1998）、《全国海岛名称与代码》（2008）和 2010 年浙江省人民政府公布的第一批无居民海岛名称中记为鸡弄礁。因岛形似关鸡的笼子，“笼”谐音误写为“弄”，故名。岸线长 164 米，面积 1 389 平方米，最高点海拔 11 米。基岩岛，由上侏罗统高坞组熔结凝灰岩构成。无植被。潮间带以下多贻贝、藤壶、螺和紫菜等贝、藻类资源。附近海域渔业资源丰富，为流钓作业区。

出外屿 (Chūwài Yǔ)

北纬 30°11.2′，东经 122°38.9′。位于舟山市普陀区东极海域，黄兴岛南端山嘴外，属中街山列岛，距大陆最近点 58.9 千米。曾名冲外、倒挂咀。《中国海洋岛屿简况》（1980）记为冲外。《浙江省海域地名录》（1988）记为出外屿，曾名冲外、倒挂咀。《浙江省普陀县地名志》（1986）、《中国海域地名志》（1989）、《中国海域地名图集》（1991）、《舟山海域岛礁志》（1991）、《浙江海岛志》（1998）、《全国海岛名称与代码》（2008）和 2010 年浙江省人民政府公布的第一批无居民海岛名称中记为出外屿。该岛在黄兴岛南端山嘴外侧，如同从黄兴岛分出去的一般，故名。岸线长 669 米，面积 0.012 3 平方千米，最高点海拔 27.1 米。基岩岛，由燕山晚期钾长花岗岩构成。岛岸有陡峭的海蚀崖，岸线破碎，多海蚀洞，岛顶部较平缓。植被为草丛、灌木。潮间带以下多贻贝、藤壶、螺和紫菜等贝、藻类资源。附近海域渔业资源丰富，为张网和拖网作业区。

出外东礁 (Chūwài Dōngjiāo)

北纬 30°11.2′，东经 122°39.0′。位于舟山市普陀区东极海域，黄兴岛东南端，出外屿东岸外，属中街山列岛，距大陆最近点 58.98 千米。因该岛位于出外屿东侧，按当地习称定名。岸线长 25 米，面积 23 平方米。基岩岛，由燕山晚期钾长花岗岩构成。无植被。

石柱山小屿 (Shízhùshān Xiǎoyǔ)

北纬 30°11.2′，东经 122°42.8′。位于舟山市普陀区东极海域，属中街山列岛，距大陆最近点 64.18 千米。又名石柱山-1。《浙江海岛志》（1998）记为 856 号无名岛。《全国海岛名称与代码》（2008）记为石柱山-1。2010 年浙江省人民政府公布的第一批无居民海岛名称中记为石柱山小屿。该岛山形似石柱得名石柱山，面积小，故名。岸线长 322 米，面积 3 039 平方米，最高点海拔 11 米。基岩岛，由上侏罗统高坞组熔结凝灰岩构成。植被为草丛、灌木。潮间带以下多贻贝、藤壶、螺和紫菜等贝、藻类资源。附近海域渔业资源丰富，为流钓作业区。

后拉晒礁 (Hòulāshài Jiāo)

北纬 30°11.2′，东经 122°42.7′。位于舟山市普陀区东极海域，属中街山列岛，距大陆最近点 64.03 千米。又名后拉晒。《浙江省普陀县地名志》（1986）记为后拉晒。《浙江省海域地名录》（1988）、《中国海域地名图集》（1991）和《舟山海域岛礁志》（1991）均记为后拉晒礁。因乱石林立，高低崎岖，形似一堆垃圾，“垃圾”谐音为“拉晒”，故名。岸线长 56 米，面积 149 平方米。基岩岛，由上侏罗统高坞组熔结凝灰岩构成。无植被。潮间带以下多贻贝、藤壶、螺和紫菜等贝、藻类资源。附近海域渔业资源丰富，为流钓作业区。

庙子湖和尚礁（Miàozǐhú Héshang Jiāo）

北纬 30°11.2′，东经 122°41.1′。位于舟山市普陀区东极海域，庙子湖岛南端山嘴西岸外，属中街山列岛，距大陆最近点 61.86 千米。因该岛形似和尚，紧邻庙子湖岛，按当地习称定名。岸线长 39 米，面积 114 平方米。基岩岛。无植被。

大水沧礁（Dàshuǐcāng Jiāo）

北纬 30°11.1′，东经 122°39.0′。位于舟山市普陀区东极海域，黄兴岛东南约 230 米，出外屿东南 30 米，属中街山列岛，距大陆最近点 58.91 千米。又名大水沧。《浙江省普陀县地名志》（1986）和《舟山海域岛礁志》（1991）记为大水沧。《浙江省海域地名录》（1988）、《中国海域地名志》（1989）和《中国海域地名图集》均记为大水沧礁。名称含义不详。岸线长 208 米，面积 1 011 平方米，最高点海拔 8.4 米。基岩岛，由燕山晚期钾长花岗岩构成。无植被。附近海域渔业资源丰富，为流钓作业区。

大四亮南岛（Dàsìliàng Nándǎo）

北纬 30°11.1′，东经 122°42.9′。位于舟山市普陀区东极海域，属中街山列岛，距大陆最近点 64.26 千米。第二次全国海域地名普查时命今名。岸线长 113 米，面积 522 平方米。基岩岛，由上侏罗统高坞组熔结凝灰岩构成。植被主要为茅草丛。

老鹰窠礁（Lǎoyīngkē Jiāo）

北纬 30°11.1′，东经 122°43.1′。位于舟山市普陀区东极海域，属中街山列岛，距大陆最近点 64.48 千米。又名老鹰窠。《浙江省普陀县地名志》（1986）和《舟山海域岛礁志》（1991）记为老鹰窠。《浙江省海域地名录》（1988）、《中国海域地名志》（1989）、《中国海域地名图集》（1991）、《浙江海岛志》（1998）、《全国海岛名称与代码》（2008）和 2010 年浙江省人民政府公布的第一批无居民海岛名称中均记为老鹰窠礁。因该岛常有老鹰做窠（巢）栖息，故名。岸线长 227 米，面积 2 710 平方米。基岩岛，由上侏罗统高坞组熔结凝灰岩构成。植被主要为茅草丛。潮间带以下多贻贝、藤壶、螺和紫菜等贝、藻类资源。附近海域渔业资源丰富，为流钓作业区。

南拉晒礁 (Nánlāshài Jiāo)

北纬 30°11.1′，东经 122°42.8′。位于舟山市普陀区东极海域，属中街山列岛，距大陆最近点 64.05 千米。《浙江省普陀县地名志》（1986）、《浙江省海域地名录》（1988）、《中国海域地名图集》（1991）和《舟山海域岛礁志》（1991）均记为南拉晒礁。因乱石林立，高低崎岖，形似一堆垃圾，“垃圾”谐音为“拉晒”，故名。岸线长 44 米，面积 139 平方米，最高点海拔 5.1 米。基岩岛，由上侏罗统高坞组熔结凝灰岩构成。无植被。

畚把礁 (Běnbǎ Jiāo)

北纬 30°11.0′，东经 122°41.3′。位于舟山市普陀区东极海域，庙子湖岛南端山嘴东岸外，属中街山列岛，距大陆最近点 61.96 千米。因岛形似畚把，按当地习称定名。岸线长 52 米，面积 152 平方米。基岩岛。无植被。

上元礁 (Shàngyuán Jiāo)

北纬 30°11.0′，东经 122°39.2′。位于舟山市普陀区东极海域，黄兴岛东南 585 米，属中街山列岛，距大陆最近点 59.03 千米。《浙江省普陀县地名志》（1986）、《浙江省海域地名录》（1988）、《舟山海域岛礁志》（1991）和《中国海域地名图集》（1991）均记为上元礁。岸线长 40 米，面积 103 平方米。基岩岛，由燕山晚期钾长花岗岩构成。无植被。

庙子湖棺材礁 (Miàozǐhú Guāncai Jiāo)

北纬 30°11.0′，东经 122°41.2′。位于舟山市普陀区东极海域，庙子湖岛南端山嘴外，属中街山列岛，距大陆最近点 61.88 千米。因岛形似棺材，邻近庙子湖岛，按当地习称定名。岸线长 44 米，面积 114 平方米。基岩岛。无植被。

大绕汇带礁 (Dàràohuìdài Jiāo)

北纬 30°11.0′，东经 122°41.2′。位于舟山市普陀区东极海域，庙子湖岛南端山嘴外近旁，属中街山列岛，距大陆最近点 61.78 千米。又名庙子湖岛-2。《浙江海岛志》（1998）记为 864 号无名岛。《全国海岛名称与代码》（2008）记为庙子湖岛-2。2010 年浙江省人民政府公布的第一批无居民海岛名称中记为大绕汇带礁。因岛外侧落潮时有一股回流绕向庙子湖岛的头颈鸟嘴头（山嘴），故名。

岸线长 91 米，面积 406 平方米。基岩岛，由燕山晚期钾长花岗岩构成。无植被。潮间带多贻贝、藤壶、螺和紫菜等贝、藻类资源。附近水域为庙子湖岛至青浜岛的航道。

东极牛背脊礁 (Dōngjí Niúbèijǐ Jiāo)

北纬 30°11.0′，东经 122°41.2′。位于舟山市普陀区东极海域，庙子湖岛南端山嘴外近旁，距大陆最近点 61.77 千米。又名牛背脊礁。因与嵊泗县一海岛重名，第二次全国海域地名普查时更名为东极牛背脊礁。因岛形似牛的脊背，位于东极，故名。岸线长 22 米，面积 39 平方米。基岩岛。无植被。

外鱼爿礁 (Wàiyúpán Jiāo)

北纬 30°10.9′，东经 122°39.3′。位于舟山市普陀区东极海域，黄兴岛东南 880 米，属中街山列岛，距大陆最近点 59.2 千米。又名外鱼爿。《浙江省普陀县地名志》（1986）和《舟山海域岛礁志》（1991）记为外鱼爿。《浙江省海域地名录》（1988）和《中国海域地名图集》（1991）记为外鱼爿礁。因处在黄兴岛东南部，远看形似一爿鱼鲞，习称鱼爿，故名。岸线长 39 米，面积 86 平方米，最高点海拔 5.7 米。基岩岛，由燕山晚期钾长花岗岩构成。无植被。

大螺横礁 (Dàluóhéng Jiāo)

北纬 30°10.9′，东经 122°39.0′。位于舟山市普陀区东极海域，黄兴岛南 610 米，属中街山列岛，距大陆最近点 58.67 千米。又名大螺横。《浙江省普陀县地名志》（1986）和《舟山海域岛礁志》（1991）记为大螺横。《浙江省海域地名录》（1988）、《中国海域地名志》（1989）、《中国海域地名图集》（1991）、《浙江海岛志》（1998）、《全国海岛名称与代码》（2008）和 2010 年浙江省人民政府公布的第一批无居民海岛名称均记为大螺横礁。因形似海螺，横在海中，岛又较大，故名。岸线长 252 米，面积 1 171 平方米，最高点海拔 5.8 米。基岩岛，由燕山晚期钾长花岗岩构成。无植被。潮间带多贻贝、藤壶、螺和紫菜等贝、藻类资源。附近海域渔业资源丰富，为流钓作业区。

外鱼爿南礁 (Wàiyúpán Nánjiāo)

北纬 30°10.9′，东经 122°39.3′。位于舟山市普陀区东极海域，黄兴岛东南

880 米，外鱼爿礁南岸外，属中街山列岛，距大陆最近点 59.19 千米。因位于外鱼爿礁南侧，按当地习称定名。岸线长 24 米，面积 31 平方米。基岩岛，由燕山晚期钾长花岗岩构成。无植被。

小元南礁 (Xiǎoyuán Nánjiāo)

北纬 30°10.9′，东经 122°39.2′。位于舟山市普陀区东极海域，黄兴岛东南 750 米，属中街山列岛，距大陆最近点 58.94 千米。岸线长 14 米，面积 12 平方米。基岩岛，由燕山晚期钾长花岗岩构成。无植被。

鸥炸时罗 (Ōuzhà Shíluó)

北纬 30°10.9′，东经 122°43.0′。位于舟山市普陀区东极海域，属中街山列岛，距大陆最近点 64.23 千米。按当地习称定名。岸线长 38 米，面积 67 平方米。基岩岛。无植被。

前堤礁 (Qiándī Jiāo)

北纬 30°10.9′，东经 122°43.1′。位于舟山市普陀区东极海域，属中街山列岛，距大陆最近点 64.38 千米。《浙江省普陀县地名志》（1986）、《浙江省海域地名录》（1988）、《舟山海域岛礁志》（1991）和《中国海域地名图集》（1991）均记为前堤礁。岸线长 96 米，面积 560 平方米。基岩岛，由上侏罗统高坞组熔结凝灰岩构成。无植被。潮间带以下多贻贝、藤壶、螺和紫菜等贝、藻类资源。

九脚巴礁 (Jiǔjiǎobā Jiāo)

北纬 30°10.7′，东经 122°43.2′。位于舟山市普陀区东极海域，属中街山列岛，距大陆最近点 64.34 千米。按当地习称定名。岸线长 42 米，面积 62 平方米。基岩岛，由上侏罗统高坞组熔结凝灰岩构成。无植被。

西福山长时罗 (Xīfúshān Chángshíluó)

北纬 30°10.7′，东经 122°43.2′。位于舟山市普陀区东极海域，属中街山列岛，距大陆最近点 64.36 千米。因岛呈长条形，当地习称小岛礁为时罗，按当地习称定名。岸线长 58 米，面积 189 平方米。基岩岛，由上侏罗统高坞组熔结凝灰岩构成。无植被。

大湾过夜时罗 (Dàwān Guòyè Shíluó)

北纬 30°10.6′，东经 122°43.3′。位于舟山市普陀区东极海域，属中街山列岛，距大陆最近点 64.4 千米。据传有人在此岛上过夜，地方习称小岛礁为时罗，按当地习称定名。岸线长 61 米，面积 143 平方米。基岩岛，由上侏罗统高坞组熔结凝灰岩构成。无植被。

跳浜礁 (Tiàobāng Jiāo)

北纬 30°10.5′，东经 122°42.7′。位于舟山市普陀区东极海域，属中街山列岛，距大陆最近点 63.42 千米。又名跳浜。《浙江省普陀县地名志》（1986）和《舟山海域岛礁志》（1991）记为跳浜。《浙江省海域地名录》（1988）和《中国海域地名图集》（1991）记为跳浜礁。岸线长 257 米，面积 2 424 平方米，最高点海拔 8.1 米。基岩岛，由上侏罗统高坞组熔结凝灰岩构成。无植被。

大时罗礁 (Dàshíluó Jiāo)

北纬 30°10.4′，东经 122°43.3′。位于舟山市普陀区东极海域，属中街山列岛，距大陆最近点 64.21 千米。又名大时罗。《浙江省普陀县地名志》（1986）和《舟山海域岛礁志》（1991）记为大时罗。《浙江省海域地名录》（1988）和《中国海域地名图集》（1991）记为大时罗礁。因该岛在附近几个小岛礁中面积较大，当地称小岛礁为时罗，故名。岸线长 206 米，面积 1 618 平方米，最高点海拔 6.4 米。基岩岛，由上侏罗统高坞组熔结凝灰岩构成。无植被。潮间带以下多贻贝、藤壶、螺和紫菜等贝、藻类资源。

两兄弟屿四岛 (Liǎngxiōngdìyǔ Sìdǎo)

北纬 30°10.4′，东经 122°56.6′。位于舟山市普陀区东极海域，中街山列岛东端，两兄弟屿北 425 米，属两兄弟屿（群岛），距大陆最近点 83.81 千米。曾名两兄弟、环山，又名两兄弟屿、两兄弟岛、外甩、外甩礁、铁土。从西及西北方向看，此处岛群四个岛互相遮掩、形似两个，故称两兄弟屿（群岛）。清康熙《定海县志》记该岛群为环山。清光绪《定海厅志》中既有环山统称，又有外甩之名。民国《定海县志》载“两兄弟即外甩”。《中国海域地名志》（1989）记为两兄弟屿，别名外甩，记载“由中块、东块、西块、笋 4 岛和铁土礁组成”“西块、东块东西并畴在北，中块岛、笋东西并峙在南，相间约100米。从西或东远望，如二岛孤峙，故称两兄弟屿，当地素称外甩”。该岛即为其中的铁土。《中国海洋岛屿简况》（1980）记为两兄弟岛的一部分。《浙江省普陀县地名志》（1986）记为两兄弟屿的一部分，称铁土。《浙江省海域地名录》（1988）和《舟山海域岛礁志》（1991）记为两兄弟屿（群岛）的一部分。《中国海域地名图集》（1991）记为外甩礁的一部分。第二次全国海域地名普查时更名为两兄弟屿四岛。该岛位于两兄弟屿北侧，按顺序从南向北为第四个，故名。岸线长81米，面积203平方米。基岩岛，由上侏罗统高坞组熔结凝灰岩、集块岩等构成。无植被。附近海域为甩山渔场。

叶子山北屿 (Yèzishān Běiyǔ)

北纬30°10.4′，东经122°39.9′。位于舟山市普陀区东极海域，庙子湖岛西南约2.2千米，紧邻叶子山中屿西北岸，属中街山列岛，距大陆最近点59.46千米。曾名笠子山、席子山，又名叶子山。因岛山形似晒物的笠子而得名笠子山、席子山，谐音异化为叶子山。民国《定海县志·列岛分图四》注为叶子山。《中国海洋岛屿简况》（1980）、《浙江省普陀县地名志》（1986）、《浙江省海域地名录》（1988）、《中国海域地名志》（1989）、《中国海域地名图集》（1991）和《舟山海域岛礁志》（1991）均记为叶子山（岛群）的一部分。《浙江海岛志》（1998）记为874号无名岛。《全国海岛名称与代码》（2008）记为无名岛ZOS1。2010年浙江省人民政府公布的第一批无居民海岛名称中记为叶子山北屿。该岛属叶子山屿岛群中的海岛之一，位置偏北，故名。岸线长541米，面积7 156平方米，最高点海拔29.2米。基岩岛，由燕山晚期钾长花岗岩构成。岛西北部低平，中部和南部高耸，中部山顶有巨大独立石相垒，为岛的最高点。岛岸海蚀崖陡立，岸线破碎，乱石林立。植被主要有白茅草丛，岩缝间有零星灌木。潮间带以下多贻贝、藤壶、螺和紫菜等贝、藻类资源。附近海域渔业资源丰富，为捕捞作业区。

泗沧大时罗 (Sìcāng Dàshíluó)

北纬30°10.4′，东经122°43.1′。位于舟山市普陀区东极海域，属中街山列岛，距大陆最近点63.89千米。因岛体相对较大，地方习称小岛礁为时罗，位于泗沧（小海湾），按当地习称定名。岸线长 32 米，面积 67 平方米。基岩岛。无植被。

叶子山中屿 (Yèzishān Zhōngyǔ)

北纬 30°10.4′，东经 122°40.0′。位于舟山市普陀区东极海域，庙子湖岛西南约 2.1 千米，属中街山列岛，距大陆最近点 59.49 千米。曾名笠子山、席子山，又名叶子山。因岛山形似晒物的笠子而得名笠子山、席子山，谐音异化为叶子山。民国《定海县志·列岛分图四》注为叶子山。《中国海洋岛屿简况》（1980）、《浙江省普陀县地名志》（1986）、《浙江省海域地名录》（1988）、《中国海域地名志》（1989）、《中国海域地名图集》（1991）和《舟山海域岛礁志》（1991）均记为叶子山（岛群）的一部分。《浙江海岛志》（1998）记为 875 号无名岛。《全国海岛名称与代码》（2008）记为无名岛 ZOS2。2010 年浙江省人民政府公布的第一批无居民海岛名称中记为叶子山中屿。该岛属叶子山屿岛群中的海岛之一，位置居中，故名。岸线长 386 米，面积 8 428 平方米，最高点海拔 37.5 米。基岩岛，由燕山晚期钾长花岗岩构成。四岸海蚀崖陡立，上部乱石林立。岩缝间长有白茅草丛和灌木。潮间带以下多贻贝、藤壶、螺和紫菜等贝、藻类资源。附近海域渔业资源丰富，为捕捞作业区。

泗沧平时罗 (Sìcāng Píngshíluó)

北纬 30°10.4′，东经 122°43.1′。位于舟山市普陀区东极海域，属中街山列岛，距大陆最近点 63.89 千米。因岛顶相对较平，位于泗沧（小海湾），当地习称小岛礁为时罗，故名。岸线长 12 米，面积 9 平方米。基岩岛。无植被。

两兄弟屿三岛 (Liǎngxiōngdìyǔ Sāndǎo)

北纬 30°10.3′，东经 122°56.7′。位于舟山市普陀区东极海域，中街山列岛东端，两兄弟屿北 220 米，属两兄弟屿（群岛），距大陆最近点 83.75 千米。曾名两兄弟、环山，又名两兄弟屿、两兄弟岛、两兄弟屿-1、外甩、外甩礁、西块。从西及西北方向看，此处岛群四个岛互相遮掩、形似两个，故称两兄弟屿（群岛）。清康熙《定海县志》记该岛群为环山。清光绪《定海厅志》中既有环山统称，又有外甩之名。民国《定海县志》载“两兄弟即外甩”。《中国海域地名志》（1989）记为两兄弟屿，别名外甩，记载“由中块、东块、西块、笋 4

岛和铁土礁组成”“西块、东块东西并畴在北，中块岛、笋东西并峙在南，相间约 100 米。从西或东远望，如二岛孤峙，故称两兄弟屿，当地素称外甩”。该岛即为其中的西块。《中国海洋岛屿简况》（1980）记为两兄弟岛的一部分。《浙江省普陀县地名志》（1986）记为两兄弟屿的一部分，称西块。《浙江省海域地名录》（1988）和《舟山海域岛礁志》（1991）记为两兄弟屿（群岛）的一部分。《中国海域地名图集》（1991）记为外甩礁的一部分。《浙江海岛志》（1998）和《全国海岛名称与代码》（2008）记为两兄弟屿-1。第二次全国海域地名普查时更名为两兄弟屿三岛。该岛位于两兄弟屿北侧，按顺序从南向北为第三个，故名。岸线长 501 米，面积 6 164 平方米，最高点海拔 27.9 米。基岩岛，由上侏罗统高坞组熔结凝灰岩、集块岩等构成。无植被。附近海域为甩山渔场。

两兄弟屿二岛 (Liǎngxiōngdìyǔ Èrdǎo)

北纬 30°10.3′，东经 122°56.7′。位于舟山市普陀区东极海域，中街山列岛东端，两兄弟屿北 200 米，属两兄弟屿（群岛），距大陆最近点 83.8 千米。曾名两兄弟、环山，又名两兄弟屿、两兄弟岛、两兄弟屿-2、外甩、外甩礁、东块。从西及西北方向看，此处岛群四个岛互相遮掩、形似两个，故称两兄弟屿（群岛）。清康熙《定海县志》记该岛群为环山。清光绪《定海厅志》中既有环山统称，又有外甩之名。民国《定海县志》载“两兄弟即外甩”。《中国海域地名志》（1989）记为两兄弟屿，别名外甩，记载“由中块、东块、西块、笋 4 岛和铁土礁组成”“西块、东块东西并畴在北，中块岛、笋东西并峙在南，相间约 100 米。从西或东远望，如二岛孤峙，故称两兄弟屿，当地素称外甩”。该岛即为其中的东块。《中国海洋岛屿简况》（1980）记为两兄弟岛的一部分。《浙江省普陀县地名志》（1986）记为两兄弟屿的一部分，称东块。《浙江省海域地名录》（1988）和《舟山海域岛礁志》（1991）记为两兄弟屿（群岛）的一部分。《中国海域地名图集》（1991）记为外甩礁的一部分。《浙江海岛志》（1998）记为 878 号无名岛。《全国海岛名称与代码》（2008）记为两兄弟屿-2。第二次全国海域地名普查时更名为两兄弟屿二岛。该岛位于两兄弟屿北侧，按顺序从南向北为第二个，故名。

岸线长 257 米，面积 2 876 平方米，最高点海拔 27.7 米。基岩岛，由上侏罗统高坞组熔结凝灰岩、集块岩等构成。无植被。附近海域为甩山渔场。

小镬前潭岛 (Xiǎohuòqiántán Dǎo)

北纬 30°10.3′，东经 122°42.9′。位于舟山市普陀区东极海域，紧邻镬前潭礁北岸，属中街山列岛，距大陆最近点 63.57 千米。因位于镬前潭礁北侧，面积较小，第二次全国海域地名普查时命今名。岸线长 151 米，面积 1 049 平方米。基岩岛，由上侏罗统高坞组熔结凝灰岩构成。无植被。

扁担礁 (Biǎndan Jiāo)

北纬 30°10.3′，东经 122°43.1′。位于舟山市普陀区东极海域，属中街山列岛，距大陆最近点 63.86 千米。又名扁担时罗。《浙江省普陀县地名志》（1986）载："礁形似扁担，故称扁担时罗。时罗词义不确切，1984 年更名为扁担礁。"《舟山海域岛礁志》（1991）记为扁担礁，习称扁担时罗。《浙江省海域地名录》（1988）和《中国海域地名图集》（1991）记名为扁担礁。因岛形似扁担，故名。岸线长 53 米，面积 85 平方米，最高点海拔 4 米。基岩岛，由上侏罗统高坞组熔结凝灰岩构成。无植被。

镬前潭礁 (Huòqiántán Jiāo)

北纬 30°10.3′，东经 122°42.9′。位于舟山市普陀区东极海域，属中街山列岛，距大陆最近点 63.51 千米。《浙江省普陀县地名志》（1986）、《浙江省海域地名录》（1988）、《中国海域地名图集》（1991）和《舟山海域岛礁志》（1991）均记为镬前潭礁。该岛形似镬前盛水的水潭，故名。岸线长 261 米，面积 3 346 平方米。基岩岛，由上侏罗统高坞组熔结凝灰岩构成。植被有草丛。东南端建有航标灯桩 1 座。

安地礁 (Āndì Jiāo)

北纬 30°10.2′，东经 122°40.1′。位于舟山市普陀区东极海域，庙子湖岛西南约 2.1 千米，属中街山列岛，距大陆最近点 59.64 千米。《浙江省普陀县地名志》（1986）、《浙江省海域地名录》（1988）、《中国海域地名图集》（1991）、《舟山海域岛礁志》（1991）和《浙江海岛志》（1998）均记为安地礁。《全国海岛名称与代码》（2008）记为无名岛 ZOS3。2010 年浙江省人民政府公布的第一批无居民海岛名称中记为安地礁。岸线长 29 米，面积 48 平方米。基岩岛，由燕山晚期钾长花岗岩构成。无植被。潮间带多贻贝、藤壶、螺和紫菜等贝、藻类资源。附近海域多岛礁，渔业资源丰富。南侧和东侧水域均为航道。

两兄弟屿一岛 (Liǎngxiōngdìyǔ Yīdǎo)

北纬 30°10.2′，东经 122°56.7′。位于舟山市普陀区东极海域，中街山列岛东端，两兄弟屿西北偏北 10 米，属两兄弟屿（群岛），距大陆最近点 83.69 千米。曾名两兄弟、环山，又名两兄弟屿、两兄弟岛、两兄弟屿-2、两兄弟屿-3、外甩、外甩礁、中块。从西及西北方向看，此处岛群四个岛互相遮掩、形似两个，故称两兄弟屿（群岛）。清康熙《定海县志》记该岛群为环山。清光绪《定海厅志》中既有环山统称，又有外甩之名。民国《定海县志》载“两兄弟即外甩”。《中国海域地名志》（1989）记为两兄弟屿，别名外甩，记载“由中块、东块、西块、笋 4 岛和铁土礁组成”“西块、东块东西并畴在北，中块岛、笋东西并峙在南，相间约 100 米。从西或东远望，如二岛孤峙，故称两兄弟屿，当地素称外甩”。该岛即为其中的中块。《中国海洋岛屿简况》（1980）记为两兄弟岛的一部分。《浙江省普陀县地名志》（1986）记为两兄弟屿的一部分，称中块。《浙江省海域地名录》（1988）和《舟山海域岛礁志》（1991）记为两兄弟屿（群岛）的一部分。《中国海域地名图集》（1991）记为外甩礁的一部分。《浙江海岛志》（1998）记为两兄弟屿-2。《全国海岛名称与代码》（2008）记为两兄弟屿-3。第二次全国海域地名普查时更名为两兄弟屿一岛。该岛位于两兄弟屿北侧，按顺序从南向北为第一个，故名。岸线长 415 米，面积 6 683 平方米，最高点海拔 17.4 米。基岩岛，由上侏罗统高坞组熔结凝灰岩、集块岩等构成。无植被。附近海域为甩山渔场。岛上建有中华人民共和国公布的中国领海基点两兄弟屿方位碑 1 座，中华人民共和国海事局两兄弟屿航标灯塔 1 座。

四姐妹北礁 (Sìjiěmèi Běijiāo)

北纬 30°09.7′，东经 122°52.1′。位于舟山市普陀区东极海域，中街山列岛东部，四姐妹南礁东北 15 米，属四姐妹岛（群岛），距大陆最近点 76.57 千米。

曾名里甩山，又名四姊妹岛、四姐妹岛、里甩、里甩礁、四姊妹岛-1、东块。里甩之名最早出现在清光绪《定海厅志》，民国《定海县志》载"里甩山（即四姐妹）"。《浙江省普陀县地名志》（1986）载："该岛从西面及西北海面上看，排列成四块，四姐妹岛名称可能由此而来，解放以后出版的各种图上均用四姐妹岛名称加括号里甩。里甩为当地习称，与东面相距 7.1 千米的两兄弟屿（习称外甩）合在一起，统称甩山。"又记载"由中块、东块、西块、笋、铁土 5 块岛和 1 块干出礁、3 块暗礁组成"，该岛即为其中的东块。《中国海洋岛屿简况》（1980）记为四姊妹岛的一部分。《中国海域地名志》（1989）记为东块，为四姐妹岛（群岛）（习称里甩）的一部分。《浙江省海域地名录》（1988）记为四姐妹岛（别名里甩礁）的一部分。《舟山海域岛礁志》（1991）记为四姐妹岛（岛礁群）的一部分。《中国海域地名图集》（1991）记为里甩礁的一部分。《浙江海岛志》（1998）和《全国海岛名称与代码》（2008）记为四姊妹岛-1。2010 年浙江省人民政府公布的第一批无居民海岛名称中记为四姐妹北礁。该岛在四姐妹岛群中位置偏北，故名。岸线长 165 米，面积 1 678 平方米，最高点海拔 15.9 米。基岩岛，由上侏罗统高坞组熔结凝灰岩、集块岩等构成。岛岸坡陡峭。无植被。潮间带以下多贻贝、藤壶、螺和紫菜等贝、藻类资源。附近海域是中街山渔场主要作业区，也是著名海钓区。

四姐妹东礁（Sìjiěmèi Dōngjiāo）

北纬 30°09.7′，东经 122°52.2′。位于舟山市普陀区东极海域，中街山列岛东部，四姐妹南礁东北 45 米，属四姐妹岛（群岛），距大陆最近点 76.61 千米。曾名里甩山，又名四姊妹岛、四姐妹岛、里甩、里甩礁、四姊妹岛-2、笋。里甩之名最早出现在清光绪《定海厅志》，民国《定海县志》载"里甩山（即四姐妹）"。《浙江省普陀县地名志》（1986）载："该岛从西面及西北海面上看，排列成四块，四姐妹岛名称可能由此而来，解放以后出版的各种图上均用四姐妹岛名称加括号里甩。里甩为当地习称，与东面相距 7.1 千米的两兄弟屿（习称外甩）合在一起，统称甩山。"又记载"由中块、东块、西块、笋、铁土 5 块岛和 1 块干出礁、3 块暗礁组成"，该岛即为其中的笋。《中国海洋岛屿简况》

（1980）记为四姊妹岛的一部分。《浙江省海域地名录》（1988）记为四姐妹岛（别名里甩礁）的一部分。《中国海域地名志》（1989）记为笋，为四姐妹岛（群岛）（习称里甩）的一部分。《舟山海域岛礁志》（1991）记为四姐妹岛（岛礁群）的一部分。《中国海域地名图集》（1991）记为里甩礁的一部分。《浙江海岛志》（1998）和《全国海岛名称与代码》（2008）记为四姊妹岛-2。2010年浙江省人民政府公布的第一批无居民海岛名称中记为四姐妹东礁。因该岛在四姐妹岛群中位置偏东，故名。岸线长77米，面积412平方米，最高点海拔17.2米。基岩岛，由上侏罗统高坞组熔结凝灰岩、集块岩等构成。岛岸坡陡峭。无植被。潮间带以下多贻贝、藤壶、螺和紫菜等贝、藻类资源。附近海域是中街山渔场主要作业区，也是著名海钓区。

四姐妹西礁（Sìjiěmèi Xījiāo）

北纬30°09.7′，东经122°52.1′。位于舟山市普陀区东极海域，中街山列岛东部，两兄弟屿西7.5千米，四姐妹南礁西20米，属四姐妹岛（群岛），距大陆最近点76.43千米。曾名里甩山，又名四姊妹岛、四姐妹岛、里甩、里甩礁、四姊妹岛-4、西块。里甩之名最早出现在清光绪《定海厅志》，民国《定海县志》载“里甩山（即四姐妹）”。《浙江省普陀县地名志》（1986）载：“该岛从西面及西北海面上看，排列成四块，四姐妹岛名称可能由此而来，解放以后出版的各种图上均用四姐妹岛名称加括号里甩。里甩为当地习称，与东面相距7.1千米的两兄弟屿（习称外甩）合在一起，统称甩山。”又记载“由中块、东块、西块、笋、铁土5块岛和1块干出礁、3块暗礁组成”，该岛即为其中的西块。《中国海洋岛屿简况》（1980）记为四姊妹岛的一部分。《中国海域地名志》（1989）记为西块，为四姐妹岛（群岛）（习称里甩）的一部分。《浙江省海域地名录》（1988）记为四姐妹岛（别名里甩礁）的一部分。《舟山海域岛礁志》（1991）记为四姐妹岛（岛礁群）的一部分。《中国海域地名图集》（1991）记为里甩礁的一部分。《浙江海岛志》（1998）、《全国海岛名称与代码》（2008）记为四姊妹岛-4。2010年浙江省人民政府公布的第一批无居民海岛名称中记为四姐妹西礁。因该岛在四姐妹岛群中位置偏西，故名。岸线长 239 米，面积 2 820 平方米，最高点海拔 12.1 米。基岩岛，由上侏罗统高坞组熔结凝灰岩、集块岩等构成。岛岸坡陡峭。无植被。潮间带以下多贻贝、藤壶、螺和紫菜等贝、藻类资源。附近海域是中街山渔场主要作业区，也是著名海钓区。岛上有国家大地控制点标志 1 个。

四姐妹南礁 (Sìjiěmèi Nánjiāo)

北纬 30°09.7′，东经 122°52.1′。位于舟山市普陀区东极海域，中街山列岛东部，两兄弟屿西 7.4 千米，属四姐妹岛（群岛），距大陆最近点 76.5 千米。曾名里甩山，又名四姊妹岛、四姐妹岛、里甩、里甩礁、四姊妹岛-3、中块。里甩之名最早出现在清光绪《定海厅志》，民国《定海县志》载“里甩山（即四姐妹）”。《浙江省普陀县地名志》（1986）载：“该岛从西面及西北海面上看，排列成四块，四姐妹岛名称可能由此而来，解放以后出版的各种图上均用四姐妹岛名称加括号里甩。里甩为当地习称，与东面相距 7.1 千米的两兄弟屿（习称外甩）合在一起，统称甩山。”又记载“由中块、东块、西块、笋、铁土 5 块岛和 1 块干出礁、3 块暗礁组成”，该岛即为其中的主岛中块。《中国海洋岛屿简况》（1980）记为四姊妹岛的一部分。《中国海域地名志》（1989）记为中块，为四姐妹岛（群岛）（习称里甩）的一部分。《浙江省海域地名录》（1988）记为四姐妹岛（别名里甩礁）的一部分。《舟山海域岛礁志》（1991）记为中块，为四姐妹岛（岛礁群）的主岛。《中国海域地名图集》（1991）记为里甩礁的一部分。《浙江海岛志》（1998）和《全国海岛名称与代码》（2008）记为四姊妹岛-3。2010 年浙江省人民政府公布的第一批无居民海岛名称中记为四姐妹南礁。因该岛在四姐妹岛群中位置偏南，故名。岸线长 307 米，面积 4 960 平方米，最高点海拔 26.9 米。基岩岛，由上侏罗统高坞组熔结凝灰岩、集块岩等构成。岛岸坡陡峭。无植被。潮间带以下多贻贝、藤壶、螺和紫菜等贝、藻类资源。附近海域是中街山渔场主要作业区，也是著名海钓区。

外风水礁 (Wàifēngshuǐ Jiāo)

北纬 30°08.8′，东经 122°45.4′。位于舟山市普陀区东极海域，属中街山列岛，距大陆最近点 65.91 千米。又名外风水。《浙江省普陀县地名志》（1986）

和《舟山海域岛礁志》（1991）记为外风水。《浙江省海域地名录》（1988）、《中国海域地名志》（1989）、《中国海域地名图集》（1991）、《浙江海岛志》（1998）、《全国海岛名称与代码》（2008）和 2010 年浙江省人民政府公布的第一批无居民海岛名称中均记为外风水礁。因岛周围在台风来临之前有起浪的征兆，当地称台风为风水，又位于里风水礁（低潮高地）之北，居外侧，故名。岸线长 186 米，面积 1 404 平方米。基岩岛，由燕山晚期钾长花岗岩构成。无植被。潮间带以下多贻贝、藤壶、螺和紫菜等贝、藻类资源。附近海域是中街山渔场主要作业区，也是著名海钓区。

大头颈礁（Dàtóujǐng Jiāo）

北纬 30°08.7′，东经 122°45.5′。位于舟山市普陀区东极海域，属中街山列岛，距大陆最近点 66.08 千米。按当地习称定名。岸线长 39 米，面积 104 平方米。基岩岛，由燕山晚期钾长花岗岩构成。无植被。

大马前礁（Dàmǎqián Jiāo）

北纬 30°08.6′，东经 122°46.2′。位于舟山市普陀区东极海域，属中街山列岛，距大陆最近点 66.94 千米。又名大墨鱼礁、大目鱼礁、大马前。《浙江省普陀县地名志》（1986）记为大马前礁，载“位处东福山马前嘴旁，面积较大，习称大马前。图上名称大墨鱼礁不确切，故 1984 年按习称命名”。《中国海洋岛屿简况》（1980）记为大目鱼礁。《浙江省海域地名录》（1988）、《中国海域地名志》（1989）、《中国海域地名图集》（1991）、《舟山海域岛礁志》（1991）、《浙江海岛志》（1998）、《全国海岛名称与代码》（2008）和 2010 年浙江省人民政府公布的第一批无居民海岛名称中均记为大马前礁。岸线长 356 米，面积 4 080 平方米，最高点海拔 10 米。基岩岛，由燕山晚期钾长花岗岩构成。无植被。附近海域是中街山渔场主要作业区，也是著名海钓区。

外角棚礁（Wàijiǎopéng Jiāo）

北纬 30°08.6′，东经 122°45.2′。位于舟山市普陀区东极海域，属中街山列岛，距大陆最近点 65.6 千米。曾名外沟邦，又名外角棚。《浙江省普陀县地名志》（1986）和《舟山海域岛礁志》（1991）记为外角棚。《浙江省海域地名录》

（1988）、《中国海域地名志》（1989）、《中国海域地名图集》（1991）、《浙江海岛志》（1998）、《全国海岛名称与代码》（2008）和 2010 年浙江省人民政府公布的第一批无居民海岛名称中均记为外角棚礁。该处有两个小海岛，形似两个角棚（渔具），此岛居外侧，故名。岸线长 221 米，面积 1 741 平方米，最高点海拔 14.1 米。基岩岛，由燕山晚期钾长花岗岩构成，节理发育。海岸高耸，壁立如削。无植被。潮间带以下多贻贝、藤壶、螺和紫菜等贝藻类资源。附近海域是中街山渔场主要作业区，也是著名海钓区。顶部建有航标灯桩 1 座。

小马前礁 (Xiǎomǎqián Jiāo)

北纬 30°08.6′，东经 122°46.3′。位于舟山市普陀区东极海域，属中街山列岛，距大陆最近点 67.12 千米。又名小马前。《浙江省普陀县地名志》（1986）和《舟山海域岛礁志》（1991）记为小马前礁，习称小马前。《浙江省海域地名录》（1988）、《中国海域地名志》（1989）、《中国海域地名图集》（1991）、《浙江海岛志》（1998）、《全国海岛名称与代码》（2008）和 2010 年浙江省人民政府公布的第一批无居民海岛名称中均记为小马前礁。岸线长 301 米，面积 1 877 平方米，最高点海拔 7.4 米。基岩岛，由燕山晚期钾长花岗岩构成。无植被。附近海域是中街山渔场主要作业区，也是著名海钓区。

里角棚礁 (Lǐjiǎopéng Jiāo)

北纬 30°08.6′，东经 122°45.3′。位于舟山市普陀区东极海域，外角棚礁南 50 米，属中街山列岛，距大陆最近点 65.61 千米。又名里角棚。《浙江省普陀县地名志》（1986）和《舟山海域岛礁志》（1991）记为里角棚礁，习称里角棚。《浙江省海域地名录》（1988）、《中国海域地名志》（1989）、《中国海域地名图集》（1991）、《浙江海岛志》（1998）、《全国海岛名称与代码》（2008）和 2010 年浙江省人民政府公布的第一批无居民海岛名称中均记为里角棚礁。该岛位于外角棚礁南面，居里侧，故名。岸线长 151 米，面积 563 平方米，最高点海拔 5.2 米。基岩岛，由燕山晚期钾长花岗岩构成，节理发育。无植被。潮间带以下多贻贝、藤壶、螺和紫菜等贝、藻类资源。附近海域是中街山渔场主要作业区，也是著名海钓区。

东大时罗 (Dōngdà Shíluó)

北纬 30°08.2′，东经 122°46.5′。位于舟山市普陀区东极海域，属中街山列岛，距大陆最近点 67.2 千米。因该岛在附近岛礁中面积相对较大，地方习称小岛礁为时罗，按当地习称定名。岸线长 63 米，面积 170 平方米。基岩岛，由燕山晚期钾长花岗岩构成，节理发育。无植被。

小盘礁 (Xiǎopán Jiāo)

北纬 30°08.1′，东经 122°45.2′。位于舟山市普陀区东极海域，属中街山列岛，距大陆最近点 65.21 千米。曾名小半礁，又名小盘。《中国海域地名志》（1989）记为小盘礁，载“因近大盘（今名大半盘），面积比其小，故名”。《浙江省普陀县地名志》（1986）和《舟山海域岛礁志》（1991）记为小盘。《浙江省海域地名录》（1988）和《中国海域地名图集》（1991）记为小盘礁。《浙江海岛志》（1998）记为小盘礁，又名小半礁。《全国海岛名称与代码》（2008）和 2010 年浙江省人民政府公布的第一批无居民海岛名称中均记为小盘礁。岸线长 335 米，面积 3 261 平方米，最高点海拔 9.8 米。基岩岛，由燕山晚期钾长花岗岩构成。无植被。潮间带以下多贻贝、藤壶、螺和紫菜等贝、藻类资源。附近海域是中街山渔场主要作业区，也是著名海钓区。

小盘南礁 (Xiǎopán Nánjiāo)

北纬 30°08.1′，东经 122°45.3′。位于舟山市普陀区东极海域，紧邻小盘礁东南岸，属中街山列岛，距大陆最近点 65.25 千米。位于小盘礁南侧，按当地习称定名。岸线长 22 米，面积 36 平方米。基岩岛，由燕山晚期钾长花岗岩构成。无植被。

中半边礁 (Zhōngbànbiān Jiāo)

北纬 30°08.1′，东经 122°45.3′。位于舟山市普陀区东极海域，属中街山列岛，距大陆最近点 65.35 千米。岸线长 112 米，面积 498 平方米。基岩岛，由燕山晚期钾长花岗岩构成。无植被。

外半边礁 (Wàibànbiān Jiāo)

北纬 30°08.1′，东经 122°45.3′。位于舟山市普陀区东极海域，属中街山列岛，距大陆最近点65.33千米。又名外半边。《浙江省普陀县地名志》（1986）和《舟山海域岛礁志》记为外半边礁，习称外半边。《浙江省海域地名录》（1988）、《中国海域地名志》（1989）、《中国海域地名图集》（1991）、《浙江海岛志》（1998）、《全国海岛名称与代码》（2008）和2010年浙江省人民政府公布的第一批无居民海岛名称中均记为外半边礁。当地村民习称外半边，当地方言称“侧旁”为“半边”，故名。岸线长136米，面积930平方米。基岩岛，由燕山晚期钾长花岗岩构成。无植被。附近海域是中街山渔场主要作业区，也是著名海钓区。

小乌深潭礁 (Xiǎowūshēntán Jiāo)

北纬30°08.0′，东经122°46.7′。位于舟山市普陀区东极海域，属中街山列岛，距大陆最近点67.3千米。因该岛邻近乌深潭礁（低潮高地）且面积较小，按当地习称定名。岸线长70米，面积301平方米。基岩岛，由燕山晚期钾长花岗岩构成。无植被。

尖角时罗 (Jiānjiǎo Shíluó)

北纬30°08.0′，东经122°45.4′。位于舟山市普陀区东极海域，属中街山列岛，距大陆最近点65.43千米。因岛体呈尖角状，当地称小岛礁为时罗，按当地习称定名。岸线长54米，面积180平方米。基岩岛，由燕山晚期钾长花岗岩构成。无植被。

东鱼爿礁 (Dōngyúpán Jiāo)

北纬30°07.8′，东经122°47.0′。位于舟山市普陀区东极海域，东大平礁北8米，属中街山列岛，距大陆最近点67.58千米。该岛形似一爿鱼鲞，习称鱼爿，按当地习称定名。岸线长56米，面积192平方米。基岩岛，由燕山晚期钾长花岗岩构成。无植被。

东大平礁 (Dōngdàpíng Jiāo)

北纬30°07.8′，东经122°47.0′。位于舟山市普陀区东极海域，属中街山列岛，距大陆最近点67.55千米。又名挑头、东大平。《浙江省普陀县地名志》（1986）和《舟山海域岛礁志》（1991）记为东大平礁，习称东大平。《浙江省海域地名录》（1988）和《浙江海岛志》（1998）记为东大平礁，别名挑头。《中国海域地名志》

（1989）、《中国海域地名图集》（1991）、《全国海岛名称与代码》（2008）和2010年浙江省人民政府公布的第一批无居民海岛名称中均记为东大平礁。因该岛面积较大，顶部较平坦，又处在东面，故名。岸线长313米，面积3 743平方米，最高点海拔35.1米。基岩岛，由燕山晚期钾长花岗岩构成，节理明显。岛岸高耸、陡峭。无植被。潮间带以下多贻贝、藤壶、螺和紫菜等贝、藻类资源。附近海域是中街山渔场主要作业区，也是著名海钓区。

东小平礁（Dōngxiǎopíng Jiāo）

北纬30°07.8′，东经122°47.0′。位于舟山市普陀区东极海域，东大平礁西南10米，属中街山列岛，距大陆最近点67.52千米。该岛紧邻东大平礁且面积较小，按当地习称定名。岸线长215米，面积2 159平方米，最高点海拔36米。基岩岛，由燕山晚期钾长花岗岩构成，节理明显。岛岸高耸、陡峭。无植被。

水底坞礁（Shuǐdǐwù Jiāo）

北纬30°07.8′，东经122°46.8′。位于舟山市普陀区东极海域，属中街山列岛，距大陆最近点67.3千米。按当地习称定名。岸线长40米，面积128平方米。基岩岛，由燕山晚期钾长花岗岩构成。无植被。

领头时罗（Lǐngtóu Shíluó）

北纬30°07.7′，东经122°46.0′。位于舟山市普陀区东极海域，属中街山列岛，距大陆最近点66.13千米。因岛形似衣服领子，当地称“衣领”为“领头”，称小岛礁为时罗，按当地习称定名。岸线长31米，面积54平方米。基岩岛，由燕山晚期钾长花岗岩构成。无植被。

外鸡礁（Wàijī Jiāo）

北纬30°07.7′，东经122°46.7′。位于舟山市普陀区东极海域，属中街山列岛，距大陆最近点67.16千米。又名鸡礁、外鸡。《浙江省普陀县地名志》（1986）载：“礁形如鸡，习称鸡礁，1984年按习称命名。由二个明礁，一个干出礁，4～5个暗礁组成……主礁外鸡。”《浙江省海域地名录》（1988）、《中国海域地名志》（1989）、《中国海域地名图集》（1991）和《舟山海域岛礁志》（1991）均记为鸡礁。2004年浙江省测绘与地理信息局出版的1: 10 000地形图“东福山”幅标注为外鸡。因岛形如鸡，居外侧，按当地习称定名。岸线长 67 米，面积 209 平方米。基岩岛，由燕山晚期钾长花岗岩构成。无植被。

西大乌峙 (Xīdàwū Zhì)

北纬 30°07.6′，东经 122°45.6′。位于舟山市普陀区东极海域，属中街山列岛，距大陆最近点 65.43 千米。《浙江省普陀县地名志》（1986）、《浙江省海域地名录》（1988）、《中国海域地名志》（1989）、《中国海域地名图集》（1991）和《舟山海域岛礁志》（1991）中均记为西大乌峙。因岛体较大，岛岩呈黑色，故名。岸线长 92 米，面积 494 平方米，最高点海拔 4.8 米。基岩岛，由燕山晚期钾长花岗岩构成。无植被。潮间带以下多贻贝、藤壶、螺和紫菜等贝藻类资源。附近海域是中街山渔场主要作业区，也是著名海钓区。

大麦杆礁 (Dàmàigǎn Jiāo)

北纬 30°06.3′，东经 122°17.5′。位于舟山市普陀区北部海域，舟山岛东北，属舟山群岛，距大陆最近点 27 千米。又名大麦杆、没过礁、没过。《浙江省普陀县地名志》（1986）记为大麦杆礁，习称没过，别名没过礁。《浙江省海域地名录》（1988）记为大麦秆礁，别名没过礁。《中国海域地名志》（1989）记为大麦秆礁，俗称没过。《舟山海域岛礁志》（1991）记为大麦杆，习称没过礁。《中国海域地名图集》（1991）、《浙江海岛志》（1998）、《全国海岛名称与代码》（2008）和 2010 年浙江省人民政府公布的第一批无居民海岛名称中均记为大麦杆礁。因该岛中部低洼处被海水淹没过，“没过”谐音为“麦秆”，在地名沿用过程中误为“麦杆”，又大于附近小麦杆礁（低潮高地），故名。岸线长 151 米，面积 1 267 平方米，最高点海拔 8.8 米。基岩岛，由上侏罗统九里坪组流纹斑岩构成。无植被。2006 年建有航标灯桩 1 座。

小梁横上礁 (Xiǎoliánghéng Shàngjiāo)

北纬 30°06.2′，东经 122°17.4′。位于舟山市普陀区北部海域，舟山岛东北，属舟山群岛，距大陆最近点 26.82 千米。又名小梁横岛-1。《浙江海岛志》（1998）记为 929 号无名岛。《全国海岛名称与代码》（2008）记为小梁横岛-1。2010 年浙江省人民政府公布的第一批无居民海岛名称中记为小梁横上礁。因该岛为小梁横岛（现已注销）北侧两个较大海岛之一，且居于北（上），故名。岸线长218米，面积797平方米，最高点海拔6.2米。基岩岛，由上侏罗统九里坪组流纹斑岩构成。无植被。

泥它礁（Nítā Jiāo）

北纬30°06.2′，东经122°18.2′。位于舟山市普陀区北部海域，舟山岛东北，属舟山群岛，距大陆最近点27.67千米。曾名岩礁，又名泥礁。民国《定海县志·册一》记为岩礁：“岩礁，在小梁横东北。”《浙江省普陀县地名志》（1986）和《舟山海域岛礁志》（1991）中记名为泥它礁，别名为泥礁。《浙江省海域地名录》（1988）中记为泥它礁。因表面呈泥黄色得名。岸线长24米，面积39平方米。基岩岛，由上侏罗统西山头组熔结凝灰岩夹凝灰质砂岩、凝灰岩等构成。无植被。附近水域是进出黄大洋的交通要道。岛上建有航标灯桩1座。

小梁横下礁（Xiǎoliánghéng Xiàjiāo）

北纬30°06.2′，东经122°17.4′。位于舟山市普陀区北部海域，舟山岛东北，属舟山群岛，距大陆最近点26.82千米。又名小梁横岛-2。《浙江海岛志》（1998）记为无名岛。《全国海岛名称与代码》（2008）记为小梁横岛-2。2010年浙江省人民政府公布的第一批无居民海岛名称中记为小梁横下礁。因该岛为小梁横岛（现已注销）北侧两个较大海岛之一，且居南（下），故名。岸线长226米，面积812平方米，最高点海拔8.1米。基岩岛，由上侏罗统九里坪组流纹斑岩构成。顶部长有草丛、灌木。

里镬西岛（Lǐhuò Xīdǎo）

北纬30°06.0′，东经122°21.5′。位于舟山市普陀区北部海域，舟山岛东北，里镬屿西北约10米，属舟山群岛，距大陆最近点30.91千米。因位于里镬屿西侧，第二次全国海域地名普查时命今名。岸线长78米，面积362平方米。基岩岛，由上侏罗统西山头组熔结凝灰岩夹凝灰质砂岩、凝灰岩等构成。无植被。

里镬屿（Lǐhuò Yǔ）

北纬30°06.0′，东经122°21.6′。位于舟山市普陀区北部海域，舟山岛东北，普陀城区东北约17.7千米，属舟山群岛，距大陆最近点30.9千米。又名里镬岛。

《中国海洋岛屿简况》（1980）、《浙江省普陀县地名志》（1986）、《浙江省海域地名录》（1988）、《中国海域地名志》（1989）、《中国海域地名图集》（1991）、《舟山海域岛礁志》（1991）和《全国海岛名称与代码》（2008）均记为里镬屿。《浙江海岛志》（1998）记为里镬岛。2010年浙江省人民政府公布的第一批无居民海岛名称中记为里镬屿。该岛与其东面的外镬屿均山形如镬，此岛靠近舟山岛，居里侧，故名。岸线长631米，面积0.022 1平方千米，最高点海拔34.7米。基岩岛，由上侏罗统西山头组熔结凝灰岩夹凝灰质砂岩、凝灰岩等构成。海岸为天然基岩岸线，有陡峭海蚀崖。土壤为粗骨土类和滨海盐土类。植被有白茅草丛，间有灌木。附近海域为船舶进入黄大洋必经水道。顶部建有航标灯桩1座。岸边有简易埠头，有水泥台阶通往灯桩。

黄北礁（Huángběi Jiāo）

北纬30°05.9′，东经122°18.6′。位于舟山市普陀区北部海域，舟山岛东北，属舟山群岛，距大陆最近点27.56千米。《浙江省普陀县地名志》（1986）、《浙江省海域地名录》（1988）和《舟山海域岛礁志》（1991）均记为黄北礁。岸线长43米，面积109平方米，最高点海拔4.7米。基岩岛，由白垩纪潜安山玢岩构成。无植被。

梁横东小岛（Liánghéng Dōngxiǎo Dǎo）

北纬30°05.6′，东经122°17.8′。位于舟山市普陀区北部海域，舟山岛东北，属舟山群岛，距大陆最近点26.39千米。第二次全国海域地名普查时命今名。岸线长60米，面积207平方米。基岩岛，由上侏罗统西山头组熔结凝灰岩夹凝灰质砂岩、凝灰岩等构成。无植被。

小青它北礁（Xiǎoqīngtā Běijiāo）

北纬30°05.4′，东经122°19.7′。位于舟山市普陀区北部海域，舟山岛东北，属舟山群岛，距大陆最近点28.03千米。岸线长32米，面积81平方米。基岩岛，由燕山晚期二长花岗岩构成。无植被。

铜礁（Tóng Jiāo）

北纬30°05.3′，东经122°20.4′。位于舟山市普陀区北部海域，舟山岛东北，属舟山群岛，距大陆最近点28.7千米。曾名钢礁。《浙江省海域地名录》（1988）

记为铜礁，曾名钢礁。《浙江省普陀县地名志》（1986）、《中国海域地名志》（1989）和《舟山海域岛礁志》（1991）均记为铜礁。因岛体呈黄铜色而得名。岸线长 63 米，面积 313 平方米，最高点海拔 9.4 米。基岩岛，由燕山晚期二长花岗岩构成。岛岸陡立、高耸。无植被。顶部建有航标灯桩 1 座。

展茅中柱礁 (Zhănmáo Zhōngzhù Jiāo)

北纬 30°04.3′，东经 122°17.0′。位于舟山市普陀区北部海域，舟山岛北 550 米，属舟山群岛，距大陆最近点 23.65 千米。又名中柱、中柱礁、中柱岛。《中国海洋岛屿简况》（1980）记为中柱。《浙江省普陀县地名志》（1986）、《浙江省海域地名录》（1988）、《中国海域地名志》（1989）、《舟山海域岛礁志》（1991）和《全国海岛名称与代码》（2008）均记为中柱礁。《浙江海岛志》（1998）记为中柱岛。2010 年浙江省人民政府公布的第一批无居民海岛名称中记为展茅中柱礁。该岛位于航道中，如一石柱，又居于展茅街道，故名。岸线长 368 米，面积 2 541 平方米，最高点海拔 11.5 米。基岩岛，由上侏罗统西山头组熔结凝灰岩夹凝灰质砂岩、凝灰岩等构成。岛岸壁立。植被有白茅、灌丛等。顶部有水泥杆测量标志 1 根。

赖补礁 (Làibŭ Jiāo)

北纬 30°04.0′，东经 122°16.2′。位于舟山市普陀区北部海域，舟山岛展茅长峙山外 190 米，属舟山群岛，距大陆最近点 22.46 千米。《浙江省普陀县地名志》（1986）、《浙江省海域地名录》（1988）和《舟山海域岛礁志》（1991）均记为赖补礁。该岛形似孵卵母鸡（俗称“懒孵”鸡），“懒孵”谐音写成“赖补”，故名。岸线长 19 米，面积 23 平方米。基岩岛，由上侏罗统西山头组熔结凝灰岩夹凝灰质砂岩、凝灰岩等构成。无植被。

外镬北岛 (Wàihuò Běidăo)

北纬 30°03.9′，东经 122°27.3′。位于舟山市普陀区东北海域，外镬屿东北偏北 30 米，属舟山群岛，距大陆最近点 36 千米。因位于外镬屿北侧，第二次全国海域地名普查时命今名。岸线长 213 米，面积 774 平方米。基岩岛，由上侏罗统西山头组熔结凝灰岩夹凝灰质砂岩、凝灰岩等构成。无植被。

外镬屿 (Wàihuò Yǔ)

北纬 30°03.9′，东经 122°27.3′。位于舟山市普陀区东北海域，舟山岛东约 11.9 千米，葫芦岛东北约 3.7 千米，属舟山群岛，距大陆最近点 35.77 千米。又名半边山。《浙江省普陀县地名志》（1986）、《浙江省海域地名录》（1988）和《舟山海域岛礁志》（1991）均记为外镬屿，又从东南—西北看该岛，状似半块，故别名半边山。《中国海洋岛屿简况》（1980）、《中国海域地名志》（1989）、《中国海域地名图集》（1991）、《浙江海岛志》（1998）、《全国海岛名称与代码》（2008）和 2010 年浙江省人民政府公布的第一批无居民海岛名称中均记为外镬屿。该岛与其西面的里镬屿都山形如镬，此岛距舟山岛较远，居外侧，故名。岸线长 797 米，面积 0.022 2 平方千米，最高点海拔 46.9 米。基岩岛，由上侏罗统西山头组熔结凝灰岩夹凝灰质砂岩、凝灰岩构成。岛岸有陡立的海蚀崖，山坡陡峭，顶部较缓。长有白茅草丛和灌木。潮间带以下长有藤壶、螺、贻贝和紫菜等贝、藻类生物，附近海域渔业资源丰富，为拖虾作业区。顶部建有航标灯桩 1 座。另有废弃灯桩 1 座。

黄石岩南岛 (Huángshíyán Nándǎo)

北纬 30°03.6′，东经 122°17.5′。位于舟山市普陀区北部海域，舟山岛展茅东岸外 36 米，属舟山群岛，距大陆最近点 23.18 千米。第二次全国海域地名普查时命今名。岸线长 17 米，面积 20 平方米。基岩岛。无植被。

香炉花瓶北礁 (Xiānglúhuāpíng Běijiāo)

北纬 30°03.5′，东经 122°28.7′。位于舟山市普陀区东北部海域，葫芦岛东北约 5.4 千米，属舟山群岛，距大陆最近点 37.54 千米。又名香炉花瓶-1、香炉花瓶礁、香炉花瓶。属香炉花瓶岛礁群。清康熙《定海县志》有香炉花瓶礁名称记载。《浙江省普陀县地名志》（1986）载：“由 3 块明礁、4 块干出礁组成。其中一块明礁形似花瓶，故称花瓶礁。一块明礁形似香螺。‘螺’，‘炉’当地音近，故误称为香炉礁。香炉花瓶为该组礁的统称。”《浙江省海域地名录》（1988）和《舟山海域岛礁志》（1991）记为香炉花瓶（群岛）。《中国海域地名图集》（1991）记为香炉花瓶礁。《浙江海岛志》（1998）记为香炉花瓶-1。

2010年浙江省人民政府公布的第一批无居民海岛名称中记为香炉花瓶北礁。因在香炉花瓶岛群中，该岛居北，故名。岸线长102米，面积763平方米，最高点海拔13.5米。基岩岛，由上侏罗统西山头组熔结凝灰岩夹凝灰质砂岩、凝灰岩等构成。岛上地势陡峻，岩石嶙峋、裸露。无植被。潮间带以下长有丰富的藤壶、螺、贻贝和海大麦、海青菜、紫菜等贝、藻类生物。

北鱼排岛 (Běiyúpái Dǎo)

北纬30°03.5′，东经122°28.7′。位于舟山市普陀区东北部海域，香炉花瓶北礁东南27米，属舟山群岛，距大陆最近点37.58千米。因在鱼排岛群中该岛位置偏北，第二次全国海域地名普查时命今名。岸线长38米，面积117平方米。基岩岛，由上侏罗统西山头组熔结凝灰岩夹凝灰质砂岩、凝灰岩等构成。无植被。

南鱼排岛 (Nányúpái Dǎo)

北纬30°03.5′，东经122°28.7′。位于舟山市普陀区东北部海域，属舟山群岛，距大陆最近点37.56千米。因在鱼排岛群中该岛位置偏南，第二次全国海域地名普查时命今名。岸线长51米，面积182平方米。基岩岛，由上侏罗统西山头组熔结凝灰岩夹凝灰质砂岩、凝灰岩等构成。无植被。

香炉花瓶中礁 (Xiānglúhuāpíng Zhōngjiāo)

北纬30°03.4′，东经122°28.8′。位于舟山市普陀区东北部海域，葫芦岛东北约5.4千米，属舟山群岛，距大陆最近点37.62千米。又名香炉花瓶-3、香炉花瓶礁、香炉花瓶。属香炉花瓶岛礁群。清康熙《定海县志》有香炉花瓶礁名称记载。《浙江省普陀县地名志》（1986）载："由3块明礁、4块干出礁组成。其中一块明礁形似花瓶，故称花瓶礁。一块明礁形似香螺。'螺'，'炉'当地音近，故误称为香炉礁。香炉花瓶为该组礁的统称。"《浙江省海域地名录》（1988）和《舟山海域岛礁志》（1991）记为香炉花瓶（群岛）。《中国海域地名图集》（1991）记为香炉花瓶礁。《浙江海岛志》（1998）记为香炉花瓶-3。2010年浙江省人民政府公布的第一批无居民海岛名称中记为香炉花瓶中礁。因在香炉花瓶岛群中，该岛位置居中，故名。岸线长125米，面积736平方米，最高点海拔6.6米。基岩岛，由上侏罗统西山头组熔结凝灰岩夹凝灰质砂岩、凝灰岩等构成。地势低缓。无植被。潮间带以下长有丰富的藤壶、螺、贻贝和海大麦、海青菜、紫菜等贝、藻类生物。

香炉花瓶东礁 (Xiānglúhuāpíng Dōngjiāo)

北纬 30°03.4′，东经 122°29.0′。位于舟山市普陀区东北部海域，葫芦岛东北约 5.7 千米，属舟山群岛，距大陆最近点 37.92 千米。又名香炉花瓶-4、香炉花瓶礁、香炉花瓶。属香炉花瓶岛礁群。清康熙《定海县志》有香炉花瓶礁名称记载。《浙江省普陀县地名志》（1986）载："由 3 块明礁、4 块干出礁组成。其中一块明礁形似花瓶，故称花瓶礁。一块明礁形似香螺。'螺'，'炉'当地音近，故误称为香炉礁。香炉花瓶为该组礁的统称。"《浙江省海域地名录》（1988）和《舟山海域岛礁志》（1991）记为香炉花瓶（群岛）。《中国海域地名图集》（1991）记为香炉花瓶礁。《浙江海岛志》（1998）记为香炉花瓶-4。2010 年浙江省人民政府公布的第一批无居民海岛名称中记为香炉花瓶东礁。因在香炉花瓶岛群中，该岛位置偏东，故名。岸线长 115 米，面积 865 平方米，最高点海拔 6.5 米。基岩岛，由上侏罗统西山头组熔结凝灰岩夹凝灰质砂岩、凝灰岩等构成。无植被。潮间带以下长有丰富的藤壶、螺、贻贝和海大麦、海青菜、紫菜等贝、藻类生物。建有航标灯桩 1 座。

骐骥山西礁 (Qíjìshān Xījiāo)

北纬 30°03.3′，东经 122°18.8′。位于舟山市普陀区北部海域，属舟山群岛，距大陆最近点 24.37 千米。因位于骐骥山岛西侧，按当地习称定名。岸线长 22 米，面积 37 平方米。基岩岛，由燕山晚期侵入二长花岗岩构成。无植被。

燕南岛 (Yānnán Dǎo)

北纬 30°03.3′，东经 122°25.2′。位于舟山市普陀区北部海域，属舟山群岛，距大陆最近点 32.39 千米。因位于葫芦燕礁南侧，第二次全国海域地名普查时命今名。岸线长 69 米，面积 275 平方米。基岩岛，由上侏罗统西山头组熔结凝灰岩夹凝灰质砂岩、凝灰岩等构成。无植被。

中燕礁 (Zhōngyān Jiāo)

北纬 30°03.3′，东经 122°25.1′。位于舟山市普陀区北部海域，葫芦岛北约 1.3

千米，属舟山群岛，距大陆最近点 32.32 千米。《浙江省普陀县地名志》（1986）、《浙江省海域地名录》（1988）、《中国海域地名志》（1989）、《舟山海域岛礁志》（1991）、《浙江海岛志》（1998）、《全国海岛名称与代码》（2008）和 2010 年浙江省人民政府公布的第一批无居民海岛名称均记为中燕礁。岸线长 224 米，面积 1 291 平方米，最高点海拔 8.6 米。基岩岛，由上侏罗统西山头组熔结凝灰岩夹凝灰质砂岩、凝灰岩等构成。无植被。

香炉花瓶西礁 (Xiānglúhuāpíng Xījiāo)

北纬 30°03.2′，东经 122°28.4′。位于舟山市普陀区东北部海域，葫芦岛东北约 4.7 千米，属舟山群岛，距大陆最近点 36.85 千米。又名香炉花瓶-5、香炉花瓶礁、香炉花瓶。属香炉花瓶岛礁群。清康熙《定海县志》有香炉花瓶礁名称记载。《浙江省普陀县地名志》（1986 年）载："由 3 块明礁、4 块干出礁组成。其中一块明礁形似花瓶，故称花瓶礁。一块明礁形似香螺。'螺'，'炉'当地音近，故误称为香炉礁。香炉花瓶为该组礁的统称。"《浙江省海域地名录》（1988）和《舟山海域岛礁志》（1991）记为香炉花瓶（群岛）。《中国海域地名图集》（1991）记为香炉花瓶礁。《浙江海岛志》（1998）记为香炉花瓶-5。2010 年浙江省人民政府公布的第一批无居民海岛名称中记为香炉花瓶西礁。因在香炉花瓶岛群中，该岛居西，故名。岸线长 75 米，面积 339 平方米，最高点海拔 15.2 米。基岩岛，由上侏罗统西山头组熔结凝灰岩夹凝灰质砂岩、凝灰岩等构成。岛上地势陡峻，岩石高耸、裸露，是香炉花瓶岛礁群中最高的海岛。无植被。潮间带以下长有丰富的藤壶、螺、贻贝和海大麦、海青菜、紫菜等贝、藻类生物。

花瓶小岛 (Huāpíng Xiǎodǎo)

北纬 30°03.2′，东经 122°28.4′。位于舟山市普陀区东北部海域，香炉花瓶西礁南 30 米，属舟山群岛，距大陆最近点 36.89 千米。位于花瓶岛群中，面积较小，第二次全国海域地名普查时命今名。岸线长 59 米，面积 140 平方米。基岩岛，由上侏罗统西山头组熔结凝灰岩夹凝灰质砂岩、凝灰岩等构成。无植被。

里燕礁 (Lǐyān Jiāo)

北纬 30°03.0′，东经 122°25.1′。位于舟山市普陀区北部海域，小葫芦北岛与中燕礁之间，小葫芦北岛东北 88 米，属舟山群岛，距大陆最近点 32.05 千米。《浙江省普陀县地名志》（1986）、《浙江省海域地名录》（1988）、《中国海域地名志》（1989）、《中国海域地名图集》（1991）、《舟山海域岛礁志》（1991）、《浙江海岛志》（1998）、《全国海岛名称与代码》（2008）和 2010 年浙江省人民政府公布的第一批无居民海岛名称中均记为里燕礁。因该岛距葫芦岛比中燕礁近，居里侧，故名。岸线长 152 米，面积 575 平方米。基岩岛，由上侏罗统西山头组熔结凝灰岩夹凝灰质砂岩、凝灰岩等构成。无植被。

小葫芦北岛 (Xiǎohúlu Běidǎo)

北纬 30°02.9′，东经 122°25.0′。位于舟山市普陀区北部海域，葫芦岛西北约 540 米，属舟山群岛，距大陆最近点 31.77 千米。又名小葫芦岛、小葫芦岛-1。《中国海洋岛屿简况》（1980）、《浙江省普陀县地名志》（1986）、《浙江省海域地名录》（1988）、《中国海域地名志》（1989）、《中国海域地名图集》（1991）和《舟山海域岛礁志》（1991）均记为小葫芦岛的一部分。《浙江海岛志》（1998）记为 971 号无名岛。《全国海岛名称与代码》（2008）记为葫芦岛-1。2010 年浙江省人民政府公布的第一批无居民海岛名称中记为小葫芦北岛。因该岛位置偏北，故名。岸线长 1.59 千米，面积 0.050 2 平方千米，最高点海拔 55.2 米。基岩岛，由上侏罗统西山头组熔结凝灰岩夹凝灰质砂岩、凝灰岩等构成。岛上地势北高南低，山坡陡峭。岛岸为天然基岩岸线，海岸破碎，海蚀崖陡立，多海蚀裂隙和海蚀洞穴。植被有草丛、灌木。潮间带以下长有丰富的藤壶、螺、贻贝和紫菜等贝、藻类生物。

小轿礁 (Xiǎojiào Jiāo)

北纬 30°02.8′，东经 122°24.2′。位于舟山市普陀区北部海域，属舟山群岛，距大陆最近点 30.6 千米。又名轿礁-2。《浙江海岛志》（1998）记为小轿礁。《全国海岛名称与代码》（2008）记为轿礁-2。2010 年浙江省人民政府公布的第一批无居民海岛名称中记为小轿礁。岸线长 316 米，面积 3 282 平方米。基岩岛，由燕山晚期钾长花岗岩构成。仅岩缝间长有少量禾草。附近海域为航道。

小轿南岛 (Xiǎojiào Nándǎo)

北纬 30°02.8′，东经 122°24.2′。位于舟山市普陀区北部海域，小轿礁东南

5 米，属舟山群岛，距大陆最近点 30.63 千米。因位于小轿礁南侧，第二次全国海域地名普查时命今名。岸线长 123 米，面积 954 平方米。基岩岛，由燕山晚期钾长花岗岩构成。无植被。

小葫芦北礁 (Xiǎohúlu Běijiāo)

北纬 30°02.7′，东经 122°25.1′。位于舟山市普陀区北部海域，属舟山群岛，距大陆最近点 31.72 千米。又名小葫芦岛-4。《浙江海岛志》（1998）记为 974 号无名岛。《全国海岛名称与代码》（2008）记为小葫芦岛-4。2010 年浙江省人民政府公布的第一批无居民海岛名称中记为小葫芦北礁。岸线长 137 米，面积 1 061 平方米。基岩岛，由上侏罗统西山头组熔结凝灰岩夹凝灰质砂岩、凝灰岩等构成。无植被。

小葫芦南上岛 (Xiǎohúlu Nánshàng Dǎo)

北纬 30°02.5′，东经 122°25.1′。位于舟山市普陀区北部海域，属舟山群岛，距大陆最近点 31.61 千米。在附近数个海岛中，此岛处最北 (上)，第二次全国海域地名普查时命今名。岸线长 157 米，面积 746 平方米。基岩岛，由上侏罗统西山头组熔结凝灰岩夹凝灰质砂岩、凝灰岩等构成。植被有草丛、灌木。

小葫芦南屿 (Xiǎohúlu Nányǔ)

北纬 30°02.5′，东经 122°25.1′。位于舟山市普陀区北部海域，属舟山群岛，距大陆最近点 31.6 千米。又名小葫芦岛 -3。《浙江海岛志》（1998）记为 976 号无名岛。《全国海岛名称与代码》（2008）记为小葫芦岛 -3。2010 年浙江省人民政府公布的第一批无居民海岛名称中记为小葫芦南屿。岸线长 445 米，面积 2 269 平方米，最高点海拔 12.2 米。基岩岛，由上侏罗统西山头组熔结凝灰岩夹凝灰质砂岩、凝灰岩等构成。岛上地形崎岖，海岸破碎。植被有草丛、灌木。

小葫芦南下岛 (Xiǎohúlu Nánxià Dǎo)

北纬 30°02.5′，东经 122°25.0′。位于舟山市普陀区北部海域，属舟山群岛，距大陆最近点 31.37 千米。在附近数个海岛中，此岛处最南 (下)，第二次全国海域地名普查时命今名。岸线长 76 米，面积 280 平方米。基岩岛，由上侏罗统西山头组熔结凝灰岩夹凝灰质砂岩、凝灰岩等构成。长有草丛、灌木。

后背大礁 (Hòubèi Dàjiāo)

北纬 30°02.4′，东经 122°25.5′。位于舟山市普陀区北部海域，葫芦岛东北岸外 12 米，属舟山群岛，距大陆最近点 32.09 千米。位于葫芦岛上居民聚居地背靠山体的后侧（北侧），且有一定的面积，按当地习称定名。岸线长 103 米，面积 361 平方米。基岩岛，由上侏罗统西山头组熔结凝灰岩夹凝灰质砂岩、凝灰岩等构成。无植被。

港礁 (Gǎng Jiāo)

北纬 30°02.3′，东经 122°25.6′。位于舟山市普陀区北部海域，葫芦岛东北岸外 10 米，属舟山群岛，距大陆最近点 32.04 千米。又名葫芦岛-2。《浙江海岛志》（1998）记为 981 号无名岛。《全国海岛名称与代码》（2008）记为葫芦岛-2。2010 年浙江省人民政府公布的第一批无居民海岛名称中记为港礁。因靠近葫芦港而得名。岸线长 117 米，面积 789 平方米，最高点海拔 10.3 米。基岩岛，由上侏罗统西山头组熔结凝灰岩夹凝灰质砂岩、凝灰岩等构成。岛岸陡立，乱石嶙峋。无植被。

葫芦小平礁 (Húlu Xiǎopíng Jiāo)

北纬 30°02.1′，东经 122°25.2′。位于舟山市普陀区北部海域，紧邻葫芦岛西岸，属舟山群岛，距大陆最近点 31.44 千米。又名葫芦岛-1。《浙江海岛志》（1998）记为 978 号无名岛。《全国海岛名称与代码》（2008）记为葫芦岛-1。2010 年浙江省人民政府公布的第一批无居民海岛名称中记为葫芦小平礁。因岛小且较平，紧邻葫芦岛，故名。岸线长 33 米，面积 75 平方米。基岩岛，由上侏罗统西山头组熔结凝灰岩夹凝灰质砂岩、凝灰岩等构成。无植被。

普陀龙头岛 (Pǔtuó Lóngtóu Dǎo)

北纬 30°02.1′，东经 122°24.2′。位于舟山市普陀区北部海域，属舟山群岛，距大陆最近点 29.87 千米。第二次全国海域地名普查时命今名。岸线长 81 米，面积 278 平方米。基岩岛，由燕山晚期侵入钾长花岗岩构成。无植被。

葫芦岛 (Húlu Dǎo)

北纬 30°02.0′，东经 122°25.5′。位于舟山市普陀城区东北 14.2 千米，属舟山群岛，距大陆最近点31.23千米。曾名葫芦山。清康熙《定海县志》及民国《定海县志》均有葫芦山之名。《中国海洋岛屿简况》（1980）、《浙江省普陀县地名志》（1986）、《浙江省海域地名录》（1988）、《中国海域地名志》（1989）、《中国海域地名图集》（1991）、《舟山海域岛礁志》（1991）、《浙江海岛志》（1998）和《全国海岛名称与代码》（2008）均记为葫芦岛。因岛形似葫芦而得名。

岸线长10.6千米，面积0.907 4平方千米，最高点海拔87.5米。基岩岛，主要由上侏罗统西山头组熔结凝灰岩夹凝灰质砂岩、凝灰岩等构成。海岸线弯曲，湾岬相间，海蚀地貌发育。土壤有红壤和滨海盐土2个土类。植被有草丛、针叶林和草木栽培植被，间有少量檵木灌丛和阔叶林。潮间带及附近海域生物资源丰富。东为洋鞍渔场，西北为岱衢洋，渔业资源十分丰富。

有居民海岛。有葫芦村，有黄沙、沙埕、宫沿、老佃厂4个自然村，2009年12月户籍人口1 918人，但存在户口在岛人不在岛的情况。建有多处客运、渔用码头。经济结构单一，村民几乎全部从事渔业和为渔业服务行业。渔业以海洋对网捕捞和张网作业为主。岛上淡水资源缺乏，水资源开发利用为地表水和地下水相结合，有库塘、坑道井和水井等多处。通过与普陀山岛间的海底电缆由舟山电网供电。

葫芦大圆礁（Húlu Dàyuán Jiāo）

北纬30°01.9′，东经122°25.5′。位于舟山市普陀区北部海域，葫芦岛西岸中部小黄沙头自然村西侧，距葫芦岛约20米，属舟山群岛，距大陆最近点31.59千米。又名葫芦岛-4。《浙江海岛志》（1998）记为985号无名岛。《全国海岛名称与代码》（2008）记为葫芦岛-4。2010年浙江省人民政府公布的第一批无居民海岛名称中记为葫芦大圆礁。因从东望去，岛形浑圆且较大，位近葫芦岛，故名。岸线长130米，面积912平方米，最高点海拔17.2米。基岩岛，由上侏罗统西山头组熔结凝灰岩夹凝灰质砂岩、凝灰岩等构成。地势陡峭，岩石大片裸露，顶部长有草丛、灌木。

龙南礁（Lóngnán Jiāo）

北纬30°01.7′，东经122°24.4′。位于舟山市普陀区北部海域，属舟山群岛，距大陆最近点 29.82 千米。又名普陀山-1。《浙江省普陀县地名志》（1986）、《浙江省海域地名录》（1988）、《中国海域地名图集》（1991）和《舟山海域岛礁志》（1991）均记为龙南礁。《浙江海岛志》（1998）记为 986 号无名岛。《全国海岛名称与代码》（2008）记为普陀山-1。2010 年浙江省人民政府公布的第一批无居民海岛名称中记为龙南礁。因该岛地处龙头山东南而得名。岸线长 159 米，面积 1 373 平方米，最高点海拔 11.1 米。基岩岛，由燕山晚期侵入钾长花岗岩构成。岛顶部平缓，岛岸为天然基岩岸线，岸坡陡立。无植被。

小南嘴礁 (Xiǎonánzuǐ Jiāo)

北纬 30°01.6′，东经 122°25.4′。位于舟山市普陀区北部海域，葫芦岛西南部小南嘴南岸外，属舟山群岛，距大陆最近点 31.27 千米。因靠近葫芦岛小南嘴，据当地习称定名。岸线长 123 米，面积 705 平方米。基岩岛，由上侏罗统西山头组熔结凝灰岩夹凝灰质砂岩、凝灰岩等构成。无植被。

葫芦南岛 (Húlu Nándǎo)

北纬 30°01.6′，东经 122°25.6′。位于舟山市普陀区北部海域，葫芦岛南部西岸外数米，属舟山群岛，距大陆最近点 31.43 千米。因该岛位于葫芦岛南侧，第二次全国海域地名普查时命今名。岸线长 231 米，面积 1 257 平方米。基岩岛，由上侏罗统西山头组熔结凝灰岩夹凝灰质砂岩、凝灰岩等构成。无植被。

大黄泥嵩岛 (Dàhuángnísōng Dǎo)

北纬 30°01.6′，东经 122°26.0′。位于舟山市普陀区北部海域，葫芦岛东南岸外数米，属舟山群岛，距大陆最近点 32.04 千米。又名葫芦岛-5。《浙江海岛志》（1998）记为 987 号无名岛。《全国海岛名称与代码》（2008）记为葫芦岛-5。因岛体呈黄色且面积较大，按当地习称定名。岸线长 220 米，面积 1 267 平方米，最高点海拔 24.1 米。基岩岛，由上侏罗统西山头组熔结凝灰岩夹凝灰质砂岩、凝灰岩等构成。无植被。

中黄泥嵩岛 (Zhōnghuángnísōng Dǎo)

北纬 30°01.6′，东经 122°26.0′。位于舟山市普陀区北部海域，葫芦岛东南岸外数米，紧邻大黄泥嵩岛西南岸，属舟山群岛，距大陆最近点 32.01 千米。

该岛位置、大小均居大黄泥嵩岛和小黄泥嵩岛之间，第二次全国海域地名普查时命今名。岸线长 136 米，面积 781 平方米。基岩岛，由上侏罗统西山头组熔结凝灰岩夹凝灰质砂岩、凝灰岩等构成。无植被。

小黄泥嵩岛（Xiǎohuángnísōng Dǎo）

北纬 30°01.5′，东经 122°25.9′。位于舟山市普陀区北部海域，葫芦岛东南岸外数米，中黄泥嵩岛西南 80 米，属舟山群岛，距大陆最近点 31.89 千米。因岛体呈黄色，面积较大黄泥嵩岛小，第二次全国海域地名普查时命今名。岸线长 152 米，面积 671 平方米。基岩岛，由上侏罗统西山头组熔结凝灰岩夹凝灰质砂岩、凝灰岩等构成。无植被。

南头小岛（Nántóu Xiǎodǎo）

北纬 30°01.5′，东经 122°25.7′。位于舟山市普陀区北部海域，葫芦岛南岸外，紧邻南头大礁西北岸，属舟山群岛，距大陆最近点 31.54 千米。该岛紧邻南头大礁且面积较小，第二次全国海域地名普查时命今名。岸线长 99 米，面积 450 平方米。基岩岛，由上侏罗统西山头组熔结凝灰岩夹凝灰质砂岩、凝灰岩等构成。无植被。

南头大礁（Nántóu Dàjiāo）

北纬 30°01.5′，东经 122°25.7′。位于舟山市普陀区北部海域，葫芦岛南端西南岸外，属舟山群岛，距大陆最近点 31.54 千米。又名葫芦岛-8。《浙江海岛志》（1998）记为 988 号无名岛。《全国海岛名称与代码》（2008）记为葫芦岛-8。2010 年浙江省人民政府公布的第一批无居民海岛名称中记为南头大礁。因位于葫芦岛南端且面积较大，故名。岸线长 247 米，面积 3 312 平方米，最高点海拔 25 米。基岩岛，由上侏罗统西山头组熔结凝灰岩夹凝灰质砂岩、凝灰岩等构成。无植被。

飞沙岙东岛（Fēishā'ào Dōngdǎo）

北纬 30°00.8′，东经 122°24.2′。位于舟山市普陀区北部海域，属舟山群岛，距大陆最近点 28.78 千米。因该岛位于飞沙岙东面，第二次全国海域地名普查时命今名。岸线长 58 米，面积 189 平方米。基岩岛，由燕山晚期侵入钾长花岗岩构成。无植被。

船礁 (Chuán Jiāo)

北纬 29°59.1′，东经 122°31.4′。位于舟山市普陀区东部海域，属舟山群岛，距大陆最近点 38.6 千米。《中国海洋岛屿简况》(1980)、《浙江省普陀县地名志》(1986)、《浙江省海域地名录》(1988)、《中国海域地名志》(1989)、《舟山海域岛礁志》(1991)、《浙江海岛志》(1998) 和《全国海岛名称与代码》(2008) 均记为船礁。2010 年浙江省人民政府公布的第一批无居民海岛名称中记为船礁。因岛似船形而得名。岸线长 120 米，面积 828 平方米，最高点海拔 6.4 米。基岩岛，由上侏罗统西山头组熔结凝灰岩夹凝灰质砂岩、凝灰岩等构成。无植被。附近海域渔业资源丰富，为捕捞作业区。岛上建有航标灯桩 1 座。

上外猫跳礁 (Shàngwài Māotiào Jiāo)

北纬 29°59.0′，东经 122°23.5′。位于舟山市普陀区北部海域，属舟山群岛，距大陆最近点 26.45 千米。又名外猫跳岛-1、外猫跳岛。《浙江海岛志》(1998) 记为外猫跳岛。《全国海岛名称与代码》(2008) 记为外猫跳岛-1。2010 年浙江省人民政府公布的第一批无居民海岛名称中记为上外猫跳礁。因居下外猫跳礁之北 (上)，故名。岸线长 109 米，面积 708 平方米，最高点海拔 5.1 米。基岩岛，由燕山晚期侵入钾长花岗岩构成。无植被。

下外猫跳礁 (Xiàwài Māotiào Jiāo)

北纬 29°58.9′，东经 122°23.5′。位于舟山市普陀区北部海域，属舟山群岛，距大陆最近点 26.5 千米。又名外猫跳岛-2。《浙江海岛志》(1998) 记为 1019 号无名岛。《全国海岛名称与代码》(2008) 记为外猫跳岛-2。2010 年浙江省人民政府公布的第一批无居民海岛名称中记为下外猫跳礁。因居上外猫跳礁之南 (下)，故名。岸线长 73 米，面积 250 平方米。基岩岛，由燕山晚期侵入钾长花岗岩构成。无植被。落潮时有岩滩与上外猫跳礁相连。

善财礁 (Shàncái Jiāo)

北纬 29°58.9′，东经 122°23.7′。位于舟山市普陀区北部海域，属舟山群岛，距大陆最近点 26.77 千米。又名大蚕礁、地蚕礁。清康熙《定海县志》载：“善财礁在潮音洞前大洋中，海浪触礁间恍如小艇投岸。也相传为善财南询参大士处。”《浙江省普陀县地名志》（1986）记为善财礁，别名地蚕礁，记载“根据神话传说，观音大士住在紫竹林不肯去观音院，该礁位于紫竹林近旁海域，好似观音菩萨近旁的善财童子，故称善财礁。又因礁形似地蚕，也有称大蚕礁的（面积比近旁小蚕礁大）”。《浙江省海域地名录》（1988）记为善财礁，别名地蚕礁。《中国海域地名志》（1989）、《中国海域地名图集》（1991）、《舟山海域岛礁志》（1991）和2010年浙江省人民政府公布的第一批无居民海岛名称中记为善财礁。据传为善财童子参观音菩萨处，是善财童子的化身，故名。岸线长33米，面积69平方米，最高点海拔3.5米。基岩岛，由燕山晚期钾长花岗岩构成。无植被。

南山屿 (Nánshān Yǔ)

北纬29°58.5′，东经122°22.9′。位于舟山市普陀区北部海域，属舟山群岛，距大陆最近点25.29千米。又名南山、西方殿岛。民国《普陀洛伽新志》记载为南山。《浙江海岛志》（1998）和《全国海岛名称与代码》（2008）记为西方殿岛。2010年浙江省人民政府公布的第一批无居民海岛名称中记为南山屿。岸线长272米，面积5 408平方米，最高点海拔17.1米。基岩岛，由燕山晚期侵入钾长花岗岩构成。岛上岩礁耸峙，怪石林立，有南天门、大观篷、狮岩等景点和“海岸孤绝处”“山海大观”“龙华大会”“砥柱南天”等众多摩崖石刻。大观篷南面有观景平台，台上有两块石头，上书“到此方知”“到处尘空”，平台路边墙壁上刻有“即心即佛”“人间净土”等。大观篷系清康熙年间僧通观所建，其入口处双岩对峙，即南天门。

南山屿西礁 (Nánshānyǔ Xījiāo)

北纬29°58.5′，东经122°22.8′。位于舟山市普陀区北部海域，南山屿西53米，属舟山群岛，距大陆最近点25.23千米。2010年浙江省人民政府公布的第一批无居民海岛名称中记为南山屿西礁。位于南山屿西侧，故名。岸线长35米，面积56平方米。基岩岛，由燕山晚期侵入钾长花岗岩构成。无植被。

北新罗小礁 (Běixīnluó Xiǎojiāo)

北纬29°58.5′，东经122°23.5′。位于舟山市普陀区北部海域，属舟山群岛，距大陆最近点 26.24 千米。又名新罗礁-1。《浙江海岛志》(1998)记为 1043 号无名岛。《全国海岛名称与代码》(2008)记为新罗礁-1。2010 年浙江省人民政府公布的第一批无居民海岛名称中记为北新罗小礁。岸线长 140 米,面积 825 平方米,最高点海拔 5.2 米。基岩岛,由燕山晚期侵入钾长花岗岩构成。无植被。

海岸屿 (Hǎi'àn Yǔ)

北纬 29°58.5′,东经 122°22.9′。位于舟山市普陀区北部海域,紧邻南山屿西南岸,属舟山群岛,距大陆最近点 25.26 千米。又名西方殿、西方殿岛-1。《中国海洋岛屿简况》(1980)记为西方殿。《浙江海岛志》(1998)记为 1042 号无名岛。《全国海岛名称与代码》(2008)记为西方殿岛-1。2010 年浙江省人民政府公布的第一批无居民海岛名称中记为海岸屿。因与南山屿上"海岸孤绝处"题刻相对,由之得名。岸线长 187 米,面积 1 575 平方米。下部平缓,上有巨石耸立。基岩岛,由燕山晚期钾长花岗岩构成,大片裸露。植被仅岛顶有分布。落潮时与南山屿相连。

洛迦山东礁 (Luòjiāshān Dōngjiāo)

北纬 29°58.1′,东经 122°26.8′。位于舟山市普陀区东部海域,属舟山群岛,距大陆最近点 30.97 千米。又名洛伽山-2。《浙江海岛志》(1998)记为 1059 号无名岛。《全国海岛名称与代码》(2008)记为洛伽山-2。2010 年浙江省人民政府公布的第一批无居民海岛名称中记为洛迦山东礁。岸线长 177 米,面积 1 464 平方米,最高点海拔 10 米。基岩岛,由上侏罗统西山头组熔结凝灰岩夹凝灰质砂岩、凝灰岩等构成。岛上地势西高东低,岸坡西陡东缓,地形崎岖。无植被。

洛迦山南礁 (Luòjiāshān Nánjiāo)

北纬 29°58.0′,东经 122°26.7′。位于舟山市普陀区东部海域,属舟山群岛,距大陆最近点 30.8 千米。又名洛伽山-1。《浙江海岛志》(1998)记为 1061 号无名岛。《全国海岛名称与代码》(2008)记为洛伽山-1。2010 年浙江省人民政府公布的第一批无居民海岛名称中记为洛迦山南礁。岸线长 332 米,面积 3 523 平方米,最高点海拔 12 米。基岩岛,由上侏罗统西山头组熔结凝灰岩夹凝灰质砂岩、凝灰岩等构成。无植被。

小洛迦山礁（Xiǎoluòjiāshān Jiāo）

北纬 29°58.0′，东经 122°26.7′。位于舟山市普陀区东部海域，属舟山群岛，距大陆最近点 30.76 千米。又名小洛伽山-1。《浙江海岛志》（1998）记为 1063 号无名岛。《全国海岛名称与代码》（2008）记为小洛伽山-1。2010 年浙江省人民政府公布的第一批无居民海岛名称中记为小洛迦山礁。岸线长 92 米，面积 563 平方米，最高点海拔 5.2 米。基岩岛，由上侏罗统西山头组熔结凝灰岩夹凝灰质砂岩、凝灰岩等构成。岛上地势东高西低，地面崎岖。无植被。

柱子山礁（Zhùzishān Jiāo）

北纬 29°57.6′，东经 122°22.2′。位于舟山市普陀区东部海域，属舟山群岛，距大陆最近点 23.74 千米。又名柱子山。《浙江海岛志》（1998）记为 1069 号无名岛。《全国海岛名称与代码》（2008）记为柱子山。2010 年浙江省人民政府公布的第一批无居民海岛名称中记为柱子山礁。岸线长 214 米，面积 1 459 平方米，最高点海拔 13.9 米。基岩岛，由燕山晚期钾长花岗岩构成。植被有灌木和茅草，仅见于岛顶部。

东柱礁（Dōngzhù Jiāo）

北纬 29°57.5′，东经 122°22.5′。位于舟山市普陀区东部海域，属舟山群岛，距大陆最近点 24.05 千米。《浙江海岛志》（1998）记为 1073 号无名岛。《全国海岛名称与代码》（2008）记为无名岛 ZOS11。2010 年浙江省人民政府公布的第一批无居民海岛名称中记为东柱礁。岸线长 153 米，面积 740 平方米，最高点海拔 7.6 米。基岩岛，由燕山晚期钾长花岗岩构成。岸线破碎，地形崎岖。植被稀疏，仅岛顶部有灌林和白茅草丛。

蛋尾巴小礁（Dànwěiba Xiǎojiāo）

北纬 29°57.3′，东经 122°27.6′。位于舟山市普陀区东部海域，属舟山群岛，距大陆最近点 31.85 千米。又名蛋尾巴、蛋尾巴礁、蛋尾巴礁-1。《浙江省普陀县地名志》（1986）和《浙江省海域地名录》（1988）记为蛋尾巴礁。《舟山海域岛礁志》（1991）记为蛋尾巴。《浙江海岛志》（1998）记为 1077 号无名岛。

《全国海岛名称与代码》（2008）记为蛋尾巴礁-1。2010年浙江省人民政府公布的第一批无居民海岛名称中记为蛋尾巴小礁。岸线长137米，面积688平方米。基岩岛，由上侏罗统西山头组熔结凝灰岩夹凝灰质砂岩、凝灰岩等构成。无植被。

白大礁 (Báidà Jiāo)

北纬29°57.2′，东经122°24.3′。位于舟山市普陀区东部海域，朱家尖岛月岙北侧山嘴外，属舟山群岛，距大陆最近点26.7千米。又名大礁、羊皮礁。《中国海洋岛屿简况》（1980）和《舟山海域岛礁志》（1991）记为大礁。《浙江省海域地名录》（1988）和《中国海域地名图集》（1991）记为羊皮礁。《浙江海岛志》（1998）和《全国海岛名称与代码》（2008）记为白大礁。因该岛落潮后面积较大，礁体颜色较白，故名。岸线长124米，面积889平方米，最高点海拔7.1米。基岩岛，由燕山晚期钾长花岗岩构成。地形破碎，多裂隙和乱石。无植被。

羊皮礁 (Yángpí Jiāo)

北纬29°57.1′，东经122°24.6′。位于舟山市普陀区东部海域，朱家尖岛月岙北山嘴东岸外，属舟山群岛，距大陆最近点27.06千米。曾名大礁。《浙江省普陀县地名志》（1986）记载：因形似羊皮，习称羊皮礁，原名大礁，为避免重名，1984年按习惯更名为羊皮礁。《舟山海域岛礁志》（1991）记为羊皮礁。因岛形似羊皮得名。岸线长97米，面积241平方米，最高点海拔7米。基岩岛，由燕山晚期钾长花岗岩构成。无植被。

大蟹北岛 (Dàxiè Běidǎo)

北纬29°57.0′，东经122°27.5′。位于舟山市普陀区东部海域，属舟山群岛，距大陆最近点31.68千米。第二次全国海域地名普查时命今名。岸线长62米，面积204平方米。基岩岛，由上侏罗统西山头组熔结凝灰岩夹凝灰质砂岩、凝灰岩等构成。无植被。

南蛋礁 (Nándàn Jiāo)

北纬29°57.0′，东经122°27.6′。位于舟山市普陀区东部海域，属舟山群岛，距大陆最近点31.71千米。《浙江海岛志》（1998）记为1090号无名岛。《全国海岛名称与代码》（2008）记为无名岛 ZOS15。2010 年浙江省人民政府公布的第一批无居民海岛名称中记为南蛋礁。岸线长 176 米，面积 1 578 平方米，最高点海拔 15.2 米。基岩岛，由上侏罗统西山头组熔结凝灰岩夹凝灰质砂岩、凝灰岩等构成。大部裸露，仅顶部长有几丛茅草。

小蟹礁 (Xiǎoxiè Jiāo)

北纬 29°56.9′，东经 122°27.6′。位于舟山市普陀区东部海域，南蛋礁与椅子礁之间，属舟山群岛，距大陆最近点 31.7 千米。曾名小礁。《舟山海域岛礁志》（1991）载："靠近大蟹礁而面积较小，习称小礁，为避免重名，以其形似蟹，1984 年改名为小蟹礁。"《浙江省普陀县地名志》（1986）、《浙江省海域地名录》（1988）和《中国海域地名图集》（1991）均记为小蟹礁。《浙江海岛志》（1998）记为 1091 号无名岛。《全国海岛名称与代码》（2008）记为无名岛 ZOS16。2010 年浙江省人民政府公布的第一批无居民海岛名称中记为小蟹礁。因岛形似螃蟹且面积较小，故名。岸线长 158 米，面积 1 513 平方米。基岩岛，由上侏罗统西山头组熔结凝灰岩夹凝灰质砂岩、凝灰岩等构成。无植被。

椅子礁 (Yǐzi Jiāo)

北纬 29°56.9′，东经 122°27.6′。位于舟山市普陀区东部海域，紧邻小蟹礁南岸，属舟山群岛，距大陆最近点 31.69 千米。《浙江海岛志》（1998）记为 1092 号无名岛。《全国海岛名称与代码》（2008）记为无名岛 ZOS17。2010 年浙江省人民政府公布的第一批无居民海岛名称中记为椅子礁。因岛形状似椅子而得名。岸线长 191 米，面积 1 854 平方米，最高点海拔 8.6 米。基岩岛，由上侏罗统西山头组熔结凝灰岩夹凝灰质砂岩、凝灰岩等构成。无植被。

落洋礁 (Luòyáng Jiāo)

北纬 29°56.8′，东经 122°23.9′。位于舟山市普陀区东部海域，朱家尖岛月岙村以西，仰天洋山嘴北岸外数米，属舟山群岛，距大陆最近点 25.83 千米。《浙江海岛志》（1998）和《全国海岛名称与代码》（2008）记为落洋礁。因与朱家尖岛仰天洋山嘴相邻，故名。岸线长 134 米，面积 891 平方米。基岩岛，由燕山晚期钾长花岗岩构成。无植被。

百亩田礁（Bǎimǔtián Jiāo）

北纬 29°56.7′，东经 122°13.5′。位于舟山市普陀区中西部海域，舟山岛南约 2.5 千米，里圆山屿西 460 米，属舟山群岛，距大陆最近点 10.07 千米。曾名四菜水礁，又名泗彩水、泗彩礁、金地伏。民国《定海县志》有四菜水礁名称记载。《浙江省普陀县地名志》（1986）记为泗彩礁，别名泗彩水、金地伏，记载“礁形似一个盘子上的四盆菜，习称泗彩水。1984 年命名为泗彩礁”。《中国海域地名志》（1989）和《舟山海域岛礁志》（1991）记为泗彩礁。《浙江海岛志》（1998）和《全国海岛名称与代码》（2008）记为百亩田礁。因落潮时出露面积达百亩田大，故名。岸线长 114 米，面积 622 平方米，最高点海拔 3.4 米。基岩岛，由下白垩统馆头组紫红色含砾砂岩、粉砂岩、熔结凝灰岩等构成。无植被。

两钱礁（Liǎngqián Jiāo）

北纬 29°56.7′，东经 122°26.8′。位于舟山市普陀区东部海域，属舟山群岛，距大陆最近点 30.46 千米。又名小铜钱礁、小铜钱。《浙江省普陀县地名志》（1986）载：“位处铜钱山旁，小于铜钱山，习称小铜钱礁。为避免重名，又由二块组成，故 1984 年命名为两钱礁。”《浙江省海域地名录》（1988）记为两钱礁，别名小铜钱。《中国海域地名图集》（1991）和《舟山海域岛礁志》（1991）记为两钱礁。由两块小礁石组成，故名。岸线长 27 米，面积 31 平方米，最高点海拔 4.5 米。基岩岛，由上侏罗统西山头组熔结凝灰岩夹凝灰质砂岩、凝灰岩等构成。植被有草丛、灌木。建有航标灯桩 1 座。

老圆屿（Lǎoyuán Yǔ）

北纬 29°56.7′，东经 122°25.5′。位于舟山市普陀区东部海域，属舟山群岛，距大陆最近点 28.35 千米。又名老园礁、老圆礁。《浙江海岛志》（1998）记为老圆礁。《全国海岛名称与代码》（2008）记为老园礁。2010 年浙江省人民政府公布的第一批无居民海岛名称中记为老圆屿。岸线长 503 米，面积 9 297 平方米，最高点海拔 15.5 米。基岩岛，由燕山晚期钾长花岗岩构成。岛岸陡峭，海岸破碎。岛顶部长有少量草丛、灌木。东侧海域为白沙水道。

装柴埠头岛（Zhuāngchái Bùtóu Dǎo）

北纬 29°56.7′，东经 122°25.3′。位于舟山市普陀区东部海域，朱家尖岛东北部装柴埠头东南，属舟山群岛，距大陆最近点 28.01 千米。因该岛位近朱家尖岛装柴埠头，第二次全国海域地名普查时命今名。岸线长 71 米，面积 205 平方米。基岩岛，由燕山晚期钾长花岗岩构成。无植被。

里圆山屿（Lǐyuánshān Yǔ）

北纬 29°56.6′，东经 122°13.8′。位于舟山市普陀区中西部海域，舟山岛南约 2.4 千米，属舟山群岛，距大陆最近点 10.38 千米。又名里圆山。《浙江省普陀县地名志》（1986）、《浙江省海域地名录》（1988）、《中国海域地名志》（1989）、《中国海域地名图集》（1991）、《舟山海域岛礁志》（1991）、《浙江海岛志》（1998）和《全国海岛名称与代码》（2008）均记为里圆山。2010 年浙江省人民政府公布的第一批无居民海岛名称中记为里圆山屿。此岛较外圆山屿靠里，故名。岸线长 321 米，面积 6 831 平方米，最高点海拔 17.5 米。基岩岛，由燕山晚期花岗斑岩构成。土壤有粗骨土类和滨海盐土类。植被有白茅草丛、日本野桐萌生灌丛等。

分水礁（Fēnshuǐ Jiāo）

北纬 29°56.6′，东经 122°19.4′。位于舟山市普陀区中部海域，舟山岛与朱家尖岛之间，舟山岛东南 490 米，属舟山群岛，距大陆最近点 18.77 千米。曾名半升桶礁。清康熙《定海县志》有分水礁名称记载。民国《定海县志·舆地》列名半升桶礁。《浙江省普陀县地名志》（1986）、《浙江省海域地名录》（1988）、《中国海域地名志》（1989）、《中国海域地名图集》（1991）和《舟山海域岛礁志》（1991）均记为分水礁。该岛位于舟山岛与朱家尖岛之间海域中，使涨落潮水分向两侧，故名。岸线长 77 米，面积 377 平方米，最高点海拔 5.9 米。基岩岛，由下白垩统馆头组熔结凝灰岩构成。无植被。建有航标灯桩和高压输电塔各 1 座，已明显改变岛上的地形地貌。

癞头圆山屿（Làitóu Yuánshān Yǔ）

北纬 29°56.5′，东经 122°14.5′。位于舟山市普陀区中西部海域，舟山岛南约 2 千米，里圆山屿东约 1.1 千米，属舟山群岛，距大陆最近点 11.35 千米。又名癞头圆山。《浙江省普陀县地名志》（1986）、《浙江省海域地名录》（1988）、《中国海域地名志》（1989）、《中国海域地名图集》（1991）、《舟山海域岛礁志》（1991）、《浙江海岛志》（1998）和《全国海岛名称与代码》（2008）均记为癞头圆山。2010 年浙江省人民政府公布的第一批无居民海岛名称中记为癞头圆山屿。因岛形圆，且植被稀少如癞头，故名。岸线长 217 米，面积 2 774 平方米，最高点海拔 11.3 米。基岩岛，由下白垩统馆头组紫红色含砾砂岩、粉砂岩、熔结凝灰岩构成。土壤有粗骨土类。植被有稀疏白茅草丛、灌木。常有海鸥等鸟类栖息。

外圆山屿 (Wàiyuánshān Yǔ)

北纬 29°56.4′，东经 122°13.8′。位于舟山市普陀区中西部海域，舟山岛南约 2.8 千米，里圆山屿南约 325 米，属舟山群岛，距大陆最近点 10.21 千米。又名外圆山。《浙江省普陀县地名志》（1986）、《浙江省海域地名录》（1988）、《中国海域地名志》（1989）、《中国海域地名图集》（1991）、《舟山海域岛礁志》（1991）、《浙江海岛志》（1998）和《全国海岛名称与代码》（2008）均记为外圆山。2010 年浙江省人民政府公布的第一批无居民海岛名称中记为外圆山屿。此岛较里圆山屿靠外，故名。岸线长 246 米，面积 3 618 平方米，最高点海拔 12.4 米。基岩岛，由下白垩统馆头组紫红色含砾砂岩、粉砂岩、熔结凝灰岩等构成。土壤为粗骨土类和滨海盐土类。植被有白茅草丛和日本野桐萌生灌丛。岛顶建有航标灯桩 1 座，1990 年改建，岛北侧有水泥台阶可通往灯桩。

大沙头东岛 (Dàshātóu Dōngdǎo)

北纬 29°56.3′，东经 122°27.4′。位于舟山市普陀区东部海域，属舟山群岛，距大陆最近点 31.19 千米。位于白沙乡大沙头村东面，第二次全国海域地名普查时命今名。岸线长 102 米，面积 471 平方米。基岩岛，由上侏罗统西山头组熔结凝灰岩夹凝灰质砂岩、凝灰岩等构成。无植被。

白沙门前礁 (Báishā Ménqián Jiāo)

北纬 29°56.3′，东经 122°26.9′。位于舟山市普陀区东部海域，属舟山群岛，距大陆最近点 30.4 千米。又名门前礁。由于该岛处在大沙头沙滩西南口，白沙交通渡口前面，当地居民习称门前礁。因与省内其他海岛重名，第二次全国海域地名普查时更为今名。因位于白沙乡大沙头村门前，故名。岸线长 138 米，面积 390 平方米。基岩岛，由上侏罗统西山头组熔结凝灰岩构成。无植被。

仙人礁 (Xiānrén Jiāo)

北纬 29°56.3′，东经 122°27.5′。位于舟山市普陀区东部海域，属舟山群岛，距大陆最近点 31.37 千米。1:25 000 地形图“普陀山”（1996 年）标注该岛为仙人礁。岸线长 71 米，面积 244 平方米。基岩岛，由上侏罗统西山头组熔结凝灰岩夹凝灰质砂岩、凝灰岩构成。无植被。

外厂上礁 (Wàichǎng Shàngjiāo)

北纬 29°56.1′，东经 122°25.2′。位于舟山市普陀区东部海域，朱家尖岛东岸外厂自然村以东，大沙里南山嘴岸外 10 米，属舟山群岛，距大陆最近点 27.62 千米。又名外圆礁、外厂礁、外厂礁-1。《浙江省普陀县地名志》（1986）载：“呈圆形。当地有里、外两块礁，该岛在外，故称外圆礁。为避免重名，礁又位近朱家尖岛外厂咀头，故 1984 年更名为外厂礁。”外厂礁是指外厂上礁、外厂中礁和外厂下礁所在的整个岛群。《中国海洋岛屿简况》（1980）记为外圆礁。《浙江省海域地名录》（1988）、《中国海域地名志》（1989）、《中国海域地名图集》（1991）、《舟山海域岛礁志》（1991）和《浙江海岛志》（1998）均记为外厂礁。《全国海岛名称与代码》（2008）记为外厂礁-1。2010 年浙江省人民政府公布的第一批无居民海岛名称中记为外厂上礁。因与外厂村相邻，位于外厂下礁之上（北），故名。岸线长 202 米，面积 1 327 平方米，最高点海拔 8.3 米。基岩岛，由燕山晚期钾长花岗岩构成。海岸地形破碎，地形崎岖。长有草丛。

外厂下礁 (Wàichǎng Xiàjiāo)

北纬 29°56.1′，东经 122°25.2′。位于舟山市普陀区东部海域，朱家尖岛东岸外厂自然村东，大沙里南山嘴岸外，属舟山群岛，距大陆最近点 27.69 千米。又名外圆礁、外厂礁、外厂礁-3。《浙江省普陀县地名志》（1986）载：“呈圆形。当地有里、外两块礁，该岛在外，故称外圆礁。为避免重名，礁又位近朱家尖岛外厂咀头，故 1984 年更名为外厂礁。”《中国海洋岛屿简况》（1980）记为外圆礁。《浙江省海域地名录》（1988）、《中国海域地名志》（1989）、《中国海域地名图集》（1991）、《舟山海域岛礁志》（1991）和《浙江海岛志》（1998）均记为外厂礁。《全国海岛名称与代码》（2008）记为外厂礁-3。2010年浙江省人民政府公布的第一批无居民海岛名称中记为外厂下礁。因与外厂村相邻，位于外厂上礁之下（南），故名。岸线长101米，面积510平方米。基岩岛，由燕山晚期钾长花岗岩构成。海岸破碎，地形崎岖。无植被。

小长嘴礁 (Xiǎochángzuǐ Jiāo)

北纬29°56.0′，东经122°27.5′。位于舟山市普陀区东部海域，属舟山群岛，距大陆最近点31.34千米。《浙江海岛志》（1998）记为1116号无名岛。《全国海岛名称与代码》（2008）记为无名岛ZOS19。2010年浙江省人民政府公布的第一批无居民海岛名称中记为小长嘴礁。岸线长174米，面积1 101平方米，最高点海拔约5米。基岩岛，由上侏罗统西山头组熔结凝灰岩夹凝灰质砂岩、凝灰岩等构成。无植被。潮间带以下长有丰富的藤壶、螺、贻贝和海大麦、海青菜、紫菜等贝、藻类生物。

大青蛙礁 (Dàqīngwā Jiāo)

北纬29°56.0′，东经122°27.6′。位于舟山市普陀区东部海域，小长嘴礁东10米，属舟山群岛，距大陆最近点31.41千米。《浙江海岛志》（1998）记为1117号无名岛。《全国海岛名称与代码》（2008）记为无名岛ZOS18。2010年浙江省人民政府公布的第一批无居民海岛名称中记为大青蛙礁。因岛形似青蛙而得名。岸线长122米，面积802平方米，最高点海拔8米。基岩岛，由上侏罗统西山头组熔结凝灰岩夹凝灰质砂岩、凝灰岩等构成。地形崎岖。无植被。潮间带以下长有丰富的藤壶、螺、贻贝和海大麦、海青菜、紫菜等贝、藻类生物。

狗脚爪礁 (Gǒujiǎozhuǎ Jiāo)

北纬29°55.9′，东经122°26.9′。位于舟山市普陀区东部海域，属舟山群岛，距大陆最近点30.35千米。《浙江海岛志》（1998）记为1118号无名岛。《全国海岛名称与代码》（2008）记为无名岛ZOS20。2010年浙江省人民政府公布的第一批无居民海岛名称中记为狗脚爪礁。因岛形似狗脚爪而得名。岸线长 160 米，面积 1 031 平方米，最高点海拔 6.5 米。基岩岛，由上侏罗统西山头组熔结凝灰岩夹凝灰质砂岩、凝灰岩等构成。无植被。

小青蛙礁 (Xiǎoqīngwā Jiāo)

北纬 29°55.9′，东经 122°27.4′。位于舟山市普陀区东部海域，属舟山群岛，距大陆最近点 31.15 千米。《浙江海岛志》（1998）记为 1119 号无名岛。《全国海岛名称与代码》（2008）记为无名岛 ZOS21。2010 年浙江省人民政府公布的第一批无居民海岛名称中记为小青蛙礁。因岛形似青蛙，与大青蛙礁相邻并较小，故名。岸线长 90 米，面积 348 平方米，最高点海拔 10.5 米。基岩岛，由上侏罗统西山头组熔结凝灰岩夹凝灰质砂岩、凝灰岩等构成。地势危峻，地形崎岖。无植被。

白沙大圆礁 (Báishā Dàyuán Jiāo)

北纬 29°55.8′，东经 122°27.6′。位于舟山市普陀区东部海域，属舟山群岛，距大陆最近点 31.42 千米。《浙江海岛志》（1998）记为 1120 号无名岛。《全国海岛名称与代码》（2008）记为无名岛 ZOS22。2010 年浙江省人民政府公布的第一批无居民海岛名称中记为白沙大圆礁。因岛形浑圆，位于白沙乡，故名。岸线长 214 米，面积 1 589 平方米，最高点海拔 21 米。基岩岛，由上侏罗统西山头组熔结凝灰岩夹凝灰质砂岩、凝灰岩等构成。地势危峻，地形崎岖，仅岛顶部岩缝长有少量茅草和灌木。

白刀礁 (Báidāo Jiāo)

北纬 29°55.8′，东经 122°28.1′。位于舟山市普陀区东部海域，属舟山群岛，距大陆最近点 32.12 千米。《浙江海岛志》（1998）记为 1121 号无名岛。《全国海岛名称与代码》（2008）记为无名岛 ZOS23。2010 年浙江省人民政府公布的第一批无居民海岛名称中记为白刀礁。因岛面平坦，形似菜刀（当地方言似“白刀”），故名。岸线长 131 米，面积 777 平方米，最高点海拔 11 米。基岩岛，由上侏罗统西山头组熔结凝灰岩夹凝灰质砂岩、凝灰岩等构成。无植被。

圆礁 (Yuán Jiāo)

北纬 29°55.6′，东经 122°28.2′。位于舟山市普陀区东部海域，属舟山群岛，距大陆最近点 32.22 千米。《浙江海岛志》（1998）记为 1123 号无名岛。《全国海岛名称与代码》（2008）记为无名岛 ZOS24。2010 年浙江省人民政府公布的第一批无居民海岛名称中记为圆礁。因从东南方向望，岛形浑圆，故名。岸线长 343 米，面积 4 765 平方米，最高点海拔 15.6 米。基岩岛，由上侏罗统西山头组熔结凝灰岩夹凝灰质砂岩、凝灰岩等构成。地形崎岖。岛岸为天然基岩海岸，有陡峭海蚀崖。无植被。

小乌龟礁 (Xiǎowūguī Jiāo)

北纬 29°55.6′，东经 122°25.6′。位于舟山市普陀区东部海域，朱家尖岛东岸小篮子山东北山嘴外，属舟山群岛，距大陆最近点 28.14 千米。《浙江海岛志》（1998）记为 1125 号无名岛。《全国海岛名称与代码》（2008）记为无名岛 ZOS25。2010 年浙江省人民政府公布的第一批无居民海岛名称中记为小乌龟礁。岸线长 126 米，面积 499 平方米。基岩岛，由燕山晚期钾长花岗岩构成。岸线破碎，地势低缓。无植被。

篮子山外岛 (Lánzishān Wàidǎo)

北纬 29°55.5′，东经 122°25.6′。位于舟山市普陀区东部海域，朱家尖岛东岸小篮子山东北山嘴外，属舟山群岛，距大陆最近点 28.09 千米。在小篮子山外侧的两个海岛中，该岛离朱家尖岛较远，居外侧，第二次全国海域地名普查时命今名。岸线长 72 米，面积 273 平方米。基岩岛，由燕山晚期钾长花岗岩构成。无植被。

篮子山里岛 (Lánzishān Lǐdǎo)

北纬 29°55.5′，东经 122°25.6′。位于舟山市普陀区东部海域，朱家尖岛东岸小篮子山东北山嘴外数米，小篮子山与篮子山外岛之间，属舟山群岛，距大陆最近点 28.07 千米。在小篮子山外侧的两个海岛中，该岛靠近朱家尖岛，居里侧，第二次全国海域地名普查时命今名。岸线长 116 米，面积 431 平方米。基岩岛，由燕山晚期钾长花岗岩构成。无植被。

诃乌贼埠头礁 (Hēwūzéi Bùtóu Jiāo)

北纬 29°55.2′，东经 122°25.4′。位于舟山市普陀区东部海域，朱家尖岛樟州湾东口内北侧，与朱家尖岛岸距数米，属舟山群岛，距大陆最近点27.76千米。《浙江海岛志》（1998）记为1126号无名岛。《全国海岛名称与代码》（2008）记为无名岛ZOS26。2010年浙江省人民政府公布的第一批无居民海岛名称中记为扚乌贼埠头礁。因附近海域多产乌贼，群众常在此埠头捕捞乌贼、停泊，故名，“扚”在当地方言中为“捕捞”之意。岸线长409米，面积4 248平方米，最高点海拔16.5米。基岩岛，由燕山晚期钾长花岗岩构成。岛岸为天然基岩海岸，有陡峭海蚀崖。顶部长有茅草和灌丛。

小礁 (Xiǎo Jiāo)

北纬29°55.2′，东经122°25.6′。位于舟山市普陀区东部海域，朱家尖岛樟州湾东口内北，扚乌贼埠头礁东侧，与朱家尖岛岸距5米，属舟山群岛，距大陆最近点28.07千米。《浙江海岛志》（1998）记为1128号无名岛。《全国海岛名称与代码》（2008）记为无名岛ZOS27。2010年浙江省人民政府公布的第一批无居民海岛名称中记为小礁。该岛与邻近的朱家尖大礁相比，面积较小，故名。岸线长115米，面积654平方米。基岩岛，由燕山晚期钾长花岗岩构成。无植被。

朱家尖大礁 (Zhūjiājiān Dàjiāo)

北纬29°55.2′，东经122°25.4′。位于舟山市普陀区东部海域，朱家尖岛樟州湾东口内北侧，扚乌贼埠头礁西南10米，属舟山群岛，距大陆最近点27.74千米。又名黄树龙。《浙江海岛志》（1998）记为1130号无名岛。《全国海岛名称与代码》（2008）记为无名岛ZOS28。当地俗称黄树龙。2010年浙江省人民政府公布的第一批无居民海岛名称中记为朱家尖大礁。该岛与东面的小礁相比，面积较大，且位于朱家尖街道，故名。岸线长257米，面积2 505平方米。基岩岛，由燕山晚期钾长花岗岩构成。岛岸为天然基岩海岸，岸线破碎。无植被。岛西南侧有简易埠头，埠头东北2米高处岩石上刻有“黄树龙”三字。岛上有简易石路、水泥板桥和供休息用坐凳，西南侧岸边有防护铁链。

大泰安屿 (Dàtài’ān Yǔ)

北纬29°54.5′，东经122°25.8′。位于舟山市普陀区东部海域，朱家尖岛樟州湾东口沿南侧，与朱家尖岛岸距3米，属舟山群岛，距大陆最近点28.23千米。又名大小礁、泰安。《浙江省普陀县地名志》（1986）记为大小礁，记载“因有大、小三块礁组成，习称大小礁，1984年按习称命名”。《浙江省海域地名录》（1988）和《舟山海域岛礁志》（1991）记为大小礁。《浙江海岛志》（1998）记为1134号无名岛。《全国海岛名称与代码》（2008）记为无名岛ZOS29。2010年浙江省人民政府公布的第一批无居民海岛名称中记为大泰安屿。附近海域是樟州湾渔民回港必经之路，故岛名泰安，以祈盼平安顺利。岸线长475米，面积6 858平方米，最高点海拔24.8米。基岩岛，由上侏罗统西山头组熔结凝灰岩夹凝灰质砂岩、凝灰岩等构成。岛岸为天然基岩岸线，岸坡陡峭。大部裸露，仅顶部岩缝长有少量茅草。

朱家尖岛 (Zhūjiājiān Dǎo)

北纬29°54.4′，东经122°22.9′。位于舟山岛东南约1.1千米，与普陀城区隔港相望，属舟山群岛，距大陆最近点18.49千米。曾名马秦山、顶岸山、北沙山、佛渡岛、福心岛、福兴岛、乌沙悬山、福兴山，又名朱家尖。古称马秦山，唐时称顶岸山，宋时岛之东、南、北三岸因金沙绵亘，又称北沙山。“观音故事传奇”中称佛渡岛、福心岛、福兴岛。最早记载朱家尖名称的是明嘉靖《定海县志》。清康熙《定海县志》载：“朱家尖山，离城一百里，山尖最为耸拔，可以瞭远。”民国《定海县志》载：“朱家尖，亦名乌沙悬山。”《中国古今地名大词典》（1931）载有“朱家尖岛”条。《中国海洋岛屿简况》（1980）记为朱家尖。《舟山海域岛礁志》（1991）记为朱家尖岛，古称福兴山。《浙江省普陀县地名志》（1986）、《浙江省海域地名录》（1988）、《中国海域地名志》（1989）、《中国海域地名图集》（1991）、《浙江海岛志》（1998）和《全国海岛名称与代码》（2008）均记为朱家尖岛。相传，古时候，岛上第二高峰“大山”上居住有朱姓人家，远近皆呼此山为“朱家大山”，岛由山得名。

该岛由原朱家尖、顺母、糯米潭等大小不等、互为独立的14个岛屿组成。由于海涂淤泥不断积累，岛屿间滩涂面积不断扩大升高，居民乘机筑起了海塘，经过明嘉靖年间以来近500年的不懈努力，筑成当今的岛形。岸线长84.88千米，面积64.328 3平方千米，最高点海拔378.6米。基岩岛，岛上岩石除西北部顺母、糯米潭两地为白垩系下统馆头组紫红色含砾粉砂岩、粉砂岩和熔结凝灰岩外，南北两侧主要为燕山晚期钾长花岗岩，仅西北端泗苏附近出露少量石英二长斑岩，中部西侧有少量上侏罗统九里坪组流纹斑岩，大部分为上侏罗统西山头组熔结凝灰岩夹凝灰岩、凝灰质砂岩等。海蚀地貌发育，其南部海岸和岬角边缘常见海蚀崖、柱、槽结合，海蚀崖高 10～30 米，有许多海蚀洞穴。海岸以基岩海岸为主，并有数量较大的人工海岸和砂砾质海岸分布。滩地以潮滩为主，主要由沙滩、砾石滩、岩滩和泥涂滩组成。岛上淡水资源有限，筑有水库、库塘、池塘和坑道井等多处。潮间带及附近海域有丰富的贝、藻类资源和其他渔业资源。

有居民海岛，有普陀区人民政府朱家尖街道办事处，下辖顺母、福兴、莲花、南沙、西岙、中欣、莲兴、三和 8 个渔（农）村社区，1 个居委会，62 个自然村，2009 年 12 月户籍人口 25 582 人。传统产业为种植业和渔业，20 世纪 80 年代以来，产业结构发生了变化。岛西北角定位为经济发展区和高新产业服务区，发展工业经济，已逐步形成水产加工、船舶修造、医药化工等产业。建有 4 000 亩高标准养殖塘，同时发展休闲渔业。1989 年 6 月，岛东部 28.8 平方千米区域成为普陀山国家级风景名胜区的组成部分，分为东南部滨海观光度假区、北部佛教文化旅游区、岛东部大乌石塘景区、岛西部游艇停泊基地、南部大青山生态旅游区和岛中部海岛旅游度假区等。建有普陀山机场、朱家尖海峡大桥、蜈蚣峙码头等基础设施，形成四通八达、海陆空立体交通网。建有自来水公司和 2 座污水处理站，有至舟山岛的跨海输水管道，市政基础设施比较完备。

小椅子岛 (Xiǎoyǐzi Dǎo)

北纬 29°54.1′，东经 122°25.5′。位于舟山市普陀区东部海域，朱家尖岛仰天坪东侧岸外，属舟山群岛，距大陆最近点 27.65 千米。因岛形似椅子且面积较小，第二次全国海域地名普查时命今名。岸线长 29 米，面积 43 平方米。基岩岛，由上侏罗统西山头组熔结凝灰岩夹凝灰质砂岩、凝灰岩构成。无植被。

鸡笼礁 (Jīlóng Jiāo)

北纬 29°53.9′，东经 122°25.5′。位于舟山市普陀区东部海域，朱家尖岛小乌石塘山嘴半头颈南岸近旁，属舟山群岛，距大陆最近点 27.77 千米。《浙江海岛志》（1998）记为1139号无名岛。《全国海岛名称与代码》（2008）记为无名岛ZOS31。2010年浙江省人民政府公布的第一批无居民海岛名称中记为鸡笼礁。该岛与朱家尖岛小乌石塘山嘴的鸡笼山相邻，故名。岸线长125米，面积1 057平方米。基岩岛，由上侏罗统西山头组熔结凝灰岩夹凝灰质砂岩、凝灰岩等构成。地形崎岖，大部裸露，仅顶部长有草丛。附近海域水流清澈，岩礁众多，渔业资源丰富。

西闪岛 (Xīshǎn Dǎo)

北纬29°53.7′，东经122°18.3′。位于舟山市普陀城区以南5.7千米，登步岛北870米，属舟山群岛，距大陆最近点15.34千米。曾名西闪山，又名西轩岛。民国《定海县志·册一》记为西闪山。《中国海洋岛屿简况》（1980）、《浙江省普陀县地名志》（1986）、《浙江省海域地名录》（1988）、《中国海域地名志》（1989）、《中国海域地名图集》（1991）、《舟山海域岛礁志》（1991）、《浙江海岛志》（1998）和《全国海岛名称与代码》（2008）均记为西闪岛。该岛好像登步岛西侧的“轩子间”，故称西轩岛。当地“闪”与“轩”同音，谐音为“西闪岛”。

该岛原分西闪上山、西闪下山等大小不同7个海岛，1979年填海连岛，建设水产实验养殖场，连为一个海岛。岸线长3.38千米，面积0.367 1平方千米，最高点海拔51.2米。基岩岛，由上侏罗统九里坪组流纹斑岩构成。植被以针叶林为主，有黑松林、阔叶林、灌丛。建有浙江省海洋水产研究所试验场和浙江省海水增养殖试验基地，包括一批办公、试验和生活用房与多处海水养殖试验场等，有试验场自有码头1座，常年有试验场数十名工作人员在岛上工作。岛南北各有码头1座，每日有专船往返沈家门。岛南侧有一块天然石块料岛名标志，上书“西轩岛”，旁边石板上刻有介绍文字。用水以地下水为主，自备发电机发电。

登步乌龟礁 (Dēngbù Wūguī Jiāo)

北纬29°53.7′，东经122°17.8′。位于舟山市普陀区中部海域，西闪岛西约70米，属舟山群岛，距大陆最近点15.3千米。又名上山、乌龟山。《中国海域地名图集》（1991）记为上山。《浙江海岛志》（1998）和《全国海岛名称与代码》（2008）记为乌龟山。2010 年浙江省人民政府公布的第一批无居民海岛名称中记为登步乌龟礁。因山形似乌龟，又居登步乡，故名。岸线长 175 米，面积 1 563 平方米，最高点海拔 6 米。基岩岛，由上侏罗统九里坪组流纹斑岩构成。大部裸露，仅顶部长有茅草丛。

朱家尖鸡娘礁 (Zhūjiājiān Jīniáng Jiāo)

北纬 29°53.6′，东经 122°26.2′。位于舟山市普陀区东部海域，朱家尖岛东岸，小乌石塘东南，牛泥塘山四跳嘴东岸外，属舟山群岛，距大陆最近点 28.84 千米。又名鸡娘礁。《中国海洋岛屿简况》（1980）、《浙江省普陀县地名志》（1986）、《浙江省海域地名录》（1988）、《中国海域地名志》（1989）、《中国海域地名图集》（1991）、《舟山海域岛礁志》（1991）、《浙江海岛志》（1998）和《全国海岛名称与代码》（2008）均记为鸡娘礁。2010 年浙江省人民政府公布的第一批无居民海岛名称中记为朱家尖鸡娘礁。因山形似母鸡（鸡娘），且位于朱家尖街道，故名。岸线长 285 米，面积 2 172 平方米，最高点海拔 13.3 米。基岩岛，由上侏罗统西山头组熔结凝灰岩夹凝灰质砂岩、凝灰岩构成。地形崎岖。无植被。潮间带以下长有丰富的藤壶、螺、贻贝等贝、藻类生物。

东闪岛 (Dōngshǎn Dǎo)

北纬 29°53.6′，东经 122°20.0′。位于舟山市普陀区中部海域，登步岛东北，距登步岛约 670 米，西闪岛东约 2 千米，属舟山群岛，距大陆最近点 18.61 千米。曾名东闪山，又名东轩岛。民国《定海县志·册一》有东闪山名称记载。《中国海洋岛屿简况》（1980）、《浙江省普陀县地名志》（1986）、《浙江省海域地名录》（1988）、《中国海域地名志》（1989）、《中国海域地名图集》（1991）、《舟山海域岛礁志》（1991）、《浙江海岛志》（1998）、《全国海岛名称与代码》（2008）和2010年浙江省人民政府公布的第一批无居民海岛名称均记为东闪岛。因该岛好像登步岛东侧的“轩子间”，故称东轩岛。当地“闪”与“轩”同音，谐音为东闪岛。岸线长 2.55 千米，面积 0.160 8 平方千米，最高点海拔 54.5 米。基岩岛，大部分区域为上侏罗统九里坪组流纹斑岩，东北部为上侏罗统茶湾组熔结凝灰岩、凝灰岩、凝灰质砂岩。植被以针叶林为主，有黑松林、檵木灌丛和茅草丛。岸边长有藤壶、螺和紫菜等贝、藻类。岛东北端建有航标灯桩1座。有3条来自朱家尖岛的海底光缆在本岛登陆，2条在东部，1条在岛北部。建有用于海底光缆登陆和信号传输服务的海缆警示标志1座、电线杆多根、小房子1间。

上双峦石屿 (Shàngshuāngluánshí Yǔ)

北纬29°53.5′，东经122°19.5′。位于舟山市普陀区中部海域，登步岛东北约1.1千米，西闪岛和东闪岛之间，西闪岛东约1.5千米，属舟山群岛，距大陆最近点18.06千米。又名双卵石、双卵石-1、双峦石。《中国海洋岛屿简况》（1980）、《浙江省普陀县地名志》（1986）、《浙江省海域地名录》（1988）、《中国海域地名志》（1989）、《中国海域地名图集》（1991）和《舟山海域岛礁志》（1991）均记为双卵石。《浙江海岛志》（1998）和《全国海岛名称与代码》（2008）记为双卵石-1。2010年浙江省人民政府公布的第一批无居民海岛名称中记为上双峦石屿。卵形的两小岛合称双卵石，雅化为双峦石，其中此岛位于上（北），故名。岸线长475米，面积0.011 2平方千米，最高点海拔23.9米。基岩岛，由上侏罗统九里坪组流纹斑岩构成。岛岸为天然基岩岸线，坡脚为陡峭的海蚀崖。植被有草丛、灌木。

四跳北岛 (Sìtiào Běidǎo)

北纬29°53.5′，东经122°25.8′。位于舟山市普陀区东部海域，朱家尖岛东岸四跳嘴外，属舟山群岛，距大陆最近点28.21千米。因位于朱家尖岛四跳嘴北侧，第二次全国海域地名普查时命今名。岸线长157米，面积600平方米。基岩岛，由上侏罗统西山头组熔结凝灰岩夹凝灰质砂岩、凝灰岩构成。无植被。

东闪南小岛 (Dōngshǎn Nánxiǎo Dǎo)

北纬29°53.4′，东经122°20.0′。位于舟山市普陀区中部海域，东闪岛南端外数米，属舟山群岛，距大陆最近点18.87千米。因位于东闪岛南端，面积较小，第二次全国海域地名普查时命今名。岸线长54米，面积141平方米。基岩岛，由上侏罗统九里坪组流纹斑岩构成。无植被。

四跳东岛 (Sìtiào Dōngdǎo)

北纬29°53.4′，东经122°25.8′。位于舟山市普陀区东部海域，朱家尖岛东岸四跳嘴东侧近旁，属舟山群岛，距大陆最近点 28.21 千米。因位于朱家尖岛四跳嘴东侧，第二次全国海域地名普查时命今名。岸线长 119 米，面积 450 平方米，最高点海拔 38 米。基岩岛，由上侏罗统西山头组熔结凝灰岩夹凝灰质砂岩、凝灰岩构成。植被有草丛。

牛泥塘礁 (Niúnítáng Jiāo)

北纬 29°53.2′，东经 122°25.6′。位于舟山市普陀区东部海域，朱家尖岛牛泥塘山南麓岸外 10 米，属舟山群岛，距大陆最近点 27.85 千米。《浙江海岛志》（1998）记为 1156 号无名岛。《全国海岛名称与代码》（2008）记为无名岛 ZOS32。2010 年浙江省人民政府公布的第一批无居民海岛名称中记为牛泥塘礁。该岛与朱家尖岛牛泥塘山相邻，故名。岸线长 151 米，面积 1 085 平方米。基岩岛，由上侏罗统西山头组熔结凝灰岩夹凝灰质砂岩、凝灰岩构成。植被有草丛。

老鹰西岛 (Lǎoyīng Xīdǎo)

北纬 29°53.2′，东经 122°25.3′。位于舟山市普陀区东部海域，朱家尖岛牛泥塘山南麓岸外 5 米，老鹰礁西 210 米，属舟山群岛，距大陆最近点 27.44 千米。因位于老鹰礁西面，第二次全国海域地名普查时命今名。岸线长 59 米，面积 182 平方米。基岩岛，由上侏罗统西山头组熔结凝灰岩夹凝灰质砂岩、凝灰岩构成。无植被。

四跳大礁 (Sìtiào Dàjiāo)

北纬 29°53.2′，东经 122°25.8′。位于舟山市普陀区东部海域，朱家尖岛东岸四跳嘴东南岸外近旁，属舟山群岛，距大陆最近点 28.08 千米。《浙江海岛志》（1998）记为 1158 号无名岛。《全国海岛名称与代码》（2008）记为无名岛 ZOS34。2010 年浙江省人民政府公布的第一批无居民海岛名称中记为四跳大礁。该岛与朱家尖四跳嘴相邻，故名。岸线长 256 米，面积 3 395 平方米，最高点海拔 18.7 米。基岩岛，由上侏罗统西山头组熔结凝灰岩夹凝灰质砂岩、凝灰岩构成，地形崎岖。无植被。

老鹰东岛 (Lǎoyīng Dōngdǎo)

北纬 29°53.2′，东经 122°25.5′。位于舟山市普陀区东部海域，朱家尖岛牛泥塘山南麓岸外，老鹰礁东侧近旁，属舟山群岛，距大陆最近点27.72千米。因位于老鹰礁东侧，第二次全国海域地名普查时命今名。岸线长125米，面积821平方米。基岩岛，由上侏罗统西山头组熔结凝灰岩夹凝灰质砂岩、凝灰岩构成。无植被。

老鹰礁 (Lǎoyīng Jiāo)

北纬29°53.2′，东经122°25.5′。位于舟山市普陀区东部海域，朱家尖岛牛泥塘山南麓岸外近旁，属舟山群岛，距大陆最近点27.67千米。《浙江海岛志》（1998）记为1157号无名岛。《全国海岛名称与代码》（2008）记为无名岛ZOS33。2010年浙江省人民政府公布的第一批无居民海岛名称中记为老鹰礁。因岛形似老鹰而得名。岸线长289米，面积2 157平方米，最高点海拔9.8米。基岩岛，由上侏罗统西山头组熔结凝灰岩夹凝灰质砂岩、凝灰岩构成。无植被。

峧义下屿 (Jiāoyì Xiàyǔ)

北纬29°53.0′，东经122°19.0′。位于舟山市普陀区中部海域，登步岛北约425米，属舟山群岛，距大陆最近点17.24千米。曾名峧泥山、蛟泥山，又名峧义、峧义岛、交义岛-2、双鸾、双銮。民国《定海县志》记为峧泥山。《浙江省普陀县地名志》（1986）记为峧义。《浙江省海域地名录》（1988）记为峧义岛，别名双鸾，曾名蛟泥山。《舟山海域岛礁志》（1991）记为峧义，别名双銮。《中国海域地名志》（1989）和《中国海域地名图集》（1991）记为峧义岛。《浙江海岛志》（1998）记为1162号无名岛。《全国海岛名称与代码》（2008）记为交义岛-2。2010年浙江省人民政府公布的第一批无居民海岛名称中记为峧义下屿。峧义据传系是“峧泥”误写。岸线长607米，面积0.010 8平方千米，最高点海拔25.1米。基岩岛，由上侏罗统茶湾组熔结凝灰岩、凝灰岩、凝灰质砂岩等构成。岛岸为天然基岩岸线，坡脚为陡峭的海蚀崖。植被以灌木和茅草为主。

西寨峰山岛 (Xīzhàifēngshān Dǎo)

北纬29°52.9′，东经122°21.7′。位于舟山市普陀区中东部海域，朱家尖岛中部以西，距朱家尖岛约975米，属舟山群岛，距大陆最近点21.39千米。又名刹风山、寨峰山、寨峰山-1。《中国海洋岛屿简况》（1980）、《中国海域地名图集》（1991）和《浙江海岛志》（1998）均记为寨峰山。《浙江省普陀县地名志》（1986）、《浙江省海域地名录》（1988）、《中国海域地名志》（1989）和《舟山海域岛礁志》（1991）均记为寨峰山，别名刹风山。《全国海岛名称与代码》（2008）记为寨峰山-1。2010 年浙江省人民政府公布的第一批无居民海岛名称中记为西寨峰山岛。岸线长 1.14 千米，面积 0.052 平方千米，最高点海拔 38.1 米。基岩岛，由上侏罗统西山头组熔结凝灰岩夹凝灰质砂岩、凝灰岩等构成。岛岸为天然基岩海岸，有陡峭的海蚀崖，上部略缓。植被以白茅草丛和灌木丛为主，局部有乔木分布。潮间带以下长有丰富的藤壶、螺、贻贝和海大麦、海青菜、紫菜等贝、藻类生物。东南海域为网箱养殖区及渔船避风锚地。岛上建有航标灯桩 1 座。

小洋鞍弹鱼岛 (Xiǎoyáng'ān Tányú Dǎo)

北纬 29°52.9′，东经 122°31.1′。位于舟山市普陀区东部海域，小洋鞍礁西北 10 米，属舟山群岛，距大陆最近点 36.79 千米。因与小洋鞍礁紧邻，形似弹涂鱼，第二次全国海域地名普查时命今名。岸线长 74 米，面积 355 平方米。基岩岛，由上侏罗统西山头组熔结凝灰岩夹凝灰质砂岩、凝灰岩等构成。无植被。

小洋鞍礁 (Xiǎoyáng'ān Jiāo)

北纬 29°52.8′，东经 122°31.2′。位于舟山市普陀区东部海域，小洋鞍屿西北 5 米，属舟山群岛，距大陆最近点 36.8 千米。又名小洋鞍、里洋鞍岛-1。《浙江省普陀县地名志》（1986）载："位近里洋鞍，面积小于里洋鞍，故 1984 年命名为小洋鞍。"《浙江省海域地名录》（1988）记为小洋鞍礁。《舟山海域岛礁志》（1991）记为小洋鞍。《浙江海岛志》（1998）记为 1165 号无名岛。《全国海岛名称与代码》（2008）记为里洋鞍岛-1。2010 年浙江省人民政府公布的第一批无居民海岛名称中记为小洋鞍礁。因与小洋鞍屿相邻，又较小，故名。岸线长 159 米，面积 1 424 平方米，最高点海拔 16.2 米。基岩岛，由上侏罗统西山头组熔结凝灰岩夹凝灰质砂岩、凝灰岩等构成。大部裸露，仅顶部长有草丛。潮间带以下长有丰富的藤壶、螺、贻贝和海大麦、海青菜、紫菜等贝、藻类生物。附近海域为洋鞍渔场，渔业资源丰富，也是舟山海域著名海钓区。

里洋鞍铁墩礁 (Lǐyáng'ān Tiědūn Jiāo)

北纬 29°52.8′，东经 122°31.1′。位于舟山市普陀区东部海域，小洋鞍屿西 110 米，属舟山群岛，距大陆最近点 36.66 千米。位于里洋鞍岛群，形似铁墩，按当地习称定名。岸线长 32 米，面积 61 平方米。基岩岛，由上侏罗统西山头组熔结凝灰岩夹凝灰质砂岩、凝灰岩等构成。无植被。

小洋鞍屿 (Xiǎoyáng'ān Yǔ)

北纬 29°52.8′，东经 122°31.2′。位于舟山市普陀区东部海域，朱家尖岛东岸中段以东约 8.5 千米，属舟山群岛，距大陆最近点 36.78 千米。又名小洋鞍岛、小洋鞍礁、小洋鞍、里洋鞍岛-2。《浙江省普陀县地名志》（1986）载："位近里洋鞍，面积小于里洋鞍，故 1984 年命名为小洋鞍。"《浙江省海域地名录》（1988）和《中国海域地名图集》（1991）记为小洋鞍礁。《舟山海域岛礁志》（1991）记为小洋鞍。《浙江海岛志》（1998）记为小洋鞍岛。《全国海岛名称与代码》（2008）记为里洋鞍岛-2。2010 年浙江省人民政府公布的第一批无居民海岛名称中记为小洋鞍屿。岸线长 366 米，面积 5 838 平方米，最高点海拔 26 米。基岩岛，由上侏罗统西山头组熔结凝灰岩夹凝灰质砂岩、凝灰岩等构成。岛岸为天然基岩岸线，有陡峭的海蚀崖，地势陡峻，岩石嶙峋。大部裸露，仅顶部长有几丛茅草。潮间带以下长有丰富的藤壶、螺、贻贝和海大麦、海青菜、紫菜等贝、藻类生物。附近海域为洋鞍渔场，渔业资源丰富，也是舟山海域著名海钓区。

西寨峰南岛 (Xīzhàifēng Nándǎo)

北纬 29°52.8′，东经 122°21.6′。位于舟山市普陀区中东部海域，西寨峰山岛西南端外 35 米，属舟山群岛，距大陆最近点 21.44 千米。因该岛处于西寨峰山岛南面，第二次全国海域地名普查时命今名。岸线长 299 米，面积 3 617 平方米。基岩岛，由上侏罗统西山头组熔结凝灰岩夹凝灰质砂岩、凝灰岩等构成。植被有草丛、灌木。建有航标灯桩 1 座。

里洋鞍北岛 (Lǐyáng'ān Běidǎo)

北纬 29°52.8′，东经 122°31.2′。位于舟山市普陀区东部海域，属舟山群岛，距大陆最近点 36.9 千米。第二次全国海域地名普查时命今名。岸线长 79 米，面积 213 平方米。基岩岛，由上侏罗统西山头组熔结凝灰岩夹凝灰质砂岩、凝灰岩等构成。无植被。

寨峰南小岛 (Zhàifēng Nánxiǎo Dǎo)

北纬 29°52.8′，东经 122°21.6′。位于舟山市普陀区中东部海域，西寨峰山岛西南端外135米，西寨峰南岛西南28米，属舟山群岛，距大陆最近点21.4千米。位于西寨峰山岛南面，面积较小，第二次全国海域地名普查时命今名。岸线长101米，面积470平方米。基岩岛，由上侏罗统西山头组熔结凝灰岩夹凝灰质砂岩、凝灰岩等构成。无植被。

泥螺西岛 (Níluó Xīdǎo)

北纬 29°52.3′，东经 122°20.7′。位于舟山市普陀区中部海域，属舟山群岛，距大陆最近点 20.01 千米。第二次全国海域地名普查时命今名。岸线长 143 米，面积 1 284 平方米。基岩岛，由上侏罗统茶湾组熔结凝灰岩、凝灰岩、凝灰质砂岩等构成。大部裸露，仅顶部长有草丛。

蚂蚁岛 (Mǎyǐ Dǎo)

北纬 29°52.3′，东经 122°15.5′。位于舟山市普陀城区西南约 8.5 千米，登步岛西约 600 米，桃花岛北约 1.7 千米，属舟山群岛，距大陆最近点 10.32 千米。曾名马蚁山、大马蚁山，又名大蚂蚁、大蚂蚁岛。清康熙《定海县志》记为马蚁山。民国《定海县志》记为大马蚁山。《中国海洋岛屿简况》（1980）记为大蚂蚁岛。《浙江省海域地名录》（1988）记为蚂蚁岛，别名大蚂蚁。《浙江省普陀县地名志》（1986）、《中国海域地名志》（1989）、《中国海域地名图集》（1991）、《舟山海域岛礁志》（1991）、《浙江海岛志》（1998）和《全国海岛名称与代码》（2008）均记为蚂蚁岛。因岛形似蚂蚁而得名。

岸线长 8.91 千米，面积 2.672 1 平方千米，最高点海拔 157.3 米。基岩岛，主要由晚侏罗世潜流纹岩构成。岛呈低丘陵地貌，丘陵顶面普遍比较平缓，岸边海蚀地貌发育，其北部和西南部沿岸及岬角前缘可见海蚀崖、柱、槽组合，崖高一般 10～30 米。大部分为人工岸线，自然岸线以基岩岸线为主。植被有针叶林、阔叶林、竹林和草本栽培植被等，滨海和海岛特有植物有 20 种，分布较广，植被资源较为丰富。

有居民海岛，为普陀区蚂蚁岛乡人民政府所在地。设有 1 个行政村，5 个经济合作社，2009 年 12 月户籍人口 3 981 人。岛东南侧有蚂蚁港，最大靠泊能力 300 吨级，有固定渡船往返于桃花岛、登步岛和沈家门之间。经济以渔业为主，以海洋捕捞和水产加工为主要产业。2007 年，浙江东海岸船业有限公司落户岛上。有全国第一个人民公社旧址、创业纪念堂、生态公园及休闲渔业度假区等自然与人文景观。淡水资源有限，筑有山塘、水库多处，2008 年铺设至登步岛的海底输水管道，通过海底管道从舟山岛向岛上供水。

朱家尖后小屿 (Zhūjiājiān Hòuxiǎo Yǔ)

北纬 29°52.3′，东经 122°25.5′。位于舟山市普陀区东部海域，朱家尖岛东南，属舟山群岛，距大陆最近点 27.61 千米。又名后小山。《浙江海岛志》(1998) 记为后小山。《全国海岛名称与代码》(2008) 记为无名岛 ZOS52。2010 年浙江省人民政府公布的第一批无居民海岛名称中记为朱家尖后小屿。岸线长 796 米，面积 0.017 2 平方千米，最高点海拔 24.2 米。基岩岛，由上侏罗统西山头组熔结凝灰岩夹凝灰质砂岩、凝灰岩等构成。地势西北高，东南低，岛岸为天然基岩岸线，海岸陡峭，西北岸陡立如削，东北、西南、东南岸破碎，多海蚀洞穴。大部裸露，仅顶部长有草丛、灌木。潮间带以下长有丰富的藤壶、螺、贻贝和海大麦、海青菜、紫菜等贝、藻类生物。

后小屿南岛 (Hòuxiǎoyǔ Nándǎo)

北纬 29°52.2′，东经 122°25.5′。位于舟山市普陀区东部海域，朱家尖岛东南约 1.2 千米，朱家尖后小屿东南端南岸外 10 米，属舟山群岛，距大陆最近点 27.79 千米。因位于朱家尖后小屿南侧，第二次全国海域地名普查时命今名。岸线长 73 米，面积 211 平方米。基岩岛，由上侏罗统西山头组熔结凝灰岩夹凝灰质砂岩、凝灰岩等构成。岛岸为天然基岩岸线，海岸陡峭。无植被。

朱家尖后小礁 (Zhūjiājiān Hòuxiǎo Jiāo)

北纬 29°52.2′，东经 122°25.2′。位于舟山市普陀区东部海域，朱家尖岛东南约 845 米，属舟山群岛，距大陆最近点 27.27 千米。又名落鹰岛。《浙江海岛志》（1998）记为 1174 号无名岛。《全国海岛名称与代码》（2008）记为无名岛 ZOS53。当地习称落鹰岛，因常有鹰停落在山顶上而得名。2010 年浙江省人民政府公布的第一批无居民海岛名称中记为朱家尖后小礁。与朱家尖后小屿相邻，较小，故名。岸线长 415 米，面积 2 413 平方米，最高点海拔 29.1 米。基岩岛，由上侏罗统西山头组熔结凝灰岩夹凝灰质砂岩、凝灰岩等构成。顶部长有草丛、灌木。

乌贼山东岛 (Wūzéishān Dōngdǎo)

北纬 29°52.2′，东经 122°22.1′。位于舟山市普陀区中东部海域，朱家尖岛西南兵船湾村西岸外 245 米，属舟山群岛，距大陆最近点 22.35 千米。第二次全国海域地名普查时命今名。岸线长 73 米，面积 287 平方米。基岩岛，由上侏罗统西山头组熔结凝灰岩夹凝灰质砂岩、凝灰岩构成。无植被。

登步岛 (Dēngbù Dǎo)

北纬 29°52.2′，东经 122°18.5′。位于舟山市普陀城区南约 6.8 千米，桃花岛东北约 1.4 千米，属舟山群岛，距大陆最近点 13.65 千米。曾名登部、登埠、登步，又名登埠岛、登埠山。元大德《昌国州图志》记为登部，因该岛南北皆山，登部为登山埠之意。清康熙《定海县志》记为登埠。民国《定海县志》记为登步。1931 年《中国古今地名大辞典》释文“登埠岛，作登步岛”。《浙江省海域地名录》（1988）记为登步岛，别名登埠山。《中国海域地名志》（1989）记为登步岛，曾名登部、登埠。《中国海洋岛屿简况》（1980）、《浙江省普陀县地名志》（1986）、《中国海域地名图集》（1991）、《舟山海域岛礁志》（1991）、《浙江海岛志》（1998）和《全国海岛名称与代码》（2008）均记为登步岛。登步系登部、登埠的谐音异写，为登山埠之意，因该岛南北皆山，故名。

岸线长 24.35 千米，面积 14.519 7 平方千米，最高点海拔 182.8 米。基岩岛，岛上岩石除岛东西两侧顾家堂和大涂面附近有零星晚侏罗世潜流纹斑岩出露外，绝大部分为上侏罗统茶湾组凝灰质砂岩、沉凝灰岩、凝灰岩、熔结凝灰岩等。岛南北两边是丘陵，两丘陵中间夹狭长小平原。海蚀地貌发育，东南部沿岸及岬角前缘常见海蚀崖、槽、柱组合，海蚀崖高度一般 10～20 米，沿岸多倒石堆、砾石滩地貌组合。北部和西部以人工岸线为主；南部、东部以基岩岸线为主。海岸线曲折，形成众多岙口、港湾。岛上维管植物有600余种，植被主要为针叶林、灌木丛、草丛、草本栽培植被等，间有少量的阔叶林、竹林和木本栽培植被，有较多珍稀植物，并分布大量海岛及滨海特有植物。

有居民海岛，为普陀区登步乡人民政府所在地。设有沙头、竹东和大岙3个社区，下辖7个经济合作社，2009年12月户籍人口5 839人。有初中和中心小学各1所，乡卫生院1所。渔业是岛上支柱产业，沿海居民多从事捕捞业，亦有从事海水养殖的传统，已形成规模化梭子蟹养殖。另有农副作物种植、船舶修造、石料开采加工业等产业。是中国解放战争两大海战之一——登步岛血战的发生地，建有革命烈士纪念碑和“战斗陈列室”。有各类码头7座，每天有班船往返沈家门、桃花岛和蚂蚁岛。岛上淡水资源有限，筑有一批山塘水库等，并通过2008年铺设的海底管道从舟山岛引水。

小里黄礁 (Xiǎolǐhuáng Jiāo)

北纬29°52.1′，东经122°25.2′。位于舟山市普陀区东部海域，属舟山群岛，距大陆最近点27.23千米。《浙江省普陀县地名志》(1986)、《浙江省海域地名录》(1988)、《中国海域地名图集》(1991)和《舟山海域岛礁志》(1991)均记为小里黄礁。岸线长90米，面积504平方米。基岩岛，由上侏罗统西山头组熔结凝灰岩夹凝灰质砂岩、凝灰岩等构成。无植被。

中里黄礁 (Zhōnglǐhuáng Jiāo)

北纬29°52.1′，东经122°25.2′。位于舟山市普陀区东部海域，属舟山群岛，距大陆最近点27.2千米。岸线长319米，面积2 149平方米。基岩岛，由上侏罗统西山头组熔结凝灰岩夹凝灰质砂岩、凝灰岩等构成。无植被。

金链礁 (Jīnliàn Jiāo)

北纬29°52.0′，东经122°25.9′。位于舟山市普陀区东部海域，朱家尖岛南沙东面，距朱家尖岛约1.9千米，属舟山群岛，距大陆最近点28.36千米。《浙江海岛志》(1998)记为1178号无名岛。《全国海岛名称与代码》(2008)记为无名岛ZOS54。2010年浙江省人民政府公布的第一批无居民海岛名称中记为金链礁。岸线长 263 米，面积 2 348 平方米。基岩岛，由上侏罗统西山头组熔结凝灰岩夹凝灰质砂岩、凝灰岩等构成。岸线破碎，岸坡陡峭。无植被。

里黄东岛 (Lǐhuáng Dōngdǎo)

北纬 29°52.0′，东经 122°25.2′。位于舟山市普陀区东部海域，朱家尖岛南沙东侧，距朱家尖岛约 1.2 千米，属舟山群岛，距大陆最近点 27.28 千米。位于黄屿东侧，第二次全国海域地名普查时命今名。岸线长 76 米，面积 184 平方米。基岩岛，由上侏罗统西山头组熔结凝灰岩夹凝灰质砂岩、凝灰岩等构成。无植被。

朱家尖稻桶礁 (Zhūjiājiān Dàotǒng Jiāo)

北纬 29°52.0′，东经 122°23.6′。位于舟山市普陀区东部海域，朱家尖岛南沙沙滩西南角，距朱家尖岛 10 米，属舟山群岛，距大陆最近点 24.7 千米。《浙江海岛志》（1998）记为 1179 号无名岛。《全国海岛名称与代码》（2008）记为无名岛 ZOS55。2010 年浙江省人民政府公布的第一批无居民海岛名称中记为朱家尖稻桶礁。因岛形似稻桶，位于朱家尖街道，故名。岸线长 96 米，面积 418 平方米。基岩岛，由上侏罗统西山头组熔结凝灰岩夹凝灰质砂岩、凝灰岩等构成。无植被。

外洋鞍凉帽礁 (Wàiyáng'ān Liángmào Jiāo)

北纬 29°52.0′，东经 122°35.4′。位于舟山市普陀区东部海域，朱家尖岛东岸中段以东约 15.4 千米，外洋鞍岛西北 280 米，属舟山群岛，距大陆最近点 43.61 千米。因位近外洋鞍岛，形似凉帽，按当地习称定名。岸线长 80 米，面积 451 平方米。基岩岛。无植被。

里黄南岛 (Lǐhuáng Nándǎo)

北纬 29°52.0′，东经 122°25.1′。位于舟山市普陀区东部海域，朱家尖岛南沙东侧，距朱家尖岛约 1.2 千米，属舟山群岛，距大陆最近点 27.21 千米。第二次全国海域地名普查时命今名。岸线长 100 米，面积 350 平方米。基岩岛，由上侏罗统西山头组熔结凝灰岩夹凝灰质砂岩、凝灰岩等构成。无植被。

外洋鞍西小岛 (Wàiyáng'ān Xīxiǎo Dǎo)

北纬 29°51.9′，东经 122°35.4′。位于舟山市普陀区东部海域，朱家尖岛东岸中段以东约15.5千米，外洋鞍岛西北150米，外洋鞍西屿西北40米，属舟山群岛，距大陆最近点43.74千米。位于外洋鞍岛群西部，面积较小，第二次全国海域地名普查时命今名。岸线长122米，面积284平方米。基岩岛，由上侏罗统西山头组熔结凝灰岩夹凝灰质砂岩、凝灰岩等构成。无植被。

外洋鞍西屿 (Wàiyáng'ān Xīyǔ)

北纬29°51.9′，东经122°35.5′。位于舟山市普陀区东部海域，朱家尖岛东岸中段以东约15.6千米，外洋鞍岛西岸外近旁，属舟山群岛，距大陆最近点43.79千米。又名元宝礁、外洋鞍岛-1。《浙江省普陀县地名志》（1986）、《浙江省海域地名录》（1988）、《中国海域地名志》（1989）、《中国海域地名图集》（1991）和《舟山海域岛礁志》（1991）均记为元宝礁。《浙江海岛志》（1998）记为1181号无名岛。《全国海岛名称与代码》（2008）记为外洋鞍岛-1。2010年浙江省人民政府公布的第一批无居民海岛名称中记为外洋鞍西屿。位于外洋鞍岛西侧，故名。岸线长496米，面积0.012 1平方千米，最高点海拔25.6米。基岩岛，由上侏罗统西山头组熔结凝灰岩夹凝灰质砂岩、凝灰岩等构成。岸坡陡峭，地形崎岖。植被有白茅草丛。潮间带以下长有丰富的藤壶、螺、贻贝和海大麦、海青菜、紫菜等贝、藻类生物。

外洋鞍岛 (Wàiyáng'ān Dǎo)

北纬29°51.9′，东经122°35.6′。位于舟山市普陀区东部海域，朱家尖岛东岸中段以东约15.7千米，属舟山群岛，距大陆最近点43.88千米。又名外洋鞍、东亭山、外洋鞍岛-2。民国《定海县志》有外洋鞍名称记载。《中国海洋岛屿简况》（1980）记为东亭山。《浙江省普陀县地名志》（1986）和《舟山海域岛礁志》（1991）记为外洋鞍，别名东亭山。《全国海岛名称与代码》（2008）记为外洋鞍岛-2。《浙江省海域地名录》（1988）、《中国海域地名志》（1989）、《中国海域地名图集》（1991）和《浙江海岛志》（1998）均记为外洋鞍岛。因岛形似马鞍，马鞍又称洋鞍，离朱家尖岛较远，居外侧，故名。岸线长707米，面积0.023 4平方千米，最高点海拔48.5米。基岩岛，由上侏罗统西山头组熔结凝灰岩夹凝灰质砂岩、凝灰岩等构成。岛上地势由东南向西北倾斜，岛岸为天然基岩岸线，海岸陡峭，地形崎岖。植被有草丛。潮间带以下长有丰富的藤壶、螺、贻贝和海大麦、海青菜、紫菜等贝、藻类生物。附近海域为国际航道，是大型船只进入宁波—舟山港的主要通道。岛上外洋鞍灯塔建于1907年，白色钢质圆塔，属历史文化遗迹，1937年以来多次改建。原有专人在岛上值班管理，1997年实施无人化改造，配以主、副灯自动转换装置，采用太阳能源，实行遥测监管，并新建直径20米的直升机停机坪和房屋。岛上有原看管航标灯桩人员居住用房多间，已荒废。岛南北各有一埠头，埠头上方都有水泥路通山上。

朝里帽西岛（Cháolǐmào Xīdǎo）

北纬29°51.8′，东经122°35.5′。位于舟山市普陀区东部海域，朱家尖岛东岸中段以东约15.7千米，外洋鞍岛西南60米，属舟山群岛，距大陆最近点43.84千米。因位于朝里帽礁西侧，第二次全国海域地名普查时命今名。岸线长47米，面积154平方米。基岩岛，由上侏罗统西山头组熔结凝灰岩夹凝灰质砂岩、凝灰岩等构成。岸坡陡峭。无植被。

朝里帽礁（Cháolǐmào Jiāo）

北纬29°51.8′，东经122°35.5′。位于舟山市普陀区东部海域，朱家尖岛东岸中段以东约15.7千米，外洋鞍岛西南40米，属舟山群岛，距大陆最近点43.86千米。又名朝里帽。《舟山海域岛礁志》（1991）载：“1984年按习称定名为朝里帽，名称含义经查无果。”《浙江省普陀县地名志》（1986）、《浙江省海域地名录》（1988）和《中国海域地名图集》（1991）均记为朝里帽礁。岸线长65米，面积249平方米。基岩岛，由上侏罗统西山头组熔结凝灰岩夹凝灰质砂岩、凝灰岩等构成。岸坡陡峭。无植被。

小蚂蚁岛（Xiǎomǎyǐ Dǎo）

北纬29°51.8′，东经122°14.6′。位于舟山市普陀区中西部海域，普陀城区西南约10.5千米，蚂蚁岛西南715米，属舟山群岛，距大陆最近点10.06千米。曾名小蚂蚁山。民国《定海县志》有小蚂蚁山名称记载。《中国海洋岛屿简况》（1980）、《浙江省普陀县地名志》（1986）、《浙江省海域地名录》（1988）、《中国海域地名志》（1989）、《中国海域地名图集》（1991）、《舟山海域岛礁志》

（1991）、《浙江海岛志》（1998）、《全国海岛名称与代码》（2008）和2010年浙江省人民政府公布的第一批无居民海岛名称中均记为小蚂蚁岛。因与蚂蚁岛相邻，面积又小，故名。岸线长1.77千米，面积0.109 5平方千米，最高点海拔61.3米。基岩岛，由晚侏罗世潜流纹斑岩构成。岛岸为天然基岩岸线，坡脚为陡峭的海蚀崖，岸坡陡峭。植被以黑松和榆、杉、槐、桃、灌木等为主。该岛长期以来都是蚂蚁岛乡的集中埋葬区，岛上建有骨灰安置堂、公墓管理用房，有简易码头1座。

大空壳东岛 (Dàkōngké Dōngdǎo)

北纬29°51.8′，东经122°20.8′。位于舟山市普陀区中部海域，登步岛东715米，属舟山群岛，距大陆最近点20.28千米。《中国海洋岛屿简况》（1980）有记载，但无名。第二次全国海域地名普查时命今名。岸线长298米，面积3 454平方米。基岩岛，由上侏罗统茶湾组熔结凝灰岩、凝灰岩、凝灰质砂岩等构成。岛岸为天然基岩岸线，坡脚为陡峭的海蚀崖。植被有草丛、灌木。岛东侧海域为福利门水道。

小空壳北岛 (Xiǎokōngké Běidǎo)

北纬29°51.7′，东经122°20.2′。位于舟山市普陀区中部海域，登步岛东侧，距登步岛175米，属舟山群岛，距大陆最近点19.22千米。第二次全国海域地名普查时命今名。岸线长137米，面积638平方米。基岩岛，由上侏罗统茶湾组熔结凝灰岩、凝灰岩、凝灰质砂岩等构成。无植被。

登步中礁 (Dēngbù Zhōngjiāo)

北纬29°51.7′，东经122°20.1′。位于舟山市普陀区中部海域，登步岛东侧，距登步岛130米，属舟山群岛，距大陆最近点19.09千米。又名中礁。《浙江省普陀县地名志》（1986）、《浙江省海域地名录》（1988）、《中国海域地名志》（1989）、《中国海域地名图集》（1991）、《舟山海域岛礁志》（1991）、《浙江海岛志》（1998）和《全国海岛名称与代码》（2008）均记为中礁。2010年浙江省人民政府公布的第一批无居民海岛名称中记为登步中礁。该岛是当地三块礁石中间的一块，习称中礁，又近登步岛，故名。岸线长53米，面积152平方米。

基岩岛，由上侏罗统茶湾组熔结凝灰岩、凝灰岩、凝灰质砂岩等构成。无植被。

里鸳鸯岛 (Lǐyuānyāng Dǎo)

北纬 29°51.7′，东经 122°23.9′。位于舟山市普陀区东部海域，朱家尖岛东岸南段外，距朱家尖岛 250 米，属舟山群岛，距大陆最近点 25.26 千米。位于上鸳鸯礁西侧，较外鸳鸯礁更靠近朱家尖岛，居里侧，第二次全国海域地名普查时命今名。岸线长 90 米，面积 562 平方米。基岩岛，由上侏罗统西山头组熔结凝灰岩夹凝灰质砂岩、凝灰岩等构成。岛岸为天然基岩海岸。无植被。

鸡冠东上岛 (Jīguān Dōngshàng Dǎo)

北纬 29°51.7′，东经 122°24.0′。位于舟山市普陀区东部海域，朱家尖岛东岸南段外，距朱家尖岛 405 米，小鸡冠礁东北 25 米，属舟山群岛，距大陆最近点 25.42 千米。位于小鸡冠礁东侧，居鸡冠东下岛之北（上），第二次全国海域地名普查时命今名。岸线长 56 米，面积 180 平方米。基岩岛，由上侏罗统西山头组熔结凝灰岩夹凝灰质砂岩、凝灰岩等构成。无植被。

小鸡冠礁 (Xiǎojīguān Jiāo)

北纬 29°51.6′，东经 122°24.0′。位于舟山市普陀区东部海域，朱家尖岛东岸南段外，距朱家尖岛 365 米，上鸳鸯礁东 8 米，属舟山群岛，距大陆最近点 25.37 千米。又名鸡冠礁、鸳鸯礁。《舟山海域岛礁志》（1991）载："礁在千沙和里沙两个大沙滩中间的山咀外，在这两个沙滩上看该礁如海中盆景，礁体长顶曲，酷似公鸡的肉冠，因名鸡冠礁。民国《定海县志》录有其名。明礁与干出礁似是一对戏水鸳鸯，1986 年更名美称为鸳鸯礁。"《浙江省普陀县地名志》（1986）记为鸳鸯礁。《浙江省海域地名录》（1988）和《中国海域地名图集》（1991）记为鸡冠礁。《浙江海岛志》（1998）记为 1192 号无名岛。《全国海岛名称与代码》（2008）记为无名岛 ZOS62。2010 年浙江省人民政府公布的第一批无居民海岛名称中记为小鸡冠礁。因形似鸡冠，面积又较小，故名。岸线长 68 米，面积 258 平方米，最高点海拔 20.2 米。基岩岛，由上侏罗统西山头组熔结凝灰岩夹凝灰质砂岩、凝灰岩等构成。岛岸为天然基岩海岸，岸线破碎，岸坡陡峭。西北部岩石裸露，东南部顶部长有茅草。

上鸳鸯礁 (Shàngyuānyāng Jiāo)

北纬 29°51.6′，东经 122°24.0′。位于舟山市普陀区东部海域，朱家尖岛东岸南段外，距朱家尖岛 275 米，属舟山群岛，距大陆最近点 25.28 千米。《浙江海岛志》（1998）记为 1191 号无名岛。《全国海岛名称与代码》（2008）记为无名岛 ZOS61。2010 年浙江省人民政府公布的第一批无居民海岛名称中记为上鸳鸯礁。因形似鸳鸯，位于下鸳鸯礁之北（上），故名。岸线长 388 米，面积 1 631 平方米，最高点海拔 20.2 米。基岩岛，由上侏罗统西山头组熔结凝灰岩夹凝灰质砂岩、凝灰岩等构成。岸线破碎，地形崎岖。大部裸露，仅顶部长有草丛、灌木。

鸡冠东下岛 (Jīguān Dōngxià Dǎo)

北纬 29°51.6′，东经 122°24.0′。位于舟山市普陀区东部海域，朱家尖岛东岸南段外，距朱家尖岛 410 米，小鸡冠礁东南 20 米，属舟山群岛，距大陆最近点 25.42 千米。位于小鸡冠礁东，居鸡冠东上岛之南（下），第二次全国海域地名普查时命今名。岸线长 46 米，面积 132 平方米。基岩岛，由上侏罗统西山头组熔结凝灰岩夹凝灰质砂岩、凝灰岩等构成。无植被。

下鸳鸯礁 (Xiàyuānyāng Jiāo)

北纬 29°51.6′，东经 122°24.0′。位于舟山市普陀区东部海域，朱家尖岛东岸南段外，距朱家尖岛 380 米，上鸳鸯礁东南 20 米，属舟山群岛，距大陆最近点 25.37 千米。《浙江海岛志》（1998）记为 1193 号无名岛。《全国海岛名称与代码》（2008）记为无名岛 ZOS63。2010 年浙江省人民政府公布的第一批无居民海岛名称中记为下鸳鸯礁。因形似鸳鸯，位于上鸳鸯礁之南（下），故名。岸线长 97 米，面积 590 平方米。基岩岛，由上侏罗统西山头组熔结凝灰岩夹凝灰质砂岩、凝灰岩等构成。岸坡陡峭，地形崎岖。无植被。

外鸳鸯礁 (Wàiyuānyāng Jiāo)

北纬 29°51.6′，东经 122°24.0′。位于舟山市普陀区东部海域，朱家尖岛东岸南段外，距朱家尖岛 490 米，下鸳鸯礁东 80 米，属舟山群岛，距大陆最近点 25.48 千米。位于下鸳鸯礁东侧，较里鸳鸯岛远离朱家尖岛，居外侧，按当地习称定名。岸线长110米，面积294平方米。基岩岛，由上侏罗统西山头组熔结凝灰岩夹凝灰质砂岩、凝灰岩等构成。岸坡陡峭，地形崎岖。无植被。

登步小竹礁（Dēngbù Xiǎozhú Jiāo）

北纬29°51.4′，东经122°19.2′。位于舟山市普陀区中部海域，登步岛东南25米，属舟山群岛，距大陆最近点17.76千米。《浙江海岛志》（1998）记为1195号无名岛。《全国海岛名称与代码》（2008）记为无名岛ZOS35。2010年浙江省人民政府公布的第一批无居民海岛名称中记为登步小竹礁。面积较小，且位于登步乡，故名。岸线长68米，面积243平方米。基岩岛，由上侏罗统茶湾组熔结凝灰岩、凝灰岩、凝灰质砂岩等构成。无植被。

龟屿北岛（Guīyǔ Běidǎo）

北纬29°51.0′，东经122°19.1′。位于舟山市普陀区中部海域，龟屿北30米，属舟山群岛，距大陆最近点17.83千米。位于龟屿北侧，第二次全国海域地名普查时命今名。岸线长50米，面积87平方米。基岩岛，由上侏罗统茶湾组熔结凝灰岩、凝灰岩、凝灰质砂岩等构成。岛岸为弯曲的天然基岩岸线。无植被。附近海域为张网作业区。

龟礁（Guī Jiāo）

北纬29°51.0′，东经122°19.3′。位于舟山市普陀区中部海域，登步岛南740米，属舟山群岛，距大陆最近点18.07千米。又名乌龟礁。《浙江省普陀县地名志》（1986）记载：礁形似乌龟，习称乌龟礁，为避免重名，1984年更名为龟礁。《浙江省海域地名录》（1988）和《舟山海域岛礁志》（1991）记为龟礁，别名乌龟礁。《中国海域地名图集》（1991）记为龟礁。因岛形似乌龟而得名。岸线长71米，面积178平方米。基岩岛，由上侏罗统茶湾组熔结凝灰岩、凝灰岩、凝灰质砂岩等构成。岛岸为弯曲的天然基岩岸线。无植被。附近海域为张网作业区。

龟屿东岛（Guīyǔ Dōngdǎo）

北纬29°51.0′，东经122°19.2′。位于舟山市普陀区中部海域，登步岛南700米，龟屿东15米，属舟山群岛，距大陆最近点17.94千米。位于龟屿东侧，第二次全国海域地名普查时命今名。岸线长 82 米，面积 375 平方米。基岩岛，由上侏罗统茶湾组熔结凝灰岩、凝灰岩、凝灰质砂岩等构成。岛岸为弯曲的天然基岩岸线。无植被。

龟屿 (Guī Yǔ)

北纬 29°51.0′，东经 122°19.2′。位于舟山市普陀区中部海域，登步岛南 675 米，属舟山群岛，距大陆最近点 17.81 千米。《浙江海岛志》（1998）记为 1199 号无名岛。《全国海岛名称与代码》（2008）记为无名岛 ZOS37。2010 年浙江省人民政府公布的第一批无居民海岛名称中记为龟屿。由龟礁派生得名。岸线长 401 米，面积 5 530 平方米，最高点海拔 10.5 米。基岩岛，由上侏罗统茶湾组熔结凝灰岩、凝灰岩、凝灰质砂岩等构成。岛上表面崎岖，岸线破碎。西部长有少量白茅草。

筲箕湾南岛 (Shāojīwān Nándǎo)

北纬 29°50.9′，东经 122°22.4′。位于舟山市普陀区东部海域，朱家尖岛筲箕湾口南侧岸边近旁，属舟山群岛，距大陆最近点 23.1 千米。地处朱家尖岛筲箕湾南面，第二次全国海域地名普查时命今名。岸线长 110 米，面积 825 平方米。基岩岛，由上侏罗统西山头组熔结凝灰岩夹凝灰岩、凝灰质砂岩等构成。无植被。

桃花门前礁 (Táohuā Ménqián Jiāo)

北纬 29°50.8′，东经 122°19.2′。位于舟山市普陀区中部海域，桃花岛东北 2.3 千米，属舟山群岛，距大陆最近点 17.89 千米。又名小水礁。《浙江海岛志》（1998）记为 1201 号无名岛。《全国海岛名称与代码》（2008）记为小水礁。2010 年浙江省人民政府公布的第一批无居民海岛名称中记为桃花门前礁。因该岛处于桃花镇与登步乡交界处而得名。岸线长 204 米，面积 1 444 平方米。基岩岛，由上侏罗统茶湾组熔结凝灰岩、凝灰岩、凝灰质砂岩等构成。无植被。落潮后与小水礁相连。

小水礁 (Xiǎoshuǐ Jiāo)

北纬 29°50.8′，东经 122°19.1′。位于舟山市普陀区中部海域，桃花门前礁西岸外近旁，属舟山群岛，距大陆最近点 17.86 千米。又名小碎礁。《全国海岛名称与代码》(2008)记为无名岛 ZOS38。《浙江省普陀县地名志》(1986)、《浙江省海域地名录》(1988)、《中国海域地名志》(1989)和《舟山海域岛礁志》(1991)均记为小水礁，别名小碎礁。《中国海域地名图集》(1991)、《浙江海岛志》(1998)和 2010 年浙江省人民政府公布的第一批无居民海岛名称中均记为小水礁。该岛比邻近的岛面积小，故名。岸线长 126 米，面积 703 平方米，最高点海拔 11 米。基岩岛，由上侏罗统茶湾组熔结凝灰岩、凝灰岩、凝灰质砂岩构成。仅顶部长有少量茅草、灌木。落潮后与桃花门前礁相连。

上山水岛 (Shàngshānshuǐ Dǎo)

北纬 29°50.8′，东经 122°19.2′。位于舟山市普陀区中部海域，属舟山群岛，距大陆最近点 17.97 千米。第二次全国海域地名普查时命今名。岸线长 218 米，面积 1 080 平方米。基岩岛，由上侏罗统茶湾组熔结凝灰岩、凝灰岩、凝灰质砂岩构成。无植被。

朱家尖平礁 (Zhūjiājiān Píngjiāo)

北纬 29°50.7′，东经 122°24.6′。位于舟山市普陀区东部海域，朱家尖岛东南岸牛头山嘴外 10 米，属舟山群岛，距大陆最近点 26.58 千米。《浙江海岛志》(1998)记为 1203 号无名岛。《全国海岛名称与代码》(2008)记为无名岛 ZOS64。2010 年浙江省人民政府公布的第一批无居民海岛名称中记为朱家尖平礁。因岛表面平坦，又近朱家尖岛，故名。岸线长 148 米，面积 1 143 平方米，最高点海拔 15.1 米。基岩岛，由燕山晚期钾长花岗岩构成。无植被。

大水西岛 (Dàshuǐ Xīdǎo)

北纬 29°50.7′，东经 122°19.1′。位于舟山市普陀区中部海域，属舟山群岛，距大陆最近点 17.84 千米。第二次全国海域地名普查时命今名。岸线长 175 米，面积 855 平方米。基岩岛，由上侏罗统茶湾组熔结凝灰岩、凝灰岩、凝灰质砂岩构成。无植被。

后埠头礁 (Hòubùtóu Jiāo)

北纬 29°50.6′，东经 122°24.4′。位于舟山市普陀区东部海域，朱家尖岛东南岸牛头山与外冲岗间的海湾内，距朱家尖岛 10 米，属舟山群岛，距大陆最近点 26.29 千米。《浙江海岛志》（1998）记为 1205 号无名岛。《全国海岛名称与代码》（2008）记为无名岛 ZOS65。2010 年浙江省人民政府公布的第一批无居民海岛名称中记为后埠头礁。因地处朱家尖岛牛头山与外冲岗之间的海湾内，旧曾作为附近村落登岸的天然埠头使用，故名。岸线长 165 米，面积 664 平方米，最高点海拔 8.1 米。基岩岛，由燕山晚期钾长花岗岩构成。无植被。潮间带以下长有丰富的藤壶、螺、贻贝和海大麦、海青菜、紫菜等贝、藻类生物。

上盘北岛 (Shàngpán Běidǎo)

北纬 29°50.6′，东经 122°26.4′。位于舟山市普陀区东部海域，朱家尖岛东南 2.8 千米，属舟山群岛，距大陆最近点 29.49 千米。第二次全国海域地名普查时命今名。岸线长 87 米，面积 310 平方米。基岩岛，由燕山晚期钾长花岗岩构成。岸坡陡峭，地形崎岖。无植被。

上双锣礁 (Shàngshuāngluó Jiāo)

北纬 29°50.5′，东经 122°26.4′。位于舟山市普陀区东部海域，朱家尖岛东南 2.7 千米，属舟山群岛，距大陆最近点 29.38 千米。《浙江海岛志》（1998）记为 1206 号无名岛。《全国海岛名称与代码》（2008）记为无名岛 ZOS56。2010 年浙江省人民政府公布的第一批无居民海岛名称中记为上双锣礁。因与下双锣礁分列于南北两侧，呈卵形，双卵谐音雅化为“双锣”，该岛居北（上），故名。岸线长 253 米，面积 2 037 平方米，最高点海拔 10.2 米。基岩岛，由燕山晚期钾长花岗岩构成。岸坡陡峭，地形崎岖。大部裸露，仅顶部长有少量草丛。

龙下元礁 (Lóngxiàyuán Jiāo)

北纬 29°50.5′，东经 122°24.5′。位于舟山市普陀区东部海域，朱家尖岛东南岸外冲岗山嘴外 10 米，属舟山群岛，距大陆最近点 26.52 千米。又名弄下圆礁。《浙江省普陀县地名志》（1986）、《浙江省海域地名录》（1988）、《中国海域地名图集》（1991）和《舟山海域岛礁志》（1991）均记为龙下元礁。与朱家尖岛似仅隔一条巷弄，且岛形较圆，得名弄下圆礁，谐音为“龙下元礁”。岸线长 105 米，面积 585 平方米，最高点海拔 5.2 米。基岩岛，由燕山晚期侵入钾长花岗岩构成。无植被。

西鲜岙北岛 (Xīxiān'ào Běidǎo)

北纬 29°50.5′，东经 122°22.2′。位于舟山市普陀区中东部海域，西峰岛东面西鲜岙北侧，距西峰岛 8 米，属舟山群岛，距大陆最近点 22.89 千米。因该岛位于西峰岛西鲜岙（小海湾）北侧，第二次全国海域地名普查时命今名。岸线长 109 米，面积 699 平方米。基岩岛，由上侏罗统西山头组熔结凝灰岩、凝灰岩夹凝灰质砂岩构成。植被有草丛、灌木。

下双锣礁 (Xiàshuāngluó Jiāo)

北纬 29°50.5′，东经 122°26.3′。位于舟山市普陀区东部海域，朱家尖岛东南 2.7 千米，属舟山群岛，距大陆最近点 29.37 千米。《浙江海岛志》（1998）记为 1208 号无名岛。《全国海岛名称与代码》（2008）记为无名岛 ZOS57。2010 年浙江省人民政府公布的第一批无居民海岛名称中记为下双锣礁。与上双锣礁分列于南北两侧，呈卵形，双卵谐音雅化为“双锣”，该岛居南（下），故名。岸线长 316 米，面积 2 323 平方米，最高点海拔 10.3 米。基岩岛，由上侏罗统西山头组熔结凝灰岩夹凝灰质砂岩、凝灰岩等构成。地形崎岖，岸坡陡峭。无植被。

悬鹁鸪上岛 (Xuánbógū Shàngdǎo)

北纬 29°50.3′，东经 122°19.3′。位于舟山市普陀区中部海域，属舟山群岛，距大陆最近点 18.35 千米。在附近三个小海岛中，该岛位置居北（上），第二次全国海域地名普查时命今名。岸线长 65 米，面积 224 平方米。基岩岛，由上侏罗统茶湾组熔结凝灰岩、凝灰岩、凝灰质砂岩等构成。植被有灌木。

外劈圈礁 (Wàipīquān Jiāo)

北纬 29°50.3′，东经 122°21.4′。位于舟山市普陀区中东部海域，西峰岛西岸狮子尾山嘴南岸近旁，中劈圈礁西 75 米，属舟山群岛，距大陆最近点 21.64 千米。《浙江海岛志》（1998）记为 1210 号无名岛。《全国海岛名称与代码》（2008）记为无名岛 ZOS58。2010 年浙江省人民政府公布的第一批无居民海岛名称中记为外劈圈礁。因其周围的岩石像刀劈开一样，陡峻壁立，故名。岸线长 117 米，面积 331 平方米，最高点海拔 10.1 米。基岩岛，由上侏罗统西山头组熔结凝灰岩夹凝灰质砂岩、凝灰岩等构成。无植被。

中劈圈礁 (Zhōngpīquān Jiāo)

北纬 29°50.3′，东经 122°21.5′。位于舟山市普陀区中东部海域，西峰岛西岸狮子尾山嘴南岸外，属舟山群岛，距大陆最近点 21.75 千米。《浙江海岛志》（1998）记为 1211 号无名岛。《全国海岛名称与代码》（2008）记为无名岛 ZOS59。2010 年浙江省人民政府公布的第一批无居民海岛名称中记为中劈圈礁。因其周围的岩石像刀劈开一样，陡峻壁立，西岸有一个巨大的环形海蚀穴，故名。岸线长 267 米，面积 2 827 平方米，最高点海拔 31.3 米。基岩岛，由上侏罗统西山头组熔结凝灰岩夹凝灰质砂岩、凝灰岩等构成。植被有灌木、茅草。

第四块头礁 (Dìsìkuài Tóujiāo)

北纬 29°50.3′，东经 122°21.2′。位于舟山市普陀区中东部海域，西峰岛西岸狮子尾山嘴外近旁，属舟山群岛，距大陆最近点 21.38 千米。又名第四块礁、第四块。《浙江省普陀县地名志》（1986）、《浙江省海域地名录》（1988）、《中国海域地名志》（1989）和《中国海域地名图集》（1991）均记为第四块礁。《舟山海域岛礁志》（1991）记为第四块。西峰岛西侧有四个岛，以主岛“第四块”最大，故统称第四块。本岛为从北往南头一块，按当地习称定名。岸线长 193 米，面积 1 634 平方米，最高点海拔 16.5 米。基岩岛，由上侏罗统西山头组熔结凝灰岩夹凝灰质砂岩、凝灰岩等构成。岸坡陡峭。大部裸露，仅顶部岩缝长有几丛茅草。

第四块上礁 (Dìsìkuài Shàngjiāo)

北纬 29°50.3′，东经 122°21.2′。位于舟山市普陀区中东部海域，西峰岛西岸狮子尾山嘴外，第四块头礁南 10 米，属舟山群岛，距大陆最近点 21.39 千米。又名第四块礁、第四块礁-1、第四块。《浙江省海域地名录》（1988）、《中国海域地名志》（1989）和《中国海域地名图集》（1991）均记为第四块礁。《浙江省普陀县地名志》（1986）和《舟山海域岛礁志》（1991）记为第四块。《浙江海岛志》（1998）记为 1212 号无名岛。《全国海岛名称与代码》（2008）记为第四块礁-1。2010 年浙江省人民政府公布的第一批无居民海岛名称中记为第四块上礁。西峰岛西侧有四个岛，以主岛“第四块”最大，故统称第四块。岸线长 263 米，面积 3 230 平方米，最高点海拔 24.1 米。基岩岛，由上侏罗统西山头组熔结凝灰岩夹凝灰质砂岩、凝灰岩等构成。岸线破碎，岸坡陡峭。大部裸露，仅顶部岩缝长有几丛茅草。潮间带以下长有丰富的藤壶、螺、贻贝和海大麦、海青菜、紫菜等贝、藻类生物。附近海域渔业资源丰富，为传统张网作业区。

悬鹁鸪中岛（Xuánbógū Zhōngdǎo）

北纬 29°50.2′，东经 122°19.5′。位于舟山市普陀区中部海域，属舟山群岛，距大陆最近点 18.66 千米。在附近三个小海岛中，位置居中，第二次全国海域地名普查时命今名。岸线长 106 米，面积 607 平方米。基岩岛，由上侏罗统茶湾组熔结凝灰岩、凝灰岩、凝灰质砂岩等构成。无植被。

第四块下礁（Dìsìkuài Xiàjiāo）

北纬 29°50.2′，东经 122°21.3′。位于舟山市普陀区中东部海域，西峰岛西岸狮子尾山嘴外 80 米，第四块上礁南 40 米，属舟山群岛，距大陆最近点 21.39 千米。又名第四块礁、第四块礁-3、第四块。《浙江省海域地名录》（1988）、《中国海域地名志》（1989）和《中国海域地名图集》（1991）均记为第四块礁。《浙江省普陀县地名志》（1986）和《舟山海域岛礁志》（1991）记为第四块。《浙江海岛志》（1998）记为 1214 号无名岛。《全国海岛名称与代码》（2008）记为第四块礁-3。2010 年浙江省人民政府公布的第一批无居民海岛名称中记为第四块下礁。因西峰岛西侧有四个岛，以主岛“第四块”最大，故统称第四块。本岛位置最南（下），故名。岸线长 478 米，面积 5 706 平方米，最高点海拔 19.5 米。基岩岛，由上侏罗统西山头组熔结凝灰岩夹凝灰质砂岩、凝灰岩等构成。岸线曲折，岸坡陡峭。无植被。

西峰岙西岛（Xīfēng’ào Xīdǎo）

北纬 29°50.2′，东经 122°21.8′。位于舟山市普陀区中东部海域，西峰岛中部西岸外 10 米，穿鼻礁北 80 米，属舟山群岛，距大陆最近点 22.29 千米。因位于西峰岛西峰岙村西面，第二次全国海域地名普查时命今名。岸线长 84 米，面积 227 平方米。基岩岛，由上侏罗统西山头组熔结凝灰岩夹凝灰质砂岩、凝灰岩构成。无植被。

穿鼻礁 (Chuānbí Jiāo)

北纬 29°50.1′，东经 122°21.8′。位于舟山市普陀区中东部海域，西峰岛中部西岸外 10 米，属舟山群岛，距大陆最近点 22.34 千米。《浙江海岛志》(1998) 记为 1215 号无名岛。《全国海岛名称与代码》(2008) 记为无名岛 ZOS49。2010 年浙江省人民政府公布的第一批无居民海岛名称中记为穿鼻礁。因岛上山体如象鼻贯穿海岛而得名。岸线长 88 米，面积 361 平方米。基岩岛，由上侏罗统西山头组熔结凝灰岩夹凝灰质砂岩、凝灰岩等构成。地势东高西低，海岸平直，岸坡陡立。无植被。

西峰岛 (Xīfēng Dǎo)

北纬 29°50.0′，东经 122°22.1′。位于舟山市普陀城区南偏东约 12.9 千米，朱家尖岛西南 410 米，属舟山群岛，距大陆最近点 21.41 千米。曾名乌沙山，又名西风岛。民国《定海县志》记为乌沙山。《浙江省海域地名录》(1988) 记为西峰岛，别名西风岛。《中国海洋岛屿简况》(1980)、《浙江省普陀县地名志》(1986)、《中国海域地名志》(1989)、《中国海域地名图集》(1991)、《舟山海域岛礁志》(1991)、《浙江海岛志》(1998) 和《全国海岛名称与代码》(2008) 均记为西峰岛。因与朱家尖岛近在咫尺，主峰较高，似朱家尖岛西侧高峰，故名。岸线长 12.12 千米，面积 1.506 8 平方千米，最高点海拔 187.7 米。基岩岛，北半部由上侏罗统西山头组熔结凝灰岩、凝灰岩夹凝灰质砂岩构成，南半部由燕山晚期钾长花岗岩构成。岸线曲折多弯，在岛北、岛东、岛西三面形成三个海湾，即上岙、下岙（也称西鲜岙）和西岙。植被以针叶林和灌丛为主，长有黑松林、灌丛、茅草丛、草本栽培植被，间有少量阔叶林。岛东侧为乌沙门，西侧为乌沙水道。岛上有许多荒废民房，主要集中在西风岙。岛东部西鲜岙内有简易埠头 1 座，作渔埠之用。

黄豆礁 (Huángdòu Jiāo)

北纬 29°50.0′，东经 122°12.3′。位于舟山市普陀区中西部海域，上溜网重岛东 50 米，属舟山群岛，距大陆最近点 8.3 千米。《浙江海岛志》(1998) 记为 1218 号无名岛。《全国海岛名称与代码》(2008) 记为无名岛 ZOS66。2010 年浙江省人民政府公布的第一批无居民海岛名称中记为黄豆礁。因外形似黄豆而得名。岸线长 134 米，面积 926 平方米，最高点海拔 10 米。基岩岛，由上侏罗统西山头组熔结凝灰岩夹凝灰岩、凝灰质砂岩等构成。无植被。东侧为虾峙门国际航道，是大型船舶进出宁波舟山港的主要航道。岛上设有航标灯桩 1 座，名为上溜网重灯桩，建于 1952 年。另有已废弃低矮灯桩 1 座。

上溜网重岛 (Shàngliūwǎngzhòng Dǎo)

北纬 29°50.0′，东经 122°12.1′。位于舟山市普陀区中西部海域，普陀城区西南约 15.5 千米，桃花岛西 1.5 千米，属舟山群岛，距大陆最近点 8.02 千米。曾名溜网重，又名上溜纲重、上溜网重。民国《定海县志·册一》将之与下溜网重岛合称溜网重。《中国海洋岛屿简况》(1980) 记为上溜纲重。《浙江省普陀县地名志》(1986) 和《舟山海域岛礁志》(1991) 记为上溜网重。《浙江省海域地名录》(1988)、《中国海域地名志》(1989)、《中国海域地名图集》(1991)、《浙江海岛志》(1998)、《全国海岛名称与代码》(2008) 和 2010 年浙江省人民政府公布的第一批无居民海岛名称中均记为上溜网重岛。当地渔民惯用溜网捕鳓鱼，从洋小猫岛一带下网溜至该岛附近，网已装满（重），因位于下溜网重岛北（上），故名。岸线长 1.48 千米，面积 0.067 4 平方千米，最高点海拔 57 米。基岩岛，由上侏罗统西山头组熔结凝灰岩夹凝灰岩、凝灰质砂岩构成。岛岸为天然基岩岸线，坡脚为陡峭的海蚀崖。岸坡较陡，上部较缓。植被以白茅草、灌木和芦苇为主。东侧为虾峙门国际航道，是大型船舶进出宁波舟山港的主要航道。

悬水礁 (Xuánshuǐ Jiāo)

北纬 29°49.9′，东经 122°19.8′。位于舟山市普陀区中部海域，属舟山群岛，距大陆最近点 19.31 千米。又名大礁、肚浜大礁。《浙江省普陀县地名志》(1986) 载："因靠近悬鹁鸪岛的海域中，故名悬水礁。又好似悬鹁鸪岛的肚腹，并有大小二块礁，该礁较大，故又称肚浜大礁。"《中国海洋岛屿简况》(1980) 记为大礁。《浙江省海域地名录》(1988)、《中国海域地名志》(1989) 和《舟山海域岛礁志》(1991) 均记为悬水礁，别名肚浜大礁。《中国海域地名图集》(1991)、《浙江海岛志》(1998)、《全国海岛名称与代码》(2008) 和 2010

年浙江省人民政府公布的第一批无居民海岛名称中均记为悬水礁。岸线长122米，面积715平方米。基岩岛，由上侏罗统茶湾组熔结凝灰岩、凝灰岩、凝灰质砂岩等构成。无植被。

东棺礁 (Dōngguān Jiāo)

北纬29°49.9′，东经122°24.6′。位于舟山市普陀区东部海域，朱家尖岛东南端青山角山嘴外，属舟山群岛，距大陆最近点26.87千米。曾名棺材礁。民国《定海县志》有棺材礁名称记载。《浙江省普陀县地名志》（1986）、《浙江省海域地名录》（1988）、《中国海域地名志》（1989）、《中国海域地名图集》（1991）、《舟山海域岛礁志》（1991）和《浙江海岛志》（1998）均记为东棺礁。《全国海岛名称与代码》（2008）记为无名岛ZOS51。2010年浙江省人民政府公布的第一批无居民海岛名称中记为东棺礁。因岛体呈长形，顶部略平，从南或北面望，形似棺材，位于西棺礁东面，故名。岸线长161米，面积740平方米，最高点海拔3.6米。基岩岛，由上侏罗统西山头组熔结凝灰岩夹凝灰质砂岩构成。无植被。

悬鹁鸪下岛 (Xuánbógū Xiàdǎo)

北纬29°49.8′，东经122°19.7′。位于舟山市普陀区中部海域，属舟山群岛，距大陆最近点19.26千米。在附近三个小海岛中，该岛位置居南（下），第二次全国海域地名普查时命今名。岸线长63米，面积254平方米。基岩岛，由上侏罗统茶湾组熔结凝灰岩夹凝灰质砂岩等构成。无植被。

鹁鸪门上岛 (Bógūmén Shàngdǎo)

北纬29°49.8′，东经122°18.9′。位于舟山市普陀区中部海域，桃花岛东端岸外7米，鹁鸪门西北侧，属舟山群岛，距大陆最近点17.94千米。在鹁鸪门西侧三个小海岛中，该岛位置居北（上），第二次全国海域地名普查时命今名。岸线长77米，面积298平方米。基岩岛，由上侏罗统茶湾组熔结凝灰岩夹凝灰质砂岩等构成。无植被。

下溜网重岛 (Xiàliūwǎngzhòng Dǎo)

北纬29°49.8′，东经122°12.4′。位于舟山市普陀区中西部海域，普陀城区西南约15.8千米，桃花岛西1.2千米，虾峙岛西北5.2千米，属舟山群岛，距大陆最近点8.48千米。曾名溜网重，又名下溜纲重、下溜网重。民国《定海县志・册一》将之与上溜网重岛合称溜网重。《中国海洋岛屿简况》（1980）记为下溜纲重。《浙江省普陀县地名志》（1986）和《舟山海域岛礁志》（1991）记为下溜网重。《浙江省海域地名录》（1988）、《中国海域地名志》（1989）、《中国海域地名图集》（1991）、《浙江海岛志》（1998）、《全国海岛名称与代码》（2008）和2010年浙江省人民政府公布的第一批无居民海岛名称中均记为下溜网重岛。因当地渔民惯用溜网捕鳓鱼，从洋小猫岛一带下网溜至该岛附近，网已装满（重），因位于上溜网重岛南（下），故名。岸线长2.4千米，面积0.085 1平方千米，最高点海拔42.1米。基岩岛，由上侏罗统西山头组熔结凝灰岩夹凝灰岩、凝灰质砂岩等构成。岛岸为天然基岩岸线，岸坡较缓，坡脚为陡峭的海蚀崖。植被有草丛、灌木。岛东侧为虾峙门国际航道，是大型船舶进出宁波舟山港的主要航道。岛东南端有航标灯桩1座。

门面礁（Ménmian Jiāo）

北纬29°49.8′，东经122°19.7′。位于舟山市普陀区中部海域，属舟山群岛，距大陆最近点19.26千米。《浙江海岛志》（1998）记为1223号无名岛。《全国海岛名称与代码》（2008）记为无名岛ZOS40。2010年浙江省人民政府公布的第一批无居民海岛名称中记为门面礁。岸线长294米，面积2 276平方米，最高点海拔10.1米。基岩岛，由上侏罗统茶湾组熔结凝灰岩、凝灰岩、凝灰质砂岩构成。无植被。

鹁鸪门中岛（Bógūmén Zhōngdǎo）

北纬29°49.7′，东经122°18.9′。位于舟山市普陀区中部海域，桃花岛东端岸外15米，鹁鸪门中部西侧，属舟山群岛，距大陆最近点18.11千米。在鹁鸪门西侧三个小海岛中，该岛位置居中，第二次全国海域地名普查时命今名。岸线长53米，面积113平方米。基岩岛，由上侏罗统茶湾组熔结凝灰岩夹凝灰质砂岩等构成。无植被。

黄泥礁（Huángní Jiāo）

北纬29°49.7′，东经122°19.4′。位于舟山市普陀区中部海域，桃花小平礁东南 6 米，属舟山群岛，距大陆最近点 18.91 千米。《浙江海岛志》（1998）记为 1226 号无名岛。《全国海岛名称与代码》（2008）记为无名岛 ZOS42。2010 年浙江省人民政府公布的第一批无居民海岛名称中记为黄泥礁。因岛上岩石表面色黄似泥而得名。岸线长 166 米，面积 644 平方米。基岩岛，由上侏罗统茶湾组熔结凝灰岩、凝灰岩、凝灰质砂岩等构成。无植被。

桃花小平礁 (Táohuā Xiǎopíng Jiāo)

北纬 29°49.7′，东经 122°19.4′。位于舟山市普陀区中部海域，属舟山群岛，距大陆最近点 18.86 千米。《浙江海岛志》（1998）记为 1225 号无名岛。《全国海岛名称与代码》（2008）记为无名岛 ZOS41。2010 年浙江省人民政府公布的第一批无居民海岛名称中记为桃花小平礁。因邻近桃花大平礁，面积稍小，故名。岸线长 208 米，面积 860 平方米。基岩岛，由上侏罗统茶湾组熔结凝灰岩、凝灰岩、凝灰质砂岩等构成。无植被。

桃花大平礁 (Táohuā Dàpíng Jiāo)

北纬 29°49.6′，东经 122°19.4′。位于舟山市普陀区中部海域，黄泥礁南 8 米，属舟山群岛，距大陆最近点 18.91 千米。《浙江海岛志》（1998）记为 1227 号无名岛。《全国海岛名称与代码》（2008）记为无名岛 ZOS43。2010 年浙江省人民政府公布的第一批无居民海岛名称中记为桃花大平礁。该岛表面平坦，面积较大，位居桃花岛旁，故名。岸线长 203 米，面积 980 平方米。基岩岛，由上侏罗统茶湾组熔结凝灰岩、凝灰岩、凝灰质砂岩等构成。无植被。

鹁鸪门下岛 (Bógūmén Xiàdǎo)

北纬 29°49.6′，东经 122°18.9′。位于舟山市普陀区中部海域，桃花岛东端岸外 10 米，鹁鸪门中部西侧，属舟山群岛，距大陆最近点 18.17 千米。在鹁鸪门西侧三个小海岛中，该岛位置最南（下），第二次全国海域地名普查时命今名。岸线长 61 米，面积 161 平方米。基岩岛，由上侏罗统茶湾组熔结凝灰岩、凝灰岩、凝灰质砂岩等构成。无植被。岸边长有藤壶、螺和紫菜等贝、藻类。

鲤鱼礁 (Lǐyú Jiāo)

北纬 29°49.5′，东经 122°18.9′。位于舟山市普陀区中部海域，桃花岛东端岸外5米，鹁鸪门中部西侧，属舟山群岛，距大陆最近点18.15千米。《浙江海岛志》（1998）记为1230号无名岛。《全国海岛名称与代码》（2008）记为无名岛ZOS44。2010年浙江省人民政府公布的第一批无居民海岛名称中记为鲤鱼礁。因岛形似鲤鱼而得名。岸线长133米，面积749平方米。基岩岛，由上侏罗统茶湾组熔结凝灰岩、凝灰岩、凝灰质砂岩等构成。无植被。东侧为鹁鸪门（水道）。

驼背佬礁 (Tuóbèilǎo Jiāo)

北纬29°49.5′，东经122°18.4′。位于舟山市普陀区中部海域，桃花岛东端鹁鸪门村李家廊自然村南侧，距桃花岛3米，属舟山群岛，距大陆最近点17.47千米。《浙江海岛志》（1998）记为1232号无名岛。《全国海岛名称与代码》（2008）记为无名岛ZOS45。2010年浙江省人民政府公布的第一批无居民海岛名称中记为驼背佬礁。因岛形状像一个驼背老妇而得名。岸线长136米，面积666平方米，最高点海拔13.8米。基岩岛，由上侏罗统茶湾组熔结凝灰岩、凝灰岩、凝灰质砂岩等构成。大部裸露，仅顶部岩缝长有草丛、灌木。

悬鹁鸪嘴岛 (Xuánbógūzuǐ Dǎo)

北纬29°49.5′，东经122°19.5′。位于舟山市普陀区中部海域，桃花岛东690米，属舟山群岛，距大陆最近点19.16千米。第二次全国海域地名普查时命今名。岸线长86米，面积255平方米。基岩岛，由上侏罗统茶湾组熔结凝灰岩夹凝灰岩、凝灰质砂岩等构成。无植被。

北空壳山上屿 (Běikōngkéshān Shàngyǔ)

北纬29°49.4′，东经122°12.6′。位于舟山市普陀区中西部海域，下溜网重岛东南420米，属舟山群岛，距大陆最近点9.35千米。曾名四块头，又名北空壳山-1、北空壳山、镬盖顶、空壳山。《中国海洋岛屿简况》（1980）记为镬盖顶。《浙江省海域地名录》（1988）记为北空壳山，曾名四块头、空壳山。《浙江省普陀县地名志》（1986）和《舟山海域岛礁志》（1991）记为北空壳山，习称空壳山。《中国海域地名志》（1989）和《中国海域地名图集》（1991）记为北空壳山。《浙江海岛志》（1998）记为1234号无名岛。《全国海岛名称与代码》

（2008）记为北空壳山-1。2010 年浙江省人民政府公布的第一批无居民海岛名称中记为北空壳山上屿。该岛在四个紧邻小岛组成的北空壳山岛群中居北（上），故名。岸线长 275 米，面积 4 326 平方米，最高点海拔 21 米。基岩岛，由上侏罗统西山头组熔结凝灰岩夹凝灰岩、凝灰质砂岩等构成。岛岸为天然基岩岸线，坡脚为陡峭的海蚀崖。植被以白茅草丛为主。

大流水坑礁 (Dàliúshuǐkēng Jiāo)

北纬 29°49.4′，东经 122°18.4′。位于舟山市普陀区中部海域，桃花岛东端后门自然村南侧，距桃花岛 3 米，属舟山群岛，距大陆最近点 17.46 千米。《浙江海岛志》（1998）记为 1236 号无名岛。《全国海岛名称与代码》（2008）记为无名岛 ZOS46。2010 年浙江省人民政府公布的第一批无居民海岛名称中记为大流水坑礁。该岛与桃花岛紧贴，两岛间的水域就像是大水冲出来的水沟，故名。岸线长 353 米，面积 4 592 平方米，最高点海拔 22 米。基岩岛，由上侏罗统茶湾组熔结凝灰岩、凝灰岩、凝灰质砂岩等构成。岛岸为天然基岩岸线，岸线破碎，岸坡陡立，地形崎岖，西北岸壁立如削。西北部长有稀疏白茅草丛和灌木丛。

小北空壳山岛 (Xiǎoběi Kōngkéshān Dǎo)

北纬 29°49.3′，东经 122°12.4′。位于舟山市普陀区中西部海域，属舟山群岛，距大陆最近点 9.26 千米。因在由四个紧邻小岛组成的北空壳山岛群中，该岛最小，第二次全国海域地名普查时命今名。岸线长 82 米，面积 454 平方米。基岩岛，由上侏罗统西山头组熔结凝灰岩夹凝灰岩、凝灰质砂岩等构成。植被以白茅草丛为主。

小流水坑上岛 (Xiǎoliúshuǐkēng Shàngdǎo)

北纬 29°49.3′，东经 122°18.3′。位于舟山市普陀区中部海域，桃花岛东端后门自然村南侧，大流水坑礁与小流水坑礁之间，距桃花岛 15 米，大流水坑礁西 30 米，属舟山群岛，距大陆最近点 17.42 千米。因小流水坑礁东侧两个小海岛中，该岛位置居北（上），第二次全国海域地名普查时命今名。岸线长 73 米，面积 245 平方米。基岩岛，由上侏罗统茶湾组熔结凝灰岩、凝灰岩、凝灰质砂岩等构成。无植被。

小流水坑礁 (Xiǎoliúshuǐkēng Jiāo)

北纬 29°49.3′，东经 122°18.3′。位于舟山市普陀区中部海域，桃花岛东端后门自然村南侧，距桃花岛 5 米，大流水坑礁西 105 米，属舟山群岛，距大陆最近点 17.34 千米。《浙江海岛志》（1998）记为 1239 号无名岛。《全国海岛名称与代码》（2008）记为无名岛 ZOS48。2010 年浙江省人民政府公布的第一批无居民海岛名称中记为小流水坑礁。该岛与桃花岛紧贴，两岛间水域就像是被水冲出来的小流水坑，故名。岸线长 109 米，面积 557 平方米，最高点海拔 10.2 米。基岩岛，由上侏罗统茶湾组熔结凝灰岩、凝灰岩、凝灰质砂岩等构成。无植被。

北空壳山下礁 (Běikōngkéshān Xiàjiāo)

北纬 29°49.3′，东经 122°12.4′。位于舟山市普陀区中西部海域，属舟山群岛，距大陆最近点 9.33 千米。曾名四块头，又名北空壳山-3、北空壳山、镬盖顶、空壳山。《中国海洋岛屿简况》（1980）记为镬盖顶。《浙江省海域地名录》（1988）记为北空壳山，曾名四块头、空壳山。《浙江省普陀县地名志》（1986）和《舟山海域岛礁志》（1991）记为北空壳山，习称空壳山。《中国海域地名志》（1989）和《中国海域地名图集》（1991）记为北空壳山。《浙江海岛志》（1998）记为 1238 号无名岛。《全国海岛名称与代码》（2008）记为北空壳山-3。2010 年浙江省人民政府公布的第一批无居民海岛名称中记为北空壳山下礁。该岛在四个紧邻小岛组成的北空壳山岛群的东部三小岛中居南（下），故名。岸线长 129 米，面积 902 平方米，最高点海拔 6.4 米。基岩岛，由上侏罗统西山头组熔结凝灰岩夹凝灰岩、凝灰质砂岩等构成。大部裸露，仅顶部长有草丛。岸边长有藤壶、螺和紫菜等贝、藻类。

小流水坑下岛 (Xiǎoliúshuǐkēng Xiàdǎo)

北纬 29°49.3′，东经 122°18.3′。位于舟山市普陀区中部海域，桃花岛东端鹁鸪门村后门自然村南侧，距桃花岛 40 米，小流水坑礁东南 40 米，属舟山群岛，距大陆最近点 17.43 千米。因小流水坑礁东侧两个小海岛中，该岛位置居南（下），第二次全国海域地名普查时命今名。岸线长 79 米，面积 224 平方米。基岩岛，由上侏罗统茶湾组熔结凝灰岩、凝灰岩、凝灰质砂岩等构成。无植被。

西棺北岛 (Xīguān Běidǎo)

北纬 29°49.3′，东经 122°18.9′。位于舟山市普陀区中部海域，桃花岛东端南岸外 45 米，塔湾北口内侧，桃花岛与西棺礁之间，属舟山群岛，距大陆最近点 18.4 千米。因该岛位于西棺礁北侧，第二次全国海域地名普查时命今名。岸线长 125 米，面积 564 平方米。基岩岛。植被为草丛。

西棺礁 (Xīguān Jiāo)

北纬 29°49.2′，东经 122°19.0′。位于舟山市普陀区中部海域，桃花岛东端南岸外 140 米，塔湾北口内侧，西棺北岛南 60 米，属舟山群岛，距大陆最近点 18.48 千米。又名棺材礁。《浙江省普陀县地名志》（1986）、《浙江省海域地名录》（1988）、《中国海域地名志》（1989）、《中国海域地名图集》（1991）、《舟山海域岛礁志》（1991）、《舟山海域岛礁志》（1991）、《浙江海岛志》（1998）和《全国海岛名称与代码》（2008）均记为西棺礁。2010 年浙江省人民政府公布的第一批无居民海岛名称中记为西棺礁。因形似棺材，又位于鹁鸪门航道西侧，故名。岸线长 241 米，面积 1 022 平方米。基岩岛。无植被。

里远山礁 (Lǐyuǎnshān Jiāo)

北纬 29°49.1′，东经 122°11.7′。位于舟山市普陀区中西部海域，属舟山群岛，距大陆最近点 8.88 千米。又名里远山。《浙江海岛志》（1998）和《全国海岛名称与代码》（2008）记为里远山。2010 年浙江省人民政府公布的第一批无居民海岛名称中记为里远山礁。岸线长 218 米，面积 3 519 平方米，最高点海拔 14.1 米。基岩岛，由上侏罗统西山头组熔结凝灰岩夹凝灰岩、凝灰质砂岩等构成。植被以白茅草丛、灌木为主。

桃花岛 (Táohuā Dǎo)

北纬 29°49.0′，东经 122°16.4′。位于舟山市普陀区舟山群岛东南部海域，普陀城区南约 11.5 千米，北距登步岛 1.4 千米，南隔虾峙门（水道）距虾峙岛 2.1 千米，距大陆最近点 9.18 千米。曾名桃花山。《浙江省普陀县地名志》（1986）载“桃花岛名称，据宋乾道《四明图经》记载：‘桃花山……相传安期生学道炼丹于此，尝以醉墨洒于山石上，遂成桃花纹，奇形异状，宛若天然，人多取之以为珍玩，故山号桃花’。宋宝庆《四明志·昌国》、元大德《昌国州图志》、清康熙《定海县志》、光绪《定海厅志》至民国《定海县志》均有类似记载。当地群众亦有此传说”。《中国海洋岛屿简况》（1980）、《浙江省海域地名录》（1988）、《中国海域地名志》（1989）、《中国海域地名图集》（1991）、《舟山海域岛礁志》（1991）、《浙江海岛志》（1998）和《全国海岛名称与代码》（2008）均记为桃花岛。相传因秦末汉初隐士安期生在岛上洒墨溅成桃花纹而得名。

岸线长 60.46 千米，面积 40.233 8 平方千米，最高点海拔 539.4 米。基岩岛，岛南半部出露岩石除东南侧属上侏罗统西山头组熔结凝灰岩夹凝灰岩、凝灰质砂岩外，其余全是燕山晚期侵入钾长花岗岩；北半部大部分为上侏罗统茶湾组凝灰岩、凝灰质砂岩等，仅西北部出露岩石为晚侏罗世潜流纹斑岩。属海岛丘陵地貌，以中南部舟山群岛最高峰对峙山为主峰，山脉向四周延伸，高度逐渐降低，形成山山相连、群峰起伏、岗峦密布之势。海蚀地貌发育，岛南部、西南和东南岸线与岬角前缘多海蚀崖、槽、柱组合，海蚀崖一般高 10～25 米。有维管植物约 900 种，主要为针叶林、草本栽培植被、阔叶林、灌丛、草丛等。滨海植物区系十分发达，花草植物中野生水仙、兰花历来负有盛名。潮间带及附近海域贝、藻类资源和鱼类资源丰富。

有居民海岛，为普陀区桃花镇人民政府所在地。设竹东、大岙、沙头、青龙 4 个社区，塔湾、大石头、盐厂、连治山、客浦、稻篷、沙岙、茅山、后沙头、鹁鸪门、公前、对峙 12 个行政村，1 个公前居委会，2009 年户籍人口 17 380 人。岛民历来农渔兼营，农作以薯类杂粮为主，渔业多为近海捕捞。1993 年被评为浙江省省级风景名胜区。1996 年进入旅游景区实质性开发阶段。2000 年以来，第三产业以景区开发与旅游服务为主，逐步上升为主导产业。旅游景区划分为塔湾金沙、安期峰、大佛岩、桃花峪、桃花港五大景区，以“侠骨柔情”为旅游品牌。建有游艇俱乐部、金庸文化园、磨盘休闲度假区及旅游配套设施、塔湾海钓基地、塔湾金沙五星级酒店、射雕城等。交通便利，建有茅草屋、沙岙 2 处交通渡口，有通往宁波郭巨航线 1 条，通往沈家门航线 2 条，有固定班船往返于宁波郭巨、虾峙岛、六横岛、登步岛、蚂蚁岛和沈家门之间。塔湾建有民用直升机停机坪。淡水资源有限，用水较为紧张，有水库、山塘多处。

上篮山东屿 (Shànglánshān Dōngyǔ)

北纬 29°49.0′，东经 122°14.2′。位于舟山市普陀区中西部海域，桃花岛西岸张家码头西，距桃花岛 480 米，属舟山群岛，距大陆最近点 11.81 千米。曾名上栏山、上兰山，又名上篮山、上篮山 -2。民国《定海县志 · 列岛分图三》注为上栏山。《中国海洋岛屿简况》(1980) 记为上栏山。《浙江省海域地名录》(1988) 记为上篮山，曾名上栏山、上兰山。《浙江省普陀县地名志》(1986)、《中国海域地名志》(1989)、《中国海域地名图集》(1991) 和《舟山海域岛礁志》(1991) 均记为上篮山。《浙江海岛志》(1998) 记为 1245 号无名岛。《全国海岛名称与代码》(2008) 记为上篮山 -2。2010 年浙江省人民政府公布的第一批无居民海岛名称中记为上篮山东屿。岸线长 327 米，面积 5 026 平方米，最高点海拔 15.1 米。基岩岛，由燕山晚期钾长花岗岩构成。岛顶部平缓，岛岸为天然基岩岸线，坡脚有陡峭的海蚀崖。植被以白茅草丛为主，间有山合欢、石菖蒲等。

外门山上屿 (Wàiménshān Shàngyǔ)

北纬 29°49.0′，东经 122°12.1′。位于舟山市普陀区中西部海域，属舟山群岛，距大陆最近点 9.42 千米。又名外门山 -3、外门山、三礁门。《中国海洋岛屿简况》(1980) 和《中国海域地名图集》(1991) 记为外门山。《浙江省普陀县地名志》(1986)、《浙江省海域地名录》(1988)、《中国海域地名志》(1989) 和《舟山海域岛礁志》(1991) 均记为外门山，别名三礁门。《浙江海岛志》(1998) 记为 1243 号无名岛。《全国海岛名称与代码》(2008) 记为外门山 -3。2010 年浙江省人民政府公布的第一批无居民海岛名称中记为外门山上屿。岸线长 272 米，面积 3 454 平方米，最高点海拔 17.1 米。基岩岛，由上侏罗统西山头组熔结凝灰岩夹凝灰岩、凝灰质砂岩等构成。地势东北高，西南低。东北部山顶长有白茅草丛。

外门山下屿 (Wàiménshān Xiàyǔ)

北纬 29°49.0′，东经 122°12.0′。位于舟山市普陀区中西部海域，属舟山群岛，距大陆最近点 9.33 千米。又名外门山-1、外门山、三礁门。《中国海洋岛屿简况》(1980)和《中国海域地名图集》(1991)记为外门山。《浙江省普陀县地名志》(1986)、《浙江省海域地名录》(1988)、《中国海域地名志》(1989)和《舟山海域岛礁志》(1991)均记为外门山,别名三礁门。《浙江海岛志》(1998)记为 1348 号无名岛。《全国海岛名称与代码》(2008)记为外门山-1。2010 年浙江省人民政府公布的第一批无居民海岛名称中记为外门山下屿。岸线长 281 米,面积 3 465 平方米,最高点海拔 16.1 米。基岩岛,由上侏罗统西山头组熔结凝灰岩夹凝灰岩、凝灰质砂岩等构成。植被有白茅草丛、灌丛。

虾峙黄礁 (Xiāzhì Huángjiāo)

北纬 29°48.7′,东经 122°13.3′。位于舟山市普陀区中西部海域,属舟山群岛,距大陆最近点 11.21 千米。又名黄礁。因与省内其他海岛重名,第二次全国海域地名普查时更为今名。因岛岩呈黄色,居于虾峙镇,故名。岸线长 55 米,面积 185 平方米。基岩岛,由上侏罗统茶湾组凝灰岩、凝灰质砂岩构成。无植被。

小钱礁 (Xiǎoqián Jiāo)

北纬 29°48.6′,东经 122°14.6′。位于舟山市普陀区中西部海域,桃花岛西岸张家码头南,距桃花岛 240 米,属舟山群岛,距大陆最近点 12.91 千米。《浙江省普陀县地名志》(1986)、《浙江省海域地名录》(1988)、《中国海域地名图集》(1991)和《舟山海域岛礁志》(1991)均记为小钱礁。因岛圆而低平,形似铜钱,面积较小,故名。岸线长 48 米,面积 131 平方米。基岩岛,由燕山晚期花岗岩构成。无植被。

乌石嘴岛 (Wūshízuǐ Dǎo)

北纬 29°48.5′,东经 122°11.8′。位于舟山市普陀区中西部海域,属舟山群岛,距大陆最近点 9.81 千米。第二次全国海域地名普查时命今名。岸线长 76 米,面积 251 平方米。基岩岛,由上侏罗统西山头组熔结凝灰岩夹凝灰岩、凝灰质砂岩构成。无植被。

桃花乌龟礁 (Táohuā Wūguī Jiāo)

北纬 29°48.4′,东经 122°18.4′。位于舟山市普陀区东南部海域,桃花岛东南岸太平岗东侧海湾内，距桃花岛 10 米，属舟山群岛，距大陆最近点 18.35 千米。因岛形似乌龟，位于桃花镇，按当地习称定名。岸线长 110 米，面积 467 平方米。基岩岛，由燕山晚期钾长花岗岩构成。无植被。

上爬脚嘴屿 (Shàngpájiǎozuǐ Yǔ)

北纬 29°48.0′，东经 122°18.6′。位于舟山市普陀区东南部海域，桃花岛东南岸爬脚嘴外，桃花岛与下爬脚嘴屿之间，属舟山群岛，距大陆最近点 18.78 千米。又名爬脚嘴岛-1。《浙江海岛志》（1998）记为爬脚嘴岛-1。《全国海岛名称与代码》（2008）记为无名岛 ZOS72。2010 年浙江省人民政府公布的第一批无居民海岛名称中记为上爬脚嘴屿。与桃花岛爬脚嘴相邻，位于下爬脚嘴屿北侧（上），故名。岸线长 320 米，面积 4 946 平方米，最高点海拔 28.7 米。基岩岛，由燕山晚期钾长花岗岩构成。顶部长有稀疏白茅草丛、灌木。岸边长有藤壶、螺和紫菜等贝、藻类。

下爬脚嘴屿 (Xiàpájiǎozuǐ Yǔ)

北纬 29°48.0′，东经 122°18.6′。位于舟山市普陀区东南部海域，桃花岛东南岸爬脚嘴外，上爬脚嘴屿南 5 米，属舟山群岛，距大陆最近点 18.82 千米。又名爬脚嘴岛-2。《浙江海岛志》（1998）记为爬脚嘴岛-2。《全国海岛名称与代码》（2008）记为无名岛 ZOS73。2010 年浙江省人民政府公布的第一批无居民海岛名称中记为下爬脚嘴屿。与桃花岛爬脚嘴相邻，位于上爬脚嘴屿南侧（下），故名。岸线长 341 米，面积 6 936 平方米，最高点海拔 28.5 米。基岩岛，由燕山晚期钾长花岗岩构成。顶部长有稀疏白茅草丛、灌木，岸边长有藤壶、螺和紫菜等贝、藻类。

小双东礁 (Xiǎoshuāng Dōngjiāo)

北纬 29°47.9′，东经 122°14.4′。位于舟山市普陀区中西部海域，属舟山群岛，距大陆最近点 13.56 千米。岸线长 49 米，面积 158 平方米。基岩岛，由上侏罗统茶湾组熔结凝灰岩、凝灰岩、凝灰质砂岩构成。无植被。建有航标灯桩 1 座。

小野鸭礁 (Xiǎoyěyā Jiāo)

北纬 29°47.8′，东经 122°14.1′。位于舟山市普陀区中西部海域，属舟山群岛，距大陆最近点13.16千米。《浙江省海域地名录》(1988)、《中国海域地名图集》(1991)和《舟山海域岛礁志》(1991)均记为小野鸭礁，别名野鸭礁。因野鸭常在此栖息，面积小，故名。岸线长67米，面积307平方米。基岩岛，由上侏罗统茶湾组凝灰岩、凝灰质砂岩构成。无植被。

乌北礁 (Wūběi Jiāo)

北纬29°47.8′，东经122°22.7′。位于舟山市普陀区东南部海域，朱家尖岛西南4.3千米，属舟山群岛，距大陆最近点25.08千米。《浙江省普陀县地名志》(1986)、《浙江省海域地名录》(1988)、《中国海域地名图集》(1991)和《舟山海域岛礁志》(1991)均记为乌北礁。《浙江海岛志》(1998)记为1272号无名岛。《全国海岛名称与代码》(2008)记为无名岛ZOS81。2010年浙江省人民政府公布的第一批无居民海岛名称中记为乌北礁。岸线长63米，面积313平方米，最高点海拔10米。基岩岛，由上侏罗统西山头组熔结凝灰岩夹凝灰岩、凝灰质砂岩构成。岛岸为天然基岩岸线，岸坡陡峭。大部裸露，仅顶部长有草丛。

乌东礁 (Wūdōng Jiāo)

北纬29°47.8′，东经122°22.8′。位于舟山市普陀区东南部海域，朱家尖岛西南4.4千米，属舟山群岛，距大陆最近点25.17千米。又名乌暗礁、乌柱山。《中国海洋岛屿简况》(1980)记为乌柱山。《浙江海岛志》(1998)记为1273号无名岛。《全国海岛名称与代码》(2008)记为无名岛ZOS82。2010年浙江省人民政府公布的第一批无居民海岛名称中记为乌暗礁，系误用了低潮高地“乌暗礁”之名。《浙江省普陀县地名志》(1986)、《浙江省海域地名录》(1988)、《中国海域地名图集》(1991)和《舟山海域岛礁志》(1991)均记为乌东礁。岸线长324米，面积4 366平方米，最高点海拔26.5米。基岩岛，由上侏罗统西山头组熔结凝灰岩夹凝灰岩、凝灰质砂岩等构成。岛岸为天然基岩岸线，岸坡陡峭。大部裸露，仅顶部长有几丛茅草。

虾峙门礁 (Xiāzhìmén Jiāo)

北纬29°47.7′，东经122°14.3′。位于舟山市普陀区中西部海域，虾峙岛北1.2千米，属舟山群岛，距大陆最近点13.55千米。又名小礁门礁、门礁、小礁门、礁门。《浙江省普陀县地名志》（1986）和《舟山海域岛礁志》（1991）记为小礁门，别名礁门。《浙江省海域地名录》（1988）记为小礁门礁，别名礁门。《中国海域地名图集》（1991）记为小礁门礁。《浙江海岛志》（1998）记为门礁。《全国海岛名称与代码》（2008）记为无名岛 ZOS70。2010 年浙江省人民政府公布的第一批无居民海岛名称中记为虾峙门礁。岸线长 217 米，面积 2 360 平方米，最高点海拔 10.2 米。基岩岛，由上侏罗统茶湾组熔结凝灰岩、凝灰岩、凝灰质砂岩等构成。植被有少量灌木和茅草丛。附近水域为虾峙门国际航道。

小礁门礁 (Xiǎojiāomén Jiāo)

北纬 29°47.7′，东经 122°14.3′。位于舟山市普陀区中西部海域，虾峙岛北 1.2 千米，虾峙门礁西南 80 米，属舟山群岛，距大陆最近点 13.55 千米。与虾峙门礁相邻，面积较小，按当地习称定名。岸线长 30 米，面积 33 平方米。基岩岛，由上侏罗统茶湾组熔结凝灰岩、凝灰岩、凝灰质砂岩等构成。无植被。

乌东小岛 (Wūdōng Xiǎodǎo)

北纬 29°47.6′，东经 122°22.9′。位于舟山市普陀区东南部海域，属舟山群岛，距大陆最近点 25.45 千米。第二次全国海域地名普查时命今名。岸线长 61 米，面积 254 平方米。基岩岛，由上侏罗统西山头组熔结凝灰岩夹凝灰岩、凝灰质砂岩等构成。无植被。

南乌柱岛 (Nánwūzhù Dǎo)

北纬 29°47.5′，东经 122°22.9′。位于舟山市普陀区东南海域，属舟山群岛，距大陆最近点 25.42 千米。第二次全国海域地名普查时命今名。岸线长 176 米，面积 1 924 平方米。基岩岛，由上侏罗统西山头组熔结凝灰岩夹凝灰岩、凝灰质砂岩等构成。无植被。

东乌柱礁 (Dōngwūzhù Jiāo)

北纬 29°47.5′，东经 122°23.0′。位于舟山市普陀区东南海域，朱家尖岛南 4.7 千米，属舟山群岛，距大陆最近点 25.59 千米。又名东乌柱、乌南礁、乌柱山、小乌柱。《中国海洋岛屿简况》（1980）记为乌柱山。《浙江省海域地名录》（1988）记为东乌柱礁，别名小乌柱。《舟山海域岛礁志》（1991）记为东乌柱。《浙江海岛志》(1998)记为1279号无名岛。《全国海岛名称与代码》(2008)记为无名岛ZOS83。2010年浙江省人民政府公布的第一批无居民海岛名称中记为乌南礁,系误用了低潮高地“乌南礁”之名。《浙江省普陀县地名志》(1986)、《中国海域地名志》(1989)和《中国海域地名图集》(1991)中均记为东乌柱礁。岸线长215米,面积3 208平方米,最高点海拔10.2米。基岩岛,由上侏罗统西山头组熔结凝灰岩夹凝灰岩、凝灰质砂岩等构成。岛岸为天然基岩岸线,岸坡陡峭。无植被。

弹涂礁 (Tántú Jiāo)

北纬29°47.4′,东经122°12.5′。位于舟山市普陀区中西部海域,虾峙岛西北1.5千米,属舟山群岛,距大陆最近点12.08千米。又名淡路礁。《中国海洋岛屿简况》(1980)记为淡路礁。《浙江省普陀县地名志》(1986)、《浙江省海域地名录》(1988)、《中国海域地名图集》(1991)和《舟山海域岛礁志》(1991)均记为弹涂礁。因岛形似弹涂鱼,故名。岸线长102米,面积535平方米。基岩岛,由上侏罗统茶湾组凝灰岩、凝灰质砂岩构成。无植被。

大风水礁 (Dàfēngshuǐ Jiāo)

北纬29°47.4′,东经122°13.1′。位于舟山市普陀区东西部海域,虾峙岛西北780米,属舟山群岛,距大陆最近点12.74千米。又名风水礁。《浙江省普陀县地名志》(1986)、《中国海域地名志》(1989)和《舟山海域岛礁志》(1991)均记为大风水礁,别名风水礁。《浙江省海域地名录》(1988)和《中国海域地名图集》(1991)记为大风水礁。岛四周在台风来临前出现涌浪,当地习称台风为风水,得名风水礁。当地有两个风水礁,此岛较大,故名。岸线长88米,面积345平方米,最高点海拔9米。基岩岛,由上侏罗统茶湾组凝灰岩、凝灰质砂岩构成。无植被。岛上有荒废的简易石砌航标灯桩1座。

桃花铜钱礁 (Táohuā Tóngqián Jiāo)

北纬29°47.3′,东经122°19.1′。位于舟山市普陀区东南部海域,桃花岛东南,属舟山群岛,距大陆最近点20.26千米。又名铜钱礁。《浙江海岛志》(1998)记为1280号无名岛。《全国海岛名称与代码》(2008)记为无名岛ZOS74。

2010年浙江省人民政府公布的第一批无居民海岛名称中记为铜钱礁。因与象山县一有居民海岛重名，第二次全国海域地名普查时更名为桃花铜钱礁。因岛形似铜钱，位于桃花镇，故名。岸线长118米，面积683平方米，最高点海拔6.7米。基岩岛，由上侏罗统西山头组熔结凝灰岩夹凝灰岩、凝灰质砂岩等构成。大部裸露，仅顶部长有草丛。

鸡笼东岛 (Jīlóng Dōngdǎo)

北纬29°47.3′，东经122°19.3′。位于舟山市普陀区东南部海域，桃花岛东南，属舟山群岛，距大陆最近点20.55千米。第二次全国海域地名普查时命今名。岸线长85米，面积453平方米。基岩岛，由上侏罗统西山头组熔结凝灰岩夹凝灰岩、凝灰质砂岩等构成。长有灌木。

绣球岛 (Xiùqiú Dǎo)

北纬29°47.2′，东经122°11.7′。位于舟山市普陀区中西部海域，属舟山群岛，距大陆最近点11.67千米。又名手求山。《中国海洋岛屿简况》（1980）记为手求山。《浙江省普陀县地名志》（1986）、《浙江省海域地名录》（1988）、《中国海域地名志》（1989）、《中国海域地名图集》（1991）和《舟山海域岛礁志》（1991）均记为绣球岛。因岛上狗尾巴草茂密，远望岛如一绣球，故名。岸线长99米，面积480平方米，最高点海拔8米。基岩岛，由上侏罗统茶湾组熔结凝灰岩、凝灰岩、凝灰质砂岩等构成。植被有草丛、灌木。

对卵山西岛 (Duìluǎnshān Xīdǎo)

北纬29°47.2′，东经122°09.7′。位于舟山市普陀区中西部海域，属舟山群岛，距大陆最近点10.31千米。第二次全国海域地名普查时命今名。岸线长187米，面积2 453平方米。基岩岛，由上侏罗统茶湾组熔结凝灰岩、凝灰岩、凝灰质砂岩等构成。植被有草丛、灌木。

小鸡笼屿 (Xiǎojīlóng Yǔ)

北纬29°47.2′，东经122°19.4′。位于舟山市普陀区东南部海域，桃花岛东南岸乌石子村东，距桃花岛360米，属舟山群岛，距大陆最近点20.73千米。《浙江海岛志》（1998）记为1285号无名岛。《全国海岛名称与代码》（2008）

记为无名岛 ZOS75。2010 年浙江省人民政府公布的第一批无居民海岛名称中记为小鸡笼屿。岸线长 432 米，面积 8 250 平方米，最高点海拔 38.9 米。基岩岛，由上侏罗统西山头组熔结凝灰岩夹凝灰岩、凝灰质砂岩等构成。岛岸为天然基岩岸线，岸坡陡峭，坡脚有海蚀崖，崖高 10 米以上。植被为稀疏白茅草丛。

王家南小岛 (Wángjiā Nánxiǎo Dǎo)

北纬 29°47.0′，东经 122°17.5′。位于舟山市普陀区东南部海域，桃花岛南岸米鱼洋王家村南侧岸外，属舟山群岛，距大陆最近点 18.41 千米。因位于桃花岛王家村南面，第二次全国海域地名普查时命今名。岸线长 59 米，面积 183 平方米。基岩岛，由燕山晚期钾长花岗岩构成。无植被。

桃花五虎礁 (Táohuā Wǔhǔ Jiāo)

北纬 29°47.0′，东经 122°19.3′。位于舟山市普陀区东南部海域，桃花岛东南端北岸外 7 米，属舟山群岛，距大陆最近点 20.78 千米。《浙江海岛志》(1998) 记为 1286 号无名岛。《全国海岛名称与代码》(2008) 记为无名岛 ZOS76。2010 年浙江省人民政府公布的第一批无居民海岛名称中记为桃花五虎礁。因岛形似五只老虎，且居于桃花岛旁，故名。岸线长 134 米，面积 878 平方米，最高点海拔 12.6 米。基岩岛，由上侏罗统西山头组熔结凝灰岩夹凝灰岩、凝灰质砂岩等构成。无植被。

仙人桥礁 (Xiānrénqiáo Jiāo)

北纬 29°46.9′，东经 122°17.6′。位于舟山市普陀区东南部海域，桃花岛南部米鱼洋西南岸仙人桥自然村南侧，距桃花岛 3 米，属舟山群岛，距大陆最近点 18.64 千米，又名仙人桥岛。《浙江海岛志》(1998) 记为仙人桥岛。《全国海岛名称与代码》(2008) 记为无名岛 ZOS79。2010 年浙江省人民政府公布的第一批无居民海岛名称中记为仙人桥礁。与桃花岛之间有海蚀形成的天生桥相连，群众有感自然造化之神奇，喻为仙人所建，故名。岸线长 168 米，面积 1 745 平方米，最高点海拔 14.2 米。基岩岛，由燕山晚期钾长花岗岩构成。岛岸为陡峭的海蚀崖，侧坡壁立，顶部较平。顶长有灌木和茅草。附近海域海水清澈，渔业资源丰富。是桃花岛省级风景名胜区桃花港风景带的主要景点之一。

鸡冠长礁 (Jīguān Chángjiāo)

北纬 29°46.9′，东经 122°17.2′。位于舟山市普陀区东南部海域，桃花岛南岸长坑底南侧山嘴外，属舟山群岛，距大陆最近点 18.12 千米。又名鸡冠礁。《浙江省普陀县地名志》（1986）、《浙江省海域地名录》（1988）和《舟山海域岛礁志》（1991）均记为鸡冠长礁，习称鸡冠礁。《中国海域地名图集》（1991）记为鸡冠长礁。因岛形似鸡冠，岛体较长，故名。岸线长 51 米，面积 150 平方米。基岩岛，由燕山晚期钾长花岗岩构成。无植被。岛南侧为虾峙门航道。

小暴礁 (Xiǎobào Jiāo)

北纬 29°46.9′，东经 122°19.4′。位于舟山市普陀区东南部海域，桃花岛东南端东北岸外，桃花五虎礁东南 210 米，属舟山群岛，距大陆最近点 21.04 千米。《浙江海岛志》（1998）记为 1289 号无名岛。《全国海岛名称与代码》（2008）记为无名岛 ZOS78。2010 年浙江省人民政府公布的第一批无居民海岛名称中记为小暴礁。该岛受风浪拍打时浪花激爆四溅，面积较小，故名。岸线长 93 米，面积 581 平方米。基岩岛，由上侏罗统西山头组熔结凝灰岩夹凝灰岩、凝灰质砂岩等构成。无植被。

渔礁 (Yú Jiāo)

北纬 29°46.8′，东经 122°14.9′。位于舟山市普陀区南部海域，虾峙岛东北岸外礁岙村北侧岸外，属舟山群岛，距大陆最近点 15.42 千米。又名鱼礁、门口山、长礁。《中国海洋岛屿简况》（1980）记为门口山。《浙江省普陀县地名志》（1986）、《浙江省海域地名录》（1988）和《舟山海域岛礁志》（1991）均记为渔礁，别名长礁。《全国海岛名称与代码》（2008）记为鱼礁。《中国海域地名图集》（1991）、《浙江海岛志》（1998）和 2010 年浙江省人民政府公布的第一批无居民海岛名称中均记为渔礁。因常有人在该岛附近捕鱼而得名。岸线长 216 米，面积 700 平方米，最高点海拔 5.2 米。基岩岛，由燕山晚期钾长花岗岩构成。无植被。岸边长有藤壶、螺和紫菜等贝、藻类。

乌石角岛 (Wūshíjiǎo Dǎo)

北纬 29°46.8′，东经 122°19.4′。位于舟山市普陀区东南部海域，桃花岛东南端乌石角岸外，属舟山群岛，距大陆最近点 21.12 千米。因在桃花岛乌石角（山嘴）外，第二次全国海域地名普查时命今名。岸线长 92 米，面积 342 平方米。基岩岛，由上侏罗统西山头组熔结凝灰岩夹凝灰岩、凝灰质砂岩等构成。无植被。

凉帽棚山 (Liángmàopéng Shān)

北纬 29°46.8′，东经 122°13.2′。位于舟山市普陀区南部海域，虾峙岛西北端岸外 40 米，属舟山群岛，距大陆最近点 13.75 千米。1991 年出版的（沙头）幅 1: 10 000 地形图和 1996 年出版的（虾峙岛）幅 1: 25 000 地形图标注为凉帽棚山。因岛外形似凉帽，故名。岸线长 157 米，面积 1 715 平方米。基岩岛，由上侏罗统西山头组熔结凝灰岩夹凝灰岩、凝灰质砂岩等构成。植被有草丛。与虾峙岛间有一条乱石路相连。

暴礁头礁 (Bàojiāotóu Jiāo)

北纬 29°46.7′，东经 122°19.3′。位于舟山市普陀区东南部海域，桃花岛东南端东岸外 15 米，属舟山群岛，距大陆最近点 21.03 千米。《浙江海岛志》（1998）记为 1292 号无名岛。《全国海岛名称与代码》（2008）记为无名岛 ZOS79。2010 年浙江省人民政府公布的第一批无居民海岛名称中记为暴礁头礁。因该岛受风浪拍打时浪花激爆四溅而得名。岸线长 96 米，面积 455 平方米，最高点海拔 10.5 米。基岩岛，由上侏罗统西山头组熔结凝灰岩夹凝灰岩、凝灰质砂岩等构成。无植被。

小乌贼礁 (Xiǎowūzéi Jiāo)

北纬 29°46.4′，东经 122°15.2′。位于舟山市普陀区南部海域，虾峙岛东北端石子岙东南，距虾峙岛 30 米，属舟山群岛，距大陆最近点 16.41 千米。又名五乌贼礁、乌贼礁。《浙江省普陀县地名志》（1986）、《浙江省海域地名录》（1988）和《中国海域地名志》（1989）均记为五乌贼礁，别名乌贼礁。《中国海域地名图集》（1991）和《舟山海域岛礁志》（1991）记为五乌贼礁。《浙江海岛志》（1998）记为 1297 号无名岛。《全国海岛名称与代码》（2008）记为无名岛 ZOS85。2010 年浙江省人民政府公布的第一批无居民海岛名称中记为小乌贼礁。因附近海域历史上盛产乌贼得名，面积较乌贼礁小，故名。岸线长 228 米，面积 1 360 平方米，最高点海拔 5.7 米。基岩岛，由燕山晚期钾长花岗岩构成。无植被。

乌贼礁 (Wūzéi Jiāo)

北纬29°46.3′，东经122°15.4′。位于舟山市普陀区南部海域，虾峙岛东北端石子岙东南，距虾峙岛140米，属舟山群岛，距大陆最近点16.6千米。又名五乌贼礁。《浙江省普陀县地名志》(1986)、《浙江省海域地名录》(1988)和《中国海域地名志》(1989)均记为五乌贼礁，别名乌贼礁。《中国海域地名图集》(1991)和《舟山海域岛礁志》(1991)记为五乌贼礁。《浙江海岛志》(1998)记为1300号无名岛。《全国海岛名称与代码》(2008)记为无名岛ZOS87。2010年浙江省人民政府公布的第一批无居民海岛名称中记为乌贼礁。因附近海域盛产乌贼得名。岸线长248米，面积2 945平方米，最高点海拔14米。基岩岛，由燕山晚期钾长花岗岩构成。植被有少量白茅草、灌木。

垃圾礁 (Lājī Jiāo)

北纬29°46.3′，东经122°11.0′。位于舟山市普陀区南部海域，虾峙岛西2.9千米，属舟山群岛，距大陆最近点12.59千米。《浙江海岛志》(1998)记为1301号无名岛。《全国海岛名称与代码》(2008)记为无名岛ZOS71。2010年浙江省人民政府公布的第一批无居民海岛名称中记为垃圾礁。因岸线破碎，岩石零乱，状如垃圾得名。岸线长197米，面积2 332平方米，最高点海拔8米。基岩岛，由上侏罗统茶湾组熔结凝灰岩、凝灰岩、凝灰质砂岩等构成。大部裸露，仅顶部长有少量草丛。

里石弄西岛 (Lǐshílòng Xīdǎo)

北纬29°46.2′，东经122°18.4′。位于舟山市普陀区东南部海域，桃花岛南端老埠头山南侧岸外，距桃花岛5米，里石弄礁西北66米，属舟山群岛，距大陆最近点20.32千米。位于里石弄礁西侧，第二次全国海域地名普查时命今名。岸线长154米，面积549平方米。基岩岛，由燕山晚期钾长花岗岩构成。无植被。

里石弄礁 (Lǐshílòng Jiāo)

北纬29°46.2′，东经122°18.5′。位于舟山市普陀区东南部海域，桃花岛南端老埠头山南侧岸外，距桃花岛15米，外石弄礁西北75米，属舟山群岛，距大陆最近点20.46千米。又名石脚弄、里石弄、石脚桶、外石弄礁。

《中国海洋岛屿简况》(1980)记为石脚弄。《浙江省普陀县地名志》(1986)和《舟山海域岛礁志》(1991)记为里石弄，别名石脚桶。《浙江省海域地名录》(1988)记为里石弄礁，别名石脚桶。《中国海域地名志》(1989)、《中国海域地名图集》(1991)和《浙江海岛志》(1998)均记为里石弄礁。《全国海岛名称与代码》(2008)记为外石弄礁。2010 年浙江省人民政府公布的第一批无居民海岛名称中记为里石弄礁。该岛与桃花岛中间形成一条长的水路，形同巷弄，距桃花岛比外石弄礁更近，居里侧，故名。岸线长 184 米，面积 1 488 平方米，最高点海拔 13 米。基岩岛，由燕山晚期钾长花岗岩构成。无植被。岸边长有丰富的藤壶、螺和海青菜等贝、藻类。是桃花岛省级风景名胜区桃花港风景带的核心区域。

癞头山 (Làitóu Shān)

北纬 29°46.2′，东经 122°04.0′。位于舟山市普陀区西南部海域，六横岛西北端沙岙码头西南，距六横岛 215 米，属舟山群岛，距大陆最近点 7.65 千米。《浙江省普陀县地名志》(1986)、《浙江省海域地名录》(1988)、《中国海域地名志》(1989)、《中国海域地名图集》(1991)和《舟山海域岛礁志》(1991)均记为癞头山。因岛多裸岩，茅草稀少，形似癞头，故名。岸线长 113 米，面积 818 平方米，最高点海拔 9 米。基岩岛，由上侏罗统西山头组熔结凝灰岩夹凝灰质砂岩、凝灰岩等构成。植被有草丛。

癞头山西岛 (Làitóushān Xīdǎo)

北纬 29°46.2′，东经 122°04.0′。位于舟山市普陀区西南部海域，六横岛西北端沙岙码头西南，癞头山西岸外 2 米，属舟山群岛，距大陆最近点 7.63 千米。因位于癞头山西面，第二次全国海域地名普查时命今名。岸线长 187 米，面积 886 平方米。基岩岛，由上侏罗统西山头组熔结凝灰岩夹凝灰质砂岩、凝灰岩等构成。植被有草丛。建有航标灯桩 1 座。

外石弄礁 (Wàishílòng Jiāo)

北纬 29°46.2′，东经 122°18.5′。位于舟山市普陀区东南部海域，桃花岛南端老埠头山南侧岸外，距桃花岛 20 米，属舟山群岛，距大陆最近点 20.61 千米。

又名外石弄、石脚桶、石脚弄、里石弄礁。《浙江省普陀县地名志》（1986）记为外石弄礁，习称石脚弄，因谐音也做石脚桶。《浙江省海域地名录》（1988）记为外石弄礁，别名石脚桶。《舟山海域岛礁志》（1991）记为外石弄，别名石脚桶。《中国海域地名志》（1989）、《中国海域地名图集》（1991）和《浙江海岛志》（1998）均记为外石弄礁。《全国海岛名称与代码》（2008）记为里石弄礁。2010 年浙江省人民政府公布的第一批无居民海岛名称中记为外石弄礁。该岛与桃花岛之间形成一条巷弄，距桃花岛比里石弄礁远，居外侧，故名。岸线长 243 米，面积 2 404 平方米，最高点海拔 6.9 米。基岩岛，由燕山晚期钾长花岗岩构成。无植被。是桃花岛省级风景名胜区桃花港风景带的核心区域。

劈开洪礁 (Pīkāihóng Jiāo)

北纬 29°46.2′，东经 122°15.2′。位于舟山市普陀区南部海域，虾峙岛东北部石子岙长礁嘴南岸外，属舟山群岛，距大陆最近点 16.66 千米。又名劈开洪岛。《浙江海岛志》（1998）记为劈开洪岛。《全国海岛名称与代码》（2008）记为无名岛 ZOS84。2010 年浙江省人民政府公布的第一批无居民海岛名称中记为劈开洪礁。与虾峙岛紧邻，如从虾峙岛劈下来的一块大（洪）岩石，故名。岸线长 150 米，面积 811 平方米，最高点海拔 6 米。基岩岛，由燕山晚期钾长花岗岩构成。大部裸露，仅顶部长有草丛。

下长礁 (Xiàcháng Jiāo)

北纬 29°46.1′，东经 122°11.8′。位于舟山市普陀区南部海域，虾峙岛西 1.6 千米，属舟山群岛，距大陆最近点 13.48 千米。又名长礁。《中国海洋岛屿简况》（1980）记为长礁。《浙江省普陀县地名志》（1986）、《浙江省海域地名录》（1988）、《中国海域地名志》（1989）、《中国海域地名图集》（1991）、《舟山海域岛礁志》（1991）、《浙江海岛志》（1998）、《全国海岛名称与代码》（2008）和 2010 年浙江省人民政府公布的第一批无居民海岛名称中均记为下长礁。因岛形长得名长礁，居虾峙岛以南（下），故名。岸线长 136 米，面积 892 平方米，最高点海拔 5.1 米。基岩岛，由上侏罗统茶湾组熔结凝灰岩、凝灰岩、凝灰质砂岩构成。大部裸露，仅顶部长有草丛。

小芦杆南岛（Xiǎolúgǎn Nándǎo）

北纬 29°46.1′，东经 122°12.0′。位于舟山市普陀区南部海域，虾峙岛西 1.3 千米，属舟山群岛，距大陆最近点 13.72 千米。第二次全国海域地名普查时命今名。岸线长 53 米，面积 193 平方米。基岩岛，由上侏罗统茶湾组熔结凝灰岩、凝灰岩、凝灰质砂岩等构成。无植被。

大黄礁（Dàhuáng Jiāo）

北纬 29°46.0′，东经 122°15.5′。位于舟山市普陀区南部海域，虾峙岛东北岸岙口外侧，距虾峙岛 400 米，属舟山群岛，距大陆最近点 17.14 千米。又名岙口山。《中国海洋岛屿简况》（1980）记为岙口山。《浙江省普陀县地名志》（1986）、《浙江省海域地名录》（1988）、《中国海域地名图集》（1991）和《舟山海域岛礁志》（1991）均记为大黄礁。在附近几个黄色礁石中，该岛面积较大，故名。岸线长 171 米，面积 671 平方米。基岩岛，由上侏罗统茶湾组凝灰岩夹凝灰质砂岩等构成。无植被。

虾峙岛（Xiāzhì Dǎo）

北纬 29°46.0′，东经 122°14.2′。位于舟山市普陀城区南约 19.1 千米，桃花岛与六横岛之间海域，桃花岛南 2.4 千米，属舟山群岛，距大陆最近点 13.7 千米。曾名虾崎、虾歧，又名虾岐岛、虾峙。元大德《昌国州图志》和明嘉靖《定海县志》记为“虾崎”。清《定海厅志》和民国《定海县志》记为“虾岐”。《中国海洋岛屿简况》（1980）记为虾岐岛。《中国海域地名志》（1989）记为虾峙岛，别名虾峙。《浙江省普陀县地名志》（1986）、《浙江省海域地名录》（1988）、《中国海域地名志》（1989）、《中国海域地名图集》（1991）、《舟山海域岛礁志》（1991）、《浙江海岛志》（1998）和《全国海岛名称与代码》（2008）均记为虾峙岛。因岛形狭长似虾而得名。

岸线长 57.4 千米，面积 17.293 平方千米，最高点海拔 207 米。基岩岛，岩石除西北栅棚、枫树岙部分地区为上侏罗统西山头组熔结凝灰岩夹凝灰岩、凝灰质砂岩等以外，其他均为燕山晚期侵入钾长花岗岩。海蚀地貌发育，除西北部沿岸分布海积平地外，大部分岸线和岬角前缘分布海蚀崖、槽柱组合。土壤有滨海盐土、潮土、红壤和粗骨土 4 个土类，下属 5 个亚类。植物资源丰富，维管植物有 700 余种，植被有针叶林、阔叶林、灌丛、草丛和草本栽培植被等。岛东北部、东南部及中部山顶多露岩，土质瘠薄，山腰两侧土层较厚。西北部山峦土层较厚，宜林宜粮。

有居民海岛，为普陀区虾峙镇人民政府所在地，建有 1 个居委会，晨港、兴港、灵和、东晓、黄石 5 个社区（村），2009 年 12 月户籍人口 20 292 人。渔业为岛上基础产业，素有“浙江渔业看舟山，舟山渔业看普陀，普陀渔业看虾峙”的美誉。工业随渔业发展，以水产加工、航船修造、船用仪器、网具加工等为主。有客运、货运码头 15 座。有定期客班轮通往沈家门、定海、桃花岛、六横岛、宁波穿山和郭巨等地。环岛公路贯通全岛。虾峙渔港为国家二级渔港。海上运输业是岛上经济又一支柱产业。有水库多座，供水站多家，基本达到饮用水自来化。2010 年铺设至金钵盂岛海底管道，从舟山岛给岛上供水。电力由舟山电网提供。

金钵盂岛 (Jīnbōyú Dǎo)

北纬 29°45.8′，东经 122°11.5′。位于舟山市普陀城区西南约 2.5 千米，虾峙岛西 1.7 千米，属舟山群岛，距大陆最近点 13.36 千米。又名金钵盂、金钵锰。民国《定海县志》载有“金钵盂”名。《中国海洋岛屿简况》（1980）记为金钵锰。《浙江省普陀县地名志》（1986）和《舟山海域岛礁志》（1991）记为金钵盂。《浙江省海域地名录》（1988）、《中国海域地名志》（1989）、《中国海域地名图集》（1991）、《浙江海岛志》（1998）和《全国海岛名称与代码》（2008）均记为金钵盂岛。因岛形似和尚用的饭钵，当地人视钵为吉祥物，美称为金钵盂，故名。

岸线长 4.01 千米，面积 0.852 平方千米，最高点海拔 114.2 米。基岩岛，主要由上侏罗统九里坪组流纹斑岩构成，西部有少量上侏罗统茶湾组熔结凝灰岩、凝灰岩、凝灰质砂岩。地貌以丘陵为主，在西部和东北部有部分已围垦的平地，以西部平地面积较大。植被有黑松林、芒草丛、枫香林、竹林，间有枫、杨柳、梨等栽培植物。有居民海岛，属虾峙镇栅棚村。2008 年岛上开始船舶修造基地建设，人口增多，2009 年 12 月户籍人口 10 人，常住人口 151 人。岛上有砖石结构平房 10 多间，供专业户、承包户临时居住，从事旱地作物种植和水产养殖。有小水库、水井和海塘、小埠头等多处。浙江丰顺船舶重工有限公司在岛上进行炸山填海施工，建船舶修造基地，包括造船坞和修船坞各 1 座、造船船台 1 座及工作船码头等。舟山岛给岛上供水。电力由虾峙岛提供。岛西南端有航标灯桩 1 座。

石棚礁 (Shípéng Jiāo)

北纬 29°45.6′，东经 122°14.8′。位于舟山市普陀区南部海域，虾峙岛石棚岗东侧山嘴外 40 米，属舟山群岛，距大陆最近点 16.98 千米。又名大礁。《浙江省普陀县地名志》（1986）和《舟山海域岛礁志》（1991）记为石棚礁，习称大礁。《浙江省海域地名录》（1988）和《中国海域地名图集》（1991）记为石棚礁。因位于虾峙岛石棚岗东侧山嘴外而得名。岸线长 58 米，面积 220 平方米。基岩岛，由燕山晚期钾长花岗岩构成。无植被。

野佛渡岛 (Yěfódù Dǎo)

北纬 29°45.6′，东经 122°02.9′。位于舟山市普陀城区西南 31.7 千米，佛渡岛东北 510 米，属舟山群岛，距大陆最近点 7.78 千米。曾名野佛肚，又名野佛渡。民国《定海县志・册一》记为野佛肚。《中国海洋岛屿简况》（1980）、《浙江省普陀县地名志》（1986）和《舟山海域岛礁志》（1991）均记为野佛渡。《浙江省海域地名录》（1988）、《中国海域地名志》（1989）、《中国海域地名图集》（1991）、《浙江海岛志》（1998）和《全国海岛名称与代码》（2008）均记为野佛渡岛。因靠近佛渡岛，荒野无人，故名。岸线长 2.46 千米，面积 0.191 7 平方千米，最高点海拔 70 米。基岩岛，由上侏罗统西山头组熔结凝灰岩夹凝灰质砂岩等构成。岛岸为天然基岩海岸，岸线曲折，岸坡陡峭。植被有白茅草丛、乔木、灌木。岛边滩涂有小插杆围网捕捞。

枣子心岛 (Zǎozixīn Dǎo)

北纬 29°45.5′，东经 122°02.3′。位于舟山市普陀区西南部海域，普陀城区西南 32.8 千米，佛渡岛东北 35 米，属舟山群岛，距大陆最近点 7.8 千米。又名枣子心。民国《定海县志・册一》记为枣子心。《中国海洋岛屿简况》（1980）、

《浙江省普陀县地名志》（1986）和《舟山海域岛礁志》（1991）均记为枣子心。《浙江省海域地名录》（1988）、《中国海域地名志》（1989）、《中国海域地名图集》（1991）、《浙江海岛志》（1998）和《全国海岛名称与代码》（2008）均记为枣子心岛。因岛形似枣子核，当地群众称“核”为“心”，故名。岸线长460米，面积0.013 3平方千米，最高点海拔20米。基岩岛，由上侏罗统西山头组熔结凝灰岩夹凝灰质砂岩等构成。岛岸为天然基岩海岸，岸线平顺，岸坡较缓。植被有白茅草丛、乔木、灌木。

狗头嘴礁 (Gǒutóuzuǐ Jiāo)

北纬29°45.3′，东经122°15.2′。位于舟山市普陀区南部海域，虾峙岛中部北岸狗头嘴北侧岸外15米，属舟山群岛，距大陆最近点17.84千米。又名狗头嘴岛。《浙江海岛志》（1998）记为狗头嘴岛。《全国海岛名称与代码》（2008）记为无名岛ZOS88。2010年浙江省人民政府公布的第一批无居民海岛名称中记为狗头嘴礁。该岛与虾峙岛狗头嘴紧邻，故名。岸线长188米，面积2 102平方米，最高点海拔24.1米。基岩岛，由燕山晚期钾长花岗岩构成。长有少量灌木和白茅草。

狗头嘴南岛 (Gǒutóuzuǐ Nándǎo)

北纬29°45.3′，东经122°15.2′。位于舟山市普陀区虾峙岛中部北岸狗头嘴南侧岸外6米，属舟山群岛，距大陆最近点17.95千米。位于虾峙岛狗头嘴南面，第二次全国海域地名普查时命今名。岸线长125米，面积498平方米。基岩岛，由燕山晚期钾长花岗岩构成。无植被。

汀子小礁 (Tīngzǐ Xiǎojiāo)

北纬29°45.2′，东经121°59.7′。位于舟山市普陀区西南部海域，佛渡岛以西，属舟山群岛，距大陆最近点6.12千米。《浙江海岛志》（1998）记为1326号无名岛。《全国海岛名称与代码》（2008）记为无名岛ZOS90。2010年浙江省人民政府公布的第一批无居民海岛名称中记为汀子小礁。岸线长142米，面积1 448平方米。基岩岛，由上侏罗统西山头组熔结凝灰岩等构成。顶部长有少量茅草、灌木。

门口礁（Ménkǒu Jiāo）

北纬 29°45.1′，东经 122°16.0′。位于舟山市普陀区南部海域，虾峙岛炼石岙门口外，距虾峙岛 14 米，属舟山群岛，距大陆最近点 18.92 千米。又名三门礁。《浙江省普陀县地名志》（1986）、《浙江省海域地名录》（1988）和《中国海域地名图集》（1991）均记为门口礁。《舟山海域岛礁志》（1991）记为门口礁，别名三门礁。因居于虾峙岛炼石岙的门口而得名。岸线长 25 米，面积 44 平方米。基岩岛，由燕山晚期钾长花岗岩构成。无植被。

捕鱼礁（Bǔyú Jiāo）

北纬 29°44.6′，东经 122°14.1′。位于舟山市普陀区南部海域，虾峙岛中部以西，距虾峙岛 490 米，属舟山群岛，距大陆最近点 17.84 千米。民国《定海县志》即有捕鱼礁之名。《浙江省普陀县地名志》（1986）、《浙江省海域地名录》（1988）、《中国海域地名图集》（1991）、《舟山海域岛礁志》（1991）、《浙江海岛志》（1998）和《全国海岛名称与代码》（2008）均记为捕鱼礁。因岛附近海域有黄鱼等鱼类可捕，故名。岸线长 248 米，面积 1 727 平方米，最高点海拔 7 米。基岩岛，由上侏罗统茶湾组熔结凝灰岩、凝灰岩、凝灰质砂岩构成。大部裸露，仅顶部长有少许草丛。

佛渡岛（Fódù Dǎo）

北纬 29°44.5′，东经 122°01.3′。位于舟山市普陀区西南 33 千米，六横岛西 1.8 千米，属舟山群岛，距大陆最近点 7.28 千米。曾名浡涂、渤涂、浮涂山、佛肚山、佛涂山、浡涂山。宋乾道《四明图经・昌国》记为浡涂山：“浡涂山，旧名浮涂山，在县南四百里。”元大德《昌国州图志・卷二》记为渤涂。清康熙《定海县志》和民国《定海县志・舆地》记为佛肚山。清光绪《定海厅志》记为佛涂山。《浙江省海域地名录》（1988）记为佛渡岛，曾名浡涂、佛肚山、佛涂山。《中国海洋岛屿简况》（1980）、《浙江省普陀县地名志》（1986）、《中国海域地名志》（1989）、《中国海域地名图集》（1991）、《舟山海域岛礁志》（1991）、《浙江海岛志》（1998）和《全国海岛名称与代码》（2008）均记为佛渡岛。民间传说，观音菩萨在确定普陀山为道场之前，在遍寻说法之地过程中，曾在岛上停留，故名。

岸线长 17.93 千米，面积 7.309 7 平方千米，最高点海拔 187 米。基岩岛，由上侏罗统西山头组熔结凝灰岩、凝灰岩构成，夹凝灰质砂岩。地貌以低丘陵为主，山坡陡峭，山顶平缓。海岸曲折，以天然基岩海岸为主，海蚀地貌发育，四周海岸和岬角前缘常见海蚀崖、槽、柱组合，海蚀崖一般高 10～25 米。除岛西部、南部有少量岩滩外，其余潮间带均为泥滩。岛上有维管植物约 450 种，陆域植被有针叶林、草丛、灌木、草本栽培植被等。

有居民海岛。岛上设六横镇佛渡岛社区，下辖川江、佛东、鸡爪、永胜、石门、捕南、大沙岙 7 个行政村，17 个自然村，2009 年 12 月户籍人口 2 700 人。经济渔农并重，渔业主要从事捕捞和网箱养殖，工业主要有石料加工、水产冷冻、建筑业等。海塘建设历史悠久，自民国时期开始，就在道头湾、川江、鸡爪湾、豁蛋岙、石塘岙等山岙构筑海塘，1986 年捕南东塘和捕南西塘的建设，将佛渡岛和小佛渡岛连成一个海岛。小佛渡岛上建有横泰建材公司采石场及码头，长期炸岛开山取石。正在实施金竹山促淤工程。有各类码头 9 个，有交通船往来六横岛之间。岛上淡水资源有限，建有多处库塘、池塘、坑道井、地表水井等进行蓄水。

走马塘西岛 (Zǒumǎtáng Xīdǎo)

北纬 29°44.5′，东经 122°13.3′。位于舟山市普陀区南部海域，走马塘西北岸外 3 米，属舟山群岛，距大陆最近点 17.33 千米。因该岛位于走马塘岛西侧，第二次全国海域地名普查时命今名。岸线长 96 米，面积 482 平方米。基岩岛，由上侏罗统茶湾组熔结凝灰岩、凝灰岩、凝灰质砂岩等构成。无植被。

黄螺礁 (Huángluó Jiāo)

北纬 29°44.4′，东经 122°14.9′。位于舟山市普陀区南部海域，虾峙岛中部西南岸外 5 米，属舟山群岛，距大陆最近点 18.83 千米。《浙江海岛志》(1998) 记为 1340 号无名岛。《全国海岛名称与代码》(2008) 记为无名岛 ZOS90。2010 年浙江省人民政府公布的第一批无居民海岛名称中记为黄螺礁。因岛形似黄螺而得名。岸线长 116 米，面积 509 平方米，最高点海拔 5 米。基岩岛，由燕山晚期钾长花岗岩构成。无植被。

葫芦礁 (Húlu Jiāo)

北纬 29°44.4′，东经 122°18.2′。位于舟山市普陀区东南部海域，虾峙岛东部河泥槽湾内南侧，距虾峙岛 35 米，属舟山群岛，距大陆最近点 22.35 千米。又名大礁。《浙江省普陀县地名志》（1986）和《舟山海域岛礁志》（1991）记为葫芦礁，原习称大礁。《浙江省海域地名录》（1988）和《中国海域地名图集》（1991）记为葫芦礁。海图上习惯标称葫芦礁，含义未知，或因岛形得名。岸线长 84 米，面积 402 平方米。基岩岛，由燕山晚期侵入钾长花岗岩构成。无植被。

尖嘴头北岛 (Jiānzuǐtóu Běidǎo)

北纬 29°44.3′，东经 122°15.4′。位于舟山市普陀区南部海域，虾峙岛中部南岸尖嘴头北侧，距虾峙岛 10 米，属舟山群岛，距大陆最近点 19.55 千米。因位于虾峙岛尖嘴头（山嘴）北侧，第二次全国海域地名普查时命今名。岸线长 76 米，面积 264 平方米。基岩岛，由燕山晚期侵入钾长花岗岩构成。无植被。

走马塘岛 (Zǒumǎtáng Dǎo)

北纬 29°44.3′，东经 122°13.7′。位于舟山市普陀区南 23.9 千米，虾峙岛西南，虾峙岛与凉潭岛之间海域，距虾峙岛 1.1 千米，距凉潭岛 1.3 千米，属舟山群岛，距大陆最近点 17.33 千米。又名走马塘。民国《定海县志·册一》即有走马塘之名。《中国海洋岛屿简况》（1980）、《浙江省普陀县地名志》（1986）和《舟山海域岛礁志》（1991）均记为走马塘。《浙江省海域地名录》（1988）、《中国海域地名志》（1989）、《中国海域地名图集》（1991）、《浙江海岛志》（1998）和《全国海岛名称与代码》（2008）均记为走马塘岛。岛形似一匹行走的马，又据传该岛在未有人居住之前有马匹常在海岸石塘边走动，尤其在雾天，昂首嘶鸣，遂得名。

岸线长 6.98 千米，面积 0.715 7 平方千米，最高点海拔 141 米。基岩岛，由上侏罗统茶湾组熔结凝灰岩、凝灰岩、凝灰质砂岩等构成。地貌属海岛低丘陵，大多为丘陵缓坡。地势呈东北向西南倾斜，东北岸陡峭，西南岸较缓。坡脚陡峭，坡顶和缓，坡脚多海蚀崖、柱、槽组合。海岸线曲折，在西北部和西南部形成 3 个相邻的湾岙。东南端海岸破碎，乱石排空。植被有草丛、灌木。淡水资源量有限，水资源开发利用以地下水为主，有坑道井等多处。

有居民海岛。岛上有走马塘村（自然村），2009 年 12 月有户籍人口 306 人，常住人口 32 人。居民主要从事捕捞、鱿钓等工作。岛上有少量耕地，主要种植番薯、玉米和蔬菜。有小码头 2 个，部分村民从事货运工作。建有输电铁塔、与凉潭岛和虾峙岛相连的输电线路。有航标灯桩及海缆登陆警示标志 2 个。岛西岸建有 180 米长防浪堤，内可泊船避风。岛上电力由虾峙岛提供。

小山楼礁 (Xiǎoshānlóu Jiāo)

北纬 29°44.2′，东经 122°13.3′。位于舟山市普陀区南部海域，走马塘岛西 200 米，属舟山群岛，距大陆最近点 17.77 千米。《浙江海岛志》（1998）记为 1344 号无名岛。《全国海岛名称与代码》（2008）记为无名岛 ZOS99。2010 年浙江省人民政府公布的第一批无居民海岛名称中记为小山楼礁。因从侧面看该岛形似楼房，故名。岸线长 194 米，面积 1 929 平方米，最高点海拔 5.2 米。基岩岛，由上侏罗统茶湾组熔结凝灰岩、凝灰岩、凝灰质砂岩构成。无植被。

小马礁 (Xiǎomǎ Jiāo)

北纬 29°44.2′，东经 122°15.5′。位于舟山市普陀区南部海域，虾峙岛南岸大凉湖村横头鼓自然村西南尖嘴头山嘴东北岸外，距虾峙岛 10 米，属舟山群岛，距大陆最近点 19.71 千米。《浙江海岛志》（1998）记为 1345 号无名岛。《全国海岛名称与代码》（2008）记为无名岛 ZOS92。2010 年浙江省人民政府公布的第一批无居民海岛名称中记为小马礁。因岛形似马，面积小而得名。岸线长 211 米，面积 1 687 平方米，最高点海拔 8.5 米。基岩岛，由燕山晚期钾长花岗岩构成。无植被。

虾峙里长礁 (Xiāzhì Lǐcháng Jiāo)

北纬 29°44.2′，东经 122°16.3′。位于舟山市普陀区南部海域，虾峙岛南岸大凉湖村以西湾岙内，距虾峙岛 20 米，属舟山群岛，距大陆最近点 20.56 千米。又名里长礁。《浙江海岛志》（1998）记为里长礁。《全国海岛名称与代码》（2008）记为无名岛 ZOS93。2010 年浙江省人民政府公布的第一批无居民海岛名称中记为虾峙里长礁。当地有两个长条形海岛，该岛居里侧，故名。岸线长 148 米，面积 594 平方米，最高点海拔 6.5 米。基岩岛，由燕山晚期钾长花岗岩构成。无植被。

走马鬃岛 (Zǒumǎzōng Dǎo)

北纬 29°44.2′，东经 122°14.0′。位于舟山市普陀区南部海域，走马塘岛中部东岸外 3 米，属舟山群岛，距大陆最近点 18.42 千米。地处走马塘岛的“马脖子”处，状似竖立的鬃毛，第二次全国海域地名普查时命今名。岸线长 54 米，面积 155 平方米。基岩岛，由上侏罗统茶湾组熔结凝灰岩、凝灰岩、凝灰质砂岩等构成。无植被。

酒埕礁 (Jiǔchéng Jiāo)

北纬 29°44.2′，东经 122°13.2′。位于舟山市普陀区南部海域，属舟山群岛，距大陆最近点 17.72 千米。《浙江海岛志》（1998）记为 1348 号无名岛。《全国海岛名称与代码》（2008）记为无名岛 ZOS92。2010 年浙江省人民政府公布的第一批无居民海岛名称中记为酒埕礁。因岛形似酒埕（即酒坛子）而得名。岸线长 83 米，面积 418 平方米。基岩岛，由上侏罗统茶湾组熔结凝灰岩、凝灰岩、凝灰质砂岩等构成。长有草丛。有低矮锥状航标灯桩 1 座。

对岸空壳山岛 (Duì'àn Kōngkéshān Dǎo)

北纬 29°44.1′，东经 122°16.1′。位于舟山市普陀区南部海域，虾峙岛南岸对岸自然村南侧，距虾峙岛 10 米，属舟山群岛，距大陆最近点 20.41 千米。又名空壳山。《中国海洋岛屿简况》（1980）记为空壳山。因与省内海岛重名，第二次全国海域地名普查时更为今名。该岛上有大坑和山洞，似空壳，位于虾峙岛对岸自然村南（外）侧，故名。岸线长 572 米，面积 0.013 平方千米，最高点海拔 35.5 米。基岩岛，由燕山晚期钾长花岗岩构成。长有草丛、灌木。

虾峙大礁 (Xiāzhì Dàjiāo)

北纬 29°44.1′，东经 122°16.0′。位于舟山市普陀区南部海域，虾峙岛南岸对岸村西南，对岸空壳山岛西南岸外 15 米，属舟山群岛，距大陆最近点 20.48 千米。《浙江海岛志》（1998）记为 1353 号无名岛。《全国海岛名称与代码》（2008）记为无名岛 ZOS94。2010 年浙江省人民政府公布的第一批无居民海岛名称中记为虾峙大礁。该岛相对于周围其他小岛面积较大，位于虾峙镇，故名。岸线长 97 米，面积 654 平方米。基岩岛，由燕山晚期钾长花岗岩构成。无植被。岸边长有藤壶、螺和海青菜等贝、藻类。

崩倒礁 (Bēngdǎo Jiāo)

北纬 29°44.1′，东经 122°17.4′。位于舟山市普陀区南部海域，虾峙岛长坑村东南山嘴南岸外，属舟山群岛，距大陆最近点 21.82 千米。《浙江海岛志》（1998）记为 1354 号无名岛。《全国海岛名称与代码》（2008）记为无名岛 ZOS95。2010 年浙江省人民政府公布的第一批无居民海岛名称中记为崩倒礁。邻近虾峙岛崩倒山，故名。岸线长 191 米，面积 920 平方米，最高点海拔 6.3 米。基岩岛，由燕山晚期钾长花岗岩构成。无植被。岸边长有藤壶、螺和海青菜等贝、藻类。

崩倒西小岛 (Bēngdǎo Xīxiǎo Dǎo)

北纬 29°44.1′，东经 122°17.3′。位于舟山市普陀区南部海域，虾峙岛长坑村东南小湾岙内，崩倒礁西 55 米，距虾峙岛 50 米，属舟山群岛，距大陆最近点 21.79 千米。位于崩倒礁西面，面积较小，第二次全国海域地名普查时命今名。岸线长 80 米，面积 262 平方米。基岩岛，由燕山晚期钾长花岗岩构成。无植被。

走马塘东上岛 (Zǒumǎtáng Dōngshàng Dǎo)

北纬 29°44.0′，东经 122°14.2′。位于舟山市普陀区南部海域，走马塘岛东端岸外 3 米，属舟山群岛，距大陆最近点 18.8 千米。走马塘岛东侧两个小岛中，该岛居北（上），第二次全国海域地名普查时命今名。岸线长 294 米，面积 2 048 平方米，最高点海拔 23 米。基岩岛，由上侏罗统茶湾组熔结凝灰岩、凝灰岩、凝灰质砂岩等构成。植被有灌木。

虾峙三礁 (Xiāzhì Sānjiāo)

北纬 29°44.0′，东经 122°18.0′。位于舟山市普陀区东南部海域，虾峙岛东南端前山西南岸外，属舟山群岛，距大陆最近点 22.59 千米。《浙江海岛志》（1998）记为 1357 号无名岛。《全国海岛名称与代码》（2008）记为无名岛 ZOS96。2010 年浙江省人民政府公布的第一批无居民海岛名称中记为虾峙三礁。因该处相邻的岛礁有三个，从西面数该岛为第三个，位于虾峙镇，故名。岸线长 225 米，面积 2 415 平方米，最高点海拔 14.1 米。基岩岛，由燕山晚期钾长花岗岩构成。无植被。

走马塘东下岛 (Zǒumǎtáng Dōngxià Dǎo)

北纬 29°44.0′，东经 122°14.2′。位于舟山市普陀区南部海域，走马塘岛东端岸外 5 米，属舟山群岛，距大陆最近点 18.88 千米。走马塘岛东侧两个小岛中，该岛居南（下），第二次全国海域地名普查时命今名。岸线长 176 米，面积 1 041 平方米。基岩岛，由上侏罗统茶湾组熔结凝灰岩、凝灰岩、凝灰质砂岩等构成。无植被。

捣臼爿岛 (Dǎojiùpán Dǎo)

北纬 29°44.0′，东经 122°18.2′。位于舟山市普陀区东南部海域，虾峙岛东南端前山南岸外，属舟山群岛，距大陆最近点 22.88 千米。又名捣臼爿。1∶10 000 地形图“大凉湖”幅标注为捣臼爿。第二次全国海域地名普查时更名为捣臼爿岛。因岛形似捣臼（一种舂米的器具）而得名。岸线长 466 米，面积 0.010 2 平方千米，最高点海拔 33.4 米。基岩岛，由燕山晚期钾长花岗岩构成。植被有草丛、灌木。

虾峙南一礁 (Xiāzhì Nányī Jiāo)

北纬 29°43.9′，东经 122°17.3′。位于舟山市普陀区南部海域，虾峙岛东南岸外，石人跟礁东侧，距虾峙岛 10 米，属舟山群岛，距大陆最近点 21.9 千米。又名三礁、南一礁、南三礁。《浙江省普陀县地名志》（1986）和《舟山海域岛礁志》（1991）记为南三礁，原习称三礁。《浙江省海域地名录》（1988）和《中国海域地名图集》（1991）记为南三礁。当地俗称南一礁。南三礁和南一礁均与省内海岛重名，第二次全国海域地名普查时更名为虾峙南一礁。有三个小岛呈三角形排列，居虾峙岛南侧，按顺时针排列该岛为第一个，故名。岸线长 117 米，面积 739 平方米，最高点海拔 11.5 米。基岩岛，由燕山晚期钾长花岗岩构成。无植被。

尖嘴岛 (Jiānzuǐ Dǎo)

北纬 29°43.9′，东经 122°16.5′。位于舟山市普陀区南部海域，虾峙岛南岸小凉湖村西南，前山屿东北侧，距虾峙岛 3 米，属舟山群岛，距大陆最近点 21.15 千米。位于虾峙岛尖嘴头（山嘴）外，第二次全国海域地名普查时命今名。岸线长 154 米，面积 970 平方米。基岩岛，由燕山晚期钾长花岗岩构成。植被有草丛、灌木。

虾峙南二礁 (Xiāzhì Nán'èr Jiāo)

北纬 29°43.9′，东经 122°17.3′。位于舟山市普陀区南部海域，虾峙岛东南岸外，石人跟礁东侧，距虾峙岛 120 米，属舟山群岛，距大陆最近点 22.01 千米。又名三礁、南二礁、南三礁。《浙江省普陀县地名志》（1986）和《舟山海域岛礁志》（1991）记为南三礁，原习称三礁。《浙江省海域地名录》（1988）和《中国海域地名图集》（1991）记为南三礁。当地俗称南二礁。南三礁和南二礁均与省内海岛重名，第二次全国海域地名普查时更名为虾峙南二礁。有三个小岛呈三角形排列，居虾峙岛南侧，按顺时针排列该岛为第二个，故名。岸线长 129 米，面积 675 平方米。基岩岛，由燕山晚期钾长花岗岩构成。无植被。

尖嘴头礁 (Jiānzuǐtóu Jiāo)

北纬 29°43.9′，东经 122°16.6′。位于舟山市普陀区南部海域，虾峙岛南岸小凉湖村西南，前山屿东侧，距虾峙岛 40 米，属舟山群岛，距大陆最近点 21.21 千米。《浙江海岛志》（1998）记为 1358 号无名岛。《全国海岛名称与代码》（2008）记为无名岛 ZOS97。2010 年浙江省人民政府公布的第一批无居民海岛名称中记为尖嘴头礁。因相邻虾峙岛南岸尖窄的中嘴而得名。岸线长 187 米，面积 1 605 平方米，最高点海拔 14.2 米。基岩岛，由燕山晚期钾长花岗岩构成。无植被。

走马塘南岛 (Zǒumǎtáng Nándǎo)

北纬 29°43.9′，东经 122°14.3′。位于舟山市普陀区南部海域，走马塘岛东南端岸外 3 米，属舟山群岛，距大陆最近点 19.01 千米。位于走马塘岛之南，第二次全国海域地名普查时命今名。岸线长 157 米，面积 1 284 平方米。基岩岛，由上侏罗统茶湾组熔结凝灰岩、凝灰岩、凝灰质砂岩等构成。无植被。

前山屿 (Qiánshān Yǔ)

北纬 29°43.9′，东经 122°16.5′。位于舟山市普陀区南部海域，虾峙岛南岸大凉湖自然村南，距虾峙岛 10 米，属舟山群岛，距大陆最近点 21.11 千米。又名前山、前山岛。《中国海洋岛屿简况》(1980) 和《全国海岛名称与代码》(2008) 记为前山。《浙江海岛志》(1998) 记为前山岛。2010 年浙江省人民政府公布的第一批无居民海岛名称中记为前山屿。因位于大凉湖村南（前）侧而得名。岸线长 495 米，面积 0.013 4 平方千米，最高点海拔 40.2 米。基岩岛，由燕山晚期钾长花岗岩构成。顶部岩缝长有草丛、灌木。岸边长有藤壶、螺和海青菜等贝、藻类。

石人跟礁 (Shírén'gēn Jiāo)

北纬 29°43.9′，东经 122°17.1′。位于舟山市普陀区南部海域，虾峙岛南部炮台山东南山嘴北岸外，属舟山群岛，距大陆最近点 21.84 千米。又名石人跟。《浙江省普陀县地名志》(1986) 和《舟山海域岛礁志》(1991) 记为石人跟。《浙江省海域地名录》(1988)、《中国海域地名志》(1989)、《中国海域地名图集》(1991)、《浙江海岛志》(1998)、《全国海岛名称与代码》(2008) 和 2010 年浙江省人民政府公布的第一批无居民海岛名称中均记为石人跟礁。因岛上有一块形似人站立的石头，故名。岸线长 116 米，面积 508 平方米，最高点海拔 5.5 米。基岩岛，由燕山晚期钾长花岗岩构成。无植被。

里铁锭礁 (Lǐtiědìng Jiāo)

北纬 29°43.9′，东经 122°16.5′。位于舟山市普陀区南部海域，虾峙岛南岸前山屿西南岸外，属舟山群岛，距大陆最近点 21.15 千米。因该岛距前山屿较外铁锭礁近，居里侧，按当地习称定名。岸线长 205 米，面积 682 平方米。基岩岛，由燕山晚期钾长花岗岩构成。无植被。

前山嘴礁 (Qiánshānzuǐ Jiāo)

北纬 29°43.9′，东经 122°16.5′。位于舟山市普陀区南部海域，虾峙岛南岸小凉湖村西南，前山屿东南 5 米，距虾峙岛 110 米，属舟山群岛，距大陆最近点 21.25 千米。《浙江海岛志》(1998) 记为 1360 号无名岛。《全国海岛名称与代码》(2008) 记为无名岛 ZOS98。2010 年浙江省人民政府公布的第一批无居民海岛名称中记为前山嘴礁。位于前山屿东南侧山嘴附近，故名。岸线长

140 米，面积 1 194 平方米，最高点海拔 11.2 米。基岩岛，由燕山晚期钾长花岗岩构成。无植被。岸边长有藤壶、螺和海青菜等贝、藻类。

外铁锭礁 (Wàitiědìng Jiāo)

北纬 29°43.9′，东经 122°16.5′。位于舟山市普陀区南部海域，虾峙岛南岸前山屿和里铁锭礁西南，距前山屿 30 米，距里铁锭礁 15 米，属舟山群岛，距大陆最近点 21.19 千米。《浙江省普陀县地名志》(1986)、《浙江省海域地名录》(1988)、《中国海域地名图集》(1991)和《舟山海域岛礁志》(1991)均记为外铁锭礁。此处有两个形似铁锭的岛，该岛距前山屿较里铁锭礁远，居外侧，故名。岸线长 164 米，面积 481 平方米。基岩岛，由燕山晚期钾长花岗岩构成。无植被。

系马桩礁 (Jìmǎzhuāng Jiāo)

北纬 29°43.9′，东经 122°14.3′。位于舟山市普陀区南部海域，走马塘岛东南 105 米，横山上岛东 5 米，属舟山群岛，距大陆最近点 19.13 千米。《浙江海岛志》(1998)记为 1362 号无名岛。《全国海岛名称与代码》(2008)记为无名岛 ZOS101。2010 年浙江省人民政府公布的第一批无居民海岛名称中记为系马桩礁。因地处走马塘岛的“马头”外，岛屿面积较小，岩石高耸，状似系马缆之桩头，故名。岸线长 130 米，面积 568 平方米，最高点海拔 12 米。基岩岛，由上侏罗统茶湾组熔结凝灰岩、凝灰岩、凝灰质砂岩等构成。无植被。落潮后与走马塘岛相连。

横山上岛 (Héngshān Shàngdǎo)

北纬 29°43.9′，东经 122°14.3′。位于舟山市普陀区南部海域，属舟山群岛，距大陆最近点 19.11 千米。第二次全国海域地名普查时命今名。岸线长 138 米，面积 1 014 平方米，最高点海拔 24.4 米。基岩岛，由上侏罗统茶湾组熔结凝灰岩、凝灰岩、凝灰质砂岩等构成。植被有草丛。

横山中岛 (Héngshān Zhōngdǎo)

北纬 29°43.8′，东经 122°14.3′。位于舟山市普陀区南部海域，属舟山群岛，距大陆最近点 19.14 千米。第二次全国海域地名普查时命今名。岸线长 141 米，面积 995 平方米。基岩岛，由上侏罗统茶湾组熔结凝灰岩、凝灰岩、凝灰质砂岩等构成。植被有草丛、灌木。

鲎山 (Hòu Shān)

北纬 29°43.8′，东经 122°01.8′。位于舟山市普陀区西南部海域，佛渡岛东岸小沙岙自然村东南，距佛渡岛 620 米，属舟山群岛，距大陆最近点 10.15 千米。又名虹山。《浙江省普陀县地名志》（1986）、《浙江省海域地名录》（1988）和《舟山海域岛礁志》（1991）均记为鲎山，别名虹山。《中国海域地名志》（1989）和《中国海域地名图集》（1991）记为鲎山。因岛形似鲎而得名。岸线长 163 米，面积 1 502 平方米，最高点海拔 7.3 米。基岩岛，由上侏罗统西山头组熔结凝灰岩夹凝灰质砂岩等构成。植被有草丛。建有较多旅游娱乐设施，包括旅船码头、鲎山休闲旅游区、宾馆等。岛西面有大片网箱养殖，养殖人员有时上岛吃住。有架空电力、广播电视电缆。建有防波堤 1 条，向西南延伸 70 米。用电用水通过海底电缆和管道由佛渡岛提供。

横山下岛 (Héngshān Xiàdǎo)

北纬 29°43.8′，东经 122°14.3′。位于舟山市普陀区南部海域，属舟山群岛，距大陆最近点 19.24 千米。第二次全国海域地名普查时命今名。岸线长 139 米，面积 1 182 平方米。基岩岛，由上侏罗统茶湾组熔结凝灰岩、凝灰岩、凝灰质砂岩等构成。无植被。

龙舌礁 (Lóngshé Jiāo)

北纬 29°43.8′，东经 122°17.1′。位于舟山市普陀区南部海域，虾峙岛南部炮台山东南山嘴岸外 3 米，石人跟礁西南 180 米，属舟山群岛，距大陆最近点 21.93 千米。因岛形呈长条似龙舌，按当地习称定名。岸线长 231 米，面积 1 126 平方米。基岩岛，由燕山晚期钾长花岗岩构成。无植被。

拨开咀岛 (Bōkāizuǐ Dǎo)

北纬 29°43.7′，东经 122°17.1′。位于舟山市普陀区南部海域，虾峙岛南部炮台山最南端山嘴岸外，属舟山群岛，距大陆最近点 21.99 千米。又名拨开咀。1∶10 000 地形图“大凉湖”幅标注为拨开咀。第二次全国海域地名普查时更名为拨开咀岛。因该岛位于虾峙岛拨开咀（山嘴）附近而得名。岸线长 322 米，面积 4 233 平方米，最高点海拔 26.5 米。基岩岛，由燕山晚期钾长花岗岩构成。植被有草丛、灌木。

凉潭岛 (Liángtán Dǎo)

北纬 29°43.5′，东经 122°12.4′。位于舟山市普陀区西南约 25.9 千米，六横岛东侧，介于六横岛与虾峙岛之间，距六横岛 1.5 千米，属舟山群岛，距大陆最近点 17.35 千米。曾名大两段、小两段、小梁潭、大梁潭，又名两段、大凉潭。民国《定海县志・册一》有大两段、小两段的记载。《中国海洋岛屿简况》（1980）记为大凉潭。《浙江省海域地名录》（1988）记为凉潭岛，别名两段，曾名大两段、小两段、大梁潭、小梁潭。《浙江省普陀县地名志》（1986）、《中国海域地名志》（1989）、《中国海域地名图集》（1991）、《舟山海域岛礁志》（1991）、《浙江海岛志》（1998）和《全国海岛名称与代码》（2008）均记为凉潭岛。原为两个小岛，距离很近，形如劈为两段的一个海岛，“两段”谐音雅化为“凉潭”，现两岛已相连，故名。

岸线长 8.25 千米，面积 1.119 9 平方千米，最高点海拔 84 米。基岩岛，由上侏罗统茶湾组凝灰岩、凝灰质砂岩、沉凝灰岩等构成。地貌以低丘陵为主，主要分布在岛屿西北和东南部，岛中偏西部有小块经围垦的海积平地。植被有针叶林、草丛、草本栽培植被，间有少量灌丛、阔叶林和木本栽培植被。岛北侧和东侧为条帚门（水道），西侧为葛藤水道，深水岸线资源丰富。

岛上原有凉潭村，属六横镇悬山社区，2009 年 12 月户籍人口 542 人，2011 年全村整体迁移至六横岛台门。原居民主要从事渔业生产，并有耕地面积百余亩，主要种植杂粮和蔬菜。2008 年浙江舟山武港码头有限公司成立，在岛上建造国内最大的铁矿石中转码头。主要水利设施有大凉潭海塘和小凉潭海塘。有固定码头和埠头各 1 座，供渔船和客运之用，每天有渡轮通往台门等地。岛上用电来自舟山电网。从舟山岛经六横岛给岛上供水。

黄礁头北岛 (Huángjiāotóu Běidǎo)

北纬 29°43.5′，东经 122°13.5′。位于舟山市普陀区南部海域，凉潭岛东 655 米，属舟山群岛，距大陆最近点 19.06 千米。第二次全国海域地名普查时命今名。岸线长 115 米，面积 451 平方米。基岩岛，由上侏罗统茶湾组凝灰岩夹凝灰质砂岩等构成。无植被。有航标灯桩 1 座。

六横岛（Liùhéng Dǎo）

北纬 29°43.5′，东经 122°07.6′。位于舟山市普陀区西南约 24.3 千米，舟山群岛南部，象山港口外海域，虾峙岛西南 5.6 千米，为舟山群岛第三大岛屿，距大陆最近点 6.94 千米。曾名黄公山、陆洪山、六横山。唐杜佑《通典》载："余姚郡东至海中黄公山。"宋乾道《四明图经・昌国》记为黄公山："黄公山，在县东南四百里。"宋宝庆《昌国县志》、元大德《昌国州图志》、明天启《舟山志》沿用黄公山之名。明嘉靖二十七年（1548 年）朱纨《双屿填港工完事疏》记为陆洪山。明嘉靖《定海县志》、清康熙《定海县志》、清光绪《定海厅志》、民国《定海县志》均记为六横山。清康熙《定海县志》载："六横山，离县约六十里。地广田腴，人居稀少。与镇海梅山、旗头山相近。山、田、涂、荡，都为镇民开垦。春作负耒而来，秋成梱载而去。输课认粮，多不前。属安期乡。"清光绪《定海厅志》载："朱绪曾曰：古志无六横，今志无黄公……今六横山周围百余里，生聚数千家……宋时有黄公酒坊。"《中国海洋岛屿简况》（1980）、《浙江省普陀县地名志》（1986）、《浙江省海域地名录》（1988）、《中国海域地名志》（1989）、《中国海域地名图集》（1991）、《舟山海域岛礁志》（1991）、《浙江海岛志》（1998）和《全国海岛名称与代码》（2008）均记为六横岛。岛上从东南至西北有六条山岭蜿蜒横贯，状如蛇，当地称蛇为"横"，故名。

岸线长 84.3 千米，面积 99.801 5 平方千米，最高点海拔 299.9 米。据清朱绪曾《昌国典咏》记载，六横上庄、下庄原中隔一港，在清道光年间以后才相连为一个海岛。以古黄公山（六横岛）和双屿山为主体，经过历代围垦，合并了滕岙山（即今葛藤山）、石珠山（即今石柱头山）、蟑螂山、积屿、郭巨山、凉帽山等周边小岛，终成六横岛今日岛形。基岩岛，丘陵大部分由上侏罗统西山头组熔结凝灰岩构成，其相关的潜霏细斑岩、潜流纹（斑）岩主要在东南部大尖山峰一带出露；高丘陵大多由熔结凝灰岩、潜霏细斑岩等较坚硬的岩石构成。地貌以海岛丘陵为主，主要分布在西北部和东南部。山丘顶部较为平坦，有缓坡地，其间有一些较宽阔谷地，土层较厚。岛原始海岸曲折，湾岬相间，岬角狭长，海湾岙口多。岛中部沉积层深厚，以粉砂质黏土为主，经历代筑堤围海造地，形成大片海积平原，为岛上主要农垦区。海蚀地貌发育，岛西北和岛东南岸线及岬角前缘常见海蚀崖、柱、槽组合，海蚀崖高 10 ～ 30 米。岛上土壤有 5 个土类，下属 9 个亚类，因地形条件不同，土壤分布存在明显差异。植被有针叶林、阔叶林、灌丛、草丛、盐生植被、沼生和水生植被、木本栽培植被、草本栽培植物等，其中以针叶林和草本栽培植物分布最广。岛西侧有双屿门水道，南侧有牛鼻山水道，东侧有葛藤水道，北侧有条帚门（水道），其中条帚门（水道）、佛渡（水道）、双屿门（水道）均是深水港口、锚地、航道三者兼备的水域，可建深水泊位。

有居民海岛，为普陀区六横镇人民政府所在地。设峧头、龙山、五星、双塘、平峧、小湖、台门 7 个社区，下辖 36 个行政村，2 个居委会，2009 年 12 月户籍人口 58 132 人。岛东北岸建有华东地区最大的煤炭储备、配煤及中转基地，有 15 万吨级和 5 万吨级卸船泊位各 1 个，3.5 万吨级、2 万吨级和 5 000 吨级装船泊位各 1 个，3 000 吨级施工泊位 1 个。岛上经济原是以农、渔、盐为主的农业经济，后转向以临港产业为主的工业经济。有各类企业 500 多家，主要从事船舶修造、机械五金、服装纺织、水产加工四大产业，基本形成了以船舶修造、临港石化、港口物流、海洋休闲旅游为主导的临港产业格局。人文景观主要有嵩山西麓洪泉寺、龙山黄荆寺、1930 年六横人民反对苛捐杂税的“六横暴动”原址东岳宫、清代“浙东第一功”石刻等。自然景观开发以碧海金沙、海上垂钓为主。有峧头大岙、台门和涨起港海上客运码头，沙岙车渡码头。大岙码头开有峧头—沈家门、峧头—定海快艇和普客航线；台门码头开有台门—沈家门、台门—定海快艇和普客航线；涨起港码头主要开通涨起港—佛渡岛道头嘴航线；沙岙车渡码头开有沙岙—郭巨、沙岙—上阳车渡航线。建有一批水库、库塘、池塘、坑道井等，平水年自供有余，偏枯年缺水。2010 年铺设至舟山岛临城海底输水管道，从舟山岛引水。

黄礁头南岛 (Huángjiāotóu Nándǎo)

北纬 29°43.4′，东经 122°13.4′。位于舟山市普陀区南部海域，属舟山群岛，距大陆最近点 19.16 千米。第二次全国海域地名普查时命今名。岸线长 138 米，面积 1 077 平方米。基岩岛，由上侏罗统茶湾组凝灰岩夹凝灰质砂岩等构成。无植被。

隐礁嘴礁 (Yǐnjiāozuǐ Jiāo)

北纬 29°43.2′，东经 122°12.9′。位于舟山市普陀区南部海域，凉潭岛东南端岸外，距凉潭岛 10 米，属舟山群岛，距大陆最近点 19.2 千米。曾名隐礁嘴岛。《浙江海岛志》（1998）记为隐礁嘴岛。《全国海岛名称与代码》（2008）记为无名岛 ZOS102。2010 年浙江省人民政府公布的第一批无居民海岛名称中记为隐礁嘴礁。与凉潭岛隐礁嘴相邻，故名。岸线长 96 米，面积 664 平方米。基岩岛，由上侏罗统茶湾组熔结凝灰岩夹凝灰质砂岩等构成。无植被。岸边长有藤壶、螺和海大麦、海青菜等贝、藻类。

后门山北上岛 (Hòuménshān Běishàng Dǎo)

北纬 29°43.1′，东经 122°13.7′。位于舟山市普陀区南部海域，属舟山群岛，距大陆最近点 19.87 千米。附近两个海岛中，该岛居北（上），第二次全国海域地名普查时命今名。岸线长 41 米，面积 112 平方米。基岩岛，由晚侏罗世石英霏细斑岩构成。无植被。

后门山北下岛 (Hòuménshān Běixià Dǎo)

北纬 29°43.1′，东经 122°13.7′。位于舟山市普陀区南部海域，后门山北上岛西南，距后门山北上岛 20 米，属舟山群岛，距大陆最近点 19.87 千米。附近两个海岛中，该岛居南（下），第二次全国海域地名普查时命今名。岸线长 51 米，面积 76 平方米。基岩岛，由晚侏罗世石英霏细斑岩构成。无植被。

盛家岙小山 (Shèngjiā'ào Xiǎoshān)

北纬 29°43.1′，东经 122°03.3′。位于舟山市普陀区西南部海域，六横岛西南端黄岩头南侧湾岙中，距六横岛 60 米，属舟山群岛，距大陆最近点 12.58 千米。《浙江海岛志》（1998）记为 1368 号无名岛。《全国海岛名称与代码》（2008）记为无名岛 ZOS105。1991 年浙江省测绘局 1: 10 000 地形图“道头嘴”幅标注为盛家岙小山。位于六横岛西南侧盛家岙中，较六横岛小，故名。岸线长 407 米，面积 5 778 平方米，最高点海拔 20.9 米。基岩岛，由上侏罗统西山头组熔结凝灰岩夹凝灰质砂岩等构成。植被有草丛、灌木。低潮时与六横岛连滩。

鸡冠头屿 (Jīguāntóu Yǔ)

北纬 29°43.0′，东经 122°00.8′。位于舟山市普陀区西南部海域，佛渡岛南端燕子山西南岸外，距佛渡岛 2 米，属舟山群岛，距大陆最近点 10.36 千米。又名鸡冠头岛、鸡笼山。《中国海域地名志》（1989）记为鸡笼山。《浙江海岛志》（1998）记为鸡冠头岛。《全国海岛名称与代码》（2008）记为无名岛 ZOS106。2010 年浙江省人民政府公布的第一批无居民海岛名称中记为鸡冠头屿。因岛形如鸡冠而得名。岸线长 397 米，面积 5 751 平方米，最高点海拔 21.5 米。基岩岛，由上侏罗统西山头组熔结凝灰岩等构成。岛岸为天然基岩海岸，岸坡较陡，上部平缓，南岸和西南岸有海蚀洞穴。植被有草丛、灌木。落潮后与佛渡岛连滩。

后门山东岛 (Hòuménshān Dōngdǎo)

北纬 29°43.0′，东经 122°13.9′。位于舟山市普陀区南部海域，属舟山群岛，距大陆最近点 20.24 千米。第二次全国海域地名普查时命今名。岸线长 63 米，面积 173 平方米。基岩岛，由晚侏罗世石英霏细斑岩构成。无植被。

鲎尾礁 (Hòuwěi Jiāo)

北纬 29°42.6′，东经 122°02.6′。位于舟山市普陀区西南部海域，六横岛西南，属舟山群岛，距大陆最近点 12.02 千米。又名小鸦鹊、罕尾巴。《浙江省普陀县地名志》（1986）、《浙江省海域地名录》（1988）和《舟山海域岛礁志》（1991）均记为鲎尾礁，别名小鸦鹊、罕尾巴。《中国海域地名志》（1989）、《中国海域地名图集》（1991）、《浙江海岛志》（1998）和《全国海岛名称与代码》（2008）均记为鲎尾礁。因岛形似鲎尾而得名。岸线长 120 米，面积 760 平方米。基岩岛，由上侏罗统西山头组熔结凝灰岩等构成。无植被。

鸦鹊中岛 (Yāquè Zhōngdǎo)

北纬 29°42.6′，东经 122°02.6′。位于舟山市普陀区西南部海域，六横岛西南，属舟山群岛，距大陆最近点 11.92 千米。第二次全国海域地名普查时命今名。岸线长 186 米，面积 837 平方米。基岩岛，由上侏罗统西山头组熔结凝灰岩夹凝灰质砂岩等构成。岛岸为天然基岩岸线，岸坡陡峭。顶部长有茅草。

鹊尾礁（Quèwěi Jiāo）

北纬 29°42.5′，东经 122°02.6′。位于舟山市普陀区西南海域，距六横岛 890 米，属舟山群岛，距大陆最近点 11.83 千米。又名鸦鹊尾巴。《浙江省普陀县地名志》（1986）和《舟山海域岛礁志》（1991）记为鹊尾礁，原习称鸦鹊尾巴。《浙江省海域地名录》（1988）和《中国海域地名图集》（1991）记为鹊尾礁。《浙江海岛志》（1998）记为 1373 号无名岛。《全国海岛名称与代码》（2008）记为无名岛 ZOS108。2010 年浙江省人民政府公布的第一批无居民海岛名称中记为鹊尾礁。岸线长 361 米，面积 2 518 平方米，最高点海拔 10.8 米。基岩岛，由上侏罗统西山头组熔结凝灰岩夹凝灰质砂岩等构成。岛岸为天然基岩岸线，岸坡陡峭，西北岸较缓。仅顶部长有茅草。有航标灯桩 1 座，白色圆柱形混凝土桩身。岸边有简易埠头，有水泥台阶通至灯桩。

大铜盘岛（Dàtóngpán Dǎo）

北纬 29°42.0′，东经 122°12.0′。位于舟山市普陀区南偏西约 29.1 千米，六横岛东南岸台门村东北海域，距六横岛 140 米，属舟山群岛，距大陆最近点 20.48 千米。又名大铜盘。《中国海洋岛屿简况》（1980）、《浙江省普陀县地名志》（1986）和《舟山海域岛礁志》（1991）均记为大铜盘。《浙江省海域地名录》（1988）、《中国海域地名志》（1989）、《中国海域地名图集》（1991）、《浙江海岛志》（1998）和《全国海岛名称与代码》（2008）均记为大铜盘岛。因岛形圆似铜盘，面积大于附近小铜盘岛（现已因填海连岛至六横岛而注销），故名。岸线长 613 米，面积 0.023 6 平方千米，最高点海拔 24 米。基岩岛，由上侏罗统西山头组熔结凝灰岩夹凝灰质砂岩等构成。植被主要有白茅草丛、青篷、野枇杷等。地处台门港口，附近海域是船只进出台门港的必经之路。岛上建有广播电视铁塔、输电铁塔及白色小航标灯桩 1 座。岸边有小埠头和铁质系缆桩，有水泥台阶路从埠头通往山上。

新厂跟北岛（Xīnchǎnggēn Běidǎo）

北纬 29°41.8′，东经 122°14.7′。位于舟山市普陀区南部海域，属舟山群岛，距大陆最近点 22.78 千米。第二次全国海域地名普查时命今名。岸线长 103 米，面积 448 平方米。基岩岛，由晚侏罗世石英霏细斑岩构成。无植被。

狗头岛 (Gǒutóu Dǎo)

北纬 29°41.7′，东经 122°14.9′。位于舟山市普陀区南部海域，属舟山群岛，距大陆最近点 23.05 千米。2008 年《全国海岛名称与代码》记为无名岛 ZOS112。第二次全国海域地名普查时更为今名。岸线长 184 米，面积 1 021 平方米。基岩岛，由晚侏罗世石英霏细斑岩构成。无植被。

六横老鼠山屿 (Liùhéng Lǎoshǔshān Yǔ)

北纬 29°41.6′，东经 122°12.5′。位于舟山市普陀区南部海域，距六横岛 100 米，属舟山群岛，距大陆最近点 21.57 千米。又名老鼠山。《舟山海域岛礁志》（1991）和《浙江海岛志》（1998）记为老鼠山。《全国海岛名称与代码》（2008）记为无名岛 ZOS113。2010 年浙江省人民政府公布的第一批无居民海岛名称中记为六横老鼠山屿。因山形似老鼠，位于六横镇，故名。岸线长 690 米，面积 0.020 8 平方千米，最高点海拔 25.6 米。基岩岛，由上侏罗统茶湾组凝灰岩夹凝灰质砂岩等构成。岛岸为天然基岩岸线，岸坡较缓。植被有白茅草丛、灌木。岛顶建有高压、低压输电铁塔 3 座。

狗颈北岛 (Gǒujǐng Běidǎo)

北纬 29°41.5′，东经 122°15.4′。位于舟山市普陀区南部海域，属舟山群岛，距大陆最近点 23.81 千米。第二次全国海域地名普查时命今名。岸线长 66 米，面积 216 平方米。基岩岛，由晚侏罗世石英霏细斑岩构成。无植被。

铜锣环北岛 (Tóngluóhuán Běidǎo)

北纬 29°41.5′，东经 122°15.9′。位于舟山市普陀区南部海域，属舟山群岛，距大陆最近点 24.31 千米。第二次全国海域地名普查时命今名。岸线长 30 米，面积 61 平方米。基岩岛，由晚侏罗世石英霏细斑岩构成。无植被。

狗颈礁 (Gǒujǐng Jiāo)

北纬 29°41.4′，东经 122°15.5′。位于舟山市普陀区南部海域，属舟山群岛，距大陆最近点 23.98 千米。又名断崩、鸡冠礁、狍颈礁。《中国海洋岛屿简况》（1980）记为断崩。《浙江省海域地名录》（1988）记为狗颈礁，别名断崩、鸡冠礁。《浙江省普陀县地名志》（1986）、《中国海域地名志》（1989）、《中国海域地名图集》（1991）、《舟山海域岛礁志》（1991）和《浙江海岛志》（1998）均记为狗颈礁。《全国海岛名称与代码》（2008）记为狍颈礁。2010 年浙江省人民政府公布的第一批无居民海岛名称中记为狗颈礁。岸线长 172 米，面积 2 030 平方米，最高点海拔 13.2 米。基岩岛，由晚侏罗世潜霏细斑岩构成。大部裸露，仅顶部长有草丛。

铁锹头岛 (Tiěqiāotóu Dǎo)

北纬 29°41.4′，东经 122°12.6′。位于舟山市普陀区南部海域，属舟山群岛，距大陆最近点 21.94 千米。因岛形似铁锹头，第二次全国海域地名普查时命今名。岸线长 193 米，面积 2 359 平方米。基岩岛，由上侏罗统茶湾组熔结凝灰岩夹凝灰质砂岩等构成。植被有草丛。

挡门西岛 (Dǎngmén Xīdǎo)

北纬 29°41.4′，东经 122°16.7′。位于舟山市普陀区南部海域，属舟山群岛，距大陆最近点 25.04 千米。位于挡门礁西侧水道之西，第二次全国海域地名普查时命今名。岸线长 115 米，面积 692 平方米。基岩岛，由晚侏罗世石英霏细斑岩构成。无植被。

挡门礁 (Dǎngmén Jiāo)

北纬 29°41.4′，东经 122°16.8′。位于舟山市普陀区南部海域，属舟山群岛，距大陆最近点 25.21 千米。又名白篮礁。《浙江省普陀县地名志》（1986）和《浙江省海域地名录》（1988）记为挡门礁，别名白篮礁。《中国海域地名志》（1989）、《中国海域地名图集》（1991）、《舟山海域岛礁志》（1991）、《浙江海岛志》（1998）和《全国海岛名称与代码》（2008）均记为挡门礁。因岛处航道中间，阻挡航门，对航行有影响，故名。岸线长 85 米，面积 446 平方米。基岩岛，由上侏罗统茶湾组熔结凝灰岩等构成。无植被。

田湾大礁 (Tiánwān Dàjiāo)

北纬 29°41.3′，东经 122°14.0′。位于舟山市普陀区南部海域，属舟山群岛，距大陆最近点 23.01 千米。《浙江海岛志》（1998）记为 1386 号无名岛。《全国海岛名称与代码》（2008）记为无名岛 ZOS114。2010 年浙江省人民政府公布的第一批无居民海岛名称中记为田湾大礁。岸线长 86 米，面积 501 平方米。基岩岛，由晚侏罗世潜霏细斑岩构成。无植被。

悬山乌龟礁 (Xuánshān Wūguī Jiāo)

北纬 29°41.3′，东经 122°14.2′。位于舟山市普陀区南部海域，属舟山群岛，距大陆最近点 23.23 千米。《浙江海岛志》（1998）记为 1389 号无名岛。《全国海岛名称与代码》（2008）记为无名岛 ZOS115。2010 年浙江省人民政府公布的第一批无居民海岛名称中记为悬山乌龟礁。岸线长 87 米，面积 399 平方米，最高点海拔 6 米。基岩岛，由晚侏罗世潜霏细斑岩构成。无植被。

狗颈南岛 (Gǒujǐng Nándǎo)

北纬 29°41.3′，东经 122°15.3′。位于舟山市普陀区南部海域，属舟山群岛，距大陆最近点 24.07 千米。第二次全国海域地名普查时命今名。岸线长 101 米，面积 478 平方米。基岩岛，由晚侏罗世潜霏细斑岩构成。无植被。

对面山南岛 (Duìmiànshān Nándǎo)

北纬 29°41.2′，东经 122°13.1′。位于舟山市普陀区南部海域，属舟山群岛，距大陆最近点 22.59 千米。第二次全国海域地名普查时命今名。岸线长 144 米，面积 1 140 平方米。基岩岛，由上侏罗统茶湾组熔结凝灰岩夹凝灰质砂岩等构成。植被有草丛。

砚瓦北岛 (Yànwǎ Běidǎo)

北纬 29°41.1′，东经 122°13.8′。位于舟山市普陀区南部海域，属舟山群岛，距大陆最近点 23.26 千米。第二次全国海域地名普查时命今名。岸线长 65 米，面积 282 平方米。基岩岛，由上侏罗统茶湾组熔结凝灰岩夹凝灰质砂岩等构成。无植被。

棺材礁 (Guāncai Jiāo)

北纬 29°41.1′，东经 122°16.4′。位于舟山市普陀区南部海域，属舟山群岛，距大陆最近点 25.27 千米。《浙江海岛志》（1998）记为 1391 号无名岛。《全国海岛名称与代码》（2008）记为无名岛 ZOS120。2010 年浙江省人民政府公布的第一批无居民海岛名称中记为棺材礁。因岛形似棺材，故名。岸线长 186 米，面积 2 211 平方米，最高点海拔 8 米。基岩岛，由晚侏罗世潜霏细斑岩构成。

仅顶部长有草丛。

孙家嘴礁 (Sūnjiāzuǐ Jiāo)

北纬 29°41.1′，东经 122°11.9′。位于舟山市普陀区南部海域，六横岛东南岸乌龟山自然村东南岸外 3 米，属舟山群岛，距大陆最近点 21.88 千米。又名孙家嘴岛。《浙江海岛志》(1998) 记为孙家嘴岛。《全国海岛名称与代码》(2008) 记为无名岛 ZOS116。2010 年浙江省人民政府公布的第一批无居民海岛名称中记为孙家嘴礁。该岛与六横岛孙家嘴（山嘴）相邻，故名。岸线长 338 米，面积 1 889 平方米，最高点海拔 14.7 米。基岩岛，由上侏罗统西山头组熔结凝灰岩等构成。海岸陡立，顶部平缓。顶部长有茅草和灌木。岛两侧为台门外门沙。落潮后与六横岛相连。

六横石城礁 (Liùhéng Shíchéng Jiāo)

北纬 29°40.8′，东经 122°06.6′。位于舟山市普陀区南部海域，六横岛西南，属舟山群岛，距大陆最近点 14.65 千米。《浙江海岛志》(1998) 记为 1397 号无名岛。2010 年浙江省人民政府公布的第一批无居民海岛名称中记为六横石城礁。因岛形似城，位于六横镇，故名。岸线长 175 米，面积 1 655 平方米。基岩岛，主要由上侏罗统西山头组熔结凝灰岩构成。无植被。

大咀 (Dàzuǐ)

北纬 29°40.7′，东经 122°16.5′。位于舟山市普陀区南部海域，属舟山群岛，距大陆最近点 25.9 千米。《中国海洋岛屿简况》(1980) 记为大咀。从南、北方向望去，岛形似张开的大嘴，当地“嘴”和“咀”同音，故名。岸线长 481 米，面积 8 807 平方米，最高点海拔 53 米。基岩岛，由上侏罗统茶湾组熔结凝灰岩夹凝灰质砂岩构成。岛岸为天然基岩岸线，岛坡陡立，坡脚有陡峭的海蚀崖。植被有草丛。岛似一块巨大岩石兀立，当地有“盼归崖”“舟山第一石”“观音送子峰”之称。

外鳎鳗礁 (Wàitǎmán Jiāo)

北纬 29°40.7′，东经 122°16.5′。位于舟山市普陀区南部海域，大咀南岸外 2 米，属舟山群岛，距大陆最近点 26 千米。《浙江海岛志》(1998) 记为 1400

号无名岛。《全国海岛名称与代码》（2008）记为无名岛 ZOS121。2010 年浙江省人民政府公布的第一批无居民海岛名称中记为外鳎鳗礁。因岛体形似鳎鳗，居于悬山岛外，故名。岸线长 124 米，面积 940 平方米，最高点海拔 14 米。基岩岛，由上侏罗统茶湾组熔结凝灰岩等构成。无植被。岸边长有藤壶、螺和海大麦、紫菜等贝、藻类。

六横稻桶礁 (Liùhéng Dàotǒng Jiāo)

北纬 29°40.6′，东经 122°06.4′。位于舟山市普陀区南部海域，六横岛西南，属舟山群岛，距大陆最近点 14.3 千米。《浙江海岛志》（1998）记为 1401 号无名岛。《全国海岛名称与代码》（2008）记为无名岛 ZOS110。2010 年浙江省人民政府公布的第一批无居民海岛名称中记为六横稻桶礁。因岛形似稻桶，位于六横镇，故名。岸线长 7 米，面积 3 平方米，最高点海拔 5.1 米。基岩岛，由上侏罗统西山头组熔结凝灰岩构成。无植被。

北双卵礁 (Běishuāngluǎn Jiāo)

北纬 29°40.5′，东经 122°16.4′。位于舟山市普陀区南部海域，属舟山群岛，距大陆最近点 26.2 千米。又名北双卵礁-2、双卵山。《中国海洋岛屿简况》（1980）记为双卵山。《浙江省普陀县地名志》（1986）、《浙江省海域地名录》（1988）、《中国海域地名志》（1989）、《中国海域地名图集》（1991）和《舟山海域岛礁志》（1991）均记为北双卵礁。《浙江海岛志》（1998）和《全国海岛名称与代码》（2008）记为北双卵礁-2。2010 年浙江省人民政府公布的第一批无居民海岛名称中记为北双卵礁。岸线长 222 米，面积 3 126 平方米，最高点海拔 12 米。基岩岛，由上侏罗统茶湾组熔结凝灰岩等构成。无植被。岸边长有藤壶、螺和海大麦、紫菜等贝、藻类。

小晒场礁 (Xiǎoshàichǎng Jiāo)

北纬 29°40.4′，东经 122°14.5′。位于舟山市普陀区南部海域，属舟山群岛，距大陆最近点 24.91 千米。《浙江省普陀县地名志》（1986）、《浙江省海域地名录》（1988）、《中国海域地名志》（1989）、《中国海域地名图集》（1991）和《舟山海域岛礁志》（1991）均记为小晒场礁。因岛顶面平坦如晒场，面积较形状相似的大晒场礁（低潮高地）小，故名。岸线长 72 米，面积 325 平方米。基岩岛，由上侏罗统茶湾组熔结凝灰岩夹凝灰质砂岩构成。无植被。

盖万山礁 (Gàiwànshān Jiāo)

北纬 29°40.1′，东经 122°11.4′。位于舟山市普陀区南部海域，六横岛东南岸炮台岗东南麓岸外 3 米，属舟山群岛，距大陆最近点 20.88 千米。又名盖万山。《浙江海岛志》（1998）记为盖万山。《全国海岛名称与代码》（2008）记为无名岛 ZOS122。2010 年浙江省人民政府公布的第一批无居民海岛名称中记为盖万山礁。岸线长 148 米，面积 1 188 平方米，最高点海拔 18 米。基岩岛，由上侏罗统西山头组熔结凝灰岩等构成。大部裸露，仅顶部长有少量白茅草丛、灌木。岸边长有藤壶、螺和海大麦、紫菜等贝、藻类。

武尚西岛 (Wǔshàng Xīdǎo)

北纬 29°39.9′，东经 122°07.9′。位于舟山市普陀区西南海域，六横岛南部大平岗山南岸外，武尚礁西 20 米，距六横岛 140 米，属舟山群岛，距大陆最近点 15.55 千米。位于武尚礁西侧，第二次全国海域地名普查时命今名。岸线长 274 米，面积 1 954 平方米。基岩岛，由上侏罗统西山头组熔结凝灰岩等构成。无植被。

武尚礁 (Wǔshàng Jiāo)

北纬 29°39.9′，东经 122°08.0′。位于舟山市普陀区西南部海域，六横岛南部大平岗山南岸外，距六横岛 70 米，属舟山群岛，距大陆最近点 15.66 千米。又名长礁。《浙江海岛志》（1998）记为 1409 号无名岛。2005 年出版的 1∶10 000 地形图“龙洞岛”幅标注为长礁。《全国海岛名称与代码》（2008）记为无名岛 ZOS111。2010 年浙江省人民政府公布的第一批无居民海岛名称中记为武尚礁。因小湖长礁的方言谐音而得名。岸线长 213 米，面积 2 446 平方米。基岩岛，由上侏罗统西山头组熔结凝灰岩等构成。无植被。岸边长有藤壶、螺和海大麦、紫菜等贝、藻类。

笔架北岛 (Bǐjià Běidǎo)

北纬 29°39.9′，东经 122°13.8′。位于舟山市普陀区南部海域，六横岛东南，属舟山群岛，距大陆最近点 24.23 千米。第二次全国海域地名普查时命今名。

岸线长 169 米，面积 1 154 平方米。基岩岛，由上侏罗统茶湾组熔结凝灰岩夹凝灰质砂岩等构成。无植被。

笔东上岛 (Bǐdōng Shàngdǎo)

北纬 29°39.7′，东经 122°14.4′。位于舟山市普陀区南部海域，属舟山群岛，距大陆最近点 24.99 千米。在附近两个小岛中，该岛居北（上），第二次全国海域地名普查时命今名。岸线长 84 米，面积 332 平方米。基岩岛，由上侏罗统茶湾组熔结凝灰岩夹凝灰质砂岩构成。无植被。

螺南小岛 (Luónán Xiǎodǎo)

北纬 29°39.6′，东经 122°09.2′。位于舟山市普陀区南部海域，六横岛南岸螺蛳山山嘴西麓岸外，属舟山群岛，距大陆最近点 17.25 千米。位于六横岛螺蛳山南面，第二次全国海域地名普查时命今名。岸线长 102 米，面积 325 平方米。基岩岛，由上侏罗统西山头组熔结凝灰岩等构成。无植被。

笔东下岛 (Bǐdōng Xiàdǎo)

北纬 29°39.6′，东经 122°14.4′。位于舟山市普陀区南部海域，属舟山群岛，距大陆最近点 24.94 千米。在附近两个小岛中，该岛居南（下），第二次全国海域地名普查时命今名。岸线长 216 米，面积 1 630 平方米。基岩岛，由上侏罗统茶湾组熔结凝灰岩夹凝灰质砂岩构成。无植被。

摊谷耙礁 (Tāngǔpá Jiāo)

北纬 29°39.4′，东经 122°14.4′。位于舟山市普陀区南部海域，属舟山群岛，距大陆最近点 24.82 千米。《浙江海岛志》（1998）记为 1417 号无名岛。《全国海岛名称与代码》（2008）记为无名岛 ZOS124。2010 年浙江省人民政府公布的第一批无居民海岛名称中记为摊谷耙礁。因岛屿表面平坦，形似摊谷用的谷耙而得名。岸线长 163 米，面积 1 411 平方米，最高点海拔 5.6 米。基岩岛，由上侏罗统茶湾组熔结凝灰岩构成。无植被。

大凉帽礁 (Dàliángmào Jiāo)

北纬 29°39.4′，东经 122°13.3′。位于舟山市普陀区南部海域，六横岛东南，属舟山群岛，距大陆最近点 23.2 千米。曾名凉帽蓬礁。《浙江省海域地名录》

(1988)记为大凉帽礁，曾名凉帽蓬礁。《浙江省普陀县地名志》(1986)、《中国海域地名志》(1989)、《中国海域地名图集》(1991)和《舟山海域岛礁志》(1991)均记为大凉帽礁。因岛形似凉帽，面积较大，故名。岸线长156米，面积1 338平方米。基岩岛，由上侏罗统茶湾组熔结凝灰岩构成。无植被。

蚊虫衣丝爪岛 (Wénchóngyīsīzhuǎ Dǎo)

北纬29°39.3′，东经122°13.8′。位于舟山市普陀区南部海域，小蚊虫岛北230米，属舟山群岛，距大陆最近点23.73千米。第二次全国海域地名普查时命今名。岸线长161米，面积1 478平方米。基岩岛，由上侏罗统茶湾组熔结凝灰岩夹凝灰质砂岩等构成。无植被。

过浪礁 (Guòlàng Jiāo)

北纬29°39.2′，东经122°10.5′。位于舟山市普陀区南部海域，六横岛东南端老鹰嘴南岸外，属舟山群岛，距大陆最近点18.72千米。《浙江海岛志》(1998)记为1423号无名岛。《全国海岛名称与代码》(2008)记为无名岛ZOS125。2010年浙江省人民政府公布的第一批无居民海岛名称中记为过浪礁。因大浪可涌流过岛，故名。岸线长64米，面积226平方米。基岩岛，由上侏罗统西山头组熔结凝灰岩等构成。无植被。

小蚊虫岛 (Xiǎowénchóng Dǎo)

北纬29°39.0′，东经122°13.7′。位于舟山市普陀区南部海域，普陀城区南偏西约33.6千米，六横岛东南，大蚊虫岛东北1.1千米，属舟山群岛，距大陆最近点23.02千米。又名小蚊虫。民国《定海县志·册一》有小蚊虫名称记载。《中国海洋岛屿简况》(1980)、《浙江省普陀县地名志》(1986)和《舟山海域岛礁志》(1991)均记为小蚊虫。《浙江省海域地名录》(1988)、《中国海域地名志》(1989)、《中国海域地名图集》(1991)、《浙江海岛志》(1998)和《全国海岛名称与代码》(2008)均记为小蚊虫岛。因山形似蚊，山上又多蚊子，面积小于西南近旁的大蚊虫岛，故名。岸线长3.24千米，面积0.263 3平方千米，最高点海拔88.6米。基岩岛，岛西端由上侏罗统茶湾组熔结凝灰岩夹凝灰质砂岩构成，其余大部由燕山晚期闪长玢岩构成。岛岸为天然基岩岸线，岸坡陡峭，坡脚有海蚀崖。植被有白茅草丛、日本野桐萌生灌丛等。岸边长有藤壶、螺和海大麦、紫菜等贝、藻类。南侧为鹅卵门。

小蚊虫中岛 (Xiǎowénchóng Zhōngdǎo)

北纬 29°38.9′，东经 122°13.8′。位于舟山市普陀区南部海域，六横岛东南，介于小蚊虫岛与小蚊虫南岛之间，小蚊虫岛南岸外 4 米，属舟山群岛，距大陆最近点 23.63 千米。该岛位于小蚊虫岛和小蚊虫南岛之间，第二次全国海域地名普查时命今名。岸线长 343 米，面积 6 330 平方米。基岩岛，由燕山晚期闪长玢岩构成。植被有草丛、灌木。

小蚊虫南小岛 (Xiǎowénchóng Nánxiǎo Dǎo)

北纬 29°38.8′，东经 122°13.9′。位于舟山市普陀区南部海域，小蚊虫岛南，小蚊虫中岛东 20 米，属舟山群岛，距大陆最近点 23.72 千米。位于小蚊虫岛南侧，岛体较小，第二次全国海域地名普查时命今名。岸线长 150 米，面积 632 平方米。基岩岛，由燕山晚期闪长玢岩构成。无植被。

小蚊虫南岛 (Xiǎowénchóng Nándǎo)

北纬 29°38.8′，东经 122°13.9′。位于舟山市普陀区南部海域，小蚊虫岛南，小蚊虫中岛南岸外 3 米，属舟山群岛，距大陆最近点 23.58 千米。该岛在小蚊虫岛南侧的几个海岛中位置最南，第二次全国海域地名普查时命今名。岸线长 687 米，面积 0.014 3 平方千米，最高点海拔 28 米。基岩岛，由燕山晚期闪长玢岩构成。植被有草丛、灌木。

瀑礁 (Pù Jiāo)

北纬 29°38.8′，东经 122°13.8′。位于舟山市普陀区南部海域，六横岛东南，小蚊虫岛南端岸外 175 米，小蚊虫南岛西南端岸外 7 米，属舟山群岛，距大陆最近点 23.5 千米。《浙江海岛志》（1998）记为 1432 号无名岛。《全国海岛名称与代码》（2008）记为无名岛 ZOS127。2010 年浙江省人民政府公布的第一批无居民海岛名称中记为瀑礁。因该岛附近海域浪大，海浪冲击，浪泻如瀑，故名。岸线长 276 米，面积 3 741 平方米，最高点海拔 7.5 米。基岩岛，由燕山晚期闪长玢岩构成。无植被。

荤练槌上屿 (Hūnliànchuí Shàngyǔ)

北纬 29°38.4′，东经 122°08.3′。位于舟山市普陀区南部海域，龙洞岛西北 790 米，属梅散列岛，距大陆最近点 14.96 千米。曾名刀短山、龟鱼礁、横连槌，又名鬼鱼礁、荤连槌、荤连槌岛、荤莲槌岛 -1。《中国海洋岛屿简况》（1980）记为鬼鱼礁。《浙江省普陀县地名志》（1986）和《舟山海域岛礁志》（1991）记为荤连槌，曾名横连槌。《浙江省海域地名录》（1988）和《中国海域地名志》（1989）记为荤连槌岛，曾名刀短山、龟鱼礁。《中国海域地名图集》（1991）记为荤连槌岛。《浙江海岛志》（1998）记为 1440 号无名岛。《全国海岛名称与代码》（2008）记为荤莲槌岛 -1。2010 年浙江省人民政府公布的第一批无居民海岛名称中记为荤练槌上屿。远望该岛与荤练槌下屿相连，形似捣衣槌，该岛居北（上），故名。岸线长 185 米，面积 1 818 平方米，最高点海拔 9.7 米。基岩岛，由上侏罗统西山头组熔结凝灰岩等构成。大部裸露，仅顶部长有草丛、灌木。

荤练槌下屿 (Hūnliànchuí Xiàyǔ)

北纬 29°38.3′，东经 122°08.3′。位于舟山市普陀区南部海域，龙洞岛西北 670 米，属梅散列岛，距大陆最近点 14.89 千米。曾名刀短山、龟鱼礁、横连槌，又名鬼鱼礁、荤连槌、荤连槌岛、荤莲槌岛 -3。《中国海洋岛屿简况》（1980）记为鬼鱼礁。《浙江省海域地名录》（1988）和《中国海域地名志》（1989）记为荤连槌岛，曾名刀短山、龟鱼礁。《浙江省海域地名录》（1988）和《中国海域地名图集》（1991）记为荤连槌岛。《浙江省普陀县地名志》（1986）和《舟山海域岛礁志》记为荤连槌，曾名横连槌。《浙江海岛志》（1998）记为 1443 号无名岛。《全国海岛名称与代码》（2008）记为荤莲槌岛 -3。2010 年浙江省人民政府公布的第一批无居民海岛名称中记为荤练槌下屿。远望该岛与荤练槌上屿相连，形似捣衣槌，该岛居南（下），故名。岸线长 266 米，面积 2 451 平方米，最高点海拔 12.5 米。基岩岛，由上侏罗统西山头组熔结凝灰岩等构成。岛岸为天然基岩海岸，岸坡陡峭，上部较缓。植被有白茅草丛。

六横扁担山屿 (Liùhéng Biǎndanshān Yǔ)

北纬 29°38.3′，东经 122°09.0′。位于舟山市普陀区南部海域，六横岛以南，距六横岛 2.2 千米，属梅散列岛，距大陆最近点 15.93 千米。又名菜子岛、扁担山、菜子岛-1。《浙江省普陀县地名志》（1986）、《浙江省海域地名录》（1988）、《中国海域地名志》（1989）、《中国海域地名图集》（1991）和《舟山海域岛礁志》（1991）均记为菜子岛。《浙江海岛志》（1998）记为扁担山。《全国海岛名称与代码》（2008）记为菜子岛-1。2010 年浙江省人民政府公布的第一批无居民海岛名称中记为六横扁担山屿。因岛形似扁担，位于六横镇，故名。岸线长 196 米，面积 2 011 平方米，最高点海拔 15.5 米。基岩岛，由上侏罗统西山头组熔结凝灰岩夹凝灰质砂岩等构成。大部裸露，仅北部山顶长有少量茅草。岸边长有藤壶、螺和海大麦、紫菜等贝、藻类。

蚊嘴礁 (Wénzuǐ Jiāo)

北纬 29°38.3′，东经 122°12.6′。位于舟山市普陀区南部海域，六横岛东南，大蚊虫岛西北侧岸外 17 米，属舟山群岛，距大陆最近点 21.47 千米。《浙江省普陀县地名志》（1986）、《浙江省海域地名录》（1988）、《中国海域地名志》（1989）、《中国海域地名图集》（1991）、《舟山海域岛礁志》（1991）、《浙江海岛志》（1998）和《全国海岛名称与代码》（2008）均记为蚊嘴礁。2010 年浙江省人民政府公布的第一批无居民海岛名称中记为蚊嘴礁。位于大蚊虫岛西北端，似其嘴，故名。岸线长 165 米，面积 1 476 平方米。基岩岛，由燕山晚期闪长玢岩构成。无植被。

扁担山中岛 (Biǎndanshān Zhōngdǎo)

北纬 29°38.3′，东经 122°09.0′。位于舟山市普陀区南部海域，属梅散列岛，距大陆最近点 15.87 千米。因位于六横扁担山屿与扁担山南岛之间，第二次全国海域地名普查时命今名。岸线长 108 米，面积 680 平方米。基岩岛，由上侏罗统西山头组熔结凝灰岩夹凝灰质砂岩等构成。无植被。

扁担山南岛 (Biǎndanshān Nándǎo)

北纬 29°38.3′，东经 122°09.0′。位于舟山市普陀区南部海域，扁担山中岛西南岸外 30 米，属梅散列岛，距大陆最近点 15.81 千米。位于六横扁担山屿和扁担山中岛之南侧，第二次全国海域地名普查时命今名。岸线长 88 米，面积

183 平方米。基岩岛，由上侏罗统西山头组熔结凝灰岩夹凝灰质砂岩等构成。无植被。

蚊脚礁 (Wénjiǎo Jiāo)

北纬 29°38.1′，东经 122°13.6′。位于舟山市普陀区南部海域，六横岛东南，大蚊虫岛东端南岸外 3 米，属舟山群岛，距大陆最近点 22.86 千米。位于大蚊虫岛东南端，似其脚，按当地习称定名。岸线长 147 米，面积 847 平方米。基岩岛，由晚侏罗世霏细斑岩构成。无植被。

龙洞上屿 (Lóngdòng Shàngyǔ)

北纬 29°38.1′，东经 122°08.7′。位于舟山市普陀区南部海域，龙洞岛北 60 米，属梅散列岛，距大陆最近点 15.33 千米。又名龙洞岛-1。《浙江海岛志》（1998）记为 1452 号无名岛。《全国海岛名称与代码》（2008）记为龙洞岛-1。2010 年浙江省人民政府公布的第一批无居民海岛名称中记为龙洞上屿。在龙洞岛北部、东部紧邻的三个岛中，该岛居北（上），故名。岸线长 202 米，面积 2 742 平方米，最高点海拔 21.5 米。基岩岛，由上侏罗统西山头组熔结凝灰岩等构成。岛岸陡峭，上部和缓。植被覆盖较好，有草丛、灌木。岸边长有藤壶、螺和海大麦、紫菜等贝、藻类。

大蚊虫岛 (Dàwénchóng Dǎo)

北纬 29°38.1′，东经 122°13.0′。位于舟山市普陀城区南偏西 35 千米，六横岛东南海域，距六横岛 3.2 千米，属舟山群岛，距大陆最近点 21.37 千米。又名大蚊虫、大蚊虫山。民国《定海县志·舆地》有“大蚊虫”记载。《中国海洋岛屿简况》（1980）和《舟山海域岛礁志》（1991）记为大蚊虫。《浙江省普陀县地名志》（1986）记为大蚊虫山。《浙江省海域地名录》（1988）、《中国海域地名志》（1989）、《中国海域地名图集》（1991）、《浙江海岛志》（1998）和《全国海岛名称与代码》（2008）均记为大蚊虫岛。因山形似蚊，山上又多蚊子，面积大于东北近旁的小蚊虫岛，故名。岸线长 7.62 千米，面积 0.742 2 平方千米，最高点海拔 105.6 米。基岩岛，岛南部主要由上侏罗统茶湾组熔结凝灰岩构成，东部为晚侏罗世霏细斑岩构成，西半部由燕山晚期闪长玢岩构成。岸线曲折多弯，在中部朝东北方向有较大的湾岙，湾底有小段砂砾质岸线，其余均为天然基岩海岸，东岸和东南岸岩石比较破碎。植被有白茅草丛、日本野桐萌生灌丛、黑松林等，间有大叶黄杨、山合欢和柞树等。岸边长有藤壶、螺和海大麦、紫菜等贝、藻类。海上世界旅游公司正对该岛进行整体开发。岛北侧湾岙内有简易码头，旁有临时居住的简易房。岛上用水主要为地下水，用电为自备发电机发电。

龙洞中屿 (Lóngdòng Zhōngyǔ)

北纬 29°38.1′，东经 122°08.7′。位于舟山市普陀区南部海域，龙洞岛北岸外 25 米，属梅散列岛，距大陆最近点 15.36 千米。又名龙洞岛-2。《浙江海岛志》（1998）记为 1453 号无名岛。《全国海岛名称与代码》（2008）记为龙洞岛-2。2010 年浙江省人民政府公布的第一批无居民海岛名称中记为龙洞中屿。在龙洞岛北部、东部紧邻的三个岛中，该岛居中，故名。岸线长 239 米，面积 3 501 平方米，最高点海拔 20 米。基岩岛，由上侏罗统西山头组熔结凝灰岩等构成。仅顶部长有白茅草丛。

蚊手礁 (Wénshǒu Jiāo)

北纬 29°38.0′，东经 122°12.7′。位于舟山市普陀区南部海域，六横岛东南，大蚊虫岛西南岸外 5 米，属舟山群岛，距大陆最近点 21.53 千米。位于大蚊虫岛南端，似其手，按当地习称定名。岸线长 169 米，面积 1 164 平方米。基岩岛，由燕山晚期闪长玢岩构成。无植被。

龙洞下屿 (Lóngdòng Xiàyǔ)

北纬 29°37.9′，东经 122°08.8′。位于舟山市普陀区南部海域，龙洞岛东岸外 10 米，属梅散列岛，距大陆最近点 15.26 千米。又名龙洞岛-3。《浙江海岛志》（1998）记为 1458 号无名岛。《全国海岛名称与代码》（2008）记为龙洞岛-3。2010 年浙江省人民政府公布的第一批无居民海岛名称中记为龙洞下屿。在龙洞岛北部、东部紧邻的三个岛中，该岛居南（下），故名。岸线长 281 米，面积 4 080 平方米，最高点海拔 6.7 米。基岩岛，由上侏罗统西山头组熔结凝灰岩等构成。岸线破碎，岩石零乱。无植被。

龙洞岛 (Lóngdòng Dǎo)

北纬 29°37.9′，东经 122°08.6′。位于舟山市普陀区南部海域，普陀城区南偏西约37.9千米，六横岛以南，大尖苍岛北侧，距六横岛2.8千米，距大尖苍岛1.1千米，属梅散列岛，距大陆最近点14.87千米。又名菜子山。民国《定海县志·舆地》已有龙洞山之名。《中国海洋岛屿简况》（1980）记为菜子山。《浙江省普陀县地名志》（1986）、《浙江省海域地名录》（1988）、《中国海域地名志》（1989）、《中国海域地名图集》（1991）、《舟山海域岛礁志》（1991）、《浙江海岛志》（1998）、《全国海岛名称与代码》（2008）和2010年浙江省人民政府公布的第一批无居民海岛名称均中记为龙洞岛。因岛东部有一个巨大的岩洞而得名。岸线长2.13千米，面积0.147 6平方千米，最高点海拔53米。基岩岛，由上侏罗统西山头组熔结凝灰岩夹凝灰质砂岩构成。岛岸为天然基岩海岸，岸线曲折，东岸岩石破碎。植被有白茅草丛，山顶间有瓜子树、野枇杷等灌木。岸边长有藤壶、螺和海大麦、紫菜等贝、藻类。

小尖苍岛 (Xiǎojiāncāng Dǎo)

北纬29°37.7′，东经122°08.2′。位于舟山市普陀区南部海域，普陀城区南偏西约39.7千米，六横岛以南，大尖苍岛西北，距六横岛3.6千米，距大尖苍岛1.3千米，属梅散列岛，距大陆最近点14.02千米。又名小尖苍。民国《定海县志》有小尖苍之名。《中国海洋岛屿简况》（1980）、《浙江省普陀县地名志》（1986）和《舟山海域岛礁志》（1991）均记为小尖苍。《浙江省海域地名录》（1988）、《中国海域地名志》（1989）、《中国海域地名图集》（1991）、《浙江海岛志》（1998）、《全国海岛名称与代码》（2008）和2010年浙江省人民政府公布的第一批无居民海岛名称中均记为小尖苍岛。与大尖苍岛位置相近，形状相似，面积较小，故名。岸线长1.55千米，面积0.130 8平方千米，最高点海拔100.4米。基岩岛，由上侏罗统西山头组熔结凝灰岩夹凝灰质砂岩等构成。岛岸为天然基岩海岸，岸坡平顺、陡峭，坡脚有陡峭的海蚀崖。植被覆盖较好，以草丛、灌木为主。岸边长有藤壶、螺和海大麦、紫菜等贝、藻类。

扁屿西岛 (Biǎnyǔ Xīdǎo)

北纬29°37.4′，东经122°09.6′。位于舟山市普陀区南部海域，大尖苍岛东北，属梅散列岛，距大陆最近点16.26千米。第二次全国海域地名普查时命今名。

岸线长 481 米，面积 4 076 平方米。基岩岛，由上侏罗统西山头组熔结凝灰岩夹凝灰质砂岩等构成，大部裸露，仅顶部长有草丛、灌木。

尖苍东上岛 (Jiāncāng Dōngshàng Dǎo)

北纬 29°37.0′，东经 122°09.3′。位于舟山市普陀区南部海域，大尖苍岛东岸外 3 米，尖苍东中岛东北 100 米，属梅散列岛，距大陆最近点 15.65 千米。在大尖苍岛东面三个海岛中，该岛最北（上），第二次全国海域地名普查时命今名。岸线长 40 米，面积 126 平方米。基岩岛，由上侏罗统西山头组熔结凝灰岩夹凝灰质砂岩等构成。无植被。

尖苍东中岛 (Jiāncāng Dōngzhōng Dǎo)

北纬 29°37.0′，东经 122°09.2′。位于舟山市普陀区南部海域，大尖苍岛东岸外 8 米，属梅散列岛，距大陆最近点 15.58 千米。在大尖苍岛东面三个海岛中，该岛居中，第二次全国海域地名普查时命今名。岸线长 57 米，面积 188 平方米。基岩岛，由上侏罗统西山头组熔结凝灰岩夹凝灰质砂岩等构成。无植被。

尖苍东下岛 (Jiāncāng Dōngxià Dǎo)

北纬 29°36.9′，东经 122°09.2′。位于舟山市普陀区南部海域，大尖苍岛东岸外 10 米，尖苍东中岛西南岸外 10 米，属梅散列岛，距大陆最近点 15.56 千米。在大尖苍岛东面三个海岛中，该岛最南（下），第二次全国海域地名普查时命今名。岸线长 52 米，面积 217 平方米。基岩岛，由上侏罗统西山头组熔结凝灰岩夹凝灰质砂岩等构成。无植被。

大尖苍岛 (Dàjiāncāng Dǎo)

北纬 29°36.9′，东经 122°09.0′。位于舟山市普陀区南部海域，普陀城区南偏西约 38.9 千米，六横岛南约 4 千米，为梅散列岛的主岛，距大陆最近点 14.24 千米。又名大尖苍、梅散、梅散岛。民国《定海县志・舆地》有大尖苍名称记载。《中国海洋岛屿简况》（1980）记为大尖苍。《浙江省普陀县地名志》（1986）和《舟山海域岛礁志》（1991）记为大尖苍，别名梅散。《浙江省海域地名录》（1988）和《中国海域地名志》（1989）记为大尖苍岛，别名梅散。《浙江海岛志》（1998）记为大尖苍岛，又名梅散岛。《中国海域地名图集》（1991）、

《全国海岛名称与代码》（2008）和 2010 年浙江省人民政府公布的第一批无居民海岛名称中均记为大尖苍岛。因山陡峭，山峰尖锐，形似苍角，面积大，故名。岸线长 5.89 千米，面积 0.711 8 平方千米，最高点海拔 158.5 米。基岩岛，由上侏罗统西山头组熔结凝灰岩夹凝灰质砂岩等构成。岛岸为天然基岩海岸，岸坡陡峭，坡脚有陡峭的海蚀崖，东岸比较破碎，岸边岩礁林立。植被有草丛、灌木。岸边长有藤壶、螺和海大麦、紫菜等贝、藻类。

沙蜂北岛（Shāfēng Běidǎo）

北纬 29°36.8′，东经 122°09.2′。位于舟山市普陀区沙蜂礁北 70 米，大尖苍岛东岸外 20 米，属梅散列岛，距大陆最近点 15.42 千米。因位于沙蜂礁北面，第二次全国海域地名普查时命今名。岸线长 45 米，面积 149 平方米。基岩岛，由上侏罗统西山头组熔结凝灰岩夹凝灰质砂岩等构成。无植被。

沙蜂礁（Shāfēng Jiāo）

北纬 29°36.8′，东经 122°09.2′。位于舟山市普陀区南部海域，大尖苍岛东岸外 3 米，属梅散列岛，距大陆最近点 15.43 千米。《浙江海岛志》（1998）记为 1479 号无名岛。《全国海岛名称与代码》（2008）记为无名岛 ZOS129。2010 年浙江省人民政府公布的第一批无居民海岛名称中记为沙蜂礁。因岛形细长似沙蜂（黄蜂）而得名。岸线长 66 米，面积 253 平方米，最高点海拔 6 米。基岩岛，由上侏罗统西山头组熔结凝灰岩等构成。无植被。

和尚南屿（Héshang Nányǔ）

北纬 29°36.6′，东经 122°09.6′。位于舟山市普陀区南部海域，上横梁岛西北 60 米，属梅散列岛，距大陆最近点 16.06 千米。又名和尚山、和尚山-2。《中国海洋岛屿简况》（1980）、《浙江省普陀县地名志》（1986）、《浙江省海域地名录》（1988）、《中国海域地名志》（1989）、《中国海域地名图集》（1991）和《舟山海域岛礁志》（1991）均记为和尚山。《浙江海岛志》（1998）记为 1481 号无名岛。《全国海岛名称与代码》（2008）记为和尚山-2。2010 年浙江省人民政府公布的第一批无居民海岛名称中记为和尚南屿。岸线长 178 米，面积 2 195 平方米，最高点海拔 17.5 米。基岩岛，由上侏罗统西山头组熔结凝灰岩等构成。

大部裸露，仅顶部长有少量白茅草丛、灌木。

和尚南小岛 (Héshang Nánxiǎo Dǎo)

北纬 29°36.6′，东经 122°09.6′。位于舟山市普陀区南部海域，属梅散列岛，距大陆最近点 16.01 千米。第二次全国海域地名普查时命今名。岸线长 77 米，面积 330 平方米。基岩岛，由上侏罗统西山头组熔结凝灰岩等构成。无植被。

尖苍南上岛 (Jiāncāng Nánshàng Dǎo)

北纬 29°36.6′，东经 122°08.9′。位于舟山市普陀区南部海域，大尖苍岛南岸外 45 米，属梅散列岛，距大陆最近点 14.91 千米。大尖苍岛南面的两个小岛中，该岛居北（上），第二次全国海域地名普查时命今名。岸线长 142 米，面积 934 平方米。基岩岛，由上侏罗统西山头组熔结凝灰岩夹凝灰质砂岩等构成。无植被。

横梁北小岛 (Héngliáng Běixiǎo Dǎo)

北纬 29°36.6′，东经 122°09.6′。位于舟山市普陀区南部海域，上横梁岛北岸外 5 米，属梅散列岛，距大陆最近点 16.13 千米。位于上横梁岛北侧，岛小，第二次全国海域地名普查时命今名。岸线长 46 米，面积 167 平方米。基岩岛，由上侏罗统西山头组熔结凝灰岩夹凝灰质砂岩等构成。无植被。

尖苍南下岛 (Jiāncāng Nánxià Dǎo)

北纬 29°36.6′，东经 122°08.9′。位于舟山市普陀区南部海域，大尖苍岛南 115 米，尖苍南上岛南 50 米，属梅散列岛，距大陆最近点 14.9 千米。大尖苍岛南面的两个小岛中，该岛居南（下），第二次全国海域地名普查时命今名。岸线长 108 米，面积 668 平方米。基岩岛，由上侏罗统西山头组熔结凝灰岩夹凝灰质砂岩等构成。无植被。

上横梁岛 (Shànghéngliáng Dǎo)

北纬 29°36.5′，东经 122°09.6′。位于舟山市普陀区南部海域，普陀城区南偏西 39.8 千米，六横岛以南，大尖苍岛东南 680 米，属梅散列岛，距大陆最近点 15.88 千米。又名上横梁。《中国海洋岛屿简况》（1980）、《浙江省普陀县地名志》（1986）和《舟山海域岛礁志》（1991）均记为上横梁。《浙江省海域地名录》（1988）、《中国海域地名志》（1989）、《中国海域地名图集》（1991）、《浙江海岛志》（1998）和《全国海岛名称与代码》（2008）均记为上横梁岛。与下横梁岛紧邻，远望两者相连，形似狭长的横梁，该岛偏北（上），故名。岸线长 1.82 千米，面积 0.100 2 平方千米，最高点海拔 63.5 米。基岩岛，由上侏罗统西山头组熔结凝灰岩夹凝灰质砂岩等构成。岛岸为天然基岩海岸，岸线曲折，山坡陡峭，尤以南坡最陡，坡脚为陡峭的海蚀崖。植被有白茅草丛、灌木。岸边长有藤壶、螺和海大麦、紫菜等贝、藻类。

下横梁岛 (Xiàhéngliáng Dǎo)

北纬 29°36.5′，东经 122°10.1′。位于舟山市普陀区南部海域，六横岛以南，大尖苍岛东南 1.3 千米，属梅散列岛，距大陆最近点 16.57 千米。又名下横梁。《中国海洋岛屿简况》（1980）、《浙江省普陀县地名志》（1986）和《舟山海域岛礁志》（1991）均记为下横梁。《浙江省海域地名录》（1988）、《中国海域地名志》（1989）、《中国海域地名图集》（1991）、《浙江海岛志》（1998）和《全国海岛名称与代码》（2008）均记为下横梁岛。与上横梁岛紧邻，远望两者相连，形似狭长的横梁，该岛偏南（下），故名。岸线长 1.27 千米，面积 0.047 8 平方千米，最高点海拔 46.6 米。基岩岛，由上侏罗统西山头组熔结凝灰岩夹凝灰质砂岩等构成。岛岸为天然基岩海岸，岸坡陡峭，坡脚为陡峭的海蚀崖，东南岸岩石比较破碎。植被有白茅草丛、灌木。岸边长有藤壶、螺和海大麦、紫菜等贝、藻类。

羊角屿 (Yángjiǎo Yǔ)

北纬 29°36.5′，东经 122°08.9′。位于舟山市普陀区南部海域，大尖苍岛南 170 米，属梅散列岛，距大陆最近点 14.86 千米。又名羊角礁。《中国海洋岛屿简况》（1980）和《浙江海岛志》（1998）记为羊角礁。《全国海岛名称与代码》（2008）记为无名岛 ZOS130。2010 年浙江省人民政府公布的第一批无居民海岛名称中记为羊角屿。因岛形似羊角得名。岸线长 393 米，面积 8 901 平方米，最高点海拔 42 米。基岩岛，由上侏罗统西山头组熔结凝灰岩夹凝灰质砂岩等构成。仅顶部长有少量白茅草丛、灌木。岸边长有藤壶、螺和海大麦、紫菜等贝、藻类。

横梁南岛（Héngliáng Nándǎo）

北纬 29°36.5′，东经 122°09.8′。位于舟山市普陀区南部海域，上横梁岛南岸外 5 米，属梅散列岛，距大陆最近点 16.34 千米。位于上横梁岛南侧，第二次全国海域地名普查时命今名。岸线长 152 米，面积 1 019 平方米。基岩岛，由上侏罗统西山头组熔结凝灰岩夹凝灰质砂岩等构成。无植被。

尖苍小羊角礁（Jiāncāng Xiǎoyángjiǎo Jiāo）

北纬 29°36.5′，东经 122°09.0′。位于舟山市普陀区南部海域，大尖苍岛以南，羊角屿东南 77 米，属梅散列岛，距大陆最近点 15.01 千米。因岛形似羊角，面积较小，按当地习称定名。岸线长 36 米，面积 79 平方米。基岩岛，由上侏罗统西山头组熔结凝灰岩夹凝灰质砂岩等构成。无植被。

鞋楦尾岛（Xiéxuànwěi Dǎo）

北纬 29°36.1′，东经 122°08.4′。位于舟山市普陀区南部海域，大尖苍岛西南，属梅散列岛，距大陆最近点 14.08 千米。第二次全国海域地名普查时命今名。岸线长 80 米，面积 401 平方米。基岩岛，由上侏罗统西山头组熔结凝灰岩夹凝灰质砂岩等构成。无植被。岛顶有航标灯桩 1 座，灯高 16.6 米，为船只进出牛鼻山水道导航。

东磨盘礁（Dōngmòpán Jiāo）

北纬 29°33.3′，东经 122°13.0′。位于舟山市普陀城区南偏西约 44.3 千米，六横岛东南，大蚊虫岛南面，距六横岛 11.5 千米，距大蚊虫岛 8.6 千米，属舟山群岛，距大陆最近点 21.6 千米。又名东磨盘。《浙江省普陀县地名志》（1986）和《舟山海域岛礁志》（1991）记为东磨盘。《浙江省海域地名录》（1988）记为东磨盘礁。岸线长 127 米，面积 1 060 平方米，最高点海拔 5.8 米。基岩岛，由上侏罗统西山头组熔结凝灰岩夹凝灰质砂岩等构成。无植被。有航标灯桩 1 座。

中花瓶南岛（Zhōnghuāpíng Nándǎo）

北纬 30°36.5′，东经 122°22.1′。位于舟山市岱山县川湖列岛北部，距大陆最近点 49.05 千米。第二次全国海域地名普查时命今名。岸线长 42 米，面积 141 平方米。基岩岛。无植被。

小栲稻桶北岛 (Xiǎokǎodàotǒng Běidǎo)

北纬 30°36.2′，东经 122°21.3′。位于舟山市岱山县川湖列岛北部，距大陆最近点 48.28 千米。第二次全国海域地名普查时命今名。岸线长 36 米，面积 94 平方米。基岩岛。无植被。

大栲稻桶礁 (Dàkǎodàotǒng Jiāo)

北纬 30°36.1′，东经 122°21.2′。位于舟山市岱山县川湖列岛北部，距大陆最近点 48.31 千米。又名栲淘洞礁、下川山 -5、栲稻桶山。舟山市地图（1990）和《舟山岛礁图集》（1991）记为栲淘洞礁。《浙江海岛志》（1998）记为 368 号无名岛。《全国海岛名称与代码》（2008）记为下川山-5。2010 年浙江省人民政府公布的第一批无居民海岛名称中记为大栲稻桶礁。在稻桶山有一个可用于存放栲渔网的天然洞穴，也称栲稻桶山，岛名由此而来。岸线长 174 米，面积 1 718 平方米，最高点高程 16.4 米。基岩岛，由燕山晚期钾长花岗岩构成。由岱山县人民政府颁发林权证，面积 300 亩。

柴山北小礁 (Cháishān Běixiǎo Jiāo)

北纬 30°36.1′，东经 122°22.9′。位于舟山市岱山县川湖列岛东部，距大陆最近点 50.39 千米。又名柴山-1。《浙江海岛志》（1998）记为 354 号无名岛。《全国海岛名称与代码》（2008）记为柴山-1。2010 年浙江省人民政府公布的第一批无居民海岛名称中记为柴山北小礁。岸线长 165 米，面积 1 368 平方米，最高点高程 19 米。基岩岛，由上侏罗统九里坪组流纹斑岩构成。长有少量草丛。

柴山北大屿 (Cháishān Běidà Yǔ)

北纬 30°36.1′，东经 122°23.0′。位于舟山市岱山县川湖列岛东部，距大陆最近点 50.41 千米。又名柴山-2。《中国海洋岛屿简况》（1980）有记载，但无名。《浙江海岛志》（1998）记为 355 号无名岛。《全国海岛名称与代码》（2008）记为柴山-2。2010 年浙江省人民政府公布的第一批无居民海岛名称中记为柴山北大屿。岸线长 373 米，面积 5 280 平方米，最高点高程 25 米。基岩岛，由上侏罗统九里坪组流纹斑岩构成。地形崎岖，地势西高东低。东部岩石裸露，西部顶部较缓。长有草丛和灌木。

川湖柴山北岛 (Chuānhú Cháishān Běidǎo)

北纬 30°36.1′，东经 122°23.0′。位于舟山市岱山县川湖列岛东部，距大陆最近点 50.58 千米。第二次全国海域地名普查时命今名。岸线长 68 米，面积 220 平方米。基岩岛。无植被。

上川北小岛 (Shàngchuān Běixiǎo Dǎo)

北纬 30°36.1′，东经 122°20.1′。位于舟山市岱山县川湖列岛西部，距大陆最近点 47.01 千米。第二次全国海域地名普查时命今名。岸线长 49 米，面积 194 平方米。基岩岛。无植被。

柴山东礁 (Cháishān Dōngjiāo)

北纬 30°35.9′，东经 122°23.2′。位于舟山市岱山县川湖列岛东部，距大陆最近点 50.9 千米。又名柴山 -3。《浙江海岛志》（1998）记为 361 号无名岛。《全国海岛名称与代码》（2008）记为柴山 -3。2010 年浙江省人民政府公布的第一批无居民海岛名称中记为柴山东礁。岸线长 125 米，面积 596 平方米，最高点高程 22.6 米。基岩岛，由上侏罗统九里坪组流纹斑岩构成。无植被。

下川北礁 (Xiàchuān Běijiāo)

北纬 30°35.9′，东经 122°21.7′。位于舟山市岱山县川湖列岛中部，距大陆最近点 49.09 千米。又名梼稻桶岛、下川山 -2。《中国海洋岛屿简况》（1980）有记载，但无名。《浙江海岛志》（1998）记为梼稻桶岛。《全国海岛名称与代码》（2008）记为下川山 -2。2010 年浙江省人民政府公布的第一批无居民海岛名称中记为下川北礁。岸线长 196 米，面积 2 352 平方米，最高点高程 13.1 米。基岩岛，由燕山晚期钾长花岗岩构成。无植被。最高点建有禁抛锚航标灯。

下川东大礁 (Xiàchuān Dōngdà Jiāo)

北纬 30°35.8′，东经 122°21.8′。位于舟山市岱山县川湖列岛中部，距大陆最近点 49.32 千米。又名下川山 -4。《浙江海岛志》（1998）记为 366 号无名岛。《全国海岛名称与代码》（2008）记为下川山 -4。2010 年浙江省人民政府公布的第一批无居民海岛名称中记为下川东大礁。岸线长 124 米，面积 831 平方米，最高点高程 8.1 米。基岩岛，由燕山晚期钾长花岗岩构成。无植被。

川湖柴山南岛（Chuānhú Cháishān Nándǎo）

北纬 30°35.8′，东经 122°23.0′。位于舟山市岱山县川湖列岛东部，距大陆最近点 50.88 千米。第二次全国海域地名普查时命今名。岸线长 60 米，面积 189 平方米。基岩岛。无植被。

柴山南小礁（Cháishān Nánxiǎo Jiāo）

北纬 30°35.8′，东经 122°23.0′。位于舟山市岱山县川湖列岛东部，距大陆最近点 50.88 千米。又名柴山 -4。《浙江海岛志》（1998）记为 367 号无名岛。《全国海岛名称与代码》（2008）记为柴山 -4。2010 年浙江省人民政府公布的第一批无居民海岛名称中记为柴山南小礁。岸线长 36 米，面积 88 平方米，最高点高程 6.4 米。基岩岛。无植被。

下川东小礁（Xiàchuān Dōngxiǎo Jiāo）

北纬 30°35.8′，东经 122°21.8′。位于舟山市岱山县川湖列岛中部，距大陆最近点 49.4 千米。又名下川山 -3。《浙江海岛志》（1998）记为 363 号无名岛。《全国海岛名称与代码》（2008）记为下川山 -3。2010 年浙江省人民政府公布的第一批无居民海岛名称中记为下川东小礁。岸线长 152 米，面积 1 413 平方米，最高点高程 5.5 米。基岩岛，由燕山晚期钾长花岗岩构成。地形崎岖，岩石裸露。无植被。

柴山南大礁（Cháishān Nándà Jiāo）

北纬 30°35.8′，东经 122°23.0′。位于舟山市岱山县川湖列岛东部，距大陆最近点 50.88 千米。又名柴山 -5。《中国海洋岛屿简况》（1980）有记载，但无名。《浙江海岛志》（1998）记为 370 号无名岛。《全国海岛名称与代码》（2008）记为柴山 -5。2010 年浙江省人民政府公布的第一批无居民海岛名称中记为柴山南大礁。岸线长 294 米，面积 3 718 平方米，最高点高程 27.1 米。基岩岛，由上侏罗统茶湾组熔结凝灰岩、凝灰岩、凝灰质砂岩等构成。地形崎岖，岩石裸露。长有草丛和灌木。

川乌东岛（Chuānwū Dōngdǎo）

北纬 30°35.7′，东经 122°20.3′。位于舟山市岱山县川湖列岛西部，距大陆最近点 47.71 千米。因位于川乌礁东侧，第二次全国海域地名普查时命今名。岸线长 90 米，面积 394 平方米。基岩岛。无植被。

柴山小礁 (Cháishān Xiǎojiāo)

北纬 30°35.7′，东经 122°23.2′。位于舟山市岱山县川湖列岛东部，距大陆最近点 51.23 千米。又名柴山大礁-1。《浙江海岛志》（1998）记为 387 号无名岛。《全国海岛名称与代码》（2008）记为柴山大礁-1。2010 年浙江省人民政府公布的第一批无居民海岛名称中记为柴山小礁。岸线长 95 米，面积 527 平方米，最高点高程 5.6 米。基岩岛，由上侏罗统茶湾组熔结凝灰岩、凝灰岩、凝灰质砂岩等构成。无植被。

矶鸥北礁 (Jī'ōu Běijiāo)

北纬 30°35.7′，东经 122°21.0′。位于舟山市岱山县川湖列岛中部，距大陆最近点 48.6 千米。又名大鸡粪礁、鸡粪礁、鸡粪礁-1、鸡屙礁。舟山市地图（1990）和《舟山岛礁图集》（1991）记为大鸡粪礁。《浙江省岱山县地名志》（1990）和《岱山县志》（1994）记为鸡粪礁。《浙江海岛志》（1998）记为 388 号无名岛。《全国海岛名称与代码》（2008）记为鸡粪礁-1。2010 年浙江省人民政府公布的第一批无居民海岛名称中记为矶鸥北礁。紧邻的岛有 2 块，南北并立，因岛屿矮小，表面崎岖不平，形似散落的鸡粪，故称鸡屙礁，按方位分称北礁。谐音雅化为矶鸥北礁。岸线长 117 米，面积 999 平方米，最高点高程 3.1 米。基岩岛，由燕山晚期钾长花岗岩构成。无植被。

柴山大礁 (Cháishān Dàjiāo)

北纬 30°35.7′，东经 122°23.1′。位于舟山市岱山县川湖列岛东部，距大陆最近点 51.18 千米。《中国海洋岛屿简况》（1980）、《中国海域地名志》（1989）、舟山市地图（1990）、《浙江省岱山县地名志》（1990）、《舟山岛礁图集》（1991）、《中国海域地名图集》（1991）、《岱山县志》（1994）、《浙江海岛志》（1998）、《全国海岛名称与代码》(2008) 和 2010 年浙江省人民政府公布的第一批无居民海岛名称中均记为柴山大礁。岸线长 216 米，面积 2 806 平方米，最高点高程 14.3 米。基岩岛，由上侏罗统茶湾组熔结凝灰岩、凝灰岩、凝灰质砂岩等构成。无植被。

川乌礁 (Chuānwū Jiāo)

北纬 30°35.6′，东经 122°20.2′。位于舟山市岱山县川湖列岛西部，距大陆最近点 47.66 千米。又名乌礁。《中国海洋岛屿简况》（1980）记为乌礁。《浙江省海域地名录》（1988）、《中国海域地名志》（1989）、舟山市地图（1990）、《浙江省岱山县地名志》（1990）、《舟山岛礁图集》（1991）、《中国海域地名图集》（1991）、《岱山县志》（1994）、《浙江海岛志》（1998）、《全国海岛名称与代码》（2008）和 2010 年浙江省人民政府公布的第一批无居民海岛名称中均记为川乌礁。岸线长 252 米，面积 3 133 平方米，最高点高程 11 米。基岩岛，由上侏罗统茶湾组熔结凝灰岩、凝灰岩、凝灰质砂岩等构成。长有少量草丛。

矶鸥南礁 (Jī'ōu Nánjiāo)

北纬 30°35.6′，东经 122°21.0′。位于舟山市岱山县川湖列岛中部，距大陆最近点 48.63 千米。又名鸡粪礁-2、鸡粪礁、小鸡粪礁、鸡屙礁。《浙江省海域地名录》（1988）、舟山市地图（1990）和《舟山岛礁图集》（1991）均记为小鸡粪礁。《浙江省岱山县地名志》（1990）、《中国海域地名图集》（1991）和《浙江海岛志》（1998）均记为鸡粪礁。《全国海岛名称与代码》（2008）记为鸡粪礁-2。2010 年浙江省人民政府公布的第一批无居民海岛名称中记为矶鸥南礁。紧邻的岛有 2 块，南北并立，因岛屿矮小，表面崎岖不平，形似散落的鸡粪，故称鸡屙礁，按方位分称南礁。谐音雅化为矶鸥南礁。岸线长 121 米，面积 925 平方米，最高点高程 5 米。基岩岛，由燕山晚期钾长花岗岩构成。无植被。

鸡粪礁 (Jīfèn Jiāo)

北纬 30°35.6′，东经 122°21.2′。位于舟山市岱山县川湖列岛中部，距大陆最近点 48.86 千米。《浙江省海域地名录》（1988）、《中国海域地名志》（1989）、舟山市地图（1990）、《浙江省岱山县地名志》（1990）、《舟山岛礁图集》（1991）、《中国海域地名图集》（1991）和《岱山县志》（1994）均记为鸡粪礁。因系五块小礁组成，散落似鸡粪，落潮时相连，故名。岸线长 57 米，面积 186 平方米，最高点高程 6 米。基岩岛。无植被。

上川西大礁（Shàngchuān Xīdà Jiāo）

北纬 30°35.6′，东经 122°19.3′。位于舟山市岱山县川湖列岛西部，距大陆最近点 46.73 千米。又名上川山-2。《浙江海岛志》（1998）记为 393 号无名岛。《全国海岛名称与代码》（2008）记为上川山 -2。2010 年浙江省人民政府公布的第一批无居民海岛名称中记为上川西大礁。岸线长 150 米，面积 1 650 平方米，最高点高程 11.6 米。基岩岛，由上侏罗统茶湾组熔结凝灰岩、凝灰岩、凝灰质砂岩等构成。长有少量草丛。有白色灯桩 1 座。

上川西小礁（Shàngchuān Xīxiǎo Jiāo）

北纬 30°35.6′，东经 122°19.4′。位于舟山市岱山县川湖列岛西部，距大陆最近点 46.8 千米。又名上川山-3。《浙江海岛志》（1998）记为 397 号无名岛。《全国海岛名称与代码》（2008）记为上川山-3。2010 年浙江省人民政府公布的第一批无居民海岛名称中记为上川西小礁。岸线长 87 米，面积 462 平方米，最高点高程 11.6 米。基岩岛，由上侏罗统茶湾组熔结凝灰岩、凝灰岩、凝灰质砂岩等构成。无植被。

切开大礁（Qiēkāi Dàjiāo）

北纬 30°35.4′，东经 122°22.0′。位于舟山市岱山县川湖列岛中部，距大陆最近点 50.13 千米。曾名劈开山。《中国海洋岛屿简况》（1980）有记载，但无名。《浙江省海域地名录》（1988）、《中国海域地名志》（1989）、舟山市地图（1990）、《浙江省岱山县地名志》（1990）、《舟山岛礁图集》（1991）、《岱山县志》（1994）、《浙江海岛志》（1998）、《全国海岛名称与代码》（2008）和 2010 年浙江省人民政府公布的第一批无居民海岛名称均记为切开大礁。俗称劈开山。岸线长 276 米，面积 4 343 平方米，最高点高程 19.7 米。基岩岛，由燕山晚期钾长花岗岩构成。大部分区域岩石裸露，沿岸无滩地。岛上建有禁锚航标。

弹鱼礁（Tányú Jiāo）

北纬 30°35.3′，东经 122°22.4′。位于舟山市岱山县川湖列岛中部，距大陆最近点 50.67 千米。《中国海洋岛屿简况》（1980）记为无名岛。《中国海域地名志》（1989）、舟山市地图（1990）、《舟山岛礁图集》（1991）和《中国海域地名图集》（1991）均记为弹鱼礁。因该岛形状似弹鱼而得名。岸线长 84 米，面积 378 平方米，最高点高程 2.5 米。基岩岛。无植被。

中江南山屿 (Zhōngjiāngnánshān Yǔ)

北纬 30°35.3′，东经 122°21.2′。位于舟山市岱山县川湖列岛中部，距大陆最近点 49.21 千米。又名川江南山-1。《浙江海岛志》（1998）记为 411 号无名岛。《全国海岛名称与代码》（2008）记为川江南山-1。2010 年浙江省人民政府公布的第一批无居民海岛名称中记为中江南山屿。岸线长 921 米，面积 0.031 4 平方千米，最高点高程 21.5 米。基岩岛，由燕山晚期钾长花岗岩构成。岛上有 2 个山峰，沿岸陡峭，顶部较缓。

中江南山南大岛 (Zhōngjiāngnánshān Nándà Dǎo)

北纬 30°35.2′，东经 122°21.3′。位于舟山市岱山县川湖列岛中部，距大陆最近点 49.45 千米。因位于中江南山屿南部附近且面积较大，第二次全国海域地名普查时命今名。岸线长 119 米，面积 554 平方米。基岩岛，由燕山晚期钾长花岗岩构成。无植被。

大钹北礁 (Dàbó Běijiāo)

北纬 30°35.1′，东经 122°21.8′。位于舟山市岱山县川湖列岛南部，距大陆最近点 50.27 千米。又名大白礁-1。《浙江海岛志》（1998）记为 420 号无名岛。《全国海岛名称与代码》（2008）记为大白礁-1。2010 年浙江省人民政府公布的第一批无居民海岛名称中记为大钹北礁。岸线长 76 米，面积 314 平方米，最高点高程 2 米。基岩岛，由燕山晚期钾长花岗岩构成。无植被。

中江南山南小岛 (Zhōngjiāngnánshān Nánxiǎo Dǎo)

北纬 30°35.0′，东经 122°21.3′。位于舟山市岱山县川湖列岛南部，距大陆最近点 49.7 千米。因位于中江南山屿南部附近，且面积较小，第二次全国海域地名普查时命今名。岸线长 22 米，面积 36 平方米。基岩岛。无植被。

川木桩山西大岛 (Chuānmùzhuāngshān Xīdà Dǎo)

北纬 30°34.9′，东经 122°21.3′。位于舟山市岱山县川湖列岛南部，距大陆最近点 49.85 千米。第二次全国海域地名普查时命今名。岸线长 42 米，面积

139 平方米。基岩岛。无植被。

小黄泽屿 (Xiǎohuángzé Yǔ)

北纬 30°31.8′，东经 122°20.5′。隶属于舟山市岱山县，距大陆最近点 52.94 千米。又名黄泽山-1。《浙江海岛志》（1998）记为 439 号无名岛。《全国海岛名称与代码》（2008）记为黄泽山-1。2010 年浙江省人民政府公布的第一批无居民海岛名称中记为小黄泽屿。岸线长 399 米，面积 0.010 3 平方千米，最高点高程 29.1 米。基岩岛，由燕山晚期钾长花岗岩构成。地势南高北低。长有少量草丛。有码头 1 座，红白相间灯桩 1 座及 1 条通往灯桩的简易水泥路。

外籐北礁 (Wàiténg Běijiāo)

北纬 30°31.6′，东经 122°20.5′。位于舟山市岱山县，距大陆最近点 53.26 千米。又名黄泽山 -2。《浙江海岛志》（1998）记为 440 号无名岛。《全国海岛名称与代码》（2008）记为黄泽山-2。2010 年浙江省人民政府公布的第一批无居民海岛名称中记为外籐北礁。岸线长 142 米，面积 1 093 平方米，最高点高程 16.5 米。基岩岛，由燕山晚期钾长花岗岩构成。长有少量草丛。

小红山北岛 (Xiǎohóngshān Běidǎo)

北纬 30°31.5′，东经 122°16.6′。隶属于舟山市岱山县，南距衢山岛约 5.55 千米，距大陆最近点 49.39 千米。第二次全国海域地名普查时命今名。岸线长 140 米，面积 466 平方米。基岩岛。无植被。

外籐南礁 (Wàiténg Nánjiāo)

北纬 30°31.5′，东经 122°20.6′。隶属于舟山市岱山县，距大陆最近点 53.53 千米。又名黄泽山-3。《浙江海岛志》（1998）记为 443 号无名岛。《全国海岛名称与代码》（2008）记为黄泽山-3。2010 年浙江省人民政府公布的第一批无居民海岛名称中记为外籐南礁。岸线长 212 米，面积 2 249 平方米，最高点高程 8.5 米。基岩岛，由燕山晚期钾长花岗岩构成。无植被。

红山南礁 (Hóngshān Nánjiāo)

北纬 30°31.4′，东经 122°16.6′。隶属于舟山市岱山县，南距衢山岛约 5.4 千米，距大陆最近点 49.49 千米。又名小红山-1。《浙江海岛志》（1998）记为

442 号无名岛。《全国海岛名称与代码》（2008）记为小红山 -1。2010 年浙江省人民政府公布的第一批无居民海岛名称中记为红山南礁。岸线长 135 米，面积 653 平方米，最高点高程 11.5 米。基岩岛，由上侏罗统茶湾组熔结凝灰岩、凝灰岩、凝灰质砂岩等构成。长有草丛和灌木。

冷屿礁（Lěngyǔ Jiāo）

北纬 30°31.2′，东经 122°16.2′。隶属于舟山市岱山县，南距衢山岛约 5 千米，距大陆最近点 49.46 千米。又名小衢山 -2。《浙江海岛志》（1998）记为 445 号无名岛。《全国海岛名称与代码》（2008）记为小衢山 -2。2010 年浙江省人民政府公布的第一批无居民海岛名称中记为冷屿礁。因附近海岸比较冷僻而得名。岸线长 265 米，面积 1 259 平方米，最高点高程 20 米。基岩岛，由上侏罗统茶湾组熔结凝灰岩、凝灰岩、凝灰质砂岩等构成。长有少量草丛。

黄泽东岛（Huángzé Dōngdǎo）

北纬 30°31.2′，东经 122°20.4′。隶属于舟山市岱山县，距大陆最近点 53.73 千米。第二次全国海域地名普查时命今名。岸线长 185 米，面积 1 491 平方米。基岩岛。长有草丛和灌木。

黄泽小山东岛（Huángzé Xiǎoshān Dōngdǎo）

北纬 30°31.1′，东经 122°18.8′。隶属于舟山市岱山县，距大陆最近点 52.25 千米。因位于黄泽小山屿东侧，第二次全国海域地名普查时命今名。岸线长 56 米，面积 189 平方米。基岩岛。长有草丛和灌木。

小泽山西礁（Xiǎozéshān Xījiāo）

北纬 30°31.0′，东经 122°18.8′。隶属于舟山市岱山县，距大陆最近点 52.29 千米。又名黄泽小山 -1。《全国海岛名称与代码》（2008）记为黄泽小山 -1。2010 年浙江省人民政府公布的第一批无居民海岛名称中记为小泽山西礁。岸线长 134 米，面积 380 平方米，最高点高程 24.5 米。基岩岛，由上侏罗统茶湾组熔结凝灰岩、凝灰岩、凝灰质砂岩等构成。无植被。

黄泽小山西岛（Huángzé Xiǎoshān Xīdǎo）

北纬 30°31.0′，东经 122°18.7′。隶属于舟山市岱山县，距大陆最近点

52.18 千米。因位于黄泽小山屿西侧，第二次全国海域地名普查时命今名。岸线长 152 米，面积 992 平方米。基岩岛。无植被。

黄泽小山屿 (Huángzé Xiǎoshān Yǔ)

北纬 30°31.0′，东经 122°18.7′。隶属于舟山市岱山县，距大陆最近点 52.21 千米。又名火铁丫叉、小山、黄泽小山。《中国海洋岛屿简况》（1980）记为火铁丫叉。《中国海域地名志》（1989）、舟山市地图（1990）、《浙江省岱山县地名志》（1990）、《舟山岛礁图集》（1991）、《中国海域地名图集》（1991）、《浙江海岛志》（1998）和《全国海岛名称与代码》（2008）均记为黄泽小山。2010 年浙江省人民政府公布的第一批无居民海岛名称中记为黄泽小山屿。俗称小山。岸线长 471 米，面积 9 080 平方米，最高点高程 21.6 米。基岩岛，由上侏罗统茶湾组熔结凝灰岩、凝灰岩、凝灰质砂岩等构成。岛岸多为海蚀崖，顶部较缓。长有少量草丛。

岛斗石城礁 (Dǎodǒu Shíchéng Jiāo)

北纬 30°31.0′，东经 122°16.3′。隶属于舟山市岱山县，南距衢山岛约 4.9 千米，距大陆最近点 49.83 千米。又名小衢山-3。《浙江海岛志》（1998）记为 448 号无名岛。《全国海岛名称与代码》（2008）记为小衢山-3。2010 年浙江省人民政府公布的第一批无居民海岛名称中记为岛斗石城礁。小南岙北面山顶有巨大裸岩，远望如城堡，岛名由之而来。因重名，加前缀“岛斗”。岸线长 137 米，面积 700 平方米，最高点高程 12.6 米。基岩岛，由上侏罗统茶湾组熔结凝灰岩、凝灰岩、凝灰质砂岩等构成。长有草丛和灌木。

石城南小岛 (Shíchéng Nánxiǎo Dǎo)

北纬 30°31.0′，东经 122°16.3′。隶属于舟山市岱山县，南距衢山岛约 4.8 千米，距大陆最近点 49.87 千米。因位于岛斗石城礁南侧，面积较小，第二次全国海域地名普查时命今名。岸线长 50 米，面积 153 平方米。基岩岛。无植被。

小衢山东上岛 (Xiǎoqúshān Dōngshàng Dǎo)

北纬 30°31.0′，东经 122°16.2′。隶属于舟山市岱山县，南距衢山岛约 4.7 千米，距大陆最近点 49.88 千米。第二次全国海域地名普查时命今名。岸线长

15 米，面积 16 平方米。基岩岛。长有少量草丛。

小衢山东下岛 (Xiǎoqúshān Dōngxià Dǎo)

北纬 30°30.9′，东经 122°16.2′。隶属于舟山市岱山县，南距衢山岛约 4.6 千米，距大陆最近点 49.89 千米。第二次全国海域地名普查时命今名。岸线长 36 米，面积 92 平方米。基岩岛。无植被。

横勒东礁 (Hénglè Dōngjiāo)

北纬 30°30.9′，东经 122°17.4′。隶属于舟山市岱山县，南距衢山岛约 4.1 千米，距大陆最近点 51.07 千米。又名小横勒山-1。《浙江海岛志》(1998) 记为 451 号无名岛。《全国海岛名称与代码》(2008) 记为小横勒山-1。2010 年浙江省人民政府公布的第一批无居民海岛名称中记为横勒东礁。岸线长 168 米，面积 1 358 平方米，最高点高程 5.2 米。基岩岛，由上侏罗统茶湾组熔结凝灰岩、凝灰岩、凝灰质砂岩等构成。无植被。

南老虎礁 (Nánlǎohǔ Jiāo)

北纬 30°30.8′，东经 122°15.4′。隶属于舟山市岱山县，南距衢山岛约 4.65 千米，距大陆最近点 49.26 千米。又名小衢山-4。《浙江海岛志》(1998) 记为 452 号无名岛。《全国海岛名称与代码》(2008) 记为小衢山-4。2010 年浙江省人民政府公布的第一批无居民海岛名称中记为南老虎礁。岸线长 174 米，面积 1 216 平方米，最高点高程 17.5 米。基岩岛，由上侏罗统茶湾组熔结凝灰岩、凝灰岩、凝灰质砂岩等构成。长有草丛和灌木。

黄泽山东下岛 (Huángzéshān Dōngxià Dǎo)

北纬 30°30.8′，东经 122°20.5′。隶属于舟山市岱山县，距大陆最近点 54.38 千米。又名黄泽山-5。《全国海岛名称与代码》(2008) 记为黄泽山 -5。第二次全国海域地名普查时更为黄泽山东下岛。岸线长 55 米，面积 177 平方米。基岩岛。无植被。

大横勒南大岛 (Dàhénglè Nándà Dǎo)

北纬 30°30.8′，东经 122°16.7′。隶属于舟山市岱山县，南距衢山岛约 4 千米，距大陆最近点 50.57 千米。第二次全国海域地名普查时命今名。岸线长 94 米，面积 272 平方米。基岩岛。无植被。

大横勒南小岛 (Dàhénglè Nánxiǎo Dǎo)

北纬 30°30.8′，东经 122°16.7′。隶属于舟山市岱山县，南距衢山岛约 3.9 千米，距大陆最近点 50.59 千米。第二次全国海域地名普查时命今名。岸线长 51 米，面积 129 平方米。基岩岛。无植被。

小和尚礁 (Xiǎohéshang Jiāo)

北纬 30°30.8′，东经 122°16.2′。隶属于舟山市岱山县，南距衢山岛约 4.18 千米，距大陆最近点 50.08 千米。曾名和尚礁。礁石光滑呈圆形，称和尚礁，因重名，面积较小，1985 年更为今名。舟山市地图（1990）、《浙江省岱山县地名志》（1990）、《舟山岛礁图集》（1991）和《岱山县志》（1994）均记为小和尚礁。岸线长 56 米，面积 152 平方米，最高点高程 3 米。基岩岛。无植被。有黑红相间灯桩 1 座。

黄泽南礁 (Huángzé Nánjiāo)

北纬 30°30.5′，东经 122°20.0′。隶属于舟山市岱山县，距大陆最近点 54.2 千米。又名黄泽山-4。《浙江海岛志》（1998）记为 460 号无名岛。《全国海岛名称与代码》（2008）记为黄泽山-4。2010 年浙江省人民政府公布的第一批无居民海岛名称中记为黄泽南礁。岸线长 133 米，面积 889 平方米，最高点高程 7.1 米。基岩岛，由燕山晚期钾长花岗岩构成。地形崎岖，岩石裸露。长有草丛和灌木。

公三礁 (Gōngsān Jiāo)

北纬 30°29.6′，东经 122°18.2′。隶属于舟山市岱山县衢山岛北部海域，南距衢山岛约 2.4 千米，距大陆最近点 53.71 千米。《中国海域地名志》（1989）、《浙江省岱山县地名志》（1990）和《中国海域地名图集》（1991）均记为公三礁。由三块礁石组成，1985 年 1 月定名。岸线长 50 米，面积 166 平方米，最高点高程 4 米。基岩岛。无植被。

钥匙山 (Yàoshi Shān)

北纬 30°29.5′，东经 122°17.8′。位于舟山市岱山县衢山岛北部海域，南距衢山岛约 1.9 千米，距大陆最近点 53.49 千米。又名大钥匙、钥匙山-1。《中国海洋岛屿简况》（1980）记为大钥匙。《中国海域地名志》（1989）、《中国海域地名图集》（1991）、《岱山县志》（1994）和《浙江海岛志》（1998）均记为钥匙山。《全国海岛名称与代码》（2008）记为钥匙山-1。因海岛形似钥匙，面积较大，故名。岸线长 824 米，面积 0.024 4 平方千米，最高点高程 29.8 米。基岩岛，为前震旦系陈蔡群 b 段角闪岩类与浅粒岩、变粒岩、长石石英岩类互层。长有草丛和灌木。周围水深 2～10 米。有居民海岛，建有舟山博威港口开发有限公司岱山县衢山双子山促淤工程。

小钥匙山屿 (Xiǎoyàoshishān Yǔ)

北纬 30°29.4′，东经 122°17.6′。位于舟山市岱山县衢山岛北部海域，南距衢山岛约 1.65 千米，距大陆最近点 53.45 千米。曾名钥匙山、小钥匙岛、钥匙山-2、小钥匙。舟山市地图（1990）和《舟山岛礁图集》（1991）记为钥匙山。《浙江海岛志》（1998）记为小钥匙岛。《全国海岛名称与代码》（HY/T 119—2008）记为钥匙山-2。2010 年浙江省人民政府公布的第一批无居民海岛名称中记为小钥匙山屿。因海岛形似钥匙，面积较小而得名。岸线长度 470 米，面积 0.012 平方千米，最高点高程 29.8 米。基岩岛，岩石分为前震旦系陈蔡群 a 段片岩、片麻岩，夹大理岩，仅南端有少量 b 段角闪岩类与浅粒岩、变粒岩、长石石英岩类互层。周围水深 2～10 米。长有草丛和灌木。建有海堤 1 条，与钥匙山相连。

新黄礁 (Xīnhuáng Jiāo)

北纬 30°29.2′，东经 122°22.7′。位于舟山市岱山县衢山岛北部海域，南距衢山岛约 1 千米，距大陆最近点 58.96 千米。曾名信黄礁、新黄礁。《浙江省海域地名录》（1988）、《中国海域地名志》（1989）、舟山市地图（1990）、《浙江省岱山县地名志》（1990）、《舟山岛礁图集》（1991）和《中国海域地名图集》（1991）均记为新黄礁。岛岩为黄色，因西近处也有一块黄色礁石，名为四平老黄礁，故引申为新黄礁。岸线长度 39 米，面积 104 平方米，最高点高程 3.5 米。基岩岛。无植被。

上海山东礁（Shànghǎishān Dōngjiāo）

北纬 30°29.1′，东经 122°22.6′。位于舟山市岱山县衢山岛北部海域，南距衢山岛约 860 米，距大陆最近点 58.94 千米。又名上海山-1。《浙江省岱山县地名志》（1990）记为上海山。《浙江海岛志》（1998）记为 479 号无名岛。《全国海岛名称与代码》（2008）记为上海山-1。2010 年浙江省人民政府公布的第一批无居民海岛名称中记为上海山东礁。岸线长 299 米，面积 2 114 平方米，最高点高程 15.4 米。基岩岛，由燕山晚期二长花岗岩构成。无植被。

下海山南礁（Xiàhǎishān Nánjiāo）

北纬 30°29.1′，东经 122°24.7′。位于舟山市岱山县衢山岛北部海域，南距衢山岛约 3.2 千米，距大陆最近点 61.29 千米。又名下海山-1、劈开山、冷峙山、下海山。《浙江省岱山县地名志》（1990）记为下海山。《浙江海岛志》（1998）记为 481 号无名岛。《全国海岛名称与代码》（2008）记为下海山-1。2010 年浙江省人民政府公布的第一批无居民海岛名称中记为下海山南礁。岛南部似刀劈开，故称劈开山。又因在衢山岛冷峙村北，也称冷峙山。岸线长 176 米，面积 1 804 平方米，最高点高程 12.5 米。基岩岛，由燕山晚期钾长花岗岩构成。无植被。

上海山小岛（Shànghǎishān Xiǎodǎo）

北纬 30°29.1′，东经 122°22.6′。位于舟山市岱山县衢山岛北部海域，南距衢山岛约 740 米，距大陆最近点 59.04 千米。第二次全国海域地名普查时命今名。岸线长 14 米，面积 14 平方米，最高点高程 15 米。基岩岛。无植被。

上海山南礁（Shànghǎishān Nánjiāo）

北纬 30°29.1′，东经 122°22.6′。位于舟山市岱山县衢山岛北部海域，南距衢山岛约 630 米，距大陆最近点 59.01 千米。又名上海山-2、上海山。《浙江省岱山县地名志》（1990）记为上海山。《浙江海岛志》（1998）记为 483 号无名岛。《全国海岛名称与代码》（2008）记为上海山-2。2010 年浙江省人民政府公布的第一批无居民海岛名称中记为上海山南礁。岸线长 88 米，面积 434 平方米，最高点高程 13.3 米。基岩岛，由燕山晚期钾长花岗岩构成。长有草丛和乔木。

上海山南岛（Shànghǎishān Nándǎo）

北纬 30°29.0′，东经 122°22.5′。位于舟山市岱山县衢山岛北部海域，南距衢山岛约 600 米，距大陆最近点 58.9 千米。第二次全国海域地名普查时命今名。岸线长 58 米，面积 141 平方米。基岩岛。无植被。

四平老黄礁（Sìpíng Lǎohuáng Jiāo）

北纬 30°28.8′，东经 122°22.2′。位于舟山市岱山县衢山岛北部海域，南距衢山岛约 70 米，距大陆最近点 58.92 千米。《浙江海岛志》（1998）记为 485 号无名岛。《全国海岛名称与代码》（2008）记为无名岛 DSH1。2010 年浙江省人民政府公布的第一批无居民海岛名称中记为四平老黄礁。因岛上岩石呈黄色，且旧属四平乡而得名。岸线长 688 米，面积 0.028 4 平方千米，最高点高程 5 米。基岩岛，由燕山晚期钾长花岗岩构成。长有草丛和灌木。

洞黄礁（Dònghuáng Jiāo）

北纬 30°28.5′，东经 122°18.0′。位于舟山市岱山县衢山岛北部海域，南距衢山岛约 850 米，距大陆最近点 55.19 千米。曾名黄礁。《浙江省海域地名录》（1988）、《中国海域地名志》（1989）、舟山市地图（1990）、《舟山岛礁图集》（1991）和《中国海域地名图集》（1991）均记为洞黄礁。因岛上岩石呈黄色，原称黄礁。因重名，1985 年以其近中洞礁村改为今名。岸线长 69 米，面积 110 平方米，最高点高程 3.5 米。基岩岛。无植被。

柴礁（Chái Jiāo）

北纬 30°28.5′，东经 122°17.7′。位于舟山市岱山县衢山岛北部海域，南距衢山岛约 500 米，距大陆最近点 55 千米。《中国海洋岛屿简况》（1980）、《浙江省海域地名录》（1988）、《中国海域地名志》（1989）、舟山市地图（1990）、《舟山岛礁图集》（1991）、《中国海域地名图集》（1991）、《岱山县志》（1994）、《浙江海岛志》（1998）、《全国海岛名称与代码》（2008）和 2010 年浙江省人民政府公布的第一批无居民海岛名称中均记为柴礁。因岛上多茅草，是附近渔民采樵之处，故名。岸线长 253 米，面积 2 779 平方米，最高点高程 11.3 米。基岩岛，由燕山晚期二长花岗岩构成。长有少量草丛。有黑白相间灯桩 1 座。

衢山西大岛（Qúshān Xīdà Dǎo）

北纬 30°27.0′，东经 122°16.5′。位于舟山市岱山县衢山岛西部海域，东距衢山岛约 170 米，距大陆最近点 56.26 千米。因位于衢山岛西侧，且面积较大，第二次全国海域地名普查时命今名。岸线长 39 米，面积 53 平方米。基岩岛。无植被。

衢山岛（Qúshān Dǎo）

北纬 30°26.5′，东经 122°20.7′。位于舟山市岱山岛北部海域，南距岱山岛约 11.53 千米，距大陆最近点 53.74 千米。又名大衢山。《中国海洋岛屿简况》（1980）记为大衢山。《浙江省海域地名录》（1988）、《中国海域地名志》（1989）、舟山市地图（1990）、《浙江省岱山县地名志》（1990）、《舟山岛礁图集》（1991）、《中国海域地名图集》（1991）、《岱山县志》（1994）、《浙江海岛志》（1998）、舟山市政区图（2008）和《全国海岛名称与代码》（2008）均记为衢山岛。因该岛四周海洋开阔，可通巨轮，如通衢大道之意，故名。

岛长 16.73 千米，宽 7.36 千米。岸线长 97.03 千米，面积 63.423 2 平方千米，最高点高程 314.4 米。基岩岛，中部为前震旦系陈蔡群变质岩，南部为上侏罗统火山碎屑岩，北部为侵入岩体。土壤有滨海盐土、水稻土、红壤、粗骨土 4 个土类。

衢山港是岱山县重要港口之一，港呈南北走向，全长约 5.8 千米，宽 0.4～4 千米，水域面积约 10 平方千米。岛周围水域水深 2～41 米，平均水深约 10 米，可利用岸线 30 余千米，拥有 3 个深水良港。衢黄港位于衢山本岛北面，东西岸线长 8 千米，南北宽 4 千米，港域和通海航道水深大于 22 米，可建 20 万～30 万吨级集装箱泊位。蛇移门港位于衢山本岛东面，南北长 4.5 千米，东西宽 2 千米，港域和通海航道水深大于 22 米，也是建造 20 万～30 万吨级集装箱泊位的理想港址。衢山中心渔港锚地是上海国际航运中心洋山港区最近的大型船舶锚地港。

有居民海岛，为衢山镇人民政府驻地。2009 年户籍人口 51 580 人，常住人口 58 272 人。产业以船舶修造业、水产品加工业及观光旅游业为主。有浙江东邦修造船有限公司，建有 30 万吨级舾装码头 1 座，年修造船 130 艘。岛上风能资源丰富，有全省规模最大的风力发电场项目——岱山县衢山岛风力发电场，安装了48台单机容量850千瓦风机。岛上自然景观有观音山景区、沙龙沙滩、鼠浪石笋坑、乌贼岩仙人脚、三星国际灯塔等。观音山为省级风景旅游点，是岱山县第一高峰。有盐田3平方千米，为“岱盐”主要产地之一，亦是旅游景观之一。2009年6月于岛西南角建成舟山衢山客运中心，用途集水路客运、港航管理用房和道路客货运于一体。岛上有水库、山塘。有电缆与岱山岛相通。

上三星岛 (Shàngsānxīng Dǎo)

北纬30°26.4′，东经122°30.1′。位于舟山市岱山县鼠浪湖岛东部海域，西距鼠浪湖岛约2.9千米，距大陆最近点68.99千米。又名上三星、三星山。《中国海洋岛屿简况》(1980)、舟山市地图(1990)、《浙江省岱山县地名志》(1990)、《舟山岛礁图集》(1991)和《岱山县志》(1994)均记为上三星。《浙江省海域地名录》(1988)、《中国海岸带和海涂资源综合调查图集》(1988)、《中国海域地名志》(1989)、《中国海域地名图集》(1991)、《浙江海岛志》(1998)、舟山市政区图(2008)、《全国海岛名称与代码》(2008)和2010年浙江省人民政府公布的第一批无居民海岛名称中均记为上三星岛。附近海域中，有形状相似、大小相近的三个岛，自西至东等距排列，似碧波上镶嵌的三颗美丽的星星，故合称三星山。后按与鼠浪湖岛距离的远近区分为上、中、下三星，该岛居最西，故名。岸线长2.08千米，面积0.181 4平方千米，最高点高程67.8米。基岩岛，由上侏罗统西山头组熔结凝灰岩夹凝灰质砂岩等构成。岛岸海蚀崖壁立，尤以东岸为甚，顶部较缓。潮间带有少量砾石泥涂。由岱山县人民政府颁发林权证，面积199亩。

上三星东岛 (Shàngsānxīng Dōngdǎo)

北纬30°26.4′，东经122°30.2′。位于舟山市岱山县鼠浪湖岛东部海域，西距鼠浪湖岛约3千米，距大陆最近点69.38千米。因位于上三星岛东侧，第二次全国海域地名普查时命今名。岸线长39米，面积120平方米。基岩岛。无植被。

中三星西岛 (Zhōngsānxīng Xīdǎo)

北纬30°26.3′，东经122°30.6′。位于舟山市岱山县鼠浪湖岛东部海域，西距鼠浪湖岛约3.8千米，距大陆最近点69.56千米。因位于中三星岛西部，第二次全国海域地名普查时命今名。岸线长 145 米，面积 1 168 平方米。基岩岛。无植被。

中三星岛 (Zhōngsānxīng Dǎo)

北纬 30°26.3′，东经 122°30.7′。位于舟山市岱山县鼠浪湖岛东部海域，西距鼠浪湖岛约 3.6 千米，距大陆最近点 69.36 千米。又名中三星、三星山。《中国海洋岛屿简况》(1980)、舟山市地图（1990)、《浙江省岱山县地名志》(1990)、《舟山岛礁图集》（1991）和《岱山县志》（1994）均记为中三星。《浙江省海域地名录》（1988）、《中国海岸带和海涂资源综合调查图集》（1988）、《中国海域地名志》（1989）、《中国海域地名图集》（1991）、《浙江海岛志》（1998）、舟山市政区图（2008）、《全国海岛名称与代码》（2008）和 2010 年浙江省人民政府公布的第一批无居民海岛名称中均记为中三星岛。附近海域中，有形状相似、大小相近的三个岛，自西至东等距排列，似碧波上镶嵌了的三颗美丽的星星，故合称三星山。后按与鼠浪湖岛距离的远近区分为上、中、下三星。因该岛居上、下三星岛中间，故名。岸线长 1.93 千米，面积 0.125 7 平方千米，最高点高程 77.2 米。基岩岛，由上侏罗统西山头组熔结凝灰岩夹凝灰质砂岩等构成。地势陡峭，岛岸海蚀崖壁立，尤以东岸和东南岸为甚，上部较缓。由岱山县人民政府颁发林权证，面积 103 亩。

招牌西大岛 (Zhāopai Xīdà Dǎo)

北纬 30°26.3′，东经 122°30.0′。位于舟山市岱山县鼠浪湖岛东部海域，西距鼠浪湖岛约 2.7 千米，距大陆最近点 68.94 千米。因位于招牌礁西侧，面积较大，第二次全国海域地名普查时命今名。岸线长 58 米，面积 143 平方米。基岩岛。无植被。

招牌礁 (Zhāopai Jiāo)

北纬 30°26.2′，东经 122°30.0′。位于舟山市岱山县鼠浪湖岛东部海域，西距鼠浪湖岛约 2.8 千米，距大陆最近点 68.93 千米。又名招牌石头。《中国海洋岛屿简况》（1980）有记载，但无名。《浙江省海域地名录》（1988）、《中国海域地名志》(1989)、舟山市地图（1990)、《浙江省岱山县地名志》(1990)、《舟山岛礁图集》（1991）、《中国海域地名图集》（1991）、《岱山县志》（1994）、《浙江海岛志》（1998）、《全国海岛名称与代码》（2008）和 2010 年浙江省人民政府公布的第一批无居民海岛名称中均记为招牌礁。因岛岩高耸，远望似店铺招牌，故名。俗称招牌石头。岸线长 169 米，面积 1 310 平方米，最高点高程 20 米。基岩岛，由上侏罗统西山头组熔结凝灰岩夹凝灰质砂岩等构成。无植被。

招牌西小岛 (Zhāopai Xīxiǎo Dǎo)

北纬 30°26.2′，东经 122°30.0′。位于舟山市岱山县鼠浪湖岛东部海域，西距鼠浪湖岛约 2.8 千米，距大陆最近点 68.93 千米。因位于招牌礁西侧，面积较小，第二次全国海域地名普查时命今名。岸线长 49 米，面积 125 平方米。基岩岛。无植被。

琵琶栏岛 (Pípalán Dǎo)

北纬 30°26.2′，东经 122°16.2′。位于舟山市岱山县衢山岛西部海域，东距衢山岛约 1.2 千米，距大陆最近点 56.89 千米。又名琵琶栏、枇杷兰。《中国海洋岛屿简况》（1980）记为枇杷兰。舟山市地图（1990）、《浙江省岱山县地名志》（1990）、《舟山岛礁图集》（1991）和《岱山县志》（1994）均记为琵琶栏。《中国海岸带和海涂资源综合调查图集》（1988）、《中国海域地名志》（1989）、《中国海域地名图集》（1991）、《浙江海岛志》（1998）、舟山市政区图（2008）和《全国海岛名称与代码》（2008）均记为琵琶栏岛。因岛形似琵琶，横拦在衢山岛西岸主要出入口上而得名。岸线长 2.56 千米，面积 0.127 5 平方千米，最高点高程 37.4 米。基岩岛，由前震旦系陈蔡群 a 段片岩、片麻岩、角闪岩、浅粒岩等构成。有居民海岛。2009 年户籍人口 3 人，常住人口 20 人。有舟山市衢山深港油品有限公司琵琶栏油库码头 1 座，储气罐 8 个，房屋若干间，海堤多条。有白色灯桩 1 座。靠柴油发电。

出角上礁 (Chūjiǎo Shàngjiāo)

北纬 30°26.2′，东经 122°31.3′。位于舟山市岱山县鼠浪湖岛东部海域，西距鼠浪湖岛约 3 千米，距大陆最近点 69.98 千米。又名三角礁、出角礁、鱼礁-2。《中国海域地名志》（1989）记为三角礁。舟山市地图（1990）、《舟山岛礁图集》（1991）和《岱山县志》（1994）和《浙江海岛志》（1998）均记为出角礁。《全国海岛名称与代码》（2008）记为鱼礁-2。2010 年浙江省人民政府公布的第一批无居民海岛名称中记为出角上礁。出角礁，意为凶险要伤船。根据其地理位置偏上而得名。岸线长 37 米，面积 61 平方米，最高点高程 5.5 米。基岩岛，由上侏罗统九里坪组流纹斑岩构成。无植被。

出角中礁 (Chūjiǎo Zhōngjiāo)

北纬 30°26.2′，东经 122°31.3′。位于舟山市岱山县鼠浪湖岛东部海域，西距鼠浪湖岛约 3.7 千米，距大陆最近点 69.97 千米。又名鱼礁-1。《浙江海岛志》（1998）记为 513 号无名岛。《全国海岛名称与代码》（2008）记为鱼礁-1。2010 年浙江省人民政府公布的第一批无居民海岛名称中记为出角中礁。出角礁，意为凶险要伤船。根据其地理位置居中而得名。岸线长 57 米，面积 171 平方米，最高点高程 3.5 米。基岩岛，由上侏罗统九里坪组流纹斑岩构成。无植被。

出角下礁 (Chūjiǎo Xiàjiāo)

北纬 30°26.2′，东经 122°31.3′。位于舟山市岱山县鼠浪湖岛东部海域，西距鼠浪湖岛约 3.8 千米，距大陆最近点 70.01 千米。又名三星楝柱礁-1，三角礁。《中国海域地名志》（1989）记为三角礁。《浙江海岛志》（1998）记为 514 号无名岛。《全国海岛名称与代码》（2008）记为三星楝柱礁-1。2010 年浙江省人民政府公布的第一批无居民海岛名称中记为出角下礁。出角礁，意为凶险要伤船。根据其地理位置偏下而得名。岸线长 58 米，面积 198 平方米，最高点高程 3 米。基岩岛，由上侏罗统九里坪组流纹斑岩构成。无植被。

下三星岛 (Xiàsānxīng Dǎo)

北纬 30°26.1′，东经 122°31.6′。位于舟山市岱山县鼠浪湖岛东部海域，西距鼠浪湖岛约 4 千米，距大陆最近点 69.94 千米。又名下三星、三星山。《中国海洋岛屿简况》（1980）、舟山市地图（1990）、《浙江省岱山县地名志》（1990）、《舟山岛礁图集》（1991）和《岱山县志》（1994）均记为下三星。《浙江省海域地名录》（1988）、《中国海岸带和海涂资源综合调查图集》（1988）、《中国海域地名志》（1989）、《中国海域地名图集》（1991）、《浙江海岛志》（1998）、舟山市政区图（2008）和《全国海岛名称与代码》（2008）均记为下三星岛。附近海域中，有形状相似、大小相近的三个岛，自西至东等距排列，似碧波上镶嵌的三颗美丽星星，故合称三星山。后按与鼠浪湖岛距离的远近区分为上、中、下三星。该岛居最下，故名。

岸线长 1.15 千米，面积 0.073 2 平方千米，最高点高程 56.7 米。基岩岛，由上侏罗统九里坪组流纹斑岩构成。山势陡峭，岛岸海蚀崖壁立，尤以东岸为甚，上部较缓。有居民海岛，2009 年户籍人口 3 人，常住人口 1 人。有码头 2 座，信号塔、灯塔、气象站各 1 座，西侧山脊建有国家大地测控点，山顶部建有房屋。有淡水塘。下三星岛白色灯塔是太平洋西岸第二大灯塔，1911 年由英国海务科始建，现为国际灯塔，引导航船安全出入小板门水道，是长江口通往东南航线上重要标志之一，为第七批全国重点保护文物。

下三星东岛 (Xiàsānxīng Dōngdǎo)

北纬 30°26.1′，东经 122°31.7′。位于舟山市岱山县鼠浪湖岛东部海域，西距鼠浪湖岛约 5 千米，距大陆最近点 70.12 千米。又名下山星岛 -1、下三星、下三星岛。《中国海域地名志》（1989）记为下三星岛。《中国海域地名图集》（1991）记为下三星。《全国海岛名称与代码》（2008）记为下山星岛 -1。第二次全国海域地名普查时更名为下三星东岛，因位于下三星岛东侧而得名。岸线长 84 米，面积 486 平方米，最高点高程 5.2 米。基岩岛。无植被。

碾子礁 (Niǎnzi Jiāo)

北纬 30°26.0′，东经 122°31.5′。位于舟山市岱山县鼠浪湖岛东部海域，西距鼠浪湖岛约 4.5 千米，距大陆最近点 69.89 千米。《中国海洋岛屿简况》（1980）有记载，但无名。《浙江省海域地名录》（1988）、《中国海域地名志》（1989）、舟山市地图（1990）、《浙江省岱山县地名志》（1990）、《舟山岛礁图集》（1991）、《中国海域地名图集》（1991）、《岱山县志》（1994）、《浙江海岛志》（1998）、《全国海岛名称与代码》（2008）和 2010 年浙江省人民政府公布的第一批无居民海岛名称中均记为碾子礁。从南望该岛形似碾子，呈椭圆形，故名。岸线长 144 米，面积 1 404 平方米，最高点高程 13 米。基岩岛，由上侏罗统九里坪组流纹斑岩构成。基岩裸露，无滩地。无植被。

鼠浪湖岛 (Shǔlànghú Dǎo)

北纬 30°25.7′，东经 122°28.0′。位于舟山市岱山县衢山岛东部海域，西距衢山岛约 2.5 千米，距大陆最近点 65.19 千米。曾名鼠狼湖，又名鼠浪湖。《中国海洋岛屿简况》（1980）记为鼠浪湖。《浙江省海域地名录》（1988）、《中国海岸带和海涂资源综合调查图集》（1988）、舟山市地图（1990）、《浙江省岱山县地名志》（1990）、《舟山岛礁图集》（1991）、《中国海域地名图集》（1991）、《浙江海岛志》（1998）、舟山市政区图（2008）和《全国海岛名称与代码》（2008）均记为鼠浪湖岛。岛形略呈半圆形，两边有山咀延伸似黄鼬（俗名黄鼠狼），岛的正面，岙内水深浪小，平静似湖，故名鼠狼湖。后改写成鼠浪湖。

岸线长 18.28 千米，面积 2.908 4 平方千米，最高点高程 166.8 米。基岩岛，由上侏罗统西山头组熔结凝灰质砂岩、粉砂岩构成。地貌属海岛丘陵地貌，全岛皆山岗，多裸露岩。岛西南的鼠浪锚地介于鼠浪山、小鼠浪山和卵黄山之间，水深 5 ～ 10 米，面积 0.5 平方千米，泥质底，锚抓力好，可避 7 级东北风，南风时涌浪较大。

有居民海岛，2009 年户籍人口 2 225 人，常住人口 2 533 人。有岱山县万良花岗岩矿有限公司采石场和舟山五鼎大型预制构件有限公司，岛南岸有码头 4 座，西北部建有货运码头 3 座。2012 年 7 月，由国家发展改革委员会核准的宁波舟山港衢山港区鼠浪湖岛矿石中转码头项目在该岛落户，项目由舟山市衢黄港口开发建设有限公司投资建设，因项目建设，岛民整体搬迁。山顶有通信塔 1 座。有小型水库。有电缆与衢山岛相连。

横梁东岛 (Héngliáng Dōngdǎo)

北纬 30°25.5′，东经 122°29.1′。位于舟山市岱山县鼠浪湖岛东部海域，西距鼠浪湖岛约 900 米，距大陆最近点 67.08 千米。第二次全国海域地名普查时命今名。岸线长 87 米，面积 462 平方米。基岩岛。无植被。

鼠浪湖西南大岛 (Shǔlànghú Xī'nán Dàdǎo)

北纬 30°25.4′，东经 122°27.1′。位于舟山市岱山县鼠浪湖岛南部海域，北距鼠浪湖岛约 10 米，距大陆最近点 65.33 千米。因位于鼠浪湖岛西南侧，面积较大，第二次全国海域地名普查时命今名。岸线长 45 米，面积 114 平方米。基岩岛。无植被。

利市礁（Lìshì Jiāo）

北纬 30°25.4′，东经 122°17.0′。位于舟山市岱山县衢山岛西南部海域，北距衢山岛约 10 米，距大陆最近点 59.05 千米。《浙江省海域地名录》（1988）、舟山市地图（1990）、《浙江省岱山县地名志》（1990）、《舟山岛礁图集》（1991）、《中国海域地名图集》（1991）和《岱山县志》（1994）均记为利市礁。该岛形似猪头，当地群众把猪头称为“利市”，意为吉利，故名。岸线长 148 米，面积 675 平方米，最高点高程 5 米。基岩岛。无植被。

隆塘礁（Lóngtáng Jiāo）

北纬 30°25.4′，东经 122°16.8′。位于舟山市岱山县衢山岛西南部海域，距大陆最近点 58.91 千米。又名衢山岛 -3。《浙江海岛志》（1998）记为 532 号无名岛。《全国海岛名称与代码》（2008）记为衢山岛 -3。2010 年浙江省人民政府公布的第一批无居民海岛名称中记为隆塘礁。因邻近隆塘山嘴，故名。岸线长 125 米，面积 392 平方米，最高点高程 4 米。基岩岛，由上侏罗统高坞组熔结凝灰岩构成。无植被。

蓑衣礁（Suōyī Jiāo）

北纬 30°25.2′，东经 122°21.3′。位于舟山市岱山县衢山岛南部海域，北距衢山岛约 680 米，距大陆最近点 60.95 千米。又名蓑衣。《浙江省海域地名录》（1988）、《中国海域地名志》（1989）、舟山市地图（1990）、《浙江省岱山县地名志》（1990）、《舟山岛礁图集》（1991）和《中国海域地名图集》（1991）均记为蓑衣礁。《岱山县志》（1994）记为蓑衣。岸线长 226 米，面积 2 235 平方米，最高点高程 2.5 米。基岩岛。无植被。

蓑衣礁南岛（Suōyījiāo Nándǎo）

北纬 30°25.2′，东经 122°21.3′。位于舟山市岱山县衢山岛南部海域，北距衢山岛约 720 米，距大陆最近点 60.93 千米。因位于蓑衣礁南侧，第二次全国海域地名普查时命今名。岸线长 73 米，面积 156 平方米。基岩岛。无植被。

大沙碗北岛（Dàshāwǎn Běidǎo）

北纬 30°25.2′，东经 122°25.9′。位于舟山市岱山县衢山岛东部海域，西距衢山岛约 22 米，距大陆最近点 63.99 千米。位于大沙碗村北面，第二次全国海域地名普查时命今名。岸线长 107 米，面积 566 平方米。基岩岛。无植被。

帽蓬礁 (Màopéng Jiāo)

北纬 30°25.0′，东经 122°29.2′。位于舟山市岱山县鼠浪湖岛东南部海域，西距鼠浪湖岛约 350 米，距大陆最近点 66.36 千米。又名帽篷礁、凉帽蓬。舟山市地图（1990）记为帽蓬礁。《舟山岛礁图集》（1991）记为帽篷礁。该岛形圆似帽，名帽蓬礁。习称凉帽蓬。岸线长 129 米，面积 748 平方米，最高点高程 3 米。基岩岛。无植被。

灯礁 (Dēng Jiāo)

北纬 30°25.0′，东经 122°29.2′。位于舟山市岱山县鼠浪湖岛东南部海域，西距鼠浪湖岛约 450 米，距大陆最近点 66.31 千米。《浙江省海域地名录》（1988）、舟山市地图（1990）、《浙江省岱山县地名志》（1990）、《舟山岛礁图集》（1991）、《岱山县志》（1994）、《浙江海岛志》（1998）、《全国海岛名称与代码》（2008）和 2010 年浙江省人民政府公布的第一批无居民海岛名称中均记为灯礁。因岛狭小，高耸，形状规则，望之形似灯塔，故名。岸线长 152 米，面积 1 440 平方米，最高点高程 4 米。基岩岛，由上侏罗统西山头组熔结凝灰岩夹凝灰质砂岩等构成。长有草丛和灌木。

万南近岸礁 (Wànnán Jìn'àn Jiāo)

北纬 30°25.0′，东经 122°24.6′。位于舟山市岱山县衢山岛南部海域，北距衢山岛约 30 米，距大陆最近点 62.7 千米。又名衢山岛-7。《浙江海岛志》（1998）记为 544 号无名岛。《全国海岛名称与代码》（2008）记为衢山岛-7。2010 年浙江省人民政府公布的第一批无居民海岛名称中记为万南近岸礁。因与衢山岛南岸紧邻，位于万南村附近海域，故名。岸线长 189 米，面积 857 平方米，最高点高程 5.4 米。基岩岛，由上侏罗统高坞组熔结凝灰岩构成。

万南海狮礁 (Wànnán Hǎishī Jiāo)

北纬 30°25.0′，东经 122°24.3′。位于舟山市岱山县衢山岛南部海域，北距衢山岛约 10 米，距大陆最近点 62.48 千米。又名衢山岛-6。《浙江海岛志》（1998）

记为543号无名岛。《全国海岛名称与代码》（2008）记为衢山岛-6。2010年浙江省人民政府公布的第一批无居民海岛名称中记为万南海狮礁。因从岸上望之形似海狮，位于万南村附近海域，故名。岸线长170米，面积1 367平方米，最高点高程11米。基岩岛，由上侏罗统西山头组熔结凝灰岩夹凝灰质砂岩等构成。长有少量草丛。

小蟹外岛 (Xiǎoxiè Wàidǎo)

北纬30°24.9′，东经122°18.3′。位于舟山市岱山县衢山岛南部海域，北距衢山岛约50米，距大陆最近点58.8千米。因位于黄沙小蟹礁附近，距黄沙小蟹礁较小蟹里岛远，居外侧，第二次全国海域地名普查时命今名。岸线长95米，面积376平方米。基岩岛。长有少量草丛。

小蟹里岛 (Xiǎoxiè Lǐdǎo)

北纬30°24.9′，东经122°18.3′。位于舟山市岱山县衢山岛南部海域，北距衢山岛约20米，距大陆最近点58.78千米。因位于黄沙小蟹礁附近，距黄沙小蟹礁较小蟹外岛近，居里侧，第二次全国海域地名普查时命今名。岸线长81米，面积202平方米。基岩岛。无植被。

里鸡娘礁 (Lǐjīniáng Jiāo)

北纬30°24.9′，东经122°24.3′。位于舟山市岱山县衢山岛南部海域，北距衢山岛约120米，距大陆最近点62.37千米。《中国海洋岛屿简况》（1980）、《浙江省海域地名录》（1988）、《中国海域地名志》（1989）、舟山市地图（1990）、《浙江省岱山县地名志》（1990）、《舟山岛礁图集》（1991）、《中国海域地名图集》（1991）、《岱山县志》（1994）、《浙江海岛志》（1998）、《全国海岛名称与代码》（2008）和2010年浙江省人民政府公布的第一批无居民海岛名称中均记为里鸡娘礁。与外鸡娘礁相对而立，距衢山岛较外鸡娘礁近，居里侧，岛形似母鸡（鸡娘）而得名。岸线长230米，面积3 300平方米，最高点高程20.1米。基岩岛，由上侏罗统西山头组熔结凝灰岩夹凝灰质砂岩等构成。长有草丛和灌木。

尾巴礁 (Wěiba Jiāo)

北纬30°24.9′，东经122°28.6′。位于舟山市岱山县衢山岛东侧海域，西距衢山岛约 20 米，距大陆最近点 65.68 千米。曾名小山，又名尾巴山。《中国海洋岛屿简况》（1980）有记载，但无名。《浙江省海域地名录》（1988）、《中国海域地名志》（1989）、舟山市地图（1990）、《浙江省岱山县地名志》（1990）、《舟山岛礁图集》（1991）、《中国海域地名图集》（1991）、《岱山县志》（1994）和《全国海岛名称与代码》（2008）均记为尾巴山。《浙江海岛志》（1998）和 2010 年浙江省人民政府公布的第一批无居民海岛名称中记为尾巴礁。因与鼠浪湖岛尾巴村邻近而得名。俗称小山，因重名，1985 年以其近尾巴村定今名。岸线长 249 米，面积 3 766 平方米，最高点高程 20 米。基岩岛，由上侏罗统西山头组熔结凝灰岩夹凝灰质砂岩等构成。长有草丛和灌木。

黄沙小蟹礁 (Huángshā Xiǎoxiè Jiāo)

北纬 30°24.9′，东经 122°18.3′。位于舟山市岱山县衢山岛南部海域，北距衢山岛约 200 米，距大陆最近点 58.77 千米。《浙江海岛志》（1998）记为 546 号无名岛。《全国海岛名称与代码》（2008）记为无名岛 DSH3。2010 年浙江省人民政府公布的第一批无居民海岛名称中记为黄沙小蟹礁。因位于黄沙村附近，面积较小，故名。岸线长 36 米，面积 81 平方米，最高点高程 2.5 米。基岩岛，由上侏罗统高坞组熔结凝灰岩构成。无植被。

里鸡娘南岛 (Lǐjīniáng Nándǎo)

北纬 30°24.9′，东经 122°24.3′。位于舟山市岱山县衢山岛南部海域，北距衢山岛约 170 米，距大陆最近点 62.35 千米。第二次全国海域地名普查时命名为里鸡娘南岛，因位于里鸡娘礁南侧而得名。岸线长 89 米，面积 330 平方米，最高点高程 3 米。基岩岛。无植被。

大沙头礁 (Dàshātóu Jiāo)

北纬 30°24.8′，东经 122°26.0′。位于舟山市岱山县衢山岛东南部海域，北距衢山岛约 30 米，距大陆最近点 63.58 千米。又名衢山岛 -8。《浙江海岛志》（1998）记为 549 号无名岛。《全国海岛名称与代码》（2008）记为衢山岛 -8。2010 年浙江省人民政府公布的第一批无居民海岛名称中记为大沙头礁。因附近的大沙头自然村而得名。岸线长 117 米，面积 591 平方米，最高点高程 10.8 米。

基岩岛，由上侏罗统高坞组熔结凝灰岩构成。长有少量草丛。

外盘礁 (Wàipán Jiāo)

北纬 30°24.8′，东经 122°19.4′。位于舟山市岱山县衢山岛南部海域，北距衢山岛约 25 米，距大陆最近点 59.19 千米。又名外盘屿、外圆礁。《中国海洋岛屿简况》（1980）有记载，但无名。《浙江省海域地名录》（1988）、《中国海域地名志》（1989）、舟山市地图（1990）、《浙江省岱山县地名志》（1990）、《舟山岛礁图集》（1991）、《中国海域地名图集》（1991）、《岱山县志》（1994）、《浙江海岛志》（1998）和《全国海岛名称与代码》（2008）均记为外盘屿。2010 年浙江省人民政府公布的第一批无居民海岛名称中记为外盘礁。因在衢山岛南面的枫藤嘴外面，呈椭圆形，俗称外圆礁。因重名，1985 年定今名。岸线长 273 米，面积 3 581 平方米，最高点高程 10.5 米。基岩岛，由上侏罗统高坞组熔结凝灰岩构成。长有草丛和灌木。

大沙碗南岛 (Dàshāwǎn Nándǎo)

北纬 30°24.8′，东经 122°25.4′。位于舟山市岱山县衢山岛南部海域，北距衢山岛约 12 米，距大陆最近点 63 千米。因位于大沙碗村南面，第二次全国海域地名普查时命今名。岸线长 119 米，面积 432 平方米。基岩岛。无植被。

里盘礁 (Lǐpán Jiāo)

北纬 30°24.8′，东经 122°18.8′。位于舟山市岱山县衢山岛南部海域，北距衢山岛约 25 米，距大陆最近点 58.8 千米。又名衢山岛 -4。《浙江海岛志》（1998）记为 551 号无名岛。《全国海岛名称与代码》（2008）记为衢山岛 -4。2010 年浙江省人民政府公布的第一批无居民海岛名称中记为里盘礁。海岛呈椭圆形，且距离衢山岛南面的枫藤嘴比外盘礁近，以相对位置而得名。岸线长 145 米，面积 968 平方米，最高点高程 4 米。基岩岛，由上侏罗统高坞组熔结凝灰岩构成。无植被。

外鸡娘礁 (Wàijīniáng Jiāo)

北纬 30°24.7′，东经 122°24.3′。位于舟山市岱山县衢山岛南部海域，北距衢山岛约 520 米，距大陆最近点 62.02 千米。《中国海洋岛屿简况》（1980）、《浙江省海域地名录》(1988)、《中国海域地名志》(1989)、舟山市地图(1990)、《浙江省岱山县地名志》(1990)、《舟山岛礁图集》(1991)、《中国海域地名图集》(1991)、《岱山县志》(1994)、《浙江海岛志》(1998)、《全国海岛名称与代码》(2008)和2010年浙江省人民政府公布的第一批无居民海岛名称中均记为外鸡娘礁。与里鸡娘礁相对而立，距衢山岛较里鸡娘礁远，居外侧，岛形似母鸡（鸡娘）而得名。岸线长248米，面积1 735平方米，最高点高程16.8米。基岩岛，由上侏罗统西山头组熔结凝灰岩夹凝灰质砂岩等构成。长有少量草丛。岛最高点有国家大地控制点1个。

鮸鱼礁 (Miǎnyú Jiāo)

北纬30°24.7′，东经122°30.3′。位于舟山市岱山县鼠浪湖岛东部海域，西距鼠浪湖岛约2.4千米，距大陆最近点66.71千米。又名横梁礁。《浙江海岛志》(1998)和《全国海岛名称与代码》(2008)均记为横梁礁。《浙江省海域地名录》(1988)、舟山市地图(1990)、《浙江省岱山县地名志》(1990)、《舟山岛礁图集》(1991)、《中国海域地名图集》(1991)、《岱山县志》(1994)和2010年浙江省人民政府公布的第一批无居民海岛名称中均记为鮸鱼礁。因附近多岩礁、多洞穴，盛产鮸鱼，故名。岸线长108米，面积456平方米，最高点高程10.1米。基岩岛，由上侏罗统九里坪组流纹斑岩构成。无植被。

寨子西岛 (Zhàizi Xīdǎo)

北纬30°23.3′，东经122°05.0′。位于舟山市岱山县岱山岛北部海域，南距岱山岛约9.1千米，距大陆最近点53.1千米。因位于寨子礁西侧，第二次全国海域地名普查时命今名。岸线长120米，面积906平方米。基岩岛。无植被。

寨子礁 (Zhàizi Jiāo)

北纬30°23.3′，东经122°05.1′。位于舟山市岱山县岱山岛北部海域，南距岱山岛约9.15千米，距大陆最近点53.05千米。曾名长礁。《浙江省海域地名录》(1988)、《中国海域地名志》(1989)、舟山市地图(1990)、《浙江省岱山县地名志》(1990)、《舟山岛礁图集》(1991)、《岱山县志》(1994)、《浙江海岛志》(1998)、《全国海岛名称与代码》(2008)和2010年浙江省人民政府公布的第一批无居民海岛名称中均记为寨子礁。岛呈长形，原称长礁。岸线长294米，面积3 015平方米，最高点高程9.8米。基岩岛，由下白垩统馆头组基、酸性火山岩夹沉积岩构成。长有少量草丛。

蜂巢岩 (Fēngcháo Yán)

北纬30°22.3′，东经122°41.3′。位于舟山市岱山县鼠浪湖岛东部海域，西距鼠浪湖岛约20.4千米，距大陆最近点74.56千米。曾名半洋礁。清康熙《定海县志·卷三》记载："东北外洋界"有"半洋狮子"，疑指该岛。《中国海洋岛屿简况》(1980)、《浙江省海域地名录》(1988)、《中国海域地名志》(1989)、《中国海域地名图集》(1991)和《岱山县志》(1994)均记为蜂巢岩。因位于鼠浪湖岛与浪岗山中间，亦称半洋礁。据传，岛岩长年海蚀成无数蚀穴似蜂巢一般，故名。岸线长353米，面积8 776平方米，最高点高程15.4米。基岩岛。无植被。建有白色灯桩和自动气象观测站各1座。

大虾爬礁 (Dàxiāpá Jiāo)

北纬30°21.7′，东经122°03.6′。位于舟山市岱山县岱山岛北部海域，南距岱山岛约5.9千米，距大陆最近点50.23千米。曾名虾扒礁，又名大虾爬礁-1。民国《岱山镇志》记为虾扒礁。《中国海洋岛屿简况》(1980)、《浙江省海域地名录》(1988)、《中国海域地名志》(1989)、舟山市地图(1990)、《浙江省岱山县地名志》(1990)、《舟山岛礁图集》(1991)、《中国海域地名图集》(1991)、《岱山县志》(1994)、《浙江海岛志》(1998)、舟山市政区图(2008)和2010年浙江省人民政府公布的第一批无居民海岛名称中均记为大虾爬礁。《全国海岛名称与代码》(2008)记为大虾爬礁-1。该岛因形似虾簖（竹篓）得名，谐音为"虾爬"，且面积较大，故名。岸线长202米，面积2 918平方米，最高点高程11.4米。基岩岛，由上侏罗统高坞组熔结凝灰岩、凝灰岩、凝灰质砂岩等构成。无植被。有白色灯桩1座。

虾爬中礁 (Xiāpá Zhōngjiāo)

北纬30°21.7′，东经122°03.6′。位于舟山市岱山县岱山岛北部海域，南距岱山岛约5.8千米，距大陆最近点50.19千米。又名大虾爬礁-2。《浙江海岛志》

（1998）记为 566 号无名岛。《全国海岛名称与代码》（2008）记为大虾爬礁 -2。2010 年浙江省人民政府公布的第一批无居民海岛名称中记为虾爬中礁。因与大虾爬礁相邻，面积介于大虾爬礁和小虾爬礁之间，故名。岸线长 114 米，面积 903 平方米，最高点高程 13.1 米。基岩岛，由上侏罗统高坞组熔结凝灰岩、凝灰岩、凝灰质砂岩等构成。无植被。

燕窝礁 (Yànwō Jiāo)

北纬 30°21.2′，东经 122°10.1′。位于舟山市岱山县岱山岛北部海域，南距岱山岛约 15 米，距大陆最近点 49.22 千米。《浙江省海域地名录》（1988）、《中国海域地名志》（1989）、舟山市地图（1990）、《浙江省岱山县地名志》（1990）和《舟山岛礁图集》（1991）均记为燕窝礁。因礁处燕窝山附近而得名。岸线长 202 米，面积 433 平方米，最高点高程 8 米。基岩岛。无植被。

小鱼腥脑礁 (Xiǎoyúxīngnǎo Jiāo)

北纬 30°20.9′，东经 121°51.6′。位于舟山市岱山县火山列岛的西部，距大陆最近点 35.68 千米。又名鱼腥脑岛-1、鱼腥脑、北大礁。清康熙《定海县志・卷二・营汛环海图》中早有记载。《浙江省海域地名录》（1988）记为北大礁。《浙江省岱山县地名志》（1990）和《岱山县志》（1994）记为鱼腥脑。《浙江海岛志》（1998）记为 570 号无名岛。《全国海岛名称与代码》（2008）记为鱼腥脑岛-1。2010 年浙江省人民政府公布的第一批无居民海岛名称中记为小鱼腥脑礁。因与鱼腥脑岛相邻，面积较后者小，故名。岸线长 205 米，面积 2 776 平方米，最高点高程 13.8 米。基岩岛，由上侏罗统西山头组熔结凝灰岩构成。长有少量草丛。

鱼腥脑岛 (Yúxīngnǎo Dǎo)

北纬 30°20.8′，东经 121°51.6′。位于舟山市岱山县火山列岛西部，距大陆最近点 35.64 千米。又名鱼腥脑岛 -2、鱼腥脑。清康熙《定海县志・卷二・营汛环海图》早有记载。《中国海洋岛屿简况》（1980）、《浙江省海域地名录》（1988）、《中国海岸带和海涂资源综合调查图集》（1988）、《中国海域地名志》（1989）、《中国海域地名图集》（1991）、《浙江海岛志》（1998）和舟山市政区图（2008）

均记为鱼腥脑岛。舟山市地图（1990）和《舟山岛礁图集》（1991）记为鱼腥脑。《全国海岛名称与代码》（2008）记为鱼腥脑岛-2。因岛形似鱼脑状而得名。

岸线长450米，面积0.014 0平方千米，最高点高程20.6米。基岩岛，由上侏罗统西山头组熔结凝灰岩构成。长有少量草丛和灌木。有居民海岛，2009年户籍人口3人，常住人口3人。有灯塔和灯塔码头各2座，气象站及房屋等。鱼腥脑岛灯塔由英国人赫特始建于1872年，1954年重修，塔身为黑色石砌圆塔，钢质圆形灯笼，直径2.2米。该灯塔位于火山列岛最西侧小岛鱼腥脑岛之巅，是沪甬、沪舟及长江口驶向南方诸港航线上的重要标志之一，为第七批全国重点保护文物。

渔山小峙礁（Yúshān Xiǎozhì Jiāo）

北纬30°20.6′，东经121°53.6′。位于舟山市岱山县火山列岛西部，距大陆最近点38.15千米。又名小峙山-1。《浙江海岛志》（1998）记为573号无名岛。《全国海岛名称与代码》（2008）记为小峙山-1。2010年浙江省人民政府公布的第一批无居民海岛名称中记为渔山小峙礁。因面积较小，位于渔山社区附近海域，故名。岸线长143米，面积701平方米，最高点高程9.2米。基岩岛，由上侏罗统西山头组熔结凝灰岩构成。长有草丛和灌木。

大鱼山北岛（Dàyúshān Běidǎo）

北纬30°20.5′，东经121°59.1′。位于舟山市岱山县火山列岛东部，距大陆最近点45.28千米。第二次全国海域地名普查时命今名。岸线长49米，面积190平方米。基岩岛。无植被。

大坛地屿（Dàtándì Yǔ）

北纬30°20.4′，东经122°11.0′。位于舟山市岱山县岱山岛北部海域，南距岱山岛约10米，距大陆最近点47.98千米。又名大坛地岛、大坛地。《中国海洋岛屿简况》（1980）和《岱山县志》（1994）记为大坛地。《浙江省岱山县地名志》（1990）、《浙江海岛志》（1998）和《全国海岛名称与代码》（2008）均记为大坛地岛。2010年浙江省人民政府公布的第一批无居民海岛名称中记为大坛地屿。因岛周围滩地平坦，落潮后面积较大，故名。岸线长463米，面积

4 192 平方米，最高点高程 18 米。基岩岛，由上侏罗统高坞组熔结凝灰岩构成。长有草丛和灌木。

无名峙北大岛 (Wúmíngzhì Běidà Dǎo)

北纬 30°20.4′，东经 121°57.9′。位于舟山市岱山县火山列岛东部，距大陆最近点 44.03 千米。第二次全国海域地名普查时命今名。岸线长 49 米，面积 123 平方米。基岩岛。无植被。

无名峙北小岛 (Wúmíngzhì Běixiǎo Dǎo)

北纬 30°20.4′，东经 121°57.9′。位于舟山市岱山县火山列岛东部，距大陆最近点 43.97 千米。第二次全国海域地名普查时命今名。岸线长 153 米，面积 314 平方米。基岩岛。长有少量草丛。

蝙蝠礁 (Biānfú Jiāo)

北纬 30°20.4′，东经 121°58.3′。位于舟山市岱山县火山列岛东部，距大陆最近点 44.52 千米。又名蝙蝠。《浙江省海域地名录》(1988)、《中国海域地名志》(1989)、舟山市地图（1990)、《浙江省岱山县地名志》(1990)、《舟山岛礁图集》(1991) 和《中国海域地名图集》(1991) 均记为蝙蝠礁。《岱山县志》(1994) 记为蝙蝠。该岛形似蝙蝠，故名。岸线长 60 米，面积 251 平方米，最高点高程 4 米。基岩岛。无植被。

丫鹊礁 (Yāquè Jiāo)

北纬 30°20.4′，东经 121°59.3′。位于舟山市岱山县火山列岛东部，距大陆最近点 45.13 千米。《浙江省海域地名录》(1988)、《中国海域地名志》(1989)、《浙江省岱山县地名志》(1990) 和《中国海域地名图集》(1991) 均记为丫鹊礁。该岛形似喜鹊，俗称丫鹊，故名。岸线长 71 米，面积 335 平方米，最高点高程 3 米。基岩岛。无植被。有白色灯桩 1 座。

外鱼唇北礁 (Wàiyúchún Běijiāo)

北纬 30°20.2′，东经 121°57.5′。位于舟山市岱山县火山列岛东部，距大陆最近点 43.19 千米。又名外屎虫。《中国海洋岛屿简况》(1980) 记为外屎虫，第二次全国海域地名普查时更名为外鱼唇北礁，因位于外鱼唇礁北面而得名。

岸线长 95 米，面积 596 平方米，最高点高程 3.5 米。基岩岛。无植被。

外鱼唇北小岛 (Wàiyúchún Běixiǎo Dǎo)

北纬 30°20.2′，东经 121°57.5′。位于舟山市岱山县火山列岛东部，距大陆最近点 43.19 千米。又名外屎虫。《中国海洋岛屿简况》（1980）记为外屎虫。因省内重名，以其位于外鱼唇礁北面，面积较小，第二次全国海域地名普查时更名为外鱼唇北小岛。岸线长 69 米，面积 322 平方米。基岩岛。无植被。

外鱼唇北大岛 (Wàiyúchún Běidà Dǎo)

北纬 30°20.1′，东经 121°57.5′。位于舟山市岱山县火山列岛东部，距大陆最近点 43.13 千米。又名外鱼唇礁。《中国海域地名志》（1989）和《中国海域地名图集》（1991）记为外鱼唇礁。因省内重名，其位于外鱼唇礁北面，面积较大，第二次全国海域地名普查时更名为外鱼唇北大岛。岸线长 77 米，面积 392 平方米，最高点高程 3 米。基岩岛。无植被。

铁福礁 (Tiěfú Jiāo)

北纬 30°20.1′，东经 121°54.5′。位于舟山市岱山县火山列岛中部，距大陆最近点 39.01 千米。又名铁福。《中国海洋岛屿简况》（1980）记为铁福。《浙江省海域地名录》（1988）、《中国海域地名志》（1989）、舟山市地图（1990）、《浙江省岱山县地名志》（1990）、《舟山岛礁图集》（1991）、《中国海域地名图集》（1991）和《岱山县志》（1994）均记为铁福礁。该岛形似动物腹中的脾脏，俗称“贴腹”，后改成铁福礁。岸线长 114 米，面积 841 平方米，最高点高程 3 米。基岩岛。无植被。

铜钱礁 (Tóngqián Jiāo)

北纬 30°20.0′，东经 121°52.0′。位于舟山市岱山县火山列岛西部，距大陆最近点 35.53 千米。又名中块。《中国海洋岛屿简况》（1980）、《浙江省海域地名录》（1988）、《中国海域地名志》（1989）、舟山市地图（1990）、《浙江省岱山县地名志》（1990）、《舟山岛礁图集》（1991）、《中国海域地名图集》（1991）和《岱山县志》（1994）均记为铜钱礁。据传，曾有一艘载铜钱的船在此触礁，故名。又因属“三块礁”的中间一块，也称中块。岸线长 114 米，面积 911 平方米，最高点高程 3.5 米。基岩岛。无植被。

费家岙岛 (Fèijiā'ào Dǎo)

北纬 30°20.0′，东经 122°12.1′。位于舟山市岱山县岱山岛北部海域，距大陆最近点 47.55 千米。因位于费家岙村附近海域，第二次全国海域地名普查时命今名。岸线长 120 米，面积 792 平方米。基岩岛。

西块北岛 (Xīkuài Běidǎo)

北纬 30°20.0′，东经 121°52.0′。位于舟山市岱山县火山列岛西部，距大陆最近点 35.52 千米。因位于西块礁北侧，第二次全国海域地名普查时命今名。岸线长 27 米，面积 56 平方米。基岩岛。无植被。

外鱼唇礁 (Wàiyúchún Jiāo)

北纬 30°20.0′，东经 121°57.5′。位于舟山市岱山县火山列岛东部，距大陆最近点 43.09 千米。又名里鱼唇礁、里鱼唇礁-1、里屎虫。《中国海洋岛屿简况》（1980）记为里屎虫。《中国海域地名志》（1989）和《中国海域地名图集》（1991）记为里鱼唇礁。《浙江海岛志》（1998）记为 578 号无名岛。《全国海岛名称与代码》（2008）记为里鱼唇礁-1。《浙江省海域地名录》（1988）、舟山市地图（1990）、《浙江省岱山县地名志》（1990）、《舟山岛礁图集》（1991）、《岱山县志》（1994）和 2010 年浙江省人民政府公布的第一批无居民海岛名称中均记为外鱼唇礁。岸线长 263 米，面积 2 173 平方米，最高点高程 4 米。基岩岛，由上侏罗统西山头组熔结凝灰岩构成。地形崎岖，无平地。长有草丛和灌木。

中鱼唇礁 (Zhōngyúchún Jiāo)

北纬 30°20.0′，东经 121°57.5′。位于舟山市岱山县火山列岛东部，距大陆最近点 43.07 千米。又名里鱼唇礁-2、里屎虫、里鱼唇礁。《中国海洋岛屿简况》（1980）记为里屎虫。《中国海域地名志》（1989）和《中国海域地名图集》（1991）记为里鱼唇礁。《浙江海岛志》（1998）记为 579 号无名岛。《全国海岛名称与代码》（2008）记为里鱼唇礁-2。2010 年浙江省人民政府公布的第一批无居民海岛名称中记为中鱼唇礁。岸线长 158 米，面积 1 042 平方米，最高点高程 6 米。基岩岛，由上侏罗统西山头组熔结凝灰岩构成。地形崎岖，无平地。无植被。

西块礁（Xīkuài Jiāo）

北纬 30°19.9′，东经 121°52.0′。位于舟山市岱山县火山列岛西部，距大陆最近点 35.36 千米。又名三块礁。《中国海洋岛屿简况》（1980）记为三块礁。《浙江省海域地名录》（1988）、《中国海域地名志》（1989）、舟山市地图（1990）、《浙江省岱山县地名志》（1990）、《舟山岛礁图集》（1991）、《中国海域地名图集》（1991）、《岱山县志》（1994）、《浙江海岛志》（1998）、《全国海岛名称与代码》（2008）和2010年浙江省人民政府公布的第一批无居民海岛名称中均记西块礁。该处岛形相似的海岛有三个，统称三块礁，该岛居西，故名。岸线长 203 米，面积 2 686 平方米，最高点高程 12.3 米。基岩岛，由上侏罗统西山头组熔结凝灰岩构成。岛岸陡峭，顶部较缓。地形崎岖，无平地。长有少量草丛。

东块屿上岛（Dōngkuàiyǔ Shàngdǎo）

北纬 30°19.9′，东经 121°52.0′。位于舟山市岱山县火山列岛西部，距大陆最近点 35.43 千米。第二次全国海域地名普查时命今名。岸线长 71 米，面积 403 平方米。基岩岛。无植被。

东块屿中岛（Dōngkuàiyǔ Zhōngdǎo）

北纬 30°19.9′，东经 121°52.0′。位于舟山市岱山县火山列岛西部，距大陆最近点 35.45 千米。第二次全国海域地名普查时命今名。岸线长 44 米，面积 153 平方米。基岩岛。长有少量草丛。

东块屿下岛（Dōngkuàiyǔ Xiàdǎo）

北纬 30°19.9′，东经 121°52.1′。位于舟山市岱山县火山列岛西部，距大陆最近点 35.47 千米。第二次全国海域地名普查时命今名。岸线长 25 米，面积 43 平方米。基岩岛。无植被。

毛家岙岛（Máojiā'ào Dǎo）

北纬 30°19.9′，东经 122°11.7′。位于舟山市岱山县岱山岛北部海域，南距岱山岛约 10 米，距大陆最近点 47.27 千米。因位于毛家岙自然村附近，第二次全国海域地名普查时命今名。岸线长 75 米，面积 206 平方米。基岩岛。无植被。

小西垦屿（Xiǎoxīkěn Yǔ）

北纬 30°19.8′，东经 122°05.4′。位于舟山市岱山县岱山岛北部海域，南距岱山岛约 2.5 千米，距大陆最近点 46.54 千米。又名园山、圆山、里垦齿山。《中国海洋岛屿简况》（1980）有记载，但无名。《中国海域地名志》（1989）、舟山市地图（1990）和《舟山岛礁图集》（1991）均记为里垦齿山。《浙江海岛志》（1998）记为圆山。《全国海岛名称与代码》（2008）记为园山。《中国海域地名图集》（1991）记为里垦齿山。《浙江省岱山县地名志》（1990）、《岱山县志》（1994）和 2010 年浙江省人民政府公布的第一批无居民海岛名称中均记为小西垦屿。岸线长 412 米，面积 9 413 平方米，最高点高程 27.1 米。基岩岛，由上侏罗统高坞组熔结凝灰岩构成。长有草丛和灌木。

里垦齿山（Lǐkěnchǐ Shān）

北纬 30°19.8′，东经 122°05.2′。位于舟山市岱山县岱山岛北部海域，南距岱山岛约 1.8 千米，距大陆最近点 46.58 千米。《中国海洋岛屿简况》（1980）有记载，但无名。舟山市地图（1990）、《浙江省岱山县地名志》（1990）、《舟山岛礁图集》（1991）和《岱山县志》（1994）均记为里垦齿山。与周边三个海岛并列，形似牙齿，该岛居里，故名。岸线长 211 米，面积 1 345 平方米，最高点高程 18 米。基岩岛。长有少量草丛。

中垦齿西外岛（Zhōngkěnchǐ Xīwài Dǎo）

北纬 30°19.8′，东经 122°05.0′。位于舟山市岱山县岱山岛北部海域，南距岱山岛约 2.8 千米，距大陆最近点 46.61 千米。该岛与中垦齿西岛、中垦齿西里岛为中垦齿礁西面的三个海岛，该岛与中垦齿西岛相比，距中垦齿礁较远（外），第二次全国海域地名普查时命今名。岸线长 60 米，面积 244 平方米。基岩岛。无植被。

黄嘴头东岛（Huángzuǐtóu Dōngdǎo）

北纬 30°19.8′，东经 122°13.6′。位于舟山市岱山县岱山岛东部海域，西距岱山岛约 235 米，距大陆最近点 47.66 千米。第二次全国海域地名普查时命今名。岸线长 172 米，面积 672 平方米。基岩岛。无植被。

中垦齿西岛 (Zhōngkěnchǐ Xīdǎo)

北纬 30°19.8′，东经 122°05.1′。位于舟山市岱山县岱山岛北部海域，南距岱山岛约 2.6 千米，距大陆最近点 46.59 千米。因位于中垦齿礁西部，第二次全国海域地名普查时命今名。岸线长 140 米，面积 823 平方米。基岩岛。无植被。

中垦齿礁 (Zhōngkěnchǐ Jiāo)

北纬 30°19.8′，东经 122°05.1′。位于舟山市岱山县岱山岛北部海域，南距岱山岛约 2.95 千米，距大陆最近点 46.57 千米。又名里垦齿、中垦齿山。《中国海洋岛屿简况》（1980）记为里垦齿。《浙江省岱山县地名志》（1990）和《岱山县志》（1994）记为中垦齿山。《浙江省海域地名录》（1988）、《中国海域地名志》（1989）、舟山市地图（1990）、《舟山岛礁图集》（1991）和《中国海域地名图集》（1991）均记为中垦齿礁。因位于里垦齿山、外垦齿礁中间，故名。岸线长 190 米，面积 1 831 平方米，最高点高程 10 米。基岩岛。长有少量草丛。

中垦齿西里岛 (Zhōngkěnchǐ Xīlǐ Dǎo)

北纬 30°19.8′，东经 122°05.1′。位于舟山市岱山县岱山岛北部海域，南距岱山岛约 3 千米，距大陆最近点 46.57 千米。该岛与中垦齿西岛、中垦齿西外岛为中垦齿礁西面的三个海岛，该岛与中垦齿西岛相比，距中垦齿礁较近（里），第二次全国海域地名普查时命今名。岸线长 72 米，面积 311 平方米。基岩岛。长有少量草丛。

外垦齿礁 (Wàikěnchǐ Jiāo)

北纬 30°19.8′，东经 122°05.0′。位于舟山市岱山县岱山岛北部海域，南距岱山岛约 2.7 千米，距大陆最近点 46.56 千米。又名外垦齿。《中国海洋岛屿简况》（1980）记为外垦齿。《浙江省海域地名录》（1988）、《中国海域地名志》（1989）、舟山市地图（1990）、《浙江省岱山县地名志》（1990）、《舟山岛礁图集》（1991）、《中国海域地名图集》（1991）和《岱山县志》（1994）均记为外垦齿礁。岸线长 229 米，面积 2 461 平方米，最高点高程 15 米。基岩岛。长有草丛和灌木。建有白色灯桩 1 座。

北小礁 (Běixiǎo Jiāo)

北纬 30°19.8′，东经 121°55.5′。位于舟山市岱山县火山列岛中部，距大陆最近点 40.09 千米。又名小礁、双楼礁。《中国海洋岛屿简况》（1980）记为小礁。《浙江省海域地名录》（1988）、《中国海域地名志》（1989）、舟山市地图（1990）、《浙江省岱山县地名志》（1990）、《舟山岛礁图集》（1991）、《中国海域地名图集》（1991）、《岱山县志》（1994）、《浙江海岛志》（1998）、《全国海岛名称与代码》（2008）和 2010 年浙江省人民政府公布的第一批无居民海岛名称中均记为北小礁。附近海域有两个小岛，统称双楼礁。该岛居北，故名。岸线长 280 米，面积 2 545 平方米，最高点高程 15 米。基岩岛，由上侏罗统西山头组熔结凝灰岩构成。长有少量草丛。

西垦山北岛 (Xīkěnshān Běidǎo)

北纬 30°19.8′，东经 122°05.8′。位于舟山市岱山县岱山岛北部海域，南距岱山岛约 2 千米，距大陆最近点 46.45 千米。第二次全国海域地名普查时命今名。岸线长 81 米，面积 254 平方米，最高点高程 5.5 米。基岩岛。无植被。

南小礁 (Nánxiǎo Jiāo)

北纬 30°19.7′，东经 121°55.4′。位于舟山市岱山县火山列岛中部，距大陆最近点 39.87 千米。又名小礁、南小礁-2、双楼礁。《中国海洋岛屿简况》（1980）记为小礁。《全国海岛名称与代码》（2008）记为南小礁-2。《浙江省海域地名录》（1988）、《中国海域地名志》（1989）、舟山市地图（1990）、《浙江省岱山县地名志》（1990）、《舟山岛礁图集》（1991）、《中国海域地名图集》（1991）、《岱山县志》（1994）、《浙江海岛志》（1998）和 2010 年浙江省人民政府公布的第一批无居民海岛名称中均记为南小礁。附近海域有两个小岛，统称双楼礁。该岛居南，故名。岸线长 266 米，面积 2 075 平方米，最高点高程 7.8 米。基岩岛。长有草丛和灌木。

渔南小西礁 (Yú'nán Xiǎoxī Jiāo)

北纬 30°19.7′，东经 121°55.4′。位于舟山市岱山县火山列岛中部，距大陆最近点 39.86 千米。又名南小礁 -1。《浙江海岛志》（1998）记为 590 号无名岛。

《全国海岛名称与代码》（2008）记为南小礁-1。2010年浙江省人民政府公布的第一批无居民海岛名称中记为渔南小西礁。岸线长144米，面积847平方米，最高点高程8.4米。基岩岛，由上侏罗统西山头组熔结凝灰岩构成。长有少量草丛。

西垦山南岛 (Xīkěnshān Nándǎo)

北纬30°19.4′，东经122°05.7′。位于舟山市岱山县岱山岛北部海域，南距岱山岛约1.7千米，距大陆最近点45.74千米。第二次全国海域地名普查时命今名。岸线长46米，面积132平方米。基岩岛。长有少量草丛。

鸡爪礁 (Jīzhuǎ Jiāo)

北纬30°19.4′，东经122°13.3′。位于舟山市岱山县岱山岛东部海域，西距岱山岛约270米，距大陆最近点46.78千米。《浙江省海域地名录》（1988）、舟山市地图（1990）、《浙江省岱山县地名志》（1990）、《舟山岛礁图集》（1991）和《中国海域地名图集》（1991）均记为鸡爪礁。岸线长59米，面积122平方米，最高点高程18米。基岩岛。长有少量草丛。

黄沙礁 (Huángshā Jiāo)

北纬30°19.2′，东经121°55.8′。位于舟山市岱山县火山列岛中部，距大陆最近点39.95千米。又名黄胖礁。《中国海洋岛屿简况》（1980）记为黄胖礁。《浙江省海域地名录》（1988）、《中国海域地名志》（1989）、舟山市地图（1990）、《浙江省岱山县地名志》（1990）、《舟山岛礁图集》（1991）、《中国海域地名图集》（1991）、《岱山县志》（1994）、《浙江海岛志》（1998）、《全国海岛名称与代码》（2008）和2010年浙江省人民政府公布的第一批无居民海岛名称中均记为黄沙礁。因岛表面呈黄色，附近滩地多黄沙而得名。岸线长146米，面积1 181平方米，最高点高程7米。基岩岛，由上侏罗统西山头组熔结凝灰岩构成。无植被。

西虾鱼礁 (Xīxiāyú Jiāo)

北纬30°19.1′，东经121°55.6′。位于舟山市岱山县火山列岛中部，距大陆最近点39.58千米。《浙江省海域地名录》（1988）、《中国海域地名志》（1989）、舟山市地图（1990）、《浙江省岱山县地名志》（1990）、《舟山岛礁图集》（1991）、《中国海域地名图集》（1991）、《岱山县志》（1994）、《浙江海岛志》（1998）、《全国海岛名称与代码》（2008）和 2010 年浙江省人民政府公布的第一批无居民海岛名称中均记为西虾鱼礁。岸线长 241 米，面积 2 935 平方米，最高点高程 2.5 米。基岩岛，由上侏罗统西山头组熔结凝灰岩构成。长有草丛和灌木。

中切西岛 (Zhōngqiē Xīdǎo)

北纬 30°18.8′，东经 121°55.0′。位于舟山市岱山县火山列岛中部，距大陆最近点 38.45 千米。《中国海洋岛屿简况》（1980）记为无名岛。因位于中切屿西部附近，第二次全国海域地名普查时命今名。岸线长 57 米，面积 191 平方米。基岩岛。长有草丛和灌木。

中切屿 (Zhōngqiē Yǔ)

北纬 30°18.7′，东经 121°55.1′。位于舟山市岱山县火山列岛中部，距大陆最近点 38.42 千米。又名小鱼山 -1。《浙江海岛志》（1998）记为 604 号无名岛。《全国海岛名称与代码》（2008）记为小鱼山-1。2010 年浙江省人民政府公布的第一批无居民海岛名称中记为中切屿。因岛屿东西岸壁立，如从旁边海岛切下的一段山嘴，故名。岸线长 417 米，面积 0.010 6 平方千米，最高点高程 20.5 米。基岩岛，由上侏罗统西山头组熔结凝灰岩构成。长有草丛和灌木。

跳脚墩礁 (Tiàojiǎodūn Jiāo)

北纬 30°18.6′，东经 122°14.3′。位于舟山市岱山县岱山岛东部海域，距岱山岛约 10 米，距大陆最近点 45.76 千米。又名跳脚墩。《浙江省海域地名录》（1988）、《浙江省岱山县地名志》（1990）、《舟山岛礁图集》（1991）和《中国海域地名图集》（1991）均记为跳脚墩礁。《岱山县志》（1994）记为跳脚墩。此礁远视离岸很近，似一跳可过，故名。岸线长 64 米，面积 155 平方米，最高点高程 8 米。基岩岛。无植被。

滩锣礁 (Tānluó Jiāo)

北纬 30°18.5′，东经 122°01.6′。位于舟山市岱山县岱山岛西部海域，距岱山岛约 2 千米，距大陆最近点 43.78 千米。又名铿锣山。《中国海洋岛屿简况》（1980）记为铿锣山。《浙江省海域地名录》（1988）、《中国海域地名志》（1989）、舟山市地图（1990）、《浙江省岱山县地名志》（1990）、《舟山岛礁图集》（1991）、

《中国海域地名图集》（1991）、《岱山县志》（1994）、《浙江海岛志》（1998）、舟山市政区图（2008）、《全国海岛名称与代码》（2008）和 2010 年浙江省人民政府公布的第一批无居民海岛名称均记为滩锣礁。该岛表面平坦，从东西方向望，形似响器中的小锣，“滩”与“坦”谐音，故名。岸线长 281 米，面积 2 114 平方米，最高点高程 6.8 米。基岩岛，由上侏罗统高坞组熔结凝灰岩、凝灰岩、凝灰质砂岩等构成。长有少量草丛。建有黑白灯桩 1 座。

小虾爬礁 (Xiǎoxiāpá Jiāo)

北纬 30°18.4′，东经 122°03.4′。位于舟山市岱山县岱山岛西部海域，距岱山岛约 30 米，距大陆最近点 44.26 千米。《浙江省海域地名录》（1988）和《中国海域地名图集》（1991）记为小虾爬礁。该岛形似虾爬，面积小，故名。岸线长 21 米，面积 30 平方米。基岩岛。无植被。

对江长礁 (Duìjiāng Chángjiāo)

北纬 30°18.4′，东经 122°03.2′。位于舟山市岱山县岱山岛西部海域，距岱山岛约 60 米，距大陆最近点 44.21 千米。《浙江省海域地名录》（1988）、舟山市地图（1990）、《舟山岛礁图集》（1991）和《中国海域地名图集》（1991）均记为对江长礁。因地处双合山对江村附近而得名。岸线长 117 米，面积 415 平方米。基岩岛。无植被。

蟹顶山 (Xièdǐng Shān)

北纬 30°18.3′，东经 122°14.6′。位于舟山市岱山县岱山岛东部海域，西距岱山岛约 180 米，距大陆最近点 45.39 千米。《浙江省海域地名录》（1988）、《中国海域地名志》（1989）、舟山市地图（1990）、《浙江省岱山县地名志》（1990）、《舟山岛礁图集》（1991）和《岱山县志》（1994）均记为蟹顶山。因岛形似一个蟹壳顶而得名。岸线长 231 米，面积 2 408 平方米，最高点高程 8 米。基岩岛。长有少量草丛。

蟹顶山南岛 (Xièdǐngshān Nándǎo)

北纬 30°18.3′，东经 122°14.6′。位于舟山市岱山县岱山岛东部海域，西距岱山岛约 150 米，距大陆最近点 45.31 千米。因位于蟹顶山南部，第二次全国海域地名普查时命今名。岸线长 119 米，面积 608 平方米。基岩岛。无植被。

小沙头岛 (Xiǎoshātóu Dǎo)

北纬 30°18.2′，东经 122°14.3′。位于舟山市岱山县岱山岛东部海域，西距岱山岛约 5 米，距大陆最近点 45.15 千米。因位于小沙头自然村附近，第二次全国海域地名普查时命今名。岸线长 135 米，面积 1 005 平方米。基岩岛。无植被。

大铜锣北岛 (Dàtóngluó Běidǎo)

北纬 30°18.1′，东经 122°14.2′。位于舟山市岱山县岱山岛东部海域，西距岱山岛约 80 米，距大陆最近点 44.86 千米。因位于大铜锣岛北侧，第二次全国海域地名普查时命今名。岸线长 39 米，面积 80 平方米。基岩岛。无植被。

大铜锣岛 (Dàtóngluó Dǎo)

北纬 30°18.1′，东经 122°14.2′。位于舟山市岱山县岱山岛东部海域，西距岱山岛约 15 米，距大陆最近点 44.8 千米。因位于铜锣岛附近，面积较大，第二次全国海域地名普查时命今名。岸线长 234 米，面积 1 972 平方米。基岩岛。长有草丛和灌木。

铜锣岛 (Tóngluó Dǎo)

北纬 30°18.0′，东经 122°14.1′。位于舟山市岱山县岱山岛东部海域，西距岱山岛约 8 米，距大陆最近点 44.6 千米。第二次全国海域地名普查时命今名。岸线长 119 米，面积 512 平方米，最高点高程 5 米。基岩岛。长有草丛和灌木。

岱山岛 (Dàishān Dǎo)

北纬 30°17.3′，东经 122°09.9′。隶属于舟山市岱山县，位于舟山岛北部海域，南距舟山岛约 13.5 千米，距大陆最近点 36.63 千米。又名岱山。《中国海洋岛屿简况》（1980）和舟山市地图（1990）记为岱山。《浙江省海域地名录》（1988）、《中国海域地名志》（1989）、《浙江省岱山县地名志》（1990）、《舟山岛礁图集》(1991)、《中国海域地名图集》（1992）、《岱山县志》（1994）、《浙江海岛志》（1998）、舟山市政区图（2008）和《全国海岛名称与代码》（2008）均记为岱山岛。岱山，意为雄峙于东海蓬莱海域中的东岳泰山，故以泰山别名“岱”

作为岛名。

是舟山群岛第二大岛。东西走向，东宽西窄，形似桑叶。长 14.8 千米，宽 10.4 千米。岸线长 96.57 千米，面积 106.894 2 平方千米，最高点高程 257.1 米。基岩岛，绝大部分由上侏罗统高坞组熔结凝灰岩构成。土壤有滨海盐土、潮土、水稻土、红壤、粗骨土 5 个土类。属亚热带海洋性季风气候，具有四季分明、气温适宜、光热较优的特点。适宜种植晚稻、油菜、马铃薯、花生、玉米、大豆等。植被以岱山黑松为主，次为杉、竹、茶树，以及桃、李、柑橘等果树。

有居民海岛，为岱山县人民政府驻地。2009 年户籍人口 107 147 人，常住人口 113 377 人。工业以水产品加工、船舶修造、化纤、玩具、汽配为支柱，兼有电机、轻纺、鞋业、食品等门类齐全的工业体系。海岛特产有岱盐、少棘蜈蚣、蓬莱仙芝、沙洋晒生、鼎和园香干、新风枪蟹、黄鱼鲞、三鲍鳓鱼、鳗鲞、三矾海蜇、大黄鱼胶等。四周岛屿环绕，水道、航门密布，岸线曲折，沿海有不少优良港口和锚地。岛南有岱山主港——高亭港，是岱山县主要的渔港、商港和对外交通枢纽。岛北岸东沙港，是岱山县内的商港、渔港和避风港。本岛素称海上“蓬莱”，有“蓬莱十景”。旅游资源丰富，为省级风景名胜区。景区（点）主要有磨心山、后沙洋沙滩、燕窝山、双合山、蓬莱公园等。位于岱山岛东南的磨心山，亦称摩星山，占地约 6 平方千米，最高点海拔 257.1 米，南临大海，四周群山环绕，山岗秀丽挺拔，岗岭绵延叠翠，满山苍松翠柏，四季林木葱茏，绿茶郁郁葱葱，环境幽雅宁静，冬有“蓬莱十景”的“白峰积雪”景观。后沙洋沙滩，全长 3.6 千米，宽 300 米，沙质匀细，沙滩柔软舒适，为浙江沿海最长的一条沙滩，滩面平实，有“万步铁板沙”之称。岛上有山塘、水库，并有海底水管与舟山岛相连，岛上电力通过电力架空线和海底电缆与舟山岛相通。

长横山里岛（Chánghéngshān Lǐdǎo）

北纬 30°17.0′，东经 121°34.8′。位于舟山市岱山县七姊八妹列岛西部，东距岱山岛约 46 千米，距大陆最近点 10.07 千米。第二次全国海域地名普查时命今名。岸线长 129 米，面积 990 平方米。基岩岛。无植被。

多北礁 (Duōběi Jiāo)

北纬 30°17.0′，东经 122°21.3′。隶属于舟山市岱山县，距大陆最近点 47.14 千米。又名多北。《浙江省海域地名录》(1988)、舟山市地图（1990)、《浙江省岱山县地名志》(1990)、《舟山岛礁图集》(1991) 和《中国海域地名图集》(1991) 均记为多北礁。《岱山县志》(1994) 记为多北。岸线长 28 米，面积 50 平方米，最高点高程 2.2 米。基岩岛。无植被。

长横山中岛 (Chánghéngshān Zhōngdǎo)

北纬 30°16.9′，东经 121°34.8′。位于舟山市岱山县七姊八妹列岛西部，东距岱山岛约 46.5 千米，距大陆最近点 10.02 千米。因位于长横山里岛和长横山外岛之间，第二次全国海域地名普查时命今名。岸线长 113 米，面积 555 平方米。基岩岛。无植被。

长横山外岛 (Chánghéngshān Wàidǎo)

北纬 30°16.9′，东经 121°34.8′。位于舟山市岱山县七姊八妹列岛西部，东距岱山岛约 46.6 千米，距大陆最近点 9.99 千米。第二次全国海域地名普查时命今名。岸线长 86 米，面积 293 平方米。基岩岛。无植被。

多子礁 (Duōzǐ Jiāo)

北纬 30°16.9′，东经 122°21.6′。隶属于舟山市岱山县，距大陆最近点 47.25 千米。又名多子山-1。《浙江海岛志》(1998) 记为 622 号无名岛。《全国海岛名称与代码》(2008) 记为多子山-1。2010 年浙江省人民政府公布的第一批无居民海岛名称中记为多子礁。岸线长 125 米，面积 818 平方米，最高点高程 7.5 米。基岩岛，由上侏罗统九里坪组流纹斑岩构成。无植被。

剑北大礁 (Jiànběi Dàjiāo)

北纬 30°16.5′，东经 122°24.1′。隶属于舟山市岱山县，距大陆最近点 48.6 千米。又名大礁。《浙江省海域地名录》(1988)、《浙江省岱山县地名志》(1990)、《岱山县志》(1994)、《浙江海岛志》(1998) 和《全国海岛名称与代码》(2008) 均记为大礁，2010 年浙江省人民政府公布的第一批无居民海岛名称中记为剑北大礁。因位于东剑村北面且面积较大，故名。岸线长 183 米，面积 2 161 平方米，最高点高程 17.2 米。基岩岛，由上侏罗统茶湾组熔结凝灰岩、凝灰岩等构成。无植被。

红礁 (Hóng Jiāo)

北纬 30°16.5′，东经 122°20.4′。隶属于舟山市岱山县，距大陆最近点 45.69 千米。《浙江省海域地名录》(1988)、《中国海域地名志》(1989)、舟山市地图(1990)、《舟山岛礁图集》(1991)和《中国海域地名图集》(1991)均记为红礁。因岛岩石呈红色，故名。岸线长 244 米，面积 3 040 平方米，最高点高程 6 米。基岩岛。长有少量草丛。

大红礁 (Dàhóng Jiāo)

北纬 30°15.9′，东经 122°24.6′。隶属于舟山市岱山县，距大陆最近点 48.2 千米。《浙江省海域地名录》(1988)、舟山市地图(1990)、《浙江省岱山县地名志》(1990)、《舟山岛礁图集》(1991)、《中国海域地名图集》(1991)、《岱山县志》(1994)、《浙江海岛志》(1998)、《全国海岛名称与代码》(2008)和 2010 年浙江省人民政府公布的第一批无居民海岛名称中均记为大红礁。因岩石呈棕红色，面积大于南侧近处的小红礁，故名。岸线长 128 米，面积 752 平方米，最高点高程 3.8 米。基岩岛，由上侏罗统茶湾组熔结凝灰岩、凝灰岩等构成。无植被。

东霍黄礁 (Dōnghuò Huángjiāo)

北纬 30°15.9′，东经 121°43.0′。隶属于舟山市岱山县七姊八妹列岛东部，东距岱山岛约 32.5 千米，距大陆最近点 19.17 千米。又名黄礁。《中国海洋岛屿简况》(1980)记为黄礁。《浙江省海域地名录》(1988)、《中国海域地名志》(1989)、舟山市地图(1990)、《浙江省岱山县地名志》(1990)、《舟山岛礁图集》(1991)、《中国海域地名图集》(1991)、《岱山县志》(1994)、《浙江海岛志》(1998)、舟山市政区图(2008)、《全国海岛名称与代码》(2008)和 2010 年浙江省人民政府公布的第一批无居民海岛名称中均记为东霍黄礁。岛上岩石呈黄色，故名。岸线长 347 米，面积 4 288 平方米，最高点高程 3.4 米。基岩岛。由上侏罗统大爽组含角砾熔结凝灰岩、凝灰岩等构成。长有少量草丛。建有简易道路 1 条。

韭菜礁 (Jiǔcài Jiāo)

北纬 30°15.9′，东经 122°24.4′。隶属于舟山市岱山县，距大陆最近点 47.93 千米。《浙江省海域地名录》（1988）和《舟山岛礁图集》（1991）记为韭菜礁。岸线长 34 米，面积 59 平方米，最高点高程 5 米。基岩岛。无植被。

韭菜山南岛 (Jiǔcàishān Nándǎo)

北纬 30°15.8′，东经 122°24.3′。隶属于舟山市岱山县，距大陆最近点 47.83 千米。第二次全国海域地名普查时命今名。岸线长 66 米，面积 166 平方米，最高点高程 3.5 米。基岩岛。无植被。

笔南礁 (Bǐ'nán Jiāo)

北纬 30°15.7′，东经 121°35.3′。隶属于舟山市岱山县七姊八妹列岛西部，东距岱山岛约 35.5 千米，距大陆最近点 10.13 千米。又名笔南。舟山市地图（1990）、《浙江省岱山县地名志》（1990）和《舟山岛礁图集》（1991）均记为笔南礁。《岱山县志》（1994）记为笔南。岸线长 84 米，面积 425 平方米，最高点高程 4.5 米。基岩岛。长有草丛和灌木。

小红礁 (Xiǎohóng Jiāo)

北纬 30°15.7′，东经 122°24.5′。隶属于舟山市岱山县，距大陆最近点 47.76 千米。曾名红礁，又名小红礁-2。民国《定海县志·列岛分图四》注为红礁。《全国海岛名称与代码》（2008）记为小红礁-2。《浙江省海域地名录》（1988）、《中国海域地名志》（1989）、舟山市地图（1990）、《浙江省岱山县地名志》（1990）、《舟山岛礁图集》（1991）、《中国海域地名图集》（1991）、《岱山县志》（1994）、《浙江海岛志》（1998）和 2010 年浙江省人民政府公布的第一批无居民海岛名称均记为小红礁。因表面岩石呈红棕色，且面积小于大红礁，故名。岸线长 114 米，面积 577 平方米，最高点高程 4.5 米。基岩岛，由上侏罗统茶湾组熔结凝灰岩、凝灰岩等构成。无植被。

小红南大岛 (Xiǎohóng Nándà Dǎo)

北纬 30°15.7′，东经 122°24.5′。隶属于舟山市岱山县，距大陆最近点 47.74 千米。因位于小红礁南侧，面积较大，第二次全国海域地名普查时命今名。

岸线长 59 米，面积 203 平方米，最高点高程 3.3 米。基岩岛。无植被。

南岙山南岛 (Nán'àoshān Nándǎo)

北纬 30°15.3′，东经 122°24.7′。隶属于舟山市岱山县，距大陆最近点 47.42 千米。第二次全国海域地名普查时命今名。岸线长 51 米，面积 142 平方米，最高点高程 3 米。基岩岛。无植被。

五爪礁 (Wǔzhuǎ Jiāo)

北纬 30°15.1′，东经 122°25.1′。隶属于舟山市岱山县岱山岛东部海域，西距岱山岛约 30 米，距大陆最近点 47.04 千米。又名大长涂-1。《浙江海岛志》（1998）记为 651 号无名岛。《全国海岛名称与代码》（2008）记为大长涂-1。2010 年浙江省人民政府公布的第一批无居民海岛名称中记为五爪礁。因与五爪湖山嘴相邻，故名。岸线长 2.85 千米，面积 0.093 2 平方千米，最高点高程 20 米。基岩岛，由上侏罗统九里坪组流纹斑岩构成。建有石砌简易码头 1 座。

小长坛山北岛 (Xiǎochángtánshān Běidǎo)

北纬 30°15.0′，东经 121°36.4′。隶属于舟山市岱山县七姊八妹列岛西部，东距岱山岛约 43.4 千米，距大陆最近点 10.4 千米。又名外坛礁，外坛。《浙江省岱山县地名志》（1990）和《中国海域地名图集》（1991）记为外坛礁。《岱山县志》（1994）记为外坛。第二次全国海域地名普查时更为今名。岸线长 77 米，面积 404 平方米，最高点高程 3 米。基岩岛。无植被。

草鞋盘礁 (Cǎoxiépán Jiāo)

北纬 30°14.9′，东经 122°27.3′。隶属于舟山市岱山县，距大陆最近点 49.34 千米。又名草鞋盘岛、草鞋盘。舟山市地图（1990）、《浙江省岱山县地名志》（1990）、《舟山岛礁图集》（1991）和《岱山县志》（1994）均记为草鞋盘。《浙江海岛志》（1998）记为草鞋盘岛。《浙江省海域地名录》（1988）、《中国海域地名志》（1989）、《中国海域地名图集》（1991）、《全国海岛名称与代码》（2008）和 2010 年浙江省人民政府公布的第一批无居民海岛名称中均记为草鞋盘礁。因岛形似农民织草鞋用的工具草鞋盘而得名。岸线长 155 米，面积 1 532 平方米，最高点高程 6.5 米。基岩岛，由上侏罗统茶湾组熔结凝灰岩、凝灰岩等构成。无植被。

东坛礁 (Dōngtán Jiāo)

北纬 30°14.9′，东经 121°36.0′。位于舟山市岱山县七姊八妹列岛西部，东距岱山岛约 45.3 千米，距大陆最近点 9.91 千米。《全国海岛名称与代码》（2008）记为无名岛 DSH4。《浙江省海域地名录》（1988）、《中国海域地名志》（1989）、舟山市地图（1990）、《舟山岛礁图集》（1991）、《中国海域地名图集》（1991）、《浙江海岛志》（1998）和 2010 年浙江省人民政府公布的第一批无居民海岛名称中均记为东坛礁。岸线长 207 米，面积 2 855 平方米，最高点高程 4 米。基岩岛，由上侏罗统大爽组含角砾熔结凝灰岩、凝灰岩等构成。无植被。

草鞋盘南岛 (Cǎoxiépán Nándǎo)

北纬 30°14.9′，东经 122°27.3′。隶属于舟山市岱山县，距大陆最近点 49.32 千米。因位于草鞋盘礁南侧，第二次全国海域地名普查时命今名。岸线长 82 米，面积 434 平方米。基岩岛。无植被。

奔波礁 (Bēnbō Jiāo)

北纬 30°14.9′，东经 122°29.4′。隶属于舟山市岱山县，距大陆最近点 51.54 千米。又名奔波。《浙江省海域地名录》（1988）、舟山市地图（1990）、《舟山岛礁图集》（1991）和《中国海域地名图集》（1991）均记为奔波礁。《岱山县志》（1994）记为奔波。岸线长 51 米，面积 171 平方米，最高点高程 3 米。基岩岛。无植被。

海尾巴礁 (Hǎiwěiba Jiāo)

北纬 30°14.9′，东经 122°27.9′。隶属于舟山市岱山县，距大陆最近点 49.91 千米。又名海尾巴。舟山市地图（1990）、《浙江省岱山县地名志》（1990）、《舟山岛礁图集》（1991）和《岱山县志》（1994）均记为海尾巴。《中国海域地名图集》（1991）记为海尾巴礁。小西寨岛北端有一块长条形礁石，似小西寨岛的尾巴，该礁似尾巴尖头甩在海面上，故名。岸线长 136 米，面积 1 258 平方米，最高点高程 3 米。基岩岛。无植被。

樱连北礁 (Yīnglián Běijiāo)

北纬 30°14.9′，东经 122°26.1′。隶属于舟山市岱山县，距大陆最近点

48.09 千米。又名樱连山-1。《浙江海岛志》（1998）记为 655 号无名岛。《全国海岛名称与代码》（2008）记为樱连山-1。2010 年浙江省人民政府公布的第一批无居民海岛名称中记为樱连北礁。岸线长 105 米，面积 771 平方米，最高点高程 7 米。基岩岛。无植被。建有黑白相间灯桩 1 座。

西坛礁 (Xītán Jiāo)

北纬 30°14.9′，东经 121°35.6′。位于舟山市岱山县七姊八妹列岛西部，东距岱山岛约 46 千米，距大陆最近点 9.49 千米。《中国海洋岛屿简况》（1980）有记载，但无名。《浙江省海域地名录》（1988）、舟山市地图（1990）和《中国海域地名图集》（1991）均记为西坛礁。岸线长 201 米，面积 1 761 平方米，最高点高程 5.3 米。基岩岛。无植被。

鲨鱼东岛 (Shāyú Dōngdǎo)

北纬 30°14.8′，东经 122°26.9′。位于舟山市岱山县，距大陆最近点 48.79 千米。第二次全国海域地名普查时命今名。岸线长 67 米，面积 272 平方米。基岩岛。无植被。

黄老虎礁 (Huánglǎohǔ Jiāo)

北纬 30°14.7′，东经 122°28.6′。隶属于舟山市岱山县，距大陆最近点 50.33 千米。民国《定海县志・列岛分图四》已有名称记载。《中国海洋岛屿简况》（1980）、《浙江省海域地名录》（1988）、《中国海域地名志》（1989）、舟山市地图（1990）、《浙江省岱山县地名志》（1990）、《舟山岛礁图集》（1991）和《岱山县志》（1994）均记为黄老虎礁。因表面岩石色黄，岛形似老虎而得名。岸线长 74 米，面积 351 平方米，最高点高程 10.8 米。基岩岛。长有少量草丛。

小西寨岛 (Xiǎoxīzhài Dǎo)

北纬 30°14.7′，东经 122°27.8′。隶属于舟山市岱山县，距大陆最近点 49.07 千米。曾名小西寨山。民国《定海县志・列岛分图四》已有小西寨山名称记载。《中国海洋岛屿简况》（1980）、《浙江省海域地名录》（1988）、《中国海岸带和海涂资源综合调查图集》（1988）、《中国海域地名志》（1989）、舟山市地图（1990）、《浙江省岱山县地名志》（1990）、《舟山岛礁图集》（1991）、

《中国海域地名图集》（1991）、《岱山县志》（1994）、《浙江海岛志》（1998）、舟山市政区图（2008）、《全国海岛名称与代码》（2008）和2010年浙江省人民政府公布的第一批无居民海岛名称中均记为小西寨岛。因与大西寨岛相近，面积小于大西寨岛而得名。岸线长2.9千米，面积0.297 8平方千米，最高点高程107.4米。基岩岛，由上侏罗统茶湾组熔结凝灰岩、凝灰岩及九里坪组流纹斑岩构成。由岱山县人民政府颁发林权证，面积323亩。

黄老虎南岛 (Huánglǎohǔ Nándǎo)

北纬30°14.7′，东经122°28.6′。隶属于舟山市岱山县，距大陆最近点50.31千米。因位于黄老虎礁南侧，第二次全国海域地名普查时命今名。岸线长58米，面积269平方米，最高点高程3.5米。基岩岛。无植被。

高亭小馒头屿 (Gāotíng Xiǎomántou Yǔ)

北纬30°14.6′，东经122°10.8′。位于舟山市岱山县岱山岛南部海域，北距岱山岛约410米，距大陆最近点37.37千米。又名小馒头、小馒头山。《浙江海岛志》（1998）记为小馒头山。《全国海岛名称与代码》（2008）记为小馒头。2010年浙江省人民政府公布的第一批无居民海岛名称中记为高亭小馒头屿。该岛形似馒头且面积较小，得名小馒头。因重名，加前缀“高亭”。岸线长260米，面积4 170平方米，最高点高程12.5米。基岩岛，由上侏罗统高坞组熔结凝灰岩构成。

东剑馒头礁 (Dōngjiàn Mántou Jiāo)

北纬30°14.6′，东经122°26.5′。隶属于舟山市岱山县，距大陆最近点48.05千米。又名小馒头岛-1。《浙江海岛志》（1998）记为669号无名岛。《全国海岛名称与代码》（2008）记为小馒头岛-1。2010年浙江省人民政府公布的第一批无居民海岛名称中记为东剑馒头礁。岸线长102米，面积413平方米，最高点高程18.9米。基岩岛，由上侏罗统九里坪组流纹斑岩构成。无植被。

樱连山东岛 (Yīngliánshān Dōngdǎo)

北纬30°14.6′，东经122°26.2′。隶属于舟山市岱山县，距大陆最近点47.67千米。因位于樱连山岛东侧，第二次全国海域地名普查时命今名。岸线长

109 米，面积 907 平方米。基岩岛。无植被。

杨梅礁（Yángméi Jiāo）

北纬 30°14.5′，东经 122°23.4′。隶属于舟山市岱山县，距大陆最近点 44.97 千米。又名大长涂山-2。《浙江海岛志》（1998）记为 672 号无名岛，《全国海岛名称与代码》（2008）记为大长涂山-2。2010 年浙江省人民政府公布的第一批无居民海岛名称中记为杨梅礁。因与杨梅坑村相邻而得名。岸线长 169 米，面积 1 056 平方米，最高点高程 10 米。基岩岛，由上侏罗统九里坪组流纹斑岩构成。长有灌木。

大帽篷礁（Dàmàopéng Jiāo）

北纬 30°14.5′，东经 122°28.5′。隶属于舟山市岱山县，距大陆最近点 49.99 千米。又名乌礁。民国《定海县志・列岛分图四》已有乌礁名称记载。《中国海洋岛屿简况》（1980）、《浙江省海域地名录》（1988）、《中国海域地名志》（1989）、舟山市地图（1990）、《浙江省岱山县地名志》（1990）、《舟山岛礁图集》（1991）、《中国海域地名图集》（1991）、《岱山县志》（1994）、《浙江海岛志》（1998）和《全国海岛名称与代码》（2008）均记为乌礁。2010 年浙江省人民政府公布的第一批无居民海岛名称中记为大帽篷礁。因与小帽篷礁相邻，形似竹制凉帽，且面积较大，故名。岸线长 169 米，面积 1 943 平方米，最高点高程 15.6 米。基岩岛，由上侏罗统茶湾组熔结凝灰岩、凝灰岩等构成。长有少量草丛。

放羊山屿（Fàngyángshān Yǔ）

北纬 30°14.5′，东经 122°24.6′。隶属于舟山市岱山县，距大陆最近点 46.09 千米。又名放羊山。《中国海洋岛屿简况》（1980）有记载，但无名。《浙江省海域地名录》（1988）、《中国海域地名志》（1989）、舟山市地图（1990）、《浙江省岱山县地名志》（1990）、《舟山岛礁图集》（1991）、《中国海域地名图集》（1991）、《岱山县志》（1994）、《浙江海岛志》（1998）和《全国海岛名称与代码》（2008）均记为放羊山。2010 年浙江省人民政府公布的第一批无居民海岛名称中记为放羊山屿。因岛上草木茂盛，曾有附近村民在岛上放牧山羊而得名。岸线长 313 米，面积 4 682 平方米，最高点高程 21 米。基岩岛，由上侏罗统九里坪组流纹斑岩构成。

小帽篷礁 (Xiǎomàopéng Jiāo)

北纬 30°14.5′，东经 122°28.4′。隶属于舟山市岱山县，距大陆最近点 49.91 千米。又名小帽蓬岛、小帽蓬、小帽篷、小帽蓬礁。舟山市地图（1990）和《舟山岛礁图集》（1991）记为小帽篷。《浙江省岱山县地名志》（1990）和《岱山县志》（1994）记为小帽蓬。《浙江海岛志》（1998）记为小帽蓬岛。《全国海岛名称与代码》（2008）记为小帽蓬礁。2010 年浙江省人民政府公布的第一批无居民海岛名称中记为小帽篷礁。因岛形似竹制凉帽，且与大帽篷礁相近而得名。岸线长 64 米，面积 293 平方米，最高点高程 5 米。基岩岛，由上侏罗统茶湾组熔结凝灰岩、凝灰岩等构成。无植被。

大帽篷南岛 (Dàmàopéng Nándǎo)

北纬 30°14.5′，东经 122°28.5′。隶属于舟山市岱山县，距大陆最近点 50.02 千米。因位于大帽篷礁南侧，第二次全国海域地名普查时命今名。岸线长 50 米，面积 195 平方米。基岩岛。无植被。

小馒头东大岛 (Xiǎomántou Dōngdà Dǎo)

北纬 30°14.5′，东经 122°26.6′。隶属于舟山市岱山县，距大陆最近点 47.99 千米。第二次全国海域地名普查时命今名。岸线长 165 米，面积 1 846 平方米。基岩岛。

峧北东岛 (Jiāoběi Dōngdǎo)

北纬 30°14.5′，东经 122°09.4′。位于舟山市岱山县岱山岛南部海域，北距岱山岛约 750 米，距大陆最近点 36.85 千米。第二次全国海域地名普查时命今名。岸线长 51 米，面积 110 平方米。基岩岛。无植被。

小龙珠礁 (Xiǎolóngzhū Jiāo)

北纬 30°14.5′，东经 122°20.7′。隶属于舟山市岱山县，距大陆最近点 42.66 千米。又名大长涂山 -3。《浙江海岛志》（1998）记为 680 号无名岛。《全国海岛名称与代码》（2008）记为大长涂山 -3。2010 年浙江省人民政府公布的第一批无居民海岛名称中记为小龙珠礁。位于大龙珠礁附近，地处大龙潭岙，面积较大龙珠礁小，故名。岸线长 126 米，面积 777 平方米，最高点高程 5 米。基岩岛，由上侏罗统茶湾组熔结凝灰岩、凝灰岩等构成。长有灌木。

大龙珠礁 (Dàlóngzhū Jiāo)

北纬 30°14.5′，东经 122°20.7′。隶属于舟山市岱山县，距大陆最近点 42.66 千米。又名大长涂山 -4。《浙江海岛志》（1998）记为 682 号无名岛。《全国海岛名称与代码》（2008）记为大长涂山 -4。2010 年浙江省人民政府公布的第一批无居民海岛名称中记为大龙珠礁。因地处大龙潭岙内，与小龙珠礁紧邻，故名。岸线长 138 米，面积 1 201 平方米，最高点高程 6.4 米。基岩岛，由上侏罗统茶湾组熔结凝灰岩、凝灰岩等构成。岛上无植被。

酱油碟礁 (Jiàngyóudié Jiāo)

北纬 30°14.4′，东经 122°10.8′。位于舟山市岱山县岱山岛南部海域，北距岱山岛约 850 米，距大陆最近点 37 千米。《浙江省海域地名录》（1988）、《中国海域地名志》（1989）、舟山市地图（1990）、《浙江省岱山县地名志》（1990）、《舟山岛礁图集》（1991）、《中国海域地名图集》（1991）和《岱山县志》（1994）均记为酱油碟礁。因岛形似盛酱油的碟子而得名。岸线长 70 米，面积 240 平方米，最高点高程 3 米。基岩岛。无植被。岛上建有白色灯桩 1 座。

小沙河岛 (Xiǎoshāhé Dǎo)

北纬 30°14.3′，东经 122°18.6′。隶属于舟山市岱山县，距大陆最近点 40.82 千米。第二次全国海域地名普查时命今名。因位于大沙河村附近，面积小于大沙河礁，故名。岸线长 70 米，面积 218 平方米，最高点高程 6.4 米。基岩岛。无植被。

大沙河礁 (Dàshāhé Jiāo)

北纬 30°14.3′，东经 122°18.8′。隶属于舟山市岱山县，距大陆最近点 40.96 千米。又名大长涂山-5。《浙江海岛志》（1998）记为 693 号无名岛。《全国海岛名称与代码》（2008）记为大长涂山 -5。2010 年浙江省人民政府公布的第一批无居民海岛名称中记为大沙河礁。因位于大沙河自然村附近而得名。岸线长 78 米，面积 408 平方米，最高点高程 4 米。基岩岛，由上侏罗统九里坪组流纹斑岩构成。无植被。

钉嘴门礁 (Dīngzuǐmén Jiāo)

北纬 30°14.3′，东经 122°19.2′。隶属于舟山市岱山县，距大陆最近点 41.19 千米。又名大长涂山-6。《浙江海岛志》（1998）记为 696 号无名岛，《全国海岛名称与代码》（2008）记为大长涂山-6。2010 年浙江省人民政府公布的第一批无居民海岛名称中记为钉嘴门礁。因位于钉嘴门自然村附近而得名。岸线长 34 米，面积 82 平方米，最高点高程 3 米。基岩岛，由上侏罗统茶湾组熔结凝灰岩、凝灰岩等构成。无植被。

长山嘴里岛 (Chángshānzuǐ Lǐdǎo)

北纬 30°14.2′，东经 122°18.7′。隶属于舟山市岱山县，距大陆最近点 40.76 千米。附近有三个海岛，按距离由近及远排序，该岛最近，第二次全国海域地名普查时命今名。岸线长 89 米，面积 467 平方米。基岩岛。

长山嘴中岛 (Chángshānzuǐ Zhōngdǎo)

北纬 30°14.2′，东经 122°18.7′。隶属于舟山市岱山县，距大陆最近点 40.75 千米。附近有三个海岛，按距离由近及远排序，该岛居中，第二次全国海域地名普查时命今名。岸线长 100 米，面积 559 平方米。基岩岛。

沙礁 (Shā Jiāo)

北纬 30°14.2′，东经 122°23.5′。隶属于舟山市岱山县，距大陆最近点 44.58 千米。又名双礁。《浙江省岱山县地名志》（1990）、《岱山县志》（1994）均记为双礁。《浙江海岛志》（1998）、《全国海岛名称与代码》（2008）和 2010 年浙江省人民政府公布的第一批无居民海岛名称中均记为沙礁。在涨潮时，有两个岩瘠露出，1985 年定名双礁，后改称沙礁。岸线长 130 米，面积 881 平方米，最高点高程 9 米。基岩岛，由上侏罗统茶湾组熔结凝灰岩、凝灰岩、凝灰质砂岩等构成。长有草丛和灌木。

长山嘴外岛 (Chángshānzuǐ Wàidǎo)

北纬 30°14.2′，东经 122°18.7′。隶属于舟山市岱山县，距大陆最近点 40.65 千米。附近有三个海岛，按距离由近及远排序，该岛最远，第二次全国海域地名普查时命今名。岸线长 143 米，面积 891 平方米。基岩岛。

背阴礁（Bèiyīn Jiāo）

北纬 30°14.0′，东经 122°24.2′。隶属于舟山市岱山县，距大陆最近点 44.96 千米。又名大长涂山-7。《浙江海岛志》（1998）记为 703 号无名岛。《全国海岛名称与代码》（2008）记为大长涂山-7。2010 年浙江省人民政府公布的第一批无居民海岛名称中记为背阴礁。因与背阴山咀相邻，故名。岸线长 346 米，面积 4 474 平方米，最高点高程 5 米。基岩岛，由上侏罗统九里坪组流纹斑岩构成。长有草丛和灌木。

东鼓柱礁（Dōnggǔzhù Jiāo）

北纬 30°14.0′，东经 122°30.6′。隶属于舟山市岱山县，距大陆最近点 51.64 千米。又名东鼓柱。《浙江省海域地名录》（1988）、舟山市地图（1990）、《舟山岛礁图集》（1991）和《中国海域地名图集》（1991）均记为东鼓柱礁。《岱山县志》（1994）记为东鼓柱。因岛形似鼓柱，地处寨山航门东，故名。岸线长 129 米，面积 1 176 平方米，最高点高程 3 米。基岩岛。无植被。建有红白相间灯桩 1 座。

提篓南岛（Tílǒu Nándǎo）

北纬 30°14.0′，东经 122°31.7′。隶属于舟山市岱山县，距大陆最近点 52.96 千米。第二次全国海域地名普查时命今名。岸线长 41 米，面积 122 平方米。基岩岛。无植被。

圆山北礁（Yuánshān Běijiāo）

北纬 30°13.9′，东经 122°16.2′。隶属于舟山市岱山县，距大陆最近点 38.57 千米。又名大圆山-1、圆山沙咀涂。《中国海域地名图集》（1991）记为圆山沙咀涂。《浙江海岛志》（1998）记为 707 号无名岛。《全国海岛名称与代码》（2008）记为大圆山-1。2010 年浙江省人民政府公布的第一批无居民海岛名称中记为圆山北礁。岸线长 300 米，面积 3 552 平方米，最高点高程 10.1 米。基岩岛，由上侏罗统九里坪组流纹斑岩构成。岛上建有国家大地控制点 1 个。

朝剑门外岛（Cháojiànmén Wàidǎo）

北纬 30°13.9′，东经 122°18.0′。隶属于舟山市岱山县，距大陆最近点

39.78 千米。因位于朝剑门礁西侧较远处（外侧），第二次全国海域地名普查时命今名。岸线长 23 米，面积 33 平方米。基岩岛。无植被。

大劈刀礁 (Dàpīdāo Jiāo)

北纬 30°13.9′，东经 122°25.1′。隶属于舟山市岱山县，距大陆最近点 45.69 千米。曾名大劈开礁，又名大劈刀礁-1、大忽弹礁。民国《定海县志·列岛分图四》注为大劈开礁。因地处忽弹岙外，附近群众也称大忽弹礁。《全国海岛名称与代码》（2008）记为大劈刀礁-1。《浙江省海域地名录》（1988）、《中国海域地名志》（1989）、《中国海域地名图集》（1991）、《岱山县志》（1994）、《浙江海岛志》（1998）和 2010 年浙江省人民政府公布的第一批无居民海岛名称中均记为大劈刀礁。岸线长 131 米，面积 968 平方米，最高点高程 5.8 米。基岩岛，由上侏罗统九里坪组流纹斑岩构成。无植被。

南沙头礁 (Nánshātóu Jiāo)

北纬 30°13.9′，东经 122°17.4′。隶属于舟山市岱山县，距大陆最近点 39.29 千米。又名大长涂山-8、南沙头。《中国海洋岛屿简况》（1980）有记载，但无名。《浙江省岱山县地名志》（1990）记为南沙头。《浙江海岛志》（1998）记为 711 号无名岛。《全国海岛名称与代码》（2008）记为大长涂山-8。2010 年浙江省人民政府公布的第一批无居民海岛名称中记为南沙头礁。因岛周边海域底质带沙，习称南沙头，故名。岸线长 122 米，面积 603 平方米，最高点高程 4 米。基岩岛，由上侏罗统九里坪组流纹斑岩构成。无植被。

楠木桩岛 (Nánmùzhuāng Dǎo)

北纬 30°13.9′，东经 122°25.9′。隶属于舟山市岱山县，距大陆最近点 46.23 千米。又名楠木桩。民国《定海县志·列岛分图二》已有名称记载。《中国海洋岛屿简况》（1980）、《中国海岸带和海涂资源综合调查图集》（1988）、舟山市地图（1990）、《浙江省岱山县地名志》（1990）、《舟山岛礁图集》（1991）和《岱山县志》（1994）均记为楠木桩。《浙江省海域地名录》（1988）、《中国海域地名志》（1989）、《中国海域地名图集》（1991）、《浙江海岛志》（1998）、舟山市政区图（2008）、《全国海岛名称与代码》（2008）和 2010 年浙江省人民政府公布的第一批无居民海岛名称中均记为楠木桩岛。表面岩石呈黄色，岛东北部宽大，西南部狭长，似一根楠木桩头，故名。岸线长 1.91 千米，面积 0.090 9 平方千米，最高点高程 54.4 米。基岩岛，由上侏罗统九里坪组流纹斑岩构成。长有草丛和灌木。由岱山县人民政府颁发林权证，面积 94 亩。

剑门南礁 (Jiànmén Nánjiāo)

北纬 30°13.9′，东经 122°18.1′。隶属于舟山市岱山县，距大陆最近点 39.82 千米。又名大长涂礁-11。《浙江海岛志》(1998) 记为 717 号无名岛。《全国海岛名称与代码》(2008) 记为大长涂礁-11。2010 年浙江省人民政府公布的第一批无居民海岛名称中记为剑门南礁。因岛地处朝剑门礁以南而得名。岸线长 140 米，面积 282 平方米，最高点高程 11 米。基岩岛，由上侏罗统九里坪组流纹斑岩构成。无植被。

朝剑门礁 (Cháojiànmén Jiāo)

北纬 30°13.9′，东经 122°18.1′。隶属于舟山市岱山县，距大陆最近点 39.79 千米。又名大长涂山-10。《浙江海岛志》(1998) 记为 713 号无名岛。《全国海岛名称与代码》(2008) 记为大长涂山-10。2010 年浙江省人民政府公布的第一批无居民海岛名称中记为朝剑门礁。岸线长 173 米，面积 1 105 平方米，最高点高程 29.1 米。基岩岛，由上侏罗统九里坪组流纹斑岩构成。岛岸陡峭，顶部平缓。

朝剑门西岛 (Cháojiànmén Xīdǎo)

北纬 30°13.9′，东经 122°18.1′。隶属于舟山市岱山县，距大陆最近点 39.77 千米。因位于朝剑门礁西面，第二次全国海域地名普查时命今名。岸线长 63 米，面积 110 平方米，最高点高程 11 米。基岩岛。长有草丛和灌木。

圆山中岛 (Yuánshān Zhōngdǎo)

北纬 30°13.9′，东经 122°16.2′。隶属于舟山市岱山县，距大陆最近点 38.5 千米。第二次全国海域地名普查时命今名。岸线长 117 米，面积 667 平方米。基岩岛。长有少量草丛。

朝剑门南岛 (Cháojiànmén Nándǎo)

北纬 30°13.9′，东经 122°18.1′。隶属于舟山市岱山县，距大陆最近点

39.76 千米。因位于朝剑门礁南面，第二次全国海域地名普查时命今名。岸线长71 米，面积 269 平方米。基岩岛。长有草丛和灌木。

圆山中南岛 (Yuánshān Zhōngnán Dǎo)

北纬 30°13.9′，东经 122°16.2′。隶属于舟山市岱山县，距大陆最近点38.48 千米。因位于圆山中岛南侧，第二次全国海域地名普查时命今名。岸线长71 米，面积 303 平方米。基岩岛。长有少量草丛。

东寨岛 (Dōngzhài Dǎo)

北纬 30°13.8′，东经 122°31.3′。隶属于舟山市岱山县，距大陆最近点51.65 千米。民国《定海县志・列岛分图二》注为东寨岛。《中国海洋岛屿简况》（1980）、《浙江省海域地名录》（1988）、《中国海岸带和海涂资源综合调查图集》（1988）、《中国海域地名志》（1989）、舟山市地图（1990）、《舟山岛礁图集》（1991）、《中国海域地名图集》（1991）、《岱山县志》（1994）、《浙江海岛志》（1998）、舟山市政区图（2008）和《全国海岛名称与代码》（2008）均记为东寨岛。因位于大西寨东岛东面，每逢渔汛期，渔民在此搭棚（亦称寨）居住，故名。岸线长 5.72 千米，面积 0.537 平方千米，最高点高程 89.4 米。基岩岛，由上侏罗统茶湾组熔结凝灰岩、凝灰岩及九里坪组流纹斑岩构成。周围水深 3 ～ 30 米。有居民海岛，岛上有山林、荒地，岛民现已迁移。

朝门山南岛 (Cháoménshān Nándǎo)

北纬 30°13.8′，东经 122°23.8′。隶属于舟山市岱山县，距大陆最近点44.34 千米。因位于朝门山南面，第二次全国海域地名普查时命今名。岸线长146 米，面积 761 平方米。基岩岛。无植被。

南楠木礁 (Nánnánmù Jiāo)

北纬 30°13.8′，东经 122°25.8′。隶属于舟山市岱山县，距大陆最近点46.18 千米。《浙江省海域地名录》（1988）、《中国海域地名志》（1989）、舟山市地图（1990）、《浙江省岱山县地名志》（1990）、《舟山岛礁图集》（1991）、《岱山县志》（1994）、《浙江海岛志》（1998）、《全国海岛名称与代码》（2008）和 2010 年浙江省人民政府公布的第一批无居民海岛名称中均记为南楠木礁。因位于楠木桩岛以南而得名。岸线长 127 米，面积 845 平方米，最高点高程 4.9 米。基岩岛，由上侏罗统九里坪组流纹斑岩构成。无植被。建有红白相间灯桩 1 座。

南楠木小岛 (Nánnánmù Xiǎodǎo)

北纬 30°13.8′，东经 122°25.8′。隶属于舟山市岱山县，距大陆最近点 46.2 千米。因位于南楠木礁附近，面积较小，第二次全国海域地名普查时命今名。岸线长 44 米，面积 117 平方米。基岩岛。无植被。

上夹钳北岛 (Shàngjiāqián Běidǎo)

北纬 30°13.7′，东经 122°06.4′。位于舟山市岱山县岱山岛南部海域，北距岱山岛约 4.3 千米，距大陆最近点 35.26 千米。第二次全国海域地名普查时命今名。岸线长 110 米，面积 809 平方米。基岩岛。无植被。

梨子南礁 (Lízǐ Nánjiāo)

北纬 30°13.7′，东经 122°18.1′。隶属于舟山市岱山县，距大陆最近点 39.53 千米。又名梨子山-1。《浙江海岛志》(1998) 记为 727 号无名岛。《全国海岛名称与代码》(2008) 记为梨子山-1。2010 年浙江省人民政府公布的第一批无居民海岛名称中记为梨子南礁。岸线长 55 米，面积 191 平方米，最高点高程 4.5 米。基岩岛，由上侏罗统九里坪组流纹斑岩构成。无植被。

崖洞下岛 (Yádòng Xiàdǎo)

北纬 30°13.7′，东经 122°29.9′。隶属于舟山市岱山县，距大陆最近点 50.47 千米。《全国海岛名称与代码》(2008) 记为崖洞下岛。岸线长 94 米，面积 621 平方米。基岩岛。无植被。

大圆山东岛 (Dàyuánshān Dōngdǎo)

北纬 30°13.7′，东经 122°16.5′。隶属于舟山市岱山县，距大陆最近点 38.36 千米。第二次全国海域地名普查时命今名。岸线长 82 米，面积 268 平方米。基岩岛。无植被。

万字礁 (Wànzì Jiāo)

北纬 30°13.7′，东经 122°19.0′。隶属于舟山市岱山县，距大陆最近点 40.09 千米。曾名饭字礁、讨饭提篓。《中国海洋岛屿简况》(1980)、《浙江省海域地名录》（1988）、《中国海域地名志》（1989）、舟山市地图（1990）、《浙江省岱山县地名志》（1990）、《舟山岛礁图集》（1991）、《中国海域地名图集》（1991）、《岱山县志》（1994）、《浙江海岛志》（1998）、《全国海岛名称与代码》（2008）和2010年浙江省人民政府公布的第一批无居民海岛名称中均记为万字礁。因岛上童秃无植被，形似提篓，中华人民共和国成立前称为讨饭提篓，喻两村人民生活困苦不堪；中华人民共和国成立后，两村人民生活富裕了，改称“饭字礁”，谐音误作“万字礁”。岸线长225米，面积2 348平方米，最高点高程6.1米。基岩岛，由上侏罗统九里坪组流纹斑岩构成。岩石裸露。无植被。潮间带以下多贻贝、螺、紫菜等贝、藻类生物。东部建有3个渔船水泥系缆墩。

西寨北礁 (Xīzhài Běijiāo)

北纬30°13.7′，东经122°30.0′。隶属于舟山市岱山县，距大陆最近点50.57千米。《浙江海岛志》（1998）记为728号无名岛。《全国海岛名称与代码》（2008）记为无名岛DSH5。2010年浙江省人民政府公布的第一批无居民海岛名称中记为西寨北礁。因位于大西寨岛东北部而得名。岸线长111米，面积637平方米，最高点高程3米。基岩岛，由上侏罗统九里坪组流纹斑岩构成。无植被。潮间带以下多贻贝、螺、紫菜等贝、藻类生物。

西寨东嘴头屿 (Xīzhài Dōngzuǐtóu Yǔ)

北纬30°13.6′，东经122°30.0′。隶属于舟山市岱山县，距大陆最近点50.43千米。又名东咀头岛、东嘴头岛、东嘴头、东咀头。《中国海洋岛屿简况》（1980）记为东咀头。《浙江省海域地名录》（1988）、《中国海域地名图集》（1991）和《全国海岛名称与代码》（2008）均记为东咀头岛。舟山市地图（1990）、《浙江省岱山县地名志》（1990）、《舟山岛礁图集》（1991）、《岱山县志》（1994）均记为东嘴头。《中国海域地名志》（1989）和《浙江海岛志》（1998）均记为东嘴头岛。2010年浙江省人民政府公布的第一批无居民海岛名称中记为西寨东嘴头屿。因位于大西寨岛东端，似向外伸展的山嘴而得名。岸线长456米，面积8 659平方米，最高点高程31.3米。基岩岛。长有草丛和灌木。

大西寨东岛 (Dàxīzhài Dōngdǎo)

北纬 30°13.6′，东经 122°30.0′。隶属于舟山市岱山县，距大陆最近点 50.46 千米。因位于大西寨岛东侧，第二次全国海域地名普查时命今名。岸线长 118 米，面积 901 平方米，最高点高程 10 米。基岩岛。无植被。

大西寨岛 (Dàxīzhài Dǎo)

北纬 30°13.6′，东经 122°29.2′。隶属于舟山市岱山县，距大陆最近点 48.49 千米。《中国海洋岛屿简况》（1980）、《浙江省海域地名录》（1988）、《中国海岸带和海涂资源综合调查图集》（1988）、《中国海域地名志》（1989）、舟山市地图（1990）、《浙江省岱山县地名志》（1990）、《舟山岛礁图集》（1991）、《中国海域地名图集》（1991）、《岱山县志》（1994）、《浙江海岛志》（1998）、舟山市政区图（2008）和《全国海岛名称与代码》（2008）均记为大西寨岛。与东寨岛相对而立，因岛面积较大，每逢渔汛期，渔民在此搭棚（亦称寨）居住，故名。岸线长 10.36 千米，面积 2.515 7 平方千米，最高点高程 189.9 米。呈西北—东南走向，长 3.01 千米，宽 1.39 千米。基岩岛，由上侏罗统茶湾组熔结凝灰岩、凝灰岩及九里坪组流纹斑岩构成。潮间带以下多贻贝、螺、紫菜等贝、藻类生物。有居民海岛，岛上有废弃房屋。

壳落北小岛 (Kéluò Běixiǎo Dǎo)

北纬 30°13.5′，东经 122°17.0′。隶属于舟山市岱山县，距大陆最近点 38.42 千米。因位于壳落北礁附近，面积较小，第二次全国海域地名普查时命今名。岸线长 86 米，面积 293 平方米。基岩岛。长有少量草丛。

壳落北礁 (Kéluò Běijiāo)

北纬 30°13.5′，东经 122°17.0′。隶属于舟山市岱山县，距大陆最近点 38.37 千米。又名壳落山-1。《浙江海岛志》（1998）记为 742 号无名岛。《全国海岛名称与代码》（2008）记为壳落山-1。2010 年浙江省人民政府公布的第一批无居民海岛名称中记为壳落北礁。岸线长 140 米，面积 1 051 平方米，最高点高程 5.1 米。基岩岛，由上侏罗统九里坪组流纹斑岩构成。长有草丛和灌木。

治北礁 (Zhìběi Jiāo)

北纬 30°13.5′，东经 122°33.4′。位于舟山市岱山县大西寨岛东部海域，西距大西寨岛约 6 千米，距大陆最近点 54.35 千米。《浙江省海域地名录》(1988)、舟山市地图（1990)、《浙江省岱山县地名志》(1990)、《舟山岛礁图集》(1991)、《中国海域地名图集》（1991）、《岱山县志》（1994）和 2010 年浙江省人民政府公布的第一批无居民海岛名称均记为治北礁。因位于治治岛以北而得名。岸线长 79 米，面积 430 平方米，最高点高程 7.4 米。基岩岛，由上侏罗统茶湾组熔结凝灰岩、凝灰岩等构成。无植被。潮间带以下多贻贝、螺、紫菜等贝、藻类生物。

治北小岛 (Zhìběi Xiǎodǎo)

北纬 30°13.5′，东经 122°33.5′。位于舟山市岱山县大西寨岛东部海域，西距大西寨岛约 6.2 千米，距大陆最近点 54.42 千米。《浙江海岛志》（1998）记为 672 号无名岛。因位于治北礁附近，且面积较小，第二次全国海域地名普查时命今名。岸线长 37 米，面积 109 平方米。基岩岛。无植被。

壳落中小岛 (Kéluò Zhōngxiǎo Dǎo)

北纬 30°13.5′，东经 122°16.8′。隶属于舟山市岱山县，距大陆最近点 38.21 千米。第二次全国海域地名普查时命今名。岸线长 33 米，面积 61 平方米。基岩岛。无植被。

壳落中圆岛 (Kéluò Zhōngyuán Dǎo)

北纬 30°13.5′，东经 122°17.0′。隶属于舟山市岱山县，距大陆最近点 38.32 千米。第二次全国海域地名普查时命今名。岸线长 75 米，面积 184 平方米。基岩岛。无植被。

壳落西小岛 (Kéluò Xīxiǎo Dǎo)

北纬 30°13.5′，东经 122°16.8′。隶属于舟山市岱山县，距大陆最近点 38.16 千米。第二次全国海域地名普查时命今名。岸线长 42 米，面积 79 平方米。基岩岛。无植被。

壳落中大岛 (Kéluò Zhōngdà Dǎo)

北纬 30°13.5′，东经 122°16.8′。隶属于舟山市岱山县，距大陆最近点

38.18千米。第二次全国海域地名普查时命今名。岸线长59米，面积214平方米。基岩岛。无植被。

壳落西中岛 (Kéluò Xīzhōng Dǎo)

北纬30°13.5′，东经122°16.8′。隶属于舟山市岱山县，距大陆最近点38.14千米。第二次全国海域地名普查时命今名。岸线长43米，面积98平方米。基岩岛。无植被。

壳落西礁北岛 (Kéluò Xījiāo Běidǎo)

北纬30°13.5′，东经122°17.0′。隶属于舟山市岱山县，距大陆最近点38.26千米。因位于壳落西礁北侧，第二次全国海域地名普查时命今名。岸线长54米，面积99平方米。基岩岛。无植被。

壳落西礁东岛 (Kéluò Xījiāo Dōngdǎo)

北纬30°13.4′，东经122°17.0′。隶属于舟山市岱山县，距大陆最近点38.26千米。因位于壳落西礁东侧，第二次全国海域地名普查时命今名。岸线长23米，面积41平方米。基岩岛。无植被。

壳落西大岛 (Kéluò Xīdà Dǎo)

北纬30°13.4′，东经122°16.8′。隶属于舟山市岱山县，距大陆最近点38.1千米。《中国海洋岛屿简况》（1980）有记载，但无名。第二次全国海域地名普查时命今名。岸线长136米，面积739平方米。基岩岛。长有少量草丛。

大横档岛 (Dàhéngdàng Dǎo)

北纬30°13.4′，东经122°27.6′。隶属于舟山市岱山县，距大陆最近点47.35千米。曾名横档山，又名横档、大横档。民国《定海县志·册一》记为横档山。《中国海洋岛屿简况》（1980）记为横档。《中国海岸带和海涂资源综合调查图集》（1988）、舟山市地图（1990）、《浙江省岱山县地名志》（1990）、《舟山岛礁图集》（1991）和《岱山县志》（1994）均记为大横档。《浙江省海域地名录》（1988）、《中国海域地名图集》（1991）、《浙江海岛志》（1998）、舟山市政区图（2008）、《全国海岛名称与代码》（2008）和2010年浙江省人民政府公布的第一批无居民海岛名称中均记为大横档岛。该岛形似水桶上部的横档，面积较大，故名。岸线长 1.55 千米，面积 0.102 0 平方千米，最高点高程 58.4 米。基岩岛，由上侏罗统茶湾组熔结凝灰岩、凝灰岩等构成。由岱山县人民政府颁发林权证，面积 122 亩（包括小横档岛）。

壳落西礁 (Kéluò Xījiāo)

北纬 30°13.4′，东经 122°17.0′。隶属于舟山市岱山县，距大陆最近点 38.2 千米。又名壳落山-3。《浙江海岛志》（1998）记为 750 号无名岛。《全国海岛名称与代码》（2008）记为壳落山-3。2010 年浙江省人民政府公布的第一批无居民海岛名称中记为壳落西礁。因岛紧邻壳落山西岸，以相对位置而得名。岸线长 228 米，面积 1 098 平方米，最高点高程 11.6 米。基岩岛，由上侏罗统九里坪组流纹斑岩构成。长有草丛和灌木。

壳落西圆岛 (Kéluò Xīyuán Dǎo)

北纬 30°13.4′，东经 122°16.8′。隶属于舟山市岱山县，距大陆最近点 38.08 千米。第二次全国海域地名普查时命今名。岸线长 18 米，面积 17 平方米。基岩岛。无植被。

壳落中礁 (Kéluò Zhōngjiāo)

北纬 30°13.4′，东经 122°17.0′。隶属于舟山市岱山县，距大陆最近点 38.22 千米。又名壳落山-2。《浙江海岛志》（1998）记为 744 号无名岛。《全国海岛名称与代码》（2008）记为壳落山-2。2010 年浙江省人民政府公布的第一批无居民海岛名称中记为壳落中礁。岸线长 82 米，面积 342 平方米，最高点高程 10.3 米。基岩岛，由上侏罗统九里坪组流纹斑岩构成。无植被。

治西礁 (Zhìxī Jiāo)

北纬 30°13.4′，东经 122°33.4′。位于舟山市岱山县大西寨岛东部海域，西距大西寨岛约 5.5 千米，距大陆最近点 54.21 千米。又名治治岛-2。舟山市地图（1990）和《舟山岛礁图集》（1991）记为治西礁。《浙江海岛志》（1998）记为 755 号无名岛。《全国海岛名称与代码》（2008）记为治治岛-2。因位于治治岛西部而得名。岸线长 114 米，面积 771 平方米，最高点高程 7.4 米。基岩岛。无植被。

穿鼻山北上岛 (Chuānbíshān Běishàng Dǎo)

北纬 30°13.4′，东经 122°16.2′。隶属于舟山市岱山县，距大陆最近点 37.7

千米。第二次全国海域地名普查时命今名。岸线长 63 米，面积 221 平方米。基岩岛。无植被。

穿鼻山北下岛 (Chuānbíshān Běixià Dǎo)

北纬 30°13.4′，东经 122°16.2′。隶属于舟山市岱山县，距大陆最近点 37.68 千米。第二次全国海域地名普查时命今名。岸线长 68 米，面积 165 平方米。基岩岛。长有少量草丛。

壳落中礁南岛 (Kéluò Zhōngjiāo Nándǎo)

北纬 30°13.4′，东经 122°17.0′。隶属于舟山市岱山县，距大陆最近点 38.21 千米。因位于壳落中礁南侧，第二次全国海域地名普查时命今名。岸线长 49 米，面积 86 平方米。基岩岛。无植被。

穿鼻北礁 (Chuānbí Běijiāo)

北纬 30°13.4′，东经 122°16.3′。隶属于舟山市岱山县，距大陆最近点 37.71 千米。又名穿鼻山-1。《浙江海岛志》(1998) 记为 756 号无名岛。《全国海岛名称与代码》(2008) 记为穿鼻山-1。2010 年浙江省人民政府公布的第一批无居民海岛名称中记为穿鼻北礁。岸线长 124 米，面积 683 平方米，最高点高程 5.4 米。基岩岛，由上侏罗统九里坪组流纹斑岩构成。无植被。

壳落南大岛 (Kéluò Nándà Dǎo)

北纬 30°13.4′，东经 122°16.9′。隶属于舟山市岱山县，距大陆最近点 38.15 千米。第二次全国海域地名普查时命今名。岸线长 62 米，面积 176 平方米。基岩岛。无植被。

壳落南长岛 (Kéluò Náncháng Dǎo)

北纬 30°13.4′，东经 122°17.0′。隶属于舟山市岱山县，距大陆最近点 38.14 千米。因位于壳落南大岛与壳落南小岛附近，岛呈长条状，第二次全国海域地名普查时命今名。岸线长 40 米，面积 83 平方米。基岩岛。无植被。

壳落南小岛 (Kéluò Nánxiǎo Dǎo)

北纬 30°13.4′，东经 122°16.9′。隶属于舟山市岱山县，距大陆最近点 38.13 千米。第二次全国海域地名普查时命今名。岸线长 17 米，面积 15 平方米。基岩岛。无植被。

壳落南中岛 (Kéluò Nánzhōng Dǎo)

北纬 30°13.4′，东经 122°16.9′。隶属于舟山市岱山县，距大陆最近点 38.12 千米。因位于壳落南大岛与壳落南小岛之间，第二次全国海域地名普查时命今名。基岩岛。岸线长 27 米，面积 42 平方米。无植被。

劈开东鸭蛋北岛 (Pīkāi Dōngyādàn Běidǎo)

北纬 30°13.4′，东经 122°13.3′。位于舟山市岱山县岱山岛南部海域，北距岱山岛约 1.4 千米，距大陆最近点 36.03 千米。第二次全国海域地名普查时命今名。岸线长 18 米，面积 15 平方米。基岩岛。无植被。

治治岛 (Zhìzhì Dǎo)

北纬 30°13.4′，东经 122°33.5′。位于舟山市岱山县大西寨岛东部海域，西距大西寨岛约 5.4 千米，距大陆最近点 53.97 千米。曾名柱柱岛、治治山。民国《定海县志・册一》记为治治山。《中国海洋岛屿简况》（1980）、《浙江省海域地名录》（1988）、《中国海岸带和海涂资源综合调查图集》（1988）、《中国海域地名志》（1989）、舟山市地图（1990）、《浙江省岱山县地名志》（1990）、《舟山岛礁图集》（1991）、《中国海域地名图集》（1991）、《岱山县志》（1994）和《浙江海岛志》（1998）均记为治治岛。因形似石质网坠而得名，"治治"为"石坠"的方言。该岛形似石柱，当地群众称石柱为柱柱，又称柱柱岛。岸线长 1.75 千米，面积 0.131 平方千米，最高点高程 68.1 米。基岩岛，由上侏罗统茶湾组熔结凝灰岩、凝灰岩等构成。长有草丛和灌木。

灯盏北礁 (Dēngzhǎn Běijiāo)

北纬 30°13.4′，东经 122°34.1′。位于舟山市岱山县大西寨岛东部海域，西距大西寨岛约 6.6 千米，距大陆最近点 54.93 千米。又名灯光礁-1。《浙江海岛志》（1998）记为 761 号无名岛。《全国海岛名称与代码》（2008）记为灯光礁-1。2010 年浙江省人民政府公布的第一批无居民海岛名称中记为灯盏北礁。因岛位于灯盏礁北侧，以相对位置而得名。岸线长 144 米，面积 1 113 平方米，最高点高程 10 米。基岩岛，由上侏罗统茶湾组熔结凝灰岩、凝灰岩等构成。岩石裸露。无高等植物，潮间带以下多贻贝、螺、紫菜等贝、藻类生物。

灯盏礁 (Dēngzhǎn Jiāo)

北纬 30°13.4′，东经 122°34.1′。位于舟山市岱山县大西寨岛东部海域，西距大西寨岛约 6.7 千米，距大陆最近点 54.99 千米。曾名墩盅。1976 年版 1:50 000 地形图注为墩盅，为方言音的误写。《浙江省海域地名录》（1988）、舟山市地图（1990）、《浙江省岱山县地名志》（1990）、《舟山岛礁图集》（1991）、《岱山县志》（1994）、《浙江海岛志》（1998）、《全国海岛名称与代码》（2008）和2010 年浙江省人民政府公布的第一批无居民海岛名称中均记为灯盏礁。因岛呈圆形，形似古老的菜油灯盏，且西面有四个小岛呈弧形排列，似灯盏发出的灯光，故名。岸线长 146 米，面积 1 537 平方米，最高点高程 22 米。基岩岛，由上侏罗统茶湾组熔结凝灰岩、凝灰岩等构成。无植被。

治治东礁 (Zhìzhì Dōngjiāo)

北纬 30°13.4′，东经 122°33.6′。位于舟山市岱山县大西寨岛东部海域，西距大西寨岛约 5.9 千米，距大陆最近点 54.36 千米。又名治治岛-1。《中国海洋岛屿简况》（1980）有记载，但无名。《浙江海岛志》（1998）记为 760 号无名岛。《全国海岛名称与代码》（2008）记为治治岛 -1。2010 年浙江省人民政府公布的第一批无居民海岛名称中记为治治东礁。因岛位于治治岛东侧，以相对位置而得名。岸线长 271 米，面积 3 735 平方米，最高点高程 23.1 米。基岩岛，由上侏罗统茶湾组熔结凝灰岩、凝灰岩等构成。无植被。

灯盏西小岛 (Dēngzhǎn Xīxiǎo Dǎo)

北纬 30°13.3′，东经 122°34.1′。位于舟山市岱山县大西寨岛东部海域，西距大西寨岛约 6.7 千米，距大陆最近点 54.95 千米。因位于灯盏礁西侧，且面积较小，第二次全国海域地名普查时命今名。岸线长 82 米，面积 218 平方米。基岩岛。无植被。

灯盏西礁 (Dēngzhǎn Xījiāo)

北纬 30°13.3′，东经 122°34.1′。位于舟山市岱山县大西寨岛东部海域，西距大西寨岛约 6.75 千米，距大陆最近点 54.92 千米。又名灯光礁-2。《浙江海岛志》（1998）记为 768 号无名岛。《全国海岛名称与代码》（2008）记为灯光礁-2。

2010 年浙江省人民政府公布的第一批无居民海岛名称中记为灯盏西礁。因岛位于灯盏礁西侧，以相对位置而得名。岸线长 74 米，面积 326 平方米，最高点高程 14.9 米。基岩岛，由上侏罗统茶湾组熔结凝灰岩、凝灰岩等构成。无植被。

长涂大长北岛 (Chángtú Dàcháng Běidǎo)

北纬 30°13.3′，东经 122°17.0′。隶属于舟山市岱山县，距大陆最近点 38.08 千米。历史上该岛与长涂大长东岛、长涂大长西岛统称长涂大长礁，第二次全国海域地名普查时界定为独立海岛，因该岛居北，命名为长涂大长北岛。岸线长 62 米，面积 232 平方米。基岩岛。无植被。

灯光礁 (Dēngguāng Jiāo)

北纬 30°13.3′，东经 122°34.1′。位于舟山市岱山县大西寨岛东部海域，西距大西寨岛约 6.75 千米，距大陆最近点 54.99 千米。又名灯光礁-4。《全国海岛名称与代码》(2008) 记为灯光礁-4。《浙江省海域地名录》(1988)、《中国海域地名志》(1989)、舟山市地图 (1990)、《浙江省岱山县地名志》(1990)、《舟山岛礁图集》(1991)、《岱山县志》(1994)、《浙江海岛志》(1998) 和 2010 年浙江省人民政府公布的第一批无居民海岛名称中均记为灯光礁。因岛位于灯盏礁南面，似灯盏礁发出的灯光而得名。岸线长 173 米，面积 1 731 平方米，最高点高程 22 米。基岩岛，由上侏罗统茶湾组熔结凝灰岩、凝灰岩等构成。无植被。

灯盏南礁 (Dēngzhǎn Nánjiāo)

北纬 30°13.3′，东经 122°34.1′。位于舟山市岱山县大西寨岛东部海域，西距大西寨岛约 6.7 千米，距大陆最近点 54.95 千米。又名灯光礁-3。《中国海洋岛屿简况》(1980) 有记载，但无名。《浙江海岛志》(1998) 记为 769 号无名岛。《全国海岛名称与代码》(2008) 记为灯光礁-3。2010 年浙江省人民政府公布的第一批无居民海岛名称中记为灯盏南礁。因岛位于灯盏礁南侧，以相对位置而得名。岸线长 86 米，面积 496 平方米，最高点高程 12.3 米。基岩岛，由上侏罗统茶湾组熔结凝灰岩、凝灰岩等构成。长有少量草丛。

穿鼻山东大岛 (Chuānbíshān Dōngdà Dǎo)

北纬 30°13.3′，东经 122°16.2′。隶属于舟山市岱山县，距大陆最近点

37.53 千米。第二次全国海域地名普查时命今名。岸线长 233 米，面积 768 平方米。基岩岛。无植被。

穿鼻山东小岛 (Chuānbíshān Dōngxiǎo Dǎo)

北纬 30°13.3′，东经 122°16.3′。隶属于舟山市岱山县，距大陆最近点 37.57 千米。第二次全国海域地名普查时命今名。岸线长 40 米，面积 112 平方米。基岩岛。无植被。

长涂大长西岛 (Chángtú Dàcháng Xīdǎo)

北纬 30°13.3′，东经 122°17.0′。隶属于舟山市岱山县，距大陆最近点 38.05 千米。历史上该岛与长涂大长东岛、长涂大长北岛统称长涂大长礁，第二次全国海域地名普查时界定为独立海岛，因该岛居西，命名为长涂大长西岛。岸线长 118 米，面积 353 平方米。基岩岛。无植被。

长涂大长东岛 (Chángtú Dàcháng Dōngdǎo)

北纬 30°13.3′，东经 122°17.0′。隶属于舟山市岱山县，距大陆最近点 38.06 千米。历史上该岛与长涂大长西岛、长涂大长北岛统称长涂大长礁，第二次全国海域地名普查时界定为独立海岛，因该岛居东，命名为长涂大长东岛。岸线长 47 米，面积 107 平方米。基岩岛。无植被。

牛轭小岛 (Niú'è Xiǎodǎo)

北纬 30°13.3′，东经 122°12.5′。位于舟山市岱山县岱山岛南部海域，北距岱山岛约 1.5 千米，距大陆最近点 35.53 千米。第二次全国海域地名普查时命今名。岸线长 148 米，面积 754 平方米。基岩岛。

小长北岛 (Xiǎocháng Běidǎo)

北纬 30°13.3′，东经 122°17.0′。隶属于舟山市岱山县，距大陆最近点 38.02 千米。历史上该岛与小长南岛统称长涂小长礁，第二次全国海域地名普查时界定为独立海岛，因该岛居北，命名为小长北岛。岸线长 26 米，面积 50 平方米。基岩岛。无植被。

穿鼻山南小岛 (Chuānbíshān Nánxiǎo Dǎo)

北纬 30°13.3′，东经 122°16.2′。隶属于舟山市岱山县，距大陆最近点

37.44 千米。第二次全国海域地名普查时命今名。岸线长 58 米，面积 149 平方米。基岩岛。无植被。

穿鼻山南大岛 (Chuānbíshān Nándà Dǎo)

北纬 30°13.3′，东经 122°16.1′。隶属于舟山市岱山县，距大陆最近点 37.42 千米。第二次全国海域地名普查时命今名。岸线长 63 米，面积 184 平方米。基岩岛。无植被。

小长南岛 (Xiǎocháng Nándǎo)

北纬 30°13.3′，东经 122°17.0′。隶属于舟山市岱山县，距大陆最近点 37.99 千米。历史上该岛与小长北岛统称长涂小长礁，第二次全国海域地名普查时界定为独立海岛，因该岛居南，命名为小长南岛。岸线长 55 米，面积 156 平方米。基岩岛。无植被。

脚礁东岛 (Jiǎojiāo Dōngdǎo)

北纬 30°13.3′，东经 122°28.9′。隶属于舟山市岱山县，距大陆最近点 48.81 千米。因呈长条形，似大西寨岛向南延伸的脚，且位于两个脚礁中的东侧，第二次全国海域地名普查时命今名。岸线长 43 米，面积 150 平方米。基岩岛。无植被。

南沙礁 (Nánshā Jiāo)

北纬 30°13.2′，东经 122°29.1′。隶属于舟山市岱山县，距大陆最近点 48.93 千米。《浙江省海域地名录》（1988）、《中国海域地名志》（1989）、舟山市地图（1990）、《浙江省岱山县地名志》（1990）、《舟山岛礁图集》（1991）、《中国海域地名图集》（1991）和《岱山县志》（1994）均记为南沙礁。因岛位于大西寨岛南部南沙头附近，故名。岸线长 152 米，面积 1 455 平方米，最高点高程 20 米。基岩岛。长有草丛和灌木。

圆山南礁 (Yuánshān Nánjiāo)

北纬 30°13.2′，东经 122°19.3′。位于舟山市岱山县，距大陆最近点 39.55 千米。又名小圆山 -1。《浙江海岛志》（1998）记为 755 号无名岛。《全国海岛名称与代码》（2008）记为小圆山 -1。2010 年浙江省人民政府公布的第一批无居民海岛名称中记为圆山南礁。岸线长 336 米，面积 1 978 平方米，最高点高程 20 米。基岩岛，由上侏罗统九里坪组流纹斑岩构成。无植被。

菜花岛 (Càihuā Dǎo)

北纬 30°13.2′，东经 122°33.9′。位于舟山市岱山县大西寨岛东部海域，西距大西寨岛约 6.2 千米，距大陆最近点 54.34 千米。《中国海洋岛屿简况》(1980)、《浙江省海域地名录》(1988)、《中国海岸带和海涂资源综合调查图集》(1988)、《中国海域地名志》(1989)、舟山市地图(1990)、《浙江省岱山县地名志》(1990)、《舟山岛礁图集》(1991)、《中国海域地名图集》(1991)、《岱山县志》(1994)、《浙江海岛志》(1998)、舟山市政区图(2008)、《全国海岛名称与代码》(2008)和 2010 年浙江省人民政府公布的第一批无居民海岛名称中均记为菜花岛。据传，旧曾有人在岛上垦荒种植油菜，每到春天，岛上菜花盛开，尤为显眼，故名。岸线长 1.89 千米，面积 0.104 6 平方千米，最高点高程 54.9 米。基岩岛，由上侏罗统茶湾组熔结凝灰岩、凝灰岩夹凝灰质砂岩等构成。长有草丛和灌木。建有房屋，现已废弃。

小治治礁 (Xiǎozhìzhì Jiāo)

北纬 30°13.2′，东经 122°33.5′。位于舟山市岱山县大西寨岛东部海域，西距大西寨岛约 5.7 千米，距大陆最近点 54.02 千米。又名小治治山。《中国海洋岛屿简况》(1980)有记载，但无名。《浙江省海域地名录》(1988)、《中国海域地名志》(1989)、舟山市地图(1990)、《浙江省岱山县地名志》(1990)、《舟山岛礁图集》(1991)、《岱山县志》(1994)、《浙江海岛志》(1998)和《全国海岛名称与代码》(2008)均记为小治治山。2010 年浙江省人民政府公布的第一批无居民海岛名称中记为小治治礁。因与治治岛相邻，面积小而得名。岸线长 206 米，面积 2 822 平方米，最高点高程 19.2 米。基岩岛，由上侏罗统茶湾组熔结凝灰岩、凝灰岩等构成。长有草丛和灌木。

圆山南礁小岛 (Yuánshān Nánjiāo Xiǎodǎo)

北纬 30°13.2′，东经 122°19.3′。隶属于舟山市岱山县，距大陆最近点 39.56 千米。因位于圆山南礁附近，面积较小，第二次全国海域地名普查时命今名。岸线长 22 米，面积 32 平方米。基岩岛。无植被。

圆山南礁大岛 (Yuánshān Nánjiāo Dàdǎo)

北纬 30°13.2′，东经 122°19.3′。隶属于舟山市岱山县，距大陆最近点 39.53 千米。因位于圆山南礁附近，面积较大，第二次全国海域地名普查时命今名。岸线长 64 米，面积 191 平方米。基岩岛。无植被。

脚礁 (Jiǎo Jiāo)

北纬 30°13.2′，东经 122°28.9′。位于舟山市岱山县大西寨岛东部海域，西距大西寨岛约 7.5 千米，距大陆最近点 48.6 千米。《浙江省海域地名录》(1988)、舟山市地图（1990)、《浙江省岱山县地名志》(1990)、《舟山岛礁图集》(1991）和《岱山县志》(1994）均记为脚礁。因岛呈狭长形，似大西寨岛向南延伸出的脚丫而得名。岸线长 323 米，面积 3 633 平方米，最高点高程 13.9 米。基岩岛。无植被。

小横档岛 (Xiǎohéngdàng Dǎo)

北纬 30°13.2′，东经 122°27.5′。隶属于舟山市岱山县，距大陆最近点 46.92 千米。又名小横档、吊勾。《中国海洋岛屿简况》(1980）记为吊勾。《中国海岸带和海涂资源综合调查图集》(1988)、舟山市地图（1990)、《浙江省岱山县地名志》(1990)、《舟山岛礁图集》(1991)、《岱山县志》(1994）均记为小横档。《浙江省海域地名录》(1988)、《中国海域地名志》(1989)、《中国海域地名图集》(1991)、《浙江海岛志》(1998)、舟山市政区图（2008)、《全国海岛名称与代码》(2008）和 2010 年浙江省人民政府公布的第一批无居民海岛名称中均记为小横档岛。因岛形似水桶上部的横档，面积小于大横档岛，故名。岸线长 1.29 千米，面积 0.043 6 平方千米，最高点高程 52.9 米。基岩岛，由上侏罗统九里坪组流纹斑岩构成。长有草丛和灌木。由岱山县人民政府颁发林权证，面积 122 亩（包括大横档岛）。

小横档东岛 (Xiǎohéngdàng Dōngdǎo)

北纬 30°13.1′，东经 122°27.5′。隶属于舟山市岱山县，距大陆最近点 47.11 千米。因位于小横档岛东面，第二次全国海域地名普查时命今名。岸线长 122 米，面积 728 平方米。基岩岛。无植被。

西寨东南岛 (Xīzhài Dōngnán Dǎo)

北纬 30°13.1′，东经 122°29.9′。隶属于舟山市岱山县，距大陆最近点 49.75 千米。因位于大西寨岛东南侧，第二次全国海域地名普查时命今名。岸线长 163 米，面积 1 363 平方米。基岩岛。无植被。

外长北岛 (Wàicháng Běidǎo)

北纬 30°13.1′，东经 122°17.1′。隶属于舟山市岱山县，距大陆最近点 37.78 千米。因位于长涂外长礁北侧附近，第二次全国海域地名普查时命今名。岸线长 80 米，面积 335 平方米。基岩岛。无植被。

小马鞍礁 (Xiǎomǎ'ān Jiāo)

北纬 30°13.0′，东经 122°06.6′。位于舟山市岱山县岱山岛南部海域，北距岱山岛约 5.15 千米，距大陆最近点 33.82 千米。《中国海洋岛屿简况》(1980)有记载，但无名。《浙江省海域地名录》(1988)、舟山市地图(1990)、《浙江省岱山县地名志》(1990)、《舟山岛礁图集》(1991)、《中国海域地名图集》(1991)、《岱山县志》(1994)、《浙江海岛志》(1998)、《全国海岛名称与代码》(2008)和 2010 年浙江省人民政府公布的第一批无居民海岛名称中均记为小马鞍礁。岸线长 265 米，面积 2 723 平方米，最高点高程 4.4 米。基岩岛，由上侏罗统茶湾组熔结凝灰岩、凝灰岩、凝灰质砂岩等构成。长有草丛和灌木。

长涂外长礁 (Chángtú Wàicháng Jiāo)

北纬 30°13.0′，东经 122°17.1′。隶属于舟山市岱山县，距大陆最近点 37.55 千米。又名外长礁、干尾山、长礁。《中国海洋岛屿简况》(1980)记为干尾山。舟山市地图(1990)、《舟山岛礁图集》(1991)和《岱山县志》(1994)均记为长礁。《浙江省岱山县地名志》(1990)、《浙江海岛志》(1998)和《全国海岛名称与代码》(2008)均记为外长礁。2010 年浙江省人民政府公布的第一批无居民海岛名称中记为长涂外长礁。岸线长 206 米，面积 1 877 平方米，最高点高程 12.4 米。基岩岛，由上侏罗统九里坪组流纹斑岩构成。长有少量草丛。建有白色灯桩 1 座。

南鸭岛 (Nányā Dǎo)

北纬 30°12.9′，东经 122°29.3′。隶属于舟山市岱山县，距大陆最近点

48.75 千米。第二次全国海域地名普查时命今名。岸线长 238 米，面积 2 319 平方米。基岩岛。无植被。

鸭蛋礁 (Yādàn Jiāo)

北纬 30°12.8′，东经 122°34.0′。位于舟山市岱山县大西寨岛东部海域，西距大西寨岛约 6.75 千米，距大陆最近点 54.28 千米。又名鸭蛋。《中国海洋岛屿简况》（1980）、舟山市地图（1990）、《舟山岛礁图集》（1991）、《岱山县志》（1994）均记为鸭蛋，《浙江省海域地名录》（1988）、《中国海域地名志》（1989）和《中国海域地名图集》（1991）均记为鸭蛋礁。因从南望，岛呈椭圆形，与大鸭掌岛相邻，故名。岸线长 59 米，面积 237 平方米，最高点高程 12.8 米。基岩岛。无植被。

小弟礁 (Xiǎodì Jiāo)

北纬 30°12.8′，东经 122°30.3′。隶属于舟山市岱山县，距大陆最近点 49.76 千米。又名大弟山-1、《中国海洋岛屿简况》（1980）有记载，但无名。《浙江省海域地名录》（1988）、《中国海域地名志》（1989）、舟山市地图（1990）、《浙江省岱山县地名志》（1990）、《舟山岛礁图集》（1991）、《中国海域地名图集》（1991）、《岱山县志》（1994）、《浙江海岛志》（1998）和 2010 年浙江省人民政府公布的第一批无居民海岛名称中均记为小弟礁。《全国海岛名称与代码》（2008）记为大弟山-1。在大西寨岛东南海域有似兄弟的两岛，该岛面积较小，故名。岸线长 162 米，面积 1 641 平方米，最高点高程 12 米。基岩岛，由上侏罗统九里坪组流纹斑岩构成。无植被。潮间带以下多贻贝、螺、紫菜等贝、藻类生物。

上鸭掌西岛 (Shàngyāzhǎng Xīdǎo)

北纬 30°12.8′，东经 122°33.9′。位于舟山市岱山县大西寨岛东部海域，西距大西寨岛约 6.5 千米，距大陆最近点 54.11 千米。因位于上鸭掌岛西部，第二次全国海域地名普查时命今名。岸线长 154 米，面积 987 平方米。基岩岛。无植被。

上鸭掌岛 (Shàngyāzhǎng Dǎo)

北纬 30°12.8′，东经 122°33.9′。位于舟山市岱山县大西寨岛东部海域，西距大西寨岛约 6.8 千米，距大陆最近点 54.12 千米。因位于大鸭掌岛北部，当地以北为上，第二次全国海域地名普查时命今名。岸线长 224 米，面积 2 252 平方米。

基岩岛。无植被。

中鸭东礁 (Zhōngyā Dōngjiāo)

北纬 30°12.8′，东经 122°29.4′。隶属于舟山市岱山县，距大陆最近点 48.76 千米。又名小鸭笼山-1。《浙江海岛志》(1998) 记为 794 号无名岛。《全国海岛名称与代码》(2008) 记为小鸭笼山-1。2010 年浙江省人民政府公布的第一批无居民海岛名称中记为中鸭东礁。岸线长 105 米，面积 440 平方米，最高点高程 7 米。基岩岛，由上侏罗统九里坪组流纹斑岩构成。无植被。

小鸭笼北岛 (Xiǎoyālóng Běidǎo)

北纬 30°12.7′，东经 122°29.5′。隶属于舟山市岱山县，距大陆最近点 48.74 千米。因位于小鸭笼礁北侧，第二次全国海域地名普查时命今名。岸线长 82 米，面积 447 平方米。基岩岛。无植被。

小鸭笼礁 (Xiǎoyālóng Jiāo)

北纬 30°12.7′，东经 122°29.5′。隶属于舟山市岱山县，距大陆最近点 48.7 千米。又名小鸭笼山。《中国海洋岛屿简况》(1980) 有记载，但无名。舟山市地图 (1990)、《浙江省岱山县地名志》(1990)、《舟山岛礁图集》(1991)、《岱山县志》(1994) 和《浙江海岛志》(1998) 均记为小鸭笼山。《浙江省海域地名录》(1988)、《中国海域地名志》(1989)、《中国海域地名图集》(1991)、《全国海岛名称与代码》(2008) 和 2010 年浙江省人民政府公布的第一批无居民海岛名称中均记为小鸭笼礁。岸线长 248 米，面积 3 409 平方米，最高点高程 16.1 米。基岩岛，由上侏罗统九里坪组流纹斑岩构成。无植被。

大鸭掌岛 (Dàyāzhǎng Dǎo)

北纬 30°12.7′，东经 122°34.0′。位于舟山市岱山县大西寨岛东部海域，西距大西寨岛约 6.6 千米，距大陆最近点 53.86 千米。又名大鸭掌、鸭掌岛。民国《定海县志・列岛分图四》注为鸭掌岛。《中国海洋岛屿简况》(1980) 记为鸭掌岛。舟山市地图 (1990)、《浙江省岱山县地名志》(1990)、《舟山岛礁图集》(1991) 和《岱山县志》(1994) 均记为大鸭掌。《浙江省海域地名录》(1988)、《中国海岸带和海涂资源综合调查图集》(1988)、《中国海域地名志》(1989)、

《中国海域地名图集》（1991）、《浙江海岛志》（1998）、舟山市政区图（2008）、《全国海岛名称与代码》（2008）和2010年浙江省人民政府公布的第一批无居民海岛名称中均记为大鸭掌岛。因岛有三个分叉，形似鸭掌，且面积较大，故名。岸线长1.37千米，面积0.051 1平方千米，最高点高程32.6米。基岩岛，由上侏罗统茶湾组熔结凝灰岩、凝灰岩夹凝灰质砂岩等构成。长有草丛和灌木。

小龟山岛 (Xiǎoguīshān Dǎo)

北纬30°12.7′，东经122°35.5′。位于舟山市岱山县大西寨岛东部海域，西距大西寨岛约9千米，距大陆最近点55.63千米。曾名后柱下山，又名小龟山。民国《定海县志·列岛分图四》注为后柱下山。《中国海洋岛屿简况》（1980）、《浙江省海域地名录》（1988）、《中国海岸带和海涂资源综合调查图集》（1988）、《中国海域地名志》（1989）、舟山市地图（1990）、《浙江省岱山县地名志》（1990）、《舟山岛礁图集》（1991）、《中国海域地名图集》（1991）、《岱山县志》（1994）、《浙江海岛志》（1998）和《全国海岛名称与代码》（2008）均记为小龟山。舟山市政区图（2008）记为小龟山岛。因从西面望，岛形似龟，面积小于原大龟山（现小板岛）而得名。岸线长1.57千米，面积0.088 0平方千米，最高点高程64.6米。南北走向，长541米，宽310米。基岩岛，由上侏罗统九里坪组流纹斑岩构成。潮间带以下多贻贝、螺、紫菜等贝、藻类生物。周围水深10～30米。有居民海岛，在岛西南侧有简易码头1座，顶部建有房屋及灯塔1座。小龟山灯塔始建于1883年，是小板门（水道）上的主要助航标志，为第七批全国重点保护文物。

小龟礁 (Xiǎoguī Jiāo)

北纬30°12.6′，东经122°35.5′。位于舟山市岱山县大西寨岛东部海域，西距大西寨岛约9.25千米，距大陆最近点55.88千米。因在东寨岛东南，西南与小龟山岛邻近，第二次全国海域地名普查时命今名。岸线长39米，面积119平方米。基岩岛。无植被。

下鸭礁 (Xiàyā Jiāo)

北纬30°12.5′，东经122°33.8′。位于舟山市岱山县大西寨岛东部海域，西距大西寨岛约6.5千米，距大陆最近点53.67千米。又名下鸭。《浙江省海域地名录》（1988）、《浙江省岱山县地名志》（1990）和《舟山岛礁图集》（1991）均记为下鸭礁。《岱山县志》（1994）记为下鸭。岸线长 34 米，面积 65 平方米，最高点高程 6.5 米。基岩岛。无植被。

明礁 (Míng Jiāo)

北纬 30°12.5′，东经 122°11.0′。位于舟山市岱山县秀山岛北部海域，南距秀山岛约 1.38 千米，距大陆最近点 33.52 千米。《浙江省海域地名录》（1988）、《浙江省岱山县地名志》（1990）和《舟山岛礁图集》（1991）均记为明礁。因礁上设有灯桩，为船舶导航，故名。岸线长 64 米，面积 178 平方米，最高点高程 2 米。基岩岛。无植被。建有白色灯桩 1 座。

牛尾巴礁 (Niúwěiba Jiāo)

北纬 30°12.3′，东经 122°12.1′。位于舟山市岱山县秀山岛北部海域，南距秀山岛约 1.4 千米，距大陆最近点 33.55 千米。《浙江省海域地名录》（1988）和《中国海域地名图集》（1991）记为牛尾巴礁。岸线长 186 米，面积 516 平方米。基岩岛。无植被。

瓦窑门西礁 (Wǎyáomén Xījiāo)

北纬 30°12.2′，东经 122°10.8′。位于舟山市岱山县秀山岛北部海域，南距秀山岛约 680 米，距大陆最近点 32.97 千米。又名瓦窑门山 -1。《浙江海岛志》（1998）记为 823 号无名岛。《全国海岛名称与代码》（2008）记为瓦窑门山 -1。2010 年浙江省人民政府公布的第一批无居民海岛名称中记为瓦窑门西礁。岸线长 129 米，面积 517 平方米，最高点高程 5 米。基岩岛，由上侏罗统高坞组熔结凝灰岩构成。长有少量草丛。

小牛轭劈开岛 (Xiǎoniú'è Pīkāi Dǎo)

北纬 30°12.2′，东经 122°12.8′。位于舟山市岱山县秀山岛北部海域，南距秀山岛约 2.5 千米，距大陆最近点 33.7 千米。第二次全国海域地名普查时命今名。岸线长 104 米，面积 707 平方米。基岩岛。长有少量草丛。

小板岛 (Xiǎobǎn Dǎo)

北纬 30°12.1′，东经 122°35.1′。位于舟山市岱山县大西寨岛东部海域，西距大西寨岛约 8.4 千米，距大陆最近点 54.38 千米。曾名三峰山、小板山，又名大龟山。民国《定海县志·列岛分图四》注为小板岛，《定海县志·册一》记为小板山。《中国海洋岛屿简况》（1980）、《浙江省海域地名录》（1988）、《中国海岸带和海涂资源综合调查图集》（1988）、《中国海域地名志》（1989）、舟山市地图（1990）、《浙江省岱山县地名志》（1990）、《舟山岛礁图集》（1991）、《中国海域地名图集》（1991）、《岱山县志》（1994）、《浙江海岛志》（1998）、舟山市政区图（2008）和《全国海岛名称与代码》（2008）均记为小板岛。因岛南北各有一峰，中间稍平似板，故名。又因岛形似乌龟，面积大于邻近的小龟山岛，得别名大龟山。因岛有三个山峰，又称三峰山。岸线长 3.78 千米，面积 0.393 5 平方千米，最高点高程 100 米。南北走向，长 1.29 千米，宽 560 米。基岩岛，由上侏罗统九里坪组流纹斑岩构成。多裸岩。潮间带以下多贻贝、螺、紫菜等贝、藻类生物。有居民海岛，在岛的峡湾处建有庙宇 1 座、房屋及蓄水池。

瓦窑门南礁 (Wǎyáomén Nánjiāo)

北纬 30°12.1′，东经 122°10.7′。位于舟山市岱山县秀山岛北部海域，南距秀山岛约 440 米，距大陆最近点 32.79 千米。又名瓦窑门岛、瓦窑门、瓦窑门山。《中国海洋岛屿简况》（1980）记为瓦窑门。《岱山县志》（1994）记为瓦窑门山。《浙江省岱山县地名志》（1990）、《浙江海岛志》（1998）和《全国海岛名称与代码》（2008）均记为瓦窑门岛。2010 年浙江省人民政府公布的第一批无居民海岛名称中记为瓦窑门南礁。岸线长 152 米，面积 1 018 平方米，最高点高程 5.2 米。基岩岛，由上侏罗统高坞组熔结凝灰岩构成。长有少量草丛。

小板东礁 (Xiǎobǎn Dōngjiāo)

北纬 30°12.1′，东经 122°35.2′。位于舟山市岱山县大西寨岛东部海域，西距大西寨岛约 8.8 千米，距大陆最近点 54.92 千米。又名小板岛-1。《浙江海岛志》（1998）记为 831 号无名岛。《全国海岛名称与代码》（2008）记为小板岛-1。2010 年浙江省人民政府公布的第一批无居民海岛名称中记为小板东礁。因岛位于小板岛东侧，故名。岸线长 144 米，面积 1 326 平方米，最高点高程 11.6 米。基岩岛，由上侏罗统九里坪组流纹斑岩构成。无植被。

野鸭上礁 (Yěyā Shàngjiāo)

北纬 30°11.6′，东经 122°15.1′。位于舟山市岱山县秀山岛北部海域，南距秀山岛约 3.7 千米，距大陆最近点 33.98 千米。又名野鸭礁-1、野鸭礁、大礁。《中国海洋岛屿简况》（1980）和《浙江省海域地名录》（1988）记为大礁。《中国海域地名志》（1989）、《中国海域地名图集》（1991）、《岱山县志》（1994）和《浙江海岛志》（1998）均记为野鸭礁。《全国海岛名称与代码》（2008）记为野鸭礁-1。2010 年浙江省人民政府公布的第一批无居民海岛名称中记为野鸭上礁。相邻海岛有四个，低潮相连，形似一群野鸭浮在海面上，合称野鸭礁。该岛居北（上），故名。岸线长 234 米，面积 2 092 平方米，最高点高程 9.5 米。基岩岛，由上侏罗统茶湾组熔结凝灰岩、凝灰岩等构成。长有少量草丛。

野鸭中小岛 (Yěyā Zhōngxiǎo Dǎo)

北纬 30°11.6′，东经 122°15.1′。位于舟山市岱山县秀山岛北部海域，南距秀山岛约 3.68 千米，距大陆最近点 33.97 千米。因位于野鸭中礁附近，且面积较小，第二次全国海域地名普查时命今名。岸线长 39 米，面积 123 平方米。基岩岛。无植被。

野鸭中礁 (Yěyā Zhōngjiāo)

北纬 30°11.6′，东经 122°15.1′。位于舟山市岱山县秀山岛北部海域，南距秀山岛约 3.66 千米，距大陆最近点 33.9 千米。曾名野鸭礁，又名大礁、野鸭礁-3。《中国海洋岛屿简况》（1980）记为大礁。《浙江海岛志》（1998）记为 846 号无名岛。《全国海岛名称与代码》（2008）记为野鸭礁-3。2010 年浙江省人民政府公布的第一批无居民海岛名称中记为野鸭中礁。相邻海岛有四个，低潮相连，形似一群野鸭浮在海面上，合称野鸭礁。该岛位于野鸭上礁和野鸭下礁之间，故名。岸线长 186 米，面积 2 287 平方米，最高点高程 7 米。基岩岛，由上侏罗统茶湾组熔结凝灰岩、凝灰岩等构成。无植被。

野鸭小礁 (Yěyā Xiǎojiāo)

北纬 30°11.6′，东经 122°15.1′。位于舟山市岱山县秀山岛北部海域，南距秀山岛约 3.65 千米，距大陆最近点 33.86 千米。曾名野鸭礁，又名野鸭礁-4。

《浙江海岛志》（1998）记为847号无名岛。《全国海岛名称与代码》（2008）记为野鸭礁-4。2010年浙江省人民政府公布的第一批无居民海岛名称中记为野鸭小礁。相邻海岛有四个，低潮相连，形似一群野鸭浮在海面上，合称野鸭礁。该岛因面积小，称为野鸭小礁。岸线长50米，面积196平方米，最高点高程3米。基岩岛，由上侏罗统茶湾组熔结凝灰岩、凝灰岩等构成。无植被。

野鸭下礁 (Yěyā Xiàjiāo)

北纬30°11.6′，东经122°15.1′。位于舟山市岱山县秀山岛北部海域，南距秀山岛约3.6千米，距大陆最近点33.78千米。又名野鸭礁-5、野鸭礁、大礁。《中国海洋岛屿简况》（1980）记为大礁。《浙江省海域地名录》（1988）记为野鸭礁。《浙江海岛志》（1998）记为848号无名岛。《全国海岛名称与代码》（2008）记为野鸭礁-5。2010年浙江省人民政府公布的第一批无居民海岛名称中记为野鸭下礁。相邻海岛有四个，低潮相连，形似一群野鸭浮在海面上，合称野鸭礁。该岛居南（下），故名。岸线长224米，面积3 366平方米，最高点高程8米。基岩岛，由上侏罗统茶湾组熔结凝灰岩、凝灰岩等构成。无植被。建有简易码头1座、白色灯桩1座。

中块山北大岛 (Zhōngkuàishān Běidà Dǎo)

北纬30°11.3′，东经122°12.9′。位于舟山市岱山县秀山岛东部海域，西距秀山岛约590米，距大陆最近点32.13千米。第二次全国海域地名普查时命今名。岸线长284米，面积2 637平方米。基岩岛。长有草丛和灌木。

中块山北小岛 (Zhōngkuàishān Běixiǎo Dǎo)

北纬30°11.3′，东经122°13.0′。位于舟山市岱山县秀山岛东部海域，西距秀山岛约640米，距大陆最近点32.13千米。第二次全国海域地名普查时命今名。岸线长138米，面积582平方米。基岩岛。无植被。

秀东中块岛 (Xiùdōng Zhōngkuài Dǎo)

北纬30°11.3′，东经122°12.6′。位于舟山市岱山县秀山岛东部海域，西距秀山岛约275米，距大陆最近点31.89千米。又名中块山、两毛封。《中国海洋岛屿简况》（1980）记为两毛封。《中国海域地名志》（1989）和《中国海域地名图集》（1991）记为中块山。第二次全国海域地名普查时更为今名。岸线长 940 米，面积 0.037 8 平方千米，最高点高程 50 米。基岩岛。

中块礁 (Zhōngkuài Jiāo)

北纬 30°11.1′，东经 122°13.0′。位于舟山市岱山县秀山岛东部海域，西距秀山岛约 920 米，距大陆最近点 31.91 千米。又名中块山-1、中块山。《岱山县志》（1994）记为中块山。《浙江海岛志》（1998）记为 858 号无名岛。《全国海岛名称与代码》（2008）记为中块山-1，2010 年浙江省人民政府公布的第一批无居民海岛名称中记为中块礁。岸线长 49 米，面积 170 平方米，最高点高程 5.5 米。基岩岛。无植被。

秀东浪鸡礁 (Xiùdōng Làngjī Jiāo)

北纬 30°11.1′，东经 122°12.4′。位于舟山市岱山县秀山岛东部海域，西距秀山岛约 13 米，距大陆最近点 31.5 千米。又名秀山岛-1。《浙江海岛志》（1998）记为 859 号无名岛。《全国海岛名称与代码》（2008）记为秀山岛-1。2010 年浙江省人民政府公布的第一批无居民海岛名称中记为秀东浪鸡礁。因位于秀山岛东北部的浪鸡山附近，风大浪高而得名。岸线长 85 米，面积 376 平方米，最高点高程 5 米。基岩岛，由上侏罗统高坞组熔结凝灰岩构成。长有草丛和灌木。

泥螺稞北礁 (Níluókē Běijiāo)

北纬 30°11.0′，东经 122°13.2′。位于舟山市岱山县秀山岛东部海域，西距秀山岛约 590 米，距大陆最近点 31.86 千米。又名泥螺稞岛-1。《浙江海岛志》（1998）记为 861 号无名岛。《全国海岛名称与代码》（2008）记为泥螺稞岛-1。2010 年浙江省人民政府公布的第一批无居民海岛名称中记为泥螺稞北礁。岸线长 329 米，面积 5 809 平方米，最高点高程 17.3 米。基岩岛，由上侏罗统高坞组熔结凝灰岩构成。长有少量草丛。

中块山西岛 (Zhōngkuàishān Xīdǎo)

北纬 30°11.0′，东经 122°12.8′。位于舟山市岱山县秀山岛东部海域，西距秀山岛约 638 米，距大陆最近点 31.63 千米。第二次全国海域地名普查时命今名。岸线长 115 米，面积 500 平方米。基岩岛。长有少量草丛。

大交杯屿西大岛 (Dàjiāobēiyǔ Xīdà Dǎo)

北纬 30°10.9′，东经 122°18.5′。位于舟山市岱山县秀山岛东部海域，西距秀山岛约 9.25 千米，距大陆最近点 35.23 千米。第二次全国海域地名普查时命今名。岸线长 73 米，面积 360 平方米。基岩岛。无植被。

交杯西礁 (Jiāobēi Xījiāo)

北纬 30°10.9′，东经 122°18.6′。位于舟山市岱山县秀山岛东部海域，西距秀山岛约 9.3 千米，距大陆最近点 35.23 千米。又名交杯山-4。《浙江海岛志》（1998）记为 868 号无名岛。《全国海岛名称与代码》（2008）记为交杯山-4。2010 年浙江省人民政府公布的第一批无居民海岛名称中记为交杯西礁。岸线长 61 米，面积 169 平方米，最高点高程 8.1 米。基岩岛，由上侏罗统茶湾组熔结凝灰岩、凝灰岩等构成。无植被。

大交杯屿西小岛 (Dàjiāobēiyǔ Xīxiǎo Dǎo)

北纬 30°10.9′，东经 122°18.5′。位于舟山市岱山县秀山岛东部海域，西距秀山岛约 9.2 千米，距大陆最近点 35.21 千米。第二次全国海域地名普查时命今名。岸线长 18 米，面积 24 平方米。基岩岛。无植被。

鲻鱼背礁 (Zīyúbèi Jiāo)

北纬 30°10.6′，东经 122°11.7′。位于舟山市岱山县秀山岛东部海域，西距秀山岛约 310 米，距大陆最近点 30.45 千米。《浙江省海域地名录》（1988）、《中国海域地名志》（1989）、舟山市地图（1990）、《舟山岛礁图集》（1991）和《中国海域地名图集》（1991）均记为鲻鱼背礁。因岛形似鲻鱼的背，故名。岸线长 39 米，面积 119 平方米，最高点高程 4.5 米。基岩岛。无植被。

秀山岛 (Xiùshān Dǎo)

北纬 30°10.5′，东经 122°10.0′。位于舟山市岱山县舟山岛北部海域，南距舟山岛约 3.04 千米，距大陆最近点 25.79 千米。曾名兰秀山，又名秀山。《中国海洋岛屿简况》（1980）记为秀山。《浙江省海域地名录》（1988）、《中国海域地名志》（1989）、舟山市地图（1990）、《浙江省岱山县地名志》（1990）、《舟山岛礁图集》（1991）、《中国海域地名图集》（1991）、《岱山县志》（1994）、

《浙江海岛志》（1998）、舟山市政区图（2008）和《全国海岛名称与代码》（2008）均记为秀山岛。因该岛山清水秀，故名。

岸线长 39.26 千米，面积 22.880 2 平方千米，最高点高程 207.5 米。长 7.33 千米，宽 5.23 千米。基岩岛。地貌以低丘陵为主。该岛总体呈梯形，西侧岸线较平直，其余岸线曲折，多岬角、湾岙。岛四周水深：东西侧较浅，1～5 米；南侧 5～53 米，灌门，流急、多旋涡；西南侧 5～48 米；西北侧 5～51 米，临高亭航门；北侧濒龟山航门，水深 5～69 米。岛上以种植松树为主，也有茶树、竹、杉、果树等。

有居民海岛，为秀山乡人民政府驻地。2009 年户籍人口 8 349 人，常住人口 12 193 人。航运、船舶修造业和旅游是全岛三大主导产业，其中航运业历史悠久。早在明朝初期就拥有比较庞大的船队，特别是清朝末期的“兰秀帮”船队名声赫赫。该岛充分利用优越的深水港口资源发展船舶修造业，现有舟山市原野船舶修造有限公司、舟山惠生海洋工程有限公司、日本常石集团修造船基地等大型企业。旅游业主要以秀山岛滑泥主题公园为主，位于岛西北端，面临上千亩平缓滩涂，背靠省级湿地自然保护区，区域资源优越独特。建有 500 吨级秀山北牛湾客运码头，与岱山岛通航；1 000 吨级秀山兰山车渡码头，与舟山岛通航。岛上有水库、山塘，建有自来水厂、海水淡化厂各 1 座，有电缆与舟山岛、岱山岛相通。

狗头颈（Gǒutóujǐng）

北纬 30°10.3′，东经 122°11.4′。位于舟山市岱山县秀山岛东部海域，西距秀山岛约 20 米，距大陆最近点 29.71 千米。因岛形似狗头颈，故老百姓习称“狗头颈”。岸线长 318 米，面积 3 183 平方米。基岩岛。长有草丛和灌木。

秀东猪头礁（Xiùdōng Zhūtóu Jiāo）

北纬 30°10.3′，东经 122°11.4′。位于舟山市岱山县秀山岛东部海域，西距秀山岛约 110 米，距大陆最近点 29.63 千米。又名头头咀岛。《浙江海岛志》（1998）记为 879 号无名岛。《全国海岛名称与代码》（2008）记为头头咀岛。2010 年浙江省人民政府公布的第一批无居民海岛名称中记为秀东猪头礁。因海岛形似猪头而得名。因重名，加前缀“秀东”。岸线长 411 米，面积 3 553 平方米，最高点高程 28 米。基岩岛，由上侏罗统高坞组熔结凝灰岩构成，长有草丛和灌木。

畚斗山北岛 (Běndǒushān Běidǎo)

北纬 30°10.2′，东经 122°07.9′。位于舟山市岱山县秀山岛西部海域，东距秀山岛约 725 米，距大陆最近点 28.76 千米。第二次全国海域地名普查时命今名。岸线长 388 米，面积 3 788 平方米。基岩岛。长有草丛和灌木。

畚斗山东岛 (Běndǒushān Dōngdǎo)

北纬 30°10.1′，东经 122°08.1′。位于舟山市岱山县秀山岛西部海域，东距秀山岛约 440 米，距大陆最近点 28.65 千米。第二次全国海域地名普查时命今名。岸线长 167 米，面积 1 225 平方米。基岩岛。长有草丛和灌木。

秀东三礁 (Xiùdōng Sānjiāo)

北纬 30°09.8′，东经 122°11.1′。位于舟山市岱山县秀山岛东部海域，西距秀山岛约 450 米，距大陆最近点 28.79 千米。又名三礁。舟山市地图（1990）、《浙江省岱山县地名志》（1990）、《舟山岛礁图集》（1991）、《中国海域地名图集》（1991）、《浙江海岛志》（1998）和《全国海岛名称与代码》（2008）均记为三礁。2010 年浙江省人民政府公布的第一批无居民海岛名称中记为秀东三礁。因相邻的岛有三个，故合称三礁。因重名，加前缀“秀东”。岸线长 171 米，面积 562 平方米，最高点高程 2.8 米。基岩岛，由上侏罗统高坞组熔结凝灰岩构成。无植被。

乌龟东岛 (Wūguī Dōngdǎo)

北纬 30°09.5′，东经 122°10.8′。位于舟山市岱山县秀山岛东部海域，西距秀山岛约 30 米，距大陆最近点 28.14 千米。因位于秀南乌龟礁东侧，第二次全国海域地名普查时命今名。岸线长 39 米，面积 105 平方米。基岩岛。无植被。

乌龟西岛 (Wūguī Xīdǎo)

北纬 30°09.5′，东经 122°10.8′。位于舟山市岱山县秀山岛东部海域，西距秀山岛约 18 米，距大陆最近点 28.12 千米。因位于秀南乌龟礁西侧，第二次全国海域地名普查时命今名。岸线长 40 米，面积 111 平方米。基岩岛。无植被。

秀南乌龟礁 (Xiùnán Wūguī Jiāo)

北纬 30°09.5′，东经 122°10.8′。位于舟山市岱山县秀山岛东部海域，西距秀山岛约 25 米，距大陆最近点 28.11 千米。又名乌龟礁。《浙江省岱山县地名志》（1990）、《浙江海岛志》（1998）和《全国海岛名称与代码》（2008）均记为乌龟礁。2010 年浙江省人民政府公布的第一批无居民海岛名称中记为秀南乌龟礁。因岛形似乌龟而得名。因重名，加前缀“秀南”。岸线长 50 米，面积 167 平方米，最高点高程 4 米。基岩岛，由上侏罗统高坞组熔结凝灰岩构成。无植被。

箬跳大礁 (Ruòtiào Dàjiāo)

北纬 30°09.1′，东经 122°10.3′。位于舟山市岱山县秀山岛东部海域，西距秀山岛约 25 米，距大陆最近点 27.26 千米。又名秀山岛-2、老鹰岩嘴。《中国海域地名图集》（1991）记为老鹰岩嘴。《浙江海岛志》（1998）记为 899 号无名岛。《全国海岛名称与代码》（2008）记为秀山岛-2。2010 年浙江省人民政府公布的第一批无居民海岛名称中记为箬跳大礁。因该岛位于箬跳村附近海域而得名。岸线长 222 米，面积 1 425 平方米，最高点高程 6.1 米。基岩岛，由上侏罗统高坞组熔结凝灰岩构成。

劈开北岛 (Pīkāi Běidǎo)

北纬 30°08.8′，东经 122°10.1′。位于舟山市岱山县秀山岛东部海域，西距秀山岛约 12 米，距大陆最近点 26.69 千米。因位于秀南劈开礁北侧，第二次全国海域地名普查时命今名。岸线长 114 米，面积 548 平方米。基岩岛。无植被。

秀南劈开礁 (Xiùnán Pīkāi Jiāo)

北纬 30°08.8′，东经 122°10.1′。位于舟山市岱山县秀山岛东部海域，西距秀山岛约 12 米，距大陆最近点 26.56 千米。又名秀山岛-3、下大礁、下大暗礁。《浙江省海域地名录》（1988）记为下大暗礁。《中国海域地名图集》（1991）记为下大礁。《浙江海岛志》（1998）记为 900 号无名岛。《全国海岛名称与代码》（2008）记为秀山岛-3。2010 年浙江省人民政府公布的第一批无居民海岛名称中记为秀南劈开礁。因与秀山岛南部东岸相隔很近，中隔深沟，如秀山岛上劈下的一块，故名。岸线长 232 米，面积 3 039 平方米，最高点高程 18 米。基岩岛，由上侏罗统高坞组熔结凝灰岩构成。长有草丛和灌木。

稻桶山东上岛 (Dàotǒngshān Dōngshàng Dǎo)

北纬 30°08.2′，东经 122°10.3′。位于舟山市岱山县秀山岛东南部海域，西距秀山岛约 900 米，距大陆最近点 25.63 千米。第二次全国海域地名普查时命今名。岸线长 53 米，面积 208 平方米。基岩岛。无植被。

稻桶山东下岛 (Dàotǒngshān Dōngxià Dǎo)

北纬 30°08.2′，东经 122°10.3′。位于舟山市岱山县秀山岛东南部海域，西距秀山岛约 910 米，距大陆最近点 25.58 千米。第二次全国海域地名普查时命今名。岸线长 46 米，面积 117 平方米。基岩岛。无植被。

秀山青山南上岛 (Xiùshān Qīngshān Nánshàng Dǎo)

北纬 30°07.8′，东经 122°09.9′。位于舟山市岱山县秀山岛南部海域，北距秀山岛约 1.15 千米，距大陆最近点 24.79 千米。第二次全国海域地名普查时命今名。岸线长 280 米，面积 2 255 平方米。基岩岛。长有草丛和灌木。

秀山青山南中岛 (Xiùshān Qīngshān Nánzhōng Dǎo)

北纬 30°07.8′，东经 122°09.9′。位于舟山市岱山县秀山岛南部海域，北距秀山岛约 1.2 千米，距大陆最近点 24.78 千米。第二次全国海域地名普查时命今名。岸线长 89 米，面积 251 平方米。基 岩岛。无植被。

秀山青山南下岛 (Xiùshān Qīngshān Nánxià Dǎo)

北纬 30°07.8′，东经 122°10.0′。位于舟山市岱山县秀山岛南部海域，北距秀山岛约 1.25 千米，距大陆最近点 24.74 千米。第二次全国海域地名普查时命今名。岸线长 55 米，面积 129 平方米。基岩岛。无植被。

灯城礁 (Dēngchéng Jiāo)

北纬 30°51.8′，东经 122°40.6′。位于舟山市嵊泗县马鞍列岛北部，距大陆最近点 67.37 千米。又名灯城。《中国海洋岛屿简况》（1980）记为灯城。《浙江省海域地名录》（1988）、《中国海域地名志》（1989）、舟山市地图（1990）、《浙江省嵊泗县地名志》（1990）、《舟山岛礁图集》（1991）、《中国海域地名图集》（1991）、《浙江海岛志》（1998）、《嵊泗县志》（2007）、舟山市政区图

（2008）、《全国海岛名称与代码》（2008）和2010年浙江省人民政府公布的第一批无居民海岛名称中均记为灯城礁。岸线长358米，面积2 125平方米，最高点高程38米。基岩岛，由燕山晚期钾长花岗岩构成。长有草丛。岩滩生长贝、藻类生物。属马鞍列岛海洋特别保护区。

灯城南岛 (Dēngchéng Nándǎo)

北纬30°51.8′，东经122°40.5′。位于舟山市嵊泗县马鞍列岛北部，距大陆最近点67.35千米。因位于灯城礁南部，第二次全国海域地名普查时命今名。岸线长55米，面积174平方米。基岩岛。无植被。属马鞍列岛海洋特别保护区。

灯城南外岛 (Dēngchéng Nánwài Dǎo)

北纬30°51.8′，东经122°40.5′。位于舟山市嵊泗县马鞍列岛北部，距大陆最近点67.33千米。因位于灯城礁南侧靠外边，第二次全国海域地名普查时命今名。岸线长119米，面积766平方米。基岩岛。无植被。属马鞍列岛海洋特别保护区。

白屿西岛 (Báiyǔ Xīdǎo)

北纬30°51.7′，东经122°42.1′。位于舟山市嵊泗县马鞍列岛北部，距大陆最近点69.83千米。因位于花鸟白屿西侧，第二次全国海域地名普查时命今名。岸线长70米，面积280平方米。基岩岛。无植被。属马鞍列岛海洋特别保护区。

花鸟白屿 (Huāniǎo Báiyǔ)

北纬30°51.7′，东经122°42.2′。位于舟山市嵊泗县马鞍列岛北部，距大陆最近点69.83千米。又名白礁、白礁-2、白礁屿。《中国海洋岛屿简况》(1980)、《浙江省海域地名录》(1988)、《中国海域地名志》(1989)、舟山市地图（1990)、《浙江省嵊泗县地名志》(1990)、《舟山岛礁图集》(1991)、《中国海域地名图集》(1991)和《浙江海岛志》（1998）均记为白礁。《嵊泗县志》（2007）和《全国海岛名称与代码》（2008）记为白礁-2。《舟山市政区图》（2008）记为白礁屿。2010年浙江省人民政府公布的第一批无居民海岛名称中记为花鸟白屿。因岩石裸露而较平滑，在阳光照射下泛白发亮而得名，又因重名，加前缀“花鸟”。岸线长

571 米，面积 0.015 9 平方千米，最高点高程 56.4 米。基岩岛，由燕山晚期钾长花岗岩构成。海岸绝壁高耸，顶部稍缓。岛上仅长有少量草丛。沿岸生长藤壶、螺等贝类生物。建有房屋 1 间，有石砌台阶，岛顶有一立杆。属马鞍列岛海洋特别保护区。

外䂩礨 (Wài Zhìléi)

北纬 30°51.4′，东经 122°41.0′。位于舟山市嵊泗县马鞍列岛北部，距大陆最近点 68.11 千米。《浙江省海域地名录》（1988）、舟山市地图（1990）、《浙江省嵊泗县地名志》（1990）、《舟山岛礁图集》（1991）和《中国海域地名图集》（1991）均记为外䂩礨。该岛南与里䂩礨紧邻。岸线长 24 米，面积 36 平方米，最高点高程 3 米。基岩岛。无植被。属马鞍列岛海洋特别保护区。

里䂩礨 (Lǐ Zhìléi)

北纬 30°51.4′，东经 122°41.0′。位于舟山市嵊泗县马鞍列岛北部，距大陆最近点 68.1 千米。《浙江省海域地名录》（1988）、《浙江省嵊泗县地名志》（1990）、《舟山岛礁图集》（1991）和《中国海域地名图集》（1991）均记为里䂩礨。该岛北与外䂩礨紧邻。岸线长 42 米，面积 114 平方米，最高点高程 4 米。基岩岛。无植被。属马鞍列岛海洋特别保护区。

里峰尖 (Lǐfēngjiān)

北纬 30°51.3′，东经 122°41.5′。位于舟山市嵊泗县马鞍列岛北部，距大陆最近点 68.89 千米。《中国海洋岛屿简况》（1980）有记载，但无名。当地群众习称里峰尖。岸线长 57 米，面积 126 平方米，最高点高程 3.5 米。基岩岛。无植被。属马鞍列岛海洋特别保护区。

花鸟山北上岛 (Huāniǎoshān Běishàng Dǎo)

北纬 30°51.3′，东经 122°41.0′。位于舟山市嵊泗县马鞍列岛北部，距大陆最近点 68.17 千米。第二次全国海域地名普查时命今名。岸线长 44 米，面积 128 平方米，最高点高程 4 米。基岩岛。无植被。属马鞍列岛海洋特别保护区。

外峰尖 (Wàifēngjiān)

北纬 30°51.2′，东经 122°41.7′。位于舟山市嵊泗县马鞍列岛北部，距大陆最近点69.28千米。当地群众习称外峰尖。岸线长82米，面积438平方米。基岩岛。长有少量草丛。属马鞍列岛海洋特别保护区。

花鸟山北下岛 (Huāniǎoshān Běixià Dǎo)

北纬30°51.2′，东经122°41.1′。位于舟山市嵊泗县马鞍列岛北部，距大陆最近点68.24千米。第二次全国海域地名普查时命今名。岸线长51米，面积185平方米。基岩岛。无植被。属马鞍列岛海洋特别保护区。

稻棚北岛 (Dàopéng Běidǎo)

北纬30°51.1′，东经122°39.7′。位于舟山市嵊泗县马鞍列岛北部，距大陆最近点66.02千米。第二次全国海域地名普查时命今名。岸线长47米，面积118平方米。基岩岛。无植被。属马鞍列岛海洋特别保护区。

花鸟山西岛 (Huāniǎoshān Xīdǎo)

北纬30°51.1′，东经122°40.2′。位于舟山市嵊泗县马鞍列岛北部，距大陆最近点66.96千米。第二次全国海域地名普查时命今名。岸线长40米，面积120平方米。基岩岛。无植被。属马鞍列岛海洋特别保护区。

花鸟山东小岛 (Huāniǎoshān Dōngxiǎo Dǎo)

北纬30°50.8′，东经122°41.6′。位于舟山市嵊泗县马鞍列岛北部，距大陆最近点69.15千米。第二次全国海域地名普查时命今名。岸线长52米，面积154平方米。基岩岛。无植被。

乌盆礁 (Wūpén Jiāo)

北纬30°50.8′，东经122°42.0′。位于舟山市嵊泗县马鞍列岛北部，距大陆最近点69.81千米。《中国海洋岛屿简况》(1980)、《浙江省海域地名录》(1988)、《中国海域地名志》(1989)、舟山市地图(1990)、《浙江省嵊泗县地名志》(1990)、《舟山岛礁图集》(1991)和《中国海域地名图集》(1991)均记为乌盆礁。礁呈黑色，椭圆形似盆，故名。岸线长87米，面积400平方米，最高点高程3米。基岩岛。无植被。属马鞍列岛海洋特别保护区。

花鸟山东大岛 (Huāniǎoshān Dōngdà Dǎo)

北纬30°50.7′，东经122°41.6′。位于舟山市嵊泗县马鞍列岛北部，距大陆最近点 69.16 千米。第二次全国海域地名普查时命今名。岸线长 442 米，面积 3 649 平方米，最高点高程 60 米。基岩岛。长有灌木。属马鞍列岛海洋特别保护区。

长块礁 (Chángkuài Jiāo)

北纬 30°50.7′，东经 122°42.1′。位于舟山市嵊泗县马鞍列岛北部，距大陆最近点 69.96 千米。又名三礁。《中国海洋岛屿简况》（1980）和舟山市地图（1990）记为三礁。《浙江省海域地名录》（1988）、《浙江省嵊泗县地名志》（1990）和《舟山岛礁图集》（1991）均记为长块礁。因礁形狭长，故名。岸线长 90 米，面积 384 平方米，最高点高程 3 米。基岩岛。无植被。属马鞍列岛海洋特别保护区。

长块东岛 (Chángkuài Dōngdǎo)

北纬 30°50.7′，东经 122°42.1′。位于舟山市嵊泗县马鞍列岛北部，距大陆最近点 70.01 千米。因位于长块礁东部，第二次全国海域地名普查时命今名。岸线长 61 米，面积 200 平方米。基岩岛。无植被。属马鞍列岛海洋特别保护区。

利市头屿 (Lìshìtóu Yǔ)

北纬 30°50.2′，东经 122°41.5′。位于舟山市嵊泗县马鞍列岛北部，距大陆最近点 69.12 千米。又名利如头礁、利市头礁。《中国海洋岛屿简况》（1980）有记载，但无名。《浙江省海域地名录》（1988）、《中国海域地名志》（1989）、《中国海域地名图集》（1991）、《浙江海岛志》（1998）、《嵊泗县志》（2007）和《全国海岛名称与代码》（2008）均记为利如头礁。舟山市地图（1990）、《浙江省嵊泗县地名志》（1990）和《舟山岛礁图集》（1991）均记为利市头礁。2010 年浙江省人民政府公布的第一批无居民海岛名称中记为利市头屿。因岛形似猪头，民间称猪头为“利市头”，故名。岸线长 153 米，面积 1 536 平方米，最高点高程 10.8 米。基岩岛，由燕山晚期钾长花岗岩构成。地势低缓。无植被。岩滩生长贝、藻类生物。属马鞍列岛海洋特别保护区。

小旗礁 (Xiǎoqí Jiāo)

北纬 30°50.1′，东经 122°41.6′。位于舟山市嵊泗县马鞍列岛北部，距大陆最近点 69.27 千米。又名半边彩旗山-1、彩旗山、彩旗山屿。《中国海洋岛屿简况》

（1980）有记载，但无名。舟山市地图（1990）和《舟山岛礁图集》（1991）记为彩旗山。《嵊泗县志》（2007）和《全国海岛名称与代码》（2008）记为半边彩旗山 -1。《浙江海岛志》（1998）记为 10 号无名岛。舟山市政区图（2008）记为彩旗山屿。2010 年浙江省人民政府公布的第一批无居民海岛名称中记为小旗礁。岸线长 212 米，面积 2 233 平方米，最高点高程 15 米。基岩岛，由燕山晚期钾长花岗岩构成。长有少量草丛。属马鞍列岛海洋特别保护区。

中猫屿东岛（Zhōngmāoyǔ Dōngdǎo）

北纬 30°49.9′，东经 122°35.8′。位于舟山市嵊泗县马鞍列岛北部，东距西绿华岛约 1 335 米，距大陆最近点 60.11 千米。第二次全国海域地名普查时命今名。岸线长 27 米，面积 41 平方米。基岩岛。无植被。属马鞍列岛海洋特别保护区。

外青团北岛（Wàiqīngtuán Běidǎo）

北纬 30°49.9′，东经 122°37.6′。位于舟山市嵊泗县马鞍列岛北部，南距西绿华岛约 750 米，距大陆最近点 62.98 千米。《中国海洋岛屿简况》（1980）有记载，但无名。因位于外青团礁北侧，第二次全国海域地名普查时命今名。岸线长 67 米，面积 170 平方米。基岩岛。无植被。属马鞍列岛海洋特别保护区。

老鼠礁（Lǎoshǔ Jiāo）

北纬 30°49.9′，东经 122°35.6′。位于舟山市嵊泗县马鞍列岛北部，东距西绿华岛约 1 495 米，距大陆最近点 59.83 千米。《浙江省海域地名录》（1988）、舟山市地图（1990）、《浙江省嵊泗县地名志》（1990）、《舟山岛礁图集》（1991）、《中国海域地名图集》（1991）、《浙江海岛志》（1998）、《嵊泗县志》（2007）、《全国海岛名称与代码》（2008）和 2010 年浙江省人民政府公布的第一批无居民海岛名称中均记为老鼠礁。因岛形似鼠，故名。岸线长 151 米，面积 962 平方米，最高点高程 11 米。基岩岛，由燕山晚期钾长花岗岩构成。无植被。属马鞍列岛海洋特别保护区。

外青团礁（Wàiqīngtuán Jiāo）

北纬 30°49.9′，东经 122°37.6′。位于舟山市嵊泗县马鞍列岛北部，南距西绿华岛约685米，距大陆最近点63.04千米。又名外清潭、外青团。《中国海洋岛屿简况》（1980）记为外清潭。《舟山岛礁图集》（1991）记为外青团。《浙江省海域地名录》（1988）、《中国海域地名志》（1989）、舟山市地图（1990）、《浙江省嵊泗县地名志》（1990）、《中国海域地名图集》（1991）、《浙江海岛志》（1998）、《嵊泗县志》（2007）、《全国海岛名称与代码》（2008）和2010年浙江省人民政府公布的第一批无居民海岛名称中均记为外青团礁。因岛呈圆形如"青团"（艾嫩叶经捣洗和糯米糅和的球形食品），较里青团礁离西绿华岛稍远，居外侧，故名。岸线长87米，面积385平方米，最高点高程11米。基岩岛，由燕山晚期花岗斑岩构成。无植被。属马鞍列岛海洋特别保护区。

花鸟鸡笼山北岛 (Huāniǎo Jīlóngshān Běidǎo)

北纬30°49.7′，东经122°42.1′。位于舟山市嵊泗县马鞍列岛北部，距大陆最近点70.18千米。第二次全国海域地名普查时命今名。岸线长301米，面积898平方米。基岩岛。长有草丛和灌木。属马鞍列岛海洋特别保护区。

里青团北岛 (Lǐqīngtuán Běidǎo)

北纬30°49.6′，东经122°37.5′。位于舟山市嵊泗县马鞍列岛北部，南距西绿华岛约255米，距大陆最近点62.9千米。因位于里青团礁北侧，第二次全国海域地名普查时命今名。岸线长80米，面积276平方米。基岩岛。无植被。属马鞍列岛海洋特别保护区。

里青团礁 (Lǐqīngtuán Jiāo)

北纬30°49.6′，东经122°37.6′。位于舟山市嵊泗县马鞍列岛北部，南距西绿华岛约200米，距大陆最近点62.92千米。《浙江省海域地名录》（1988）、《浙江省嵊泗县地名志》（1990）、《舟山岛礁图集》（1991）、《中国海域地名图集》（1991）、《浙江海岛志》（1998）、《嵊泗县志》（2007）、《全国海岛名称与代码》（2008）和2010年浙江省人民政府公布的第一批无居民海岛名称中均记为里青团礁。因与外青团礁相对，较外青团礁离西绿华岛稍近，居里侧，故名。岸线长61米，面积154平方米，最高点高程5.5米。基岩岛，由燕山晚期花岗斑岩构成。无植被。属马鞍列岛海洋特别保护区。

外稻桶礁 (Wàidàotǒng Jiāo)

北纬 30°49.4′，东经 122°36.4′。位于舟山市嵊泗县马鞍列岛北部，南距西绿华岛约 45 米，距大陆最近点 61.11 千米。又名里稻桶礁-1。舟山市地图（1990）、《浙江省嵊泗县地名志》（1990）、《舟山岛礁图集》（1991）和《中国海域地名图集》（1991）均记为外稻桶礁。《浙江海岛志》（1998）记为 20 号无名岛。《嵊泗县志》（2007）、《全国海岛名称与代码》（2008）均记为里稻桶礁-1。2010 年浙江省人民政府公布的第一批无居民海岛名称中记为外稻桶礁。因岛圆而高耸，形似稻桶，较里稻桶礁离西绿华岛远，居外侧，故名。岸线长 254 米，面积 1 529 平方米，最高点高程 16 米。基岩岛，由燕山晚期花岗斑岩构成。无植被。属马鞍列岛海洋特别保护区。

里稻桶礁 (Lǐdàotǒng Jiāo)

北纬 30°49.4′，东经 122°36.4′。位于舟山市嵊泗县马鞍列岛北部，南距西绿华岛约 10 米，距大陆最近点 61.13 千米。又名里稻桶礁-2。舟山市地图（1990）、《浙江省嵊泗县地名志》（1990）、《舟山岛礁图集》（1991）、《浙江海岛志》（1998）和 2010 年浙江省人民政府公布的第一批无居民海岛名称中均记为里稻桶礁。《嵊泗县志》（2007）和《全国海岛名称与代码》（2008）记为里稻桶礁-2。因岛圆而高耸，形似稻桶，较外稻桶礁离西绿华岛近，居里侧，故名。岸线长 120 米，面积 702 平方米，最高点高程 10 米。基岩岛，由燕山晚期花岗斑岩构成。地势陡峭。无植被。岩滩生长藤壶、贻贝、螺等贝、藻类生物。属马鞍列岛海洋特别保护区。

西绿华岛 (Xīlǜhuá Dǎo)

北纬 30°49.3′，东经 122°37.3′。隶属于舟山市嵊泗县，距大陆最近点 61.05 千米。曾名落华、绿华，又名西绿华山。元大德《昌国州图志》记为落华。《中国海洋岛屿简况》（1980）记为西绿华山。《浙江省海域地名录》（1988）、《中国海岸带和海涂资源综合调查图集》（1988）、《中国海域地名志》（1989）、舟山市地图（1990）、《浙江省嵊泗县地名志》（1990）、《舟山岛礁图集》（1991）、《中国海域地名图集》（1991）、《浙江海岛志》（1998）、《嵊泗县志》（2007）、舟山市政区图（2008）和《全国海岛名称与代码》（2008）均记为西绿华岛。据传，昔日东绿华、西绿华两岛居民重视植树绿化，宅前屋后花木繁茂，异于他岛，故有绿华之称。两岛中，该岛居西，故名西绿华岛。

岸线长 13.61 千米，面积 1.342 3 平方千米，最高点高程 104.9 米。岛形似刀口朝西南的镰刀，大致呈东西走向，东部宽而略高，西部窄而略低，岛长 2.9 千米，宽 820 米。基岩岛，岛北面、西北面山顶多裸岩，岛上出露岩石属燕山晚期侵入的花岗岩和钾长花岗岩，其间夹有一条流纹斑岩岩脉。土层大部分瘠薄，东南及东北部较厚，植有成片黑松。民宅前后植有柳、樟、黄杨等树木，野生花卉以水仙、菊为多，偶有山茶、百合等，野生动物有老鹰、乌鸦、水獭、蛇等。山势陡峻，沿岸多为陡峭的海蚀崖，人工海岸和砂质海岸主要集中在岛南北岸中段。周围海湾主要在南侧和北侧，南侧水深 7～14 米，北侧水深 5～20 米，都是天然的深水锚地。

有居民海岛。岛上设有绿华社区，但其办公驻地位于菜园镇，山上房屋多数无人居住。2009 年户籍人口 1 382 人，常住人口 2 188 人。主要产业为渔业、交通运输等。岛四周岸潮线多螺、佛手、贻贝、牡蛎、紫菜、海青菜等贝、藻类生物，附近有渔民进行捕鱼作业。岛南部沿山腰辟有简易山路，与东绿华岛有绿华大桥相连，可通机动车，素有“东海第一大桥”之称。岛上建有码头 3 座，海塘 1 条，废弃眺望塔 1 座，通信塔 1 座。岛上建有港务监督机构，并建有国家导航台信号塔，西端设有验潮站。岛上淡水由山上水库及井水提供，电力主要通过海底电缆供应。属马鞍列岛海洋特别保护区。

东绿华岛 (Dōnglǜhuá Dǎo)

北纬 30°49.3′，东经 122°38.7′。隶属于舟山市嵊泗县，距大陆最近点 64.11 千米。曾名绿华，又名东绿华山。《中国海洋岛屿简况》（1980）记为东绿华山。《浙江省海域地名录》（1988）、《中国海岸带和海涂资源综合调查图集》（1988）、《中国海域地名志》（1989）、舟山市地图（1990）、《浙江省嵊泗县地名志》（1990）、《舟山岛礁图集》（1991）、《中国海域地名图集》（1991）、《浙江海岛志》（1998）、《嵊泗县志》（2007）、舟山市政区图（2008）和《全国海岛名称与代码》（2008）均记为东绿华岛。据传，昔日东绿华、西绿华两岛居民重视绿化，广植花木，异于他岛，故名绿华。因位于西绿华岛东，故名东绿华岛。

岸线长 10.26 千米，面积 1.093 2 平方千米，最高点高程 144 米。岛形似由 3 个岬角拼合。西北、西南两岬角较大，东向岬角狭小。岛长 2 千米，宽 550 米。基岩岛，岛上出露岩石属燕山晚期侵入的花岗岩，其间夹有一条东西向闪长斑岩岩脉。岛上冈峦起伏，多坡地，少平地。黑松茂密。民宅前后植有柳、樟、杉等树木。野生花卉有水仙、百合、菊等。岸线曲折，四周多岬角。附近水深 3.4 ～ 10 米。

有居民海岛。岛上有 1 个行政村，村民大部分为老人，山上房屋多数无人居住。2009 年户籍人口 519 人，常住人口 787 人。主要产业为渔业、交通运输等。岛四周岸潮线多长螺、紫菜、海青菜等贝、藻类生物，附近有渔民进行捕鱼作业。小路连接各自然村，与西绿华岛有绿华大桥相连，可通机动车。建有码头 3 座，灯桩 1 座。岛上淡水由山上水井提供，电力主要由与西绿华岛连接的海底电缆供应。属马鞍列岛海洋特别保护区。

东绿华东岛 (Dōnglǜhuá Dōngdǎo)

北纬 30°49.2′，东经 122°39.5′。位于舟山市嵊泗县马鞍列岛北部，西距东绿华岛约 10 米，距大陆最近点 66.07 千米。因位于东绿华岛东面，第二次全国海域地名普查时命今名。基岩岛。岸线长 136 米，面积 509 平方米。无植被。属马鞍列岛海洋特别保护区。

南稻桶礁 (Nándàotǒng Jiāo)

北纬 30°49.2′，东经 122°36.4′。位于舟山市嵊泗县马鞍列岛北部，西距西绿华岛约 15 米，距大陆最近点 61.18 千米。《浙江海岛志》（1998）记为 23 号无名岛。《全国海岛名称与代码》（2008）记为无名岛 SSZ6。2010 年浙江省人民政府公布的第一批无居民海岛名称中记为南稻桶礁。因海岛圆而高耸，形似稻桶，且位于西绿华岛南面而得名。岸线长 90 米，面积 340 平方米，最高点高程 12 米。基岩岛，由燕山晚期钾长花岗岩构成。地势平缓。无植被。岩滩生长藤壶、贻贝、螺等贝、藻类生物。属马鞍列岛海洋特别保护区。

拦门虎礁 (Lánménhǔ Jiāo)

北纬 30°49.1′，东经 122°38.2′。位于舟山市嵊泗县马鞍列岛北部，东距东绿华岛约 18 米，距大陆最近点 64.03 千米。又名东绿华岛西。《浙江海岛志》（1998）记为 25 号无名岛。《嵊泗县志》（2007）记为东绿华岛西。《全国海岛名称与代码》（2008）记为无名岛 SSZ7。2010 年浙江省人民政府公布的第一批无居民海岛名称中记为拦门虎礁。位于东绿华岛和西绿华岛之间水道中央，潮流湍急。旧时，渔船触礁沉没者颇多，群众以拦门虎喻其凶恶，故名。岸线长 184 米，面积 1 457 平方米，最高点高程 30 米。基岩岛，由燕山晚期钾长花岗岩构成。地势平缓。无植被。岛上造有绿华大桥桥墩，两边有桥通东绿华岛、西绿华岛。属马鞍列岛海洋特别保护区。

拦门虎南岛 (Lánménhǔ Nándǎo)

北纬 30°49.1′，东经 122°38.2′。位于舟山市嵊泗县马鞍列岛北部，东距东绿华岛约 75 米，距大陆最近点 64.05 千米。因位于拦门虎礁南侧，第二次全国海域地名普查时命今名。岸线长 55 米，面积 111 平方米。基岩岛。无植被。属马鞍列岛海洋特别保护区。

东绿华西岛 (Dōnglǜhuá Xīdǎo)

北纬 30°49.1′，东经 122°38.3′。位于舟山市嵊泗县马鞍列岛北部，距东绿华岛约 50 米，距大陆最近点 64.22 千米。因位于东绿华岛西面，第二次全国海域地名普查时命今名。岸线长 29 米，面积 60 平方米。基岩岛。无植被。属马鞍列岛海洋特别保护区。

灶前礁 (Zàoqián Jiāo)

北纬 30°49.1′，东经 122°10.6′。位于舟山市嵊泗县崎岖列岛北部，距大陆最近点 21.04 千米。《中国海洋岛屿简况》（1980）、《浙江省海域地名录》（1988）、《中国海域地名志》（1989）、舟山市地图（1990）、《浙江省嵊泗县地名志》（1990）、《舟山岛礁图集》（1991）、《中国海域地名图集》（1991）、《浙江海岛志》（1998）、《嵊泗县志》（2007）、《全国海岛名称与代码》（2008）和 2010 年浙江省人民政府公布的第一批无居民海岛名称中均记为灶前礁。因岛形似烧饭的灶台而得名。岸线长 167 米，面积 2 153 平方米，最高点高程 13.6 米。基岩岛，由上侏罗统大爽组含角砾熔结凝灰岩构成。顶部平坦，沿岸较陡。无植被。

东绿华南岛（Dōnglǜhuá Nándǎo）

北纬 30°49.0′，东经 122°38.5′。位于舟山市嵊泗县马鞍列岛北部，北距东绿华岛约 10 米，距大陆最近点 64.61 千米。因位于东绿华岛南面，第二次全国海域地名普查时命今名。岸线长 59 米，面积 132 平方米。基岩岛。无植被。属马鞍列岛海洋特别保护区。

鳗局东岛（Mánjú Dōngdǎo）

北纬 30°48.9′，东经 122°36.2′。位于舟山市嵊泗县马鞍列岛西北部，北距西绿华岛约 620 米，距大陆最近点 60.89 千米。因位于鳗局岛东侧，第二次全国海域地名普查时命今名。岸线长 76 米，面积 362 平方米。基岩岛。无植被。属马鞍列岛海洋特别保护区。

鳗局岛（Mánjú Dǎo）

北纬 30°48.9′，东经 122°36.1′。位于舟山市嵊泗县马鞍列岛西北部，北距西绿华岛约 485 米，距大陆最近点 60.66 千米。又名鳗胎。《中国海洋岛屿简况》（1980）记为鳗胎。《浙江省海域地名录》（1988）、《中国海域地名志》（1989）、舟山市地图（1990）、《浙江省嵊泗县地名志》（1990）、《舟山岛礁图集》（1991）、《中国海域地名图集》（1991）、《浙江海岛志》（1998）、《嵊泗县志》（2007）、舟山市政区图（2008）、《全国海岛名称与代码》（2008）和 2010 年浙江省人民政府公布的第一批无居民海岛名称中均记为鳗局岛。因岛形如切断的两段鳗鱼，当地称段为“局”，故名。岸线长 1.92 千米，面积 0.072 2 平方千米，最高点高程 34.9 米。基岩岛，由燕山晚期钾长花岗岩构成。长有草丛和灌木。岩滩生长藤壶、贻贝、螺等贝、藻类生物。属马鞍列岛海洋特别保护区。

北胭脂礁（Běiyānzhi Jiāo）

北纬 30°48.8′，东经 122°44.0′。位于舟山市嵊泗县马鞍列岛中部，距大陆最近点 73.32 千米。《中国海洋岛屿简况》（1980）、《浙江省海域地名录》（1988）、《中国海域地名志》（1989）、《浙江省嵊泗县地名志》（1990）、《舟山岛礁图集》（1991）和《中国海域地名图集》（1991）均记为北胭脂礁。以岛形如花簇，色似胭脂，处蝴蝶岛以北而得名。岸线长 174 米，面积 778 平方米，最高点高程 20 米。基岩岛。无植被。属马鞍列岛海洋特别保护区。

花鸟大青山北岛 (Huāniǎo Dàqīngshān Běidǎo)

北纬 30°48.8′，东经 122°42.6′。位于舟山市嵊泗县马鞍列岛中部，距大陆最近点 71.08 千米。第二次全国海域地名普查时命今名。岸线长 42 米，面积 139 平方米。基岩岛。无植被。属马鞍列岛海洋特别保护区。

篷牌礁 (Péngpái Jiāo)

北纬 30°48.8′，东经 122°44.0′。位于舟山市嵊泗县马鞍列岛中部，距大陆最近点 73.34 千米。《浙江省海域地名录》(1988)、《浙江省嵊泗县地名志》(1990)、《舟山岛礁图集》(1991) 和《中国海域地名图集》(1991) 均记为篷牌礁。因岛高耸如牌而得名。岸线长 177 米，面积 1 201 平方米，最高点高程 25 米。基岩岛。无植被。属马鞍列岛海洋特别保护区。

花鸟大青山西岛 (Huāniǎo Dàqīngshān Xīdǎo)

北纬 30°48.8′，东经 122°42.5′。位于舟山市嵊泗县马鞍列岛中部，距大陆最近点 70.98 千米。第二次全国海域地名普查时命今名。岸线长 95 米，面积 270 平方米。基岩岛。无植被。属马鞍列岛海洋特别保护区。

青石屿 (Qīngshí Yǔ)

北纬 30°48.7′，东经 122°42.6′。位于舟山市嵊泗县马鞍列岛中部，距大陆最近点 71.14 千米。又名大青山-1。《浙江海岛志》(1998) 记为 29 号无名岛。《嵊泗县志》(2007) 和《全国海岛名称与代码》(2008) 记为大青山-1。2010 年浙江省人民政府公布的第一批无居民海岛名称中记为青石屿。因岛像一块坠落的大石，故名。岸线长 608 米，面积 5 077 平方米，最高点高程 30.4 米。基岩岛。长有草丛和灌木。属马鞍列岛海洋特别保护区。

蝴蝶岛 (Húdié Dǎo)

北纬 30°48.7′，东经 122°44.0′。位于舟山市嵊泗县马鞍列岛中部，距大陆最近点 73.11 千米。《中国海洋岛屿简况》(1980)、《浙江省海域地名录》(1988)、《中国海域地名志》(1989)、《浙江省嵊泗县地名志》(1990)、《舟山岛礁图集》(1991)、《中国海域地名图集》(1991)、《浙江海岛志》(1998)、《嵊泗县志》

（2007）、《全国海岛名称与代码》（2008）和2010年浙江省人民政府公布的第一批无居民海岛名称中均记为蝴蝶岛。从西南方向遥望该岛，颇似展翅的蝴蝶，故名。岸线长1.79千米，面积0.076 1平方千米，最高点高程55.4米。基岩岛。长有草丛和灌木。属马鞍列岛海洋特别保护区。

大戢山东岛（Dàjíshān Dōngdǎo）

北纬30°48.6′，东经122°10.6′。位于舟山市嵊泗县崎岖列岛北部，距大陆最近点21.35千米。第二次全国海域地名普查时命今名。岸线长258米，面积2 898平方米。基岩岛。无植被。建有国家大地控制点1个。

东双礁（Dōngshuāng Jiāo）

北纬30°48.6′，东经122°10.6′。位于舟山市嵊泗县崎岖列岛北部，距大陆最近点21.45千米。曾名长礁嘴头。《中国海洋岛屿简况》（1980）有记载，但无名。《浙江省海域地名录》（1988）、《中国海域地名志》（1989）、舟山市地图（1990）、《浙江省嵊泗县地名志》（1990）、《舟山岛礁图集》（1991）、《中国海域地名图集》（1991）、《浙江海岛志》（1998）、《嵊泗县志》（2007）、《全国海岛名称与代码》（2008）和2010年浙江省人民政府公布的第一批无居民海岛名称中均记为东双礁。原名长礁嘴头，1985年岛礁普查时改为现名。因与大戢山东岛并立，故名。岸线长171米，面积1 260平方米，最高点高程11米。基岩岛，由上侏罗统大爽组含角砾熔结凝灰岩、凝灰岩构成。地形崎岖不平。无植被。

东双南大岛（Dōngshuāng Nándà Dǎo）

北纬30°48.6′，东经122°10.7′。位于舟山市嵊泗县崎岖列岛北部，距大陆最近点21.52千米。因位于东双礁南侧，面积较大，第二次全国海域地名普查时命今名。岸线长52米，面积217平方米。基岩岛。无植被。

老虎北大岛（Lǎohǔ Běidà Dǎo）

北纬30°48.6′，东经122°44.1′。位于舟山市嵊泗县马鞍列岛中部，距大陆最近点73.57千米。第二次全国海域地名普查时命今名。岸线长167米，面积1 505平方米。基岩岛。无植被。属马鞍列岛海洋特别保护区。

东库山西岛 (Dōngkùshān Xīdǎo)

北纬 30°48.6′，东经 122°39.6′。位于舟山市嵊泗县马鞍列岛中部，北距东绿华岛约 1.11 千米，距大陆最近点 66.38 千米。第二次全国海域地名普查时命今名。岸线长 74 米，面积 182 平方米。基岩岛。无植被。属马鞍列岛海洋特别保护区。

老虎北小岛 (Lǎohǔ Běixiǎo Dǎo)

北纬 30°48.6′，东经 122°44.1′。位于舟山市嵊泗县马鞍列岛中部，距大陆最近点 73.57 千米。第二次全国海域地名普查时命今名。岸线长 42 米，面积 119 平方米。基岩岛。无植被。属马鞍列岛海洋特别保护区。

庄海岛 (Zhuānghǎi Dǎo)

北纬 30°48.6′，东经 122°45.1′。位于舟山市嵊泗县马鞍列岛中部，距大陆最近点 74.72 千米。又名章海山。《中国海洋岛屿简况》（1980）记为章海山。《浙江省海域地名录》（1988）、《中国海域地名志》（1989）、《浙江省嵊泗县地名志》（1990）、《舟山岛礁图集》（1991）、《中国海域地名图集》（1991）、《浙江海岛志》（1998）、《嵊泗县志》（2007）、《全国海岛名称与代码》（2008）和 2010 年浙江省人民政府公布的第一批无居民海岛名称中均记为庄海岛。平时无人居住，一到乌贼汛期，很多渔民在此临时架棚居住，形成海上村庄，故名。岸线长 2.26 千米，面积 0.083 7 平方千米，最高点高程 47.7 米。基岩岛，由上侏罗统茶湾组熔结凝灰岩、凝灰岩，间夹凝灰质砂岩构成。长有草丛。建有灯塔 1 座。属马鞍列岛海洋特别保护区。

老虎南岛 (Lǎohǔ Nándǎo)

北纬 30°48.6′，东经 122°44.2′。位于舟山市嵊泗县马鞍列岛中部，距大陆最近点 73.64 千米。第二次全国海域地名普查时命今名。岸线长 189 米，面积 1 847 平方米。基岩岛。无植被。属马鞍列岛海洋特别保护区。

老虎南大岛 (Lǎohǔ Nándà Dǎo)

北纬 30°48.6′，东经 122°44.2′。位于舟山市嵊泗县马鞍列岛中部，距大陆最近点 73.72 千米。第二次全国海域地名普查时命今名。岸线长 94 米，面积

448 平方米。基岩岛。无植被。属马鞍列岛海洋特别保护区。

老虎南小岛（Lǎohǔ Nánxiǎo Dǎo）

北纬 30°48.6′，东经 122°44.2′。位于舟山市嵊泗县马鞍列岛中部，距大陆最近点 73.75 千米。第二次全国海域地名普查时命今名。岸线长 68 米，面积 310 平方米。基岩岛。无植被。属马鞍列岛海洋特别保护区。

东库山南岛（Dōngkùshān Nándǎo）

北纬 30°48.5′，东经 122°39.7′。位于舟山市嵊泗县马鞍列岛中部，北距东绿华岛约 1.45 千米，距大陆最近点 66.65 千米。第二次全国海域地名普查时命今名。岸线长 31 米，面积 70 平方米。基岩岛。无植被。属马鞍列岛海洋特别保护区。

小青山西岛（Xiǎoqīngshān Xīdǎo）

北纬 30°48.4′，东经 122°43.0′。位于舟山市嵊泗县马鞍列岛中部，距大陆最近点 71.86 千米。第二次全国海域地名普查时命今名。岸线长 72 米，面积 370 平方米。基岩岛。无植被。属马鞍列岛海洋特别保护区。

外涨埠礁北岛（Wàizhǎngbùjiāo Běidǎo）

北纬 30°48.3′，东经 122°45.2′。位于舟山市嵊泗县马鞍列岛中部，距大陆最近点 75.4 千米。因位于外涨埠礁北面，第二次全国海域地名普查时命今名。岸线长 49 米，面积 72 平方米。基岩岛。无植被。属马鞍列岛海洋特别保护区。

外涨埠礁东岛（Wàizhǎngbùjiāo Dōngdǎo）

北纬 30°48.3′，东经 122°45.3′。位于舟山市嵊泗县马鞍列岛中部，距大陆最近点 75.46 千米。因位于外涨埠礁东面，第二次全国海域地名普查时命今名。岸线长 17 米，面积 17 平方米。基岩岛。无植被。属马鞍列岛海洋特别保护区。

外涨埠礁（Wàizhǎngbù Jiāo）

北纬 30°48.3′，东经 122°45.2′。位于舟山市嵊泗县马鞍列岛中部，距大陆最近点 75.38 千米。又名外涨埠礁 -1。《浙江省嵊泗县地名志》（1990）、《舟山岛礁图集》（1991）、《浙江海岛志》（1998）和 2010 年浙江省人民政府公布的第一批无居民海岛名称中均记为外涨埠礁。《嵊泗县志》（2007）和《全国海岛名称与代码》（2008）记为外涨埠礁 -1。因距东小盘岛比内涨埠礁稍远，故名。

岸线长 159 米，面积 1 123 平方米，最高点高程 19.4 米。基岩岛，由燕山晚期钾长花岗岩构成。长有草丛。岩滩生长藤壶、贻贝、螺等贝、藻类生物。属马鞍列岛海洋特别保护区。

外涨埠礁西岛 (Wàizhǎngbùjiāo Xīdǎo)

北纬 30°48.3′，东经 122°45.2′。位于舟山市嵊泗县马鞍列岛中部，距大陆最近点 75.37 千米。因位于外涨埠礁西面，第二次全国海域地名普查时命今名。岸线长 55 米，面积 135 平方米。基岩岛。无植被。属马鞍列岛海洋特别保护区。

涨埠桩礁 (Zhǎngbùzhuāng Jiāo)

北纬 30°48.3′，东经 122°45.2′。位于舟山市嵊泗县马鞍列岛中部，距大陆最近点 75.36 千米。又名外涨埠礁-2。《浙江海岛志》(1998)记为 39 号无名岛。《嵊泗县志》(2007)和《全国海岛名称与代码》(2008)记为外涨埠礁-2。2010 年浙江省人民政府公布的第一批无居民海岛名称中记为涨埠桩礁。因紧邻外涨埠礁，似涨埠的桩子而得名。岸线长 335 米，面积 1 934 平方米，最高点高程 10 米。基岩岛，由燕山晚期钾长花岗岩构成。地势低平。长有草丛。岩滩生长藤壶、贻贝、螺等贝、藻类生物。属马鞍列岛海洋特别保护区。

涨埠桩南岛 (Zhǎngbùzhuāng Nándǎo)

北纬 30°48.2′，东经 122°45.2′。位于舟山市嵊泗县马鞍列岛中部，距大陆最近点 75.37 千米。因位于涨埠桩礁南面，第二次全国海域地名普查时命今名。岸线长 52 米，面积 157 平方米。基岩岛。无植被。属马鞍列岛海洋特别保护区。

内涨埠礁 (Nèizhǎngbù Jiāo)

北纬 30°48.2′，东经 122°45.1′。位于舟山市嵊泗县马鞍列岛中部，距大陆最近点 75.2 千米。《浙江省海域地名录》(1988)、《浙江省嵊泗县地名志》(1990)、《舟山岛礁图集》(1991)、《中国海域地名图集》(1991)、《浙江海岛志》(1998)、《嵊泗县志》(2007)、《全国海岛名称与代码》(2008)和 2010 年浙江省人民政府公布的第一批无居民海岛名称中均记为内涨埠礁。海岛东南有较平坦的礁，岸似船埠，因紧邻东小盘岛，故名。岸线长 76 米，面积 293 平方米，最高点高程 6.3 米。基岩岛，由燕山晚期钾长花岗岩构成。地势低平。无植被。

岩滩生长藤壶、贻贝、螺等贝、藻类生物。属马鞍列岛海洋特别保护区。

菜园狮子礁北岛 (Càiyuán Shīzijiāo Běidǎo)

北纬 30°48.2′，东经 122°39.8′。位于舟山市嵊泗县马鞍列岛中部，北距东绿华岛约 1.99 千米，距大陆最近点 66.91 千米。第二次全国海域地名普查时命今名。岸线长 64 米，面积 202 平方米。基岩岛。无植被。属马鞍列岛海洋特别保护区。

围笼屿西小岛 (Wéilóngyǔ Xīxiǎo Dǎo)

北纬 30°48.2′，东经 122°45.6′。位于舟山市嵊泗县马鞍列岛中部，距大陆最近点 75.93 千米。第二次全国海域地名普查时命今名。岸线长 74 米，面积 209 平方米。基岩岛。无植被。属马鞍列岛海洋特别保护区。

围笼屿西大岛 (Wéilóngyǔ Xīdà Dǎo)

北纬 30°48.2′，东经 122°45.6′。位于舟山市嵊泗县马鞍列岛中部，距大陆最近点 75.94 千米。第二次全国海域地名普查时命今名。岸线长 183 米，面积 1 300 平方米。基岩岛。无植被。属马鞍列岛海洋特别保护区。

东小盘岛 (Dōngxiǎopán Dǎo)

北纬 30°48.1′，东经 122°45.2′。位于舟山市嵊泗县马鞍列岛中部，距大陆最近点 75.28 千米。又名小盘山、东小盘。《中国海洋岛屿简况》（1980）记为小盘山。《中国海域地名志》（1989）记为东小盘。《浙江省海域地名录》（1988）、《浙江省嵊泗县地名志》（1990）、《舟山岛礁图集》（1991）、《中国海域地名图集》（1991）、《浙江海岛志》（1998）、《嵊泗县志》（2007）、《全国海岛名称与代码》（2008）和 2010 年浙江省人民政府公布的第一批无居民海岛名称中均记为东小盘岛。岸线长 1.41 千米，面积 0.055 1 平方千米，最高点高程 52.6 米。基岩岛，由燕山晚期钾长花岗岩构成。地势东南陡峻，西北低缓。长有草丛。岩滩生长藤壶、贻贝、螺等贝、藻类生物。属马鞍列岛海洋特别保护区。

求子山西南岛 (Qiúzǐshān Xī'nán Dǎo)

北纬 30°47.7′，东经 122°39.5′。位于舟山市嵊泗县马鞍列岛中部，北距东绿华岛约 2.64 千米，距大陆最近点 66.57 千米。第二次全国海域地名普查时命今名。岸线长 10 米，面积 7 平方米。基岩岛。无植被。属马鞍列岛海洋特别保护区。

张其山东岛 (Zhāngqíshān Dōngdǎo)

北纬 30°47.4′，东经 122°43.4′。位于舟山市嵊泗县马鞍列岛中部，距大陆最近点 72.82 千米。第二次全国海域地名普查时命今名。岸线长 79 米，面积 142 平方米。基岩岛。无植被。属马鞍列岛海洋特别保护区。

张其山南岛 (Zhāngqíshān Nándǎo)

北纬 30°47.2′，东经 122°43.3′。位于舟山市嵊泗县马鞍列岛中部，距大陆最近点 72.69 千米。第二次全国海域地名普查时命今名。岸线长 80 米，面积 197 平方米。基岩岛。无植被。属马鞍列岛海洋特别保护区。

壁下山东大岛 (Bìxiàshān Dōngdà Dǎo)

北纬 30°47.2′，东经 122°47.4′。位于舟山市嵊泗县马鞍列岛中部，距大陆最近点 79.05 千米。第二次全国海域地名普查时命今名。岸线长 50 米，面积 154 平方米。基岩岛。无植被。属马鞍列岛海洋特别保护区。

壁下山东小岛 (Bìxiàshān Dōngxiǎo Dǎo)

北纬 30°47.2′，东经 122°47.4′。位于舟山市嵊泗县马鞍列岛中部，距大陆最近点 79.03 千米。第二次全国海域地名普查时命今名。岸线长 57 米，面积 91 平方米。基岩岛。无植被。属马鞍列岛海洋特别保护区。

柱住山南岛 (Zhùzhùshān Nándǎo)

北纬 30°47.2′，东经 122°40.1′。位于舟山市嵊泗县马鞍列岛中部，北距东绿华岛约 3.87 千米，距大陆最近点 67.54 千米。第二次全国海域地名普查时命今名。岸线长 80 米，面积 287 平方米。基岩岛。无植被。属马鞍列岛海洋特别保护区。

壁下山东上岛 (Bìxiàshān Dōngshàng Dǎo)

北纬 30°47.2′，东经 122°47.3′。位于舟山市嵊泗县马鞍列岛中部，距大陆最近点 79 千米。第二次全国海域地名普查时命今名。岸线长 35 米，面积 66 平方米。基岩岛。无植被。属马鞍列岛海洋特别保护区。

壁下山东下岛 (Bìxiàshān Dōngxià Dǎo)

北纬 30°47.2′，东经 122°47.3′。位于舟山市嵊泗县马鞍列岛中部，距大陆最近点 79.01 千米。第二次全国海域地名普查时命今名。岸线长 19 米，面积 24

平方米。基岩岛。无植被。属马鞍列岛海洋特别保护区。

外田螺礁（Wàitiánlúo Jiāo）

北纬 30°47.2′，东经 122°47.3′。位于舟山市嵊泗县马鞍列岛中部，距大陆最近点 79.02 千米。《浙江省海域地名录》（1988）、《浙江省嵊泗县地名志》（1990）和《舟山岛礁图集》（1991）均记为外田螺礁。因该岛形似田螺，故名。岸线长 106 米，面积 639 平方米，最高点高程 12 米。基岩岛。无植被。属马鞍列岛海洋特别保护区。

龙牙北岛（Lóngyá Běidǎo）

北纬 30°47.1′，东经 122°43.3′。位于舟山市嵊泗县马鞍列岛中部，距大陆最近点 72.68 千米。第二次全国海域地名普查时命今名。岸线长 102 米，面积 675 平方米。基岩岛。无植被。属马鞍列岛海洋特别保护区。

龙牙南岛（Lóngyá Nándǎo）

北纬 30°47.1′，东经 122°43.3′。位于舟山市嵊泗县马鞍列岛中部，距大陆最近点 72.61 千米。第二次全国海域地名普查时命今名。岸线长 125 米，面积 489 平方米。基岩岛。无植被。属马鞍列岛海洋特别保护区。

西瓜礁（Xīguā Jiāo）

北纬 30°47.0′，东经 122°28.4′。隶属于舟山市嵊泗县，距大陆最近点 49.35 千米。曾名外泗礁，又名乱刀山、乱刀山-1。《中国海洋岛屿简况》（1980）有记载，但无名。《浙江省海域地名录》（1988）、《中国海域地名志》（1989）和《中国海域地名图集》（1991）记为乱刀山。《浙江海岛志》（1998）记为 51 号无名岛。《嵊泗县志》（2007）和《全国海岛名称与代码》（2008）记为乱刀山-1。2010 年浙江省人民政府公布的第一批无居民海岛名称中记为西瓜礁。因岛圆而隆起，表面光滑如西瓜，故名。与附近的笔搁屿、南小块屿等合称外泗礁。岸线长 349 米，面积 2 032 平方米，最高点高程 19.3 米。基岩岛，由上侏罗统茶湾组熔结凝灰岩、凝灰岩构成。无植被。属马鞍列岛海洋特别保护区。

笔搁屿（Bǐgē Yǔ）

北纬 30°46.9′，东经 122°28.4′。隶属于舟山市嵊泗县，距大陆最近点

49.39 千米。曾名外泗礁，又名乱刀山、乱岛山、乱刀山-2、外泗礁。民国《定海县志》附图已有名称记载，后歧化为后泗礁，乃强调岛在水上。《中国海洋岛屿简况》（1980）记为乱岛山。《浙江省海域地名录》（1988）、《中国海域地名志》（1989）和《中国海域地名图集》（1991）均记为乱刀山。《浙江海岛志》（1998）记为 53 号无名岛。《嵊泗县志》（2007）和《全国海岛名称与代码》（2008）记为乱刀山-2。2010 年浙江省人民政府公布的第一批无居民海岛名称中记为笔搁屿。因岛形呈两端高、中间低，状如笔架（又称笔搁），故名。与附近的西瓜礁、南小块屿等合称外泗礁。岸线长 333 米，面积 3 730 平方米，最高点高程 23.4 米。基岩岛，由上侏罗统茶湾组熔结凝灰岩、凝灰岩构成。长有草丛和灌木。属马鞍列岛海洋特别保护区。

南小块屿 (Nánxiǎokuài Yǔ)

北纬 30°46.8′，东经 122°28.4′。隶属于舟山市嵊泗县，距大陆最近点 49.42 千米。又名乱刀山、乱刀山-4、外泗礁。《中国海洋岛屿简况》（1980）有记载，但无名。《浙江省海域地名录》（1988）记为乱刀山。《中国海域地名志》（1989）和《舟山岛礁图集》（1991）记为外泗礁。《浙江海岛志》（1998）记为 55 号无名岛。《嵊泗县志》（2007）和《全国海岛名称与代码》（2008）记为乱刀山-4。2010 年浙江省人民政府公布的第一批无居民海岛名称中记为南小块屿。因该岛位于原外泗礁（岛）最南侧，面积较小，故名。与附近的西瓜礁、笔搁屿等合称外泗礁。岸线长 125 米，面积 989 平方米，最高点高程 9 米。基岩岛，由上侏罗统茶湾组熔结凝灰岩、凝灰岩构成。无植被。

乌捞盆礁 (Wūlāopén Jiāo)

北纬 30°46.8′，东经 122°47.1′。位于舟山市嵊泗县马鞍列岛中部，距大陆最近点 78.73 千米。又名乌捞盆礁 -2。《浙江省海域地名录》（1988）、《浙江省嵊泗县地名志》（1990）、《舟山岛礁图集》（1991）、《中国海域地名图集》（1991）、《浙江海岛志》（1998）和 2010 年浙江省人民政府公布的第一批无居民海岛名称中均记为乌捞盆礁。《嵊泗县志》（2007）和《全国海岛名称与代码》（2008）记为乌捞盆礁 -2。该礁色黑，形如捞盆（一种渔具），故名。岸线长 201 米，面积 2 672 平方米，最高点高程 8.1 米。基岩岛，由上侏罗统茶湾组熔结凝灰岩、凝灰岩，间杂凝灰砂岩构成。长有草丛和灌木。岩滩生长藤壶、贻贝、螺等贝、藻类生物。属马鞍列岛海洋特别保护区。

墨鱼礁 (Mòyú Jiāo)

北纬 30°46.8′，东经 122°47.1′。位于舟山市嵊泗县马鞍列岛中部，距大陆最近点 78.77 千米。《浙江省海域地名录》（1988）、舟山市地图（1990）、《浙江省嵊泗县地名志》（1990）和《舟山岛礁图集》（1991）均记为墨鱼礁。因附近海域盛产乌贼（墨鱼），故名。岸线长 154 米，面积 1 419 平方米，最高点高程 25 米。基岩岛，由上侏罗统茶湾组熔结凝灰岩、凝灰岩构成。无植被。属马鞍列岛海洋特别保护区。

外乌捞盆礁 (Wàiwūlāopén Jiāo)

北纬 30°46.8′，东经 122°47.1′。位于舟山市嵊泗县马鞍列岛中部，距大陆最近点 78.69 千米。曾名乌捞盆礁，又名乌捞盆礁-1。《浙江海岛志》（1998）记为 58 号无名岛。《嵊泗县志》（2007）和《全国海岛名称与代码》（2008）均记为乌捞盆礁-1。2010 年浙江省人民政府公布的第一批无居民海岛名称中记为外乌捞盆礁。岸线长 109 米，面积 708 平方米，最高点高程 4.3 米。基岩岛，由上侏罗统茶湾组熔结凝灰岩、凝灰岩构成。无植被。属马鞍列岛海洋特别保护区。

虎鱼北岛 (Hǔyú Běidǎo)

北纬 30°46.7′，东经 122°27.0′。隶属于舟山市嵊泗县，距大陆最近点 47.34 千米。因位于虎鱼礁北侧，第二次全国海域地名普查时命今名。岸线长 42 米，面积 133 平方米。基岩岛。无植被。

小虎鱼礁 (Xiǎohǔyú Jiāo)

北纬 30°46.7′，东经 122°26.9′。隶属于舟山市嵊泗县，距大陆最近点 47.26 千米。又名鳆鱼礁、虎鱼礁-1。《中国海洋岛屿简况》（1980）记为鳆鱼礁。《浙江海岛志》（1998）记为 59 号无名岛。《嵊泗县志》（2007）和《全国海岛名称与代码》（2008）记为虎鱼礁-1。2010 年浙江省人民政府公布的第一批无居民海岛名称中记为小虎鱼礁。因在虎鱼礁附近，面积较小，故名。岸线长 88 米，面积 556 平方米，最高点高程 4.6 米。基岩岛，由上侏罗统茶湾组熔结凝灰岩、凝灰岩构成。无植被。

虎鱼礁 (Hǔyú Jiāo)

北纬 30°46.7′，东经 122°26.9′。隶属于舟山市嵊泗县，距大陆最近点 47.3 千米。曾名捕鱼礁、虾鱼礁，又名虎鱼礁-2、鲯鱼礁。民国《定海县志》附图标为虾鱼礁，“虾鱼”为魟鱼的别名。又称捕鱼礁，系谐音误写。谚云：“龙礁横横栏，蛮蛮花鱼兜水划。”《中国海洋岛屿简况》（1980）记为鲯鱼礁。《浙江省海域地名录》（1988）、《中国海域地名志》（1989）、《浙江省嵊泗县地名志》（1990）、《舟山岛礁图集》（1991）、《中国海域地名图集》（1991）、《浙江海岛志》（1998）和 2010 年浙江省人民政府公布的第一批无居民海岛名称中均记为虎鱼礁。《嵊泗县志》（2007）和《全国海岛名称与代码》（2008）记为虎鱼礁-2。该岛似魟鱼浮在海面，故以魟鱼的别名“虎鱼”命名。岸线长 98 米，面积 704 平方米，最高点高程 2.9 米。基岩岛，由上侏罗统茶湾组熔结凝灰岩、凝灰岩构成。无植被。建有白色灯桩 1 座。

二块屿北岛 (Èrkuàiyǔ Běidǎo)

北纬 30°46.5′，东经 122°28.1′。隶属于舟山市嵊泗县，距大陆最近点 49.12 千米。因位于二块屿北侧，第二次全国海域地名普查时命今名。岸线长 49 米，面积 105 平方米。基岩岛。无植被。

壁下头块礁 (Bìxià Tóukuài Jiāo)

北纬 30°46.5′，东经 122°47.6′。位于舟山市嵊泗县马鞍列岛中部，距大陆最近点 79.65 千米。曾名头块、头块礁，又名三块头礁、三块头礁-1。《浙江省海域地名录》（1988）、《浙江省嵊泗县地名志》（1990）、《舟山岛礁图集》（1991）、《中国海域地名图集》（1991）和《浙江海岛志》（1998）均记为三块头礁。《嵊泗县志》（2007）和《全国海岛名称与代码》（2008）记为三块头礁 -1。2010 年浙江省人民政府公布的第一批无居民海岛名称中记为壁下头块礁。与另外 2 座小岛基座相连，合称三块头。本岛最北，故名头块礁。因重名，加前缀“壁下”。岸线长 127 米，面积 399 平方米，最高点高程 5 米。基岩岛，由上侏罗统茶湾组熔结凝灰岩、凝灰岩构成。无植被。岩滩生长藤壶、贻贝、螺等贝、藻类生物。属马鞍列岛海洋特别保护区。

二块屿 (Èrkuài Yǔ)

北纬 30°46.5′，东经 122°28.1′。隶属于舟山市嵊泗县，距大陆最近点 49.1 千米。又名里泗礁 -2。《浙江海岛志》(1998) 记为 63 号无名岛。《嵊泗县志》(2007) 记为里泗礁 -2。《全国海岛名称与代码》(2008) 记为无名岛 SSZ2。2010 年浙江省人民政府公布的第一批无居民海岛名称中记为二块屿。从北往南数该岛为第二块，故名。岸线长 137 米，面积 722 平方米，最高点高程 16 米。基岩岛，由上侏罗统茶湾组熔结凝灰岩、凝灰岩等构成。无植被。

井潭礁 (Jǐngtán Jiāo)

北纬 30°46.5′，东经 122°28.0′。隶属于舟山市嵊泗县，距大陆最近点 49.04 千米。又名里泗礁 -1。《中国海洋岛屿简况》(1980) 有记载，但无名。《浙江海岛志》(1998) 记为 62 号无名岛。《嵊泗县志》(2007) 记为里泗礁-1。《全国海岛名称与代码》(2008) 记为无名岛 SSZ3。2010 年浙江省人民政府公布的第一批无居民海岛名称中记为井潭礁。因岛顶部有口大水潭，故名。岸线长 171 米，面积 1 166 平方米，最高点高程 15 米。基岩岛，由上侏罗统茶湾组熔结凝灰岩、凝灰岩等构成。无植被。

中块北岛 (Zhōngkuài Běidǎo)

北纬 30°46.5′，东经 122°28.0′。隶属于舟山市嵊泗县，距大陆最近点 49.05 千米。因位于中块屿北侧，第二次全国海域地名普查时命今名。岸线长 42 米，面积 59 平方米。基岩岛。无植被。

中块屿 (Zhōngkuài Yǔ)

北纬 30°46.5′，东经 122°28.0′。隶属于舟山市嵊泗县，距大陆最近点 49.05 千米。又名里泗礁-3。《中国海洋岛屿简况》(1980) 有记载，但无名。《浙江海岛志》(1998) 记为 64 号无名岛。《嵊泗县志》(2007) 记为里泗礁-3。《全国海岛名称与代码》(2008) 记为无名岛 SSZ4。2010 年浙江省人民政府公布的第一批无居民海岛名称中记为中块屿。位于岛群中间位置，故名。岸线长 187 米，面积 1 748 平方米，最高点高程 22 米。基岩岛，由上侏罗统茶湾组熔结凝灰岩、凝灰岩等构成。长有草丛和灌木。

壁下二块礁 (Bìxià Èrkuài Jiāo)

北纬 30°46.5′，东经 122°47.7′。位于舟山市嵊泗县马鞍列岛中部，距大陆最近点 79.74 千米。又名三块头礁、三块头礁-2。《中国海域地名图集》(1991) 记为三块头礁。《浙江海岛志》(1998)、《嵊泗县志》(2007) 和《全国海岛名称与代码》(2008) 均记为三块头礁-2。2010 年浙江省人民政府公布的第一批无居民海岛名称中记为壁下二块礁。与另外 2 座小岛基座相连，合称三块头。本岛居中，故称二块礁。因重名，加前缀“壁下”。岸线长 99 米，面积 248 平方米，最高点高程 4.3 米。基岩岛，由上侏罗统茶湾组熔结凝灰岩、凝灰岩构成。无植被。岩滩生长藤壶、贻贝、螺等贝、藻类生物。属马鞍列岛海洋特别保护区。

大肚老婆礁 (Dàdùlǎopo Jiāo)

北纬 30°46.5′，东经 122°28.0′。隶属于舟山市嵊泗县，距大陆最近点 49.05 千米。又名里泗礁-4。《中国海洋岛屿简况》(1980) 有记载，但无名。《浙江海岛志》(1998) 记为 65 号无名岛。《嵊泗县志》(2007) 记为里泗礁-4。《全国海岛名称与代码》(2008) 记为无名岛 SSZ5。2010 年浙江省人民政府公布的第一批无居民海岛名称中记为大肚老婆礁。因岛呈椭圆形，光滑隆起，如孕妇的肚子，故名。岸线长 213 米，面积 2 334 平方米，最高点高程 21.7 米。基岩岛，由上侏罗统茶湾组熔结凝灰岩、凝灰岩等构成。无植被。

黄石头北岛 (Huángshítou Běidǎo)

北纬 30°46.4′，东经 122°47.8′。位于舟山市嵊泗县马鞍列岛中部，距大陆最近点 79.88 千米。因位于黄石头礁北侧，第二次全国海域地名普查时命今名。岸线长 81 米，面积 192 平方米。基岩岛。无植被。属马鞍列岛海洋特别保护区。

黄石头礁 (Huángshítou Jiāo)

北纬 30°46.4′，东经 122°47.7′。位于舟山市嵊泗县马鞍列岛中部，距大陆最近点 79.87 千米。又名大嘴岛-1。《浙江海岛志》(1998) 记为 70 号无名岛。《嵊泗县志》(2007) 和《全国海岛名称与代码》(2008) 记为大嘴岛-1。2010 年浙江省人民政府公布的第一批无居民海岛名称中记为黄石头礁。因岛岩石呈黄色，岩石裸露，无植被，故名。岸线长137米，面积1 234平方米，最高点高程6.2米。基岩岛。属马鞍列岛海洋特别保护区。

上三横北岛（Shàngsānhéng Běidǎo）

北纬30°46.4′，东经122°38.3′。位于舟山市嵊泗县马鞍列岛中部，北距东绿华岛约4.74千米，距大陆最近点65.01千米。又名上三横山。《中国海洋岛屿简况》（1980）记为上三横山。《浙江省海域地名录》（1988）、《中国海域地名志》（1989）、《浙江省嵊泗县地名志》（1990）、《舟山岛礁图集》（1991）、《中国海域地名图集》（1991）、《浙江海岛志》（1998）、《嵊泗县志》（2007）、《全国海岛名称与代码》（2008）和2010年浙江省人民政府公布的第一批无居民海岛名称中均记为上三横北岛。岸线长786米，面积0.027 5平方千米，最高点高程32.7米。基岩岛，由燕山晚期钾长花岗岩构成。建有白色灯桩1座。属马鞍列岛海洋特别保护区。

黄石头南岛（Huángshítou Nándǎo）

北纬30°46.3′，东经122°47.7′。位于舟山市嵊泗县马鞍列岛中部，距大陆最近点79.85千米。因位于黄石头礁南侧，第二次全国海域地名普查时命今名。岸线长99米，面积480平方米。基岩岛。无植被。属马鞍列岛海洋特别保护区。

上三横东小岛（Shàngsānhéng Dōngxiǎo Dǎo）

北纬30°46.3′，东经122°38.6′。位于舟山市嵊泗县马鞍列岛中部，北距东绿华岛约4.8千米，距大陆最近点65.51千米。因位于上三横东岛附近，面积较小，第二次全国海域地名普查时命今名。岸线长153米，面积617平方米。基岩岛。无植被。属马鞍列岛海洋特别保护区。

上三横东岛（Shàngsānhéng Dōngdǎo）

北纬30°46.3′，东经122°38.5′。位于舟山市嵊泗县马鞍列岛中部，北距东绿华岛约4.78千米，距大陆最近点65.27千米。原与上三横北岛统称上三横北岛，第二次全国海域地名普查时将其界定为独立海岛，命今名。因位于上三横北岛东侧而得名。岸线长805米，面积0.012 5平方千米。基岩岛，由燕山晚期钾长花岗岩构成。长有草丛和灌木。建有海堤 1 条，废弃房屋 1 处。属马鞍列岛海洋特别保护区。

下三横山南上岛 (Xiàsānhéngshān Nánshàng Dǎo)

北纬 30°46.3′，东经 122°39.2′。位于舟山市嵊泗县马鞍列岛中部，北距东绿华岛约 4.93 千米，距大陆最近点 66.49 千米。位置较下三横山南下岛相对偏北（上），第二次全国海域地名普查时命今名。岸线长 37 米，面积 109 平方米。基岩岛。无植被。属马鞍列岛海洋特别保护区。

小乌猫礁 (Xiǎowūmāo Jiāo)

北纬 30°46.3′，东经 122°39.0′。位于舟山市嵊泗县马鞍列岛中部，北距东绿华岛约 4.88 千米，距大陆最近点 66.14 千米。又名乌猫礁、棺材礁-1。《中国海域地名图集》（1991）记为乌猫礁。《浙江海岛志》（1998）记为 73 号无名岛。《嵊泗县志》（2007）和《全国海岛名称与代码》（2008）记为棺材礁-1。2010 年浙江省人民政府公布的第一批无居民海岛名称中记为小乌猫礁。因位于乌猫礁附近，且面积较小，故名。基岩岛。岸线长 203 米，面积 1 876 平方米，最高点高程 9 米。无植被。属马鞍列岛海洋特别保护区。

上三横北小岛 (Shàngsānhéng Běixiǎo Dǎo)

北纬 30°46.3′，东经 122°38.3′。位于舟山市嵊泗县马鞍列岛中部，北距东绿华岛约 4.88 千米，距大陆最近点 65.07 千米。因位于上三横北岛附近，面积较小，第二次全国海域地名普查时命今名。岸线长 38 米，面积 101 平方米。无植被。基岩岛。属马鞍列岛海洋特别保护区。

下三横山南大岛 (Xiàsānhéngshān Nándà Dǎo)

北纬 30°46.3′，东经 122°39.1′。位于舟山市嵊泗县马鞍列岛中部，北距东绿华岛约 4.95 千米，距大陆最近点 65.4 千米。第二次全国海域地名普查时命今名。岸线长 160 米，面积 1 297 平方米。基岩岛。长有草丛和灌木。属马鞍列岛海洋特别保护区。

乌猫礁 (Wūmāo Jiāo)

北纬 30°46.3′，东经 122°38.9′。位于舟山市嵊泗县马鞍列岛中部，北距东绿华岛约 4.91 千米，距大陆最近点 66.1 千米。因岛礁呈黑色，形似猫，故名。又名棺材礁-2。《浙江省海域地名录》（1988）、《浙江省嵊泗县地名志》（1990）、《舟山岛礁图集》（1991）、《中国海域地名图集》（1991）、《浙江海岛志》（1998）和 2010 年浙江省人民政府公布的第一批无居民海岛名称中均记为乌猫礁。《嵊泗县志》（2007）和《全国海岛名称与代码》（2008）记为棺材礁-2。岸线长 237 米，面积 1 656 平方米，最高点高程 15 米。基岩岛。长有草丛和灌木。属马鞍列岛海洋特别保护区。

下三横山南下岛 (Xiàsānhéngshān Nánxià Dǎo)

北纬 30°46.3′，东经 122°39.2′。位于舟山市嵊泗县马鞍列岛中部，北距东绿华岛约 5 千米，距大陆最近点 66.48 千米。第二次全国海域地名普查时命今名。岸线长 98 米，面积 385 平方米。基岩岛。无植被。属马鞍列岛海洋特别保护区。

中龙屿北岛 (Zhōnglóngyǔ Běidǎo)

北纬 30°46.2′，东经 122°27.3′。隶属于舟山市嵊泗县，距大陆最近点 48.07 千米。第二次全国海域地名普查时命今名。岸线长 47 米，面积 157 平方米。基岩岛。无植被。

上龙礁 (Shànglóng Jiāo)

北纬 30°46.2′，东经 122°27.1′。隶属于舟山市嵊泗县，距大陆最近点 47.83 千米。又名龙礁。《中国海洋岛屿简况》（1980）记为龙礁。《浙江省海域地名录》（1988）、《中国海域地名志》（1989）、《浙江省嵊泗县地名志》（1990）、《舟山岛礁图集》（1991）、《中国海域地名图集》（1991）、《浙江海岛志》（1998）、《嵊泗县志》（2007）、《全国海岛名称与代码》（2008）和 2010 年浙江省人民政府公布的第一批无居民海岛名称中均记为上龙礁。该岛西南有小龙礁，居北为上，故名。岸线长 442 米，面积 3 639 平方米，最高点高程 3.9 米。基岩岛，由上侏罗统茶湾组熔结凝灰岩、凝灰岩等构成。无植被，岸边产紫菜。

龙头礁 (Lóngtóu Jiāo)

北纬 30°46.2′，东经 122°27.4′。隶属于舟山市嵊泗县，距大陆最近点 48.23 千米。又名中龙礁-1。《浙江海岛志》（1998）记为 78 号无名岛。《嵊泗县志》（2007）、《全国海岛名称与代码》（2008）均记为中龙礁-1。2010 年浙江省人民政府公布的第一批无居民海岛名称中记为龙头礁。岸线长 47 米，面积 146 平方米，最高点高程 5 米。基岩岛，由上侏罗统茶湾组熔结凝灰岩、凝灰岩等构成。无植被。

小扁担礁 (Xiǎobiǎndan Jiāo)

北纬 30°46.2′，东经 122°44.3′。位于舟山市嵊泗县马鞍列岛中部，距大陆最近点 74.5 千米。又名上黄礁-1。《浙江海岛志》（1998）记为 83 号无名岛。《嵊泗县志》（2007）和《全国海岛名称与代码》（2008）记为上黄礁-1。2010 年浙江省人民政府公布的第一批无居民海岛名称中记为小扁担礁。因岛形狭长如扁担得名。岸线长 125 米，面积 401 平方米，最高点高程 5.2 米。基岩岛，由燕山晚期钾长花岗岩构成。无植被。岩滩生长有藤壶、贻贝、螺等贝、藻类生物。属马鞍列岛海洋特别保护区。

上黄北岛 (Shànghuáng Běidǎo)

北纬 30°46.2′，东经 122°44.3′。位于舟山市嵊泗县马鞍列岛中部，距大陆最近点 74.53 千米。第二次全国海域地名普查时命今名。岸线长 25 米，面积 39 平方米。基岩岛。无植被。属马鞍列岛海洋特别保护区。

下三横山南岛 (Xiàsānhéngshān Nándǎo)

北纬 30°46.2′，东经 122°39.1′。位于舟山市嵊泗县马鞍列岛中部，北距东绿华岛约 4.99 千米，距大陆最近点 66.41 千米。第二次全国海域地名普查时命今名。岸线长 773 米，面积 0.022 9 平方千米。基岩岛。

小龙礁北岛 (Xiǎolóngjiāo Běidǎo)

北纬 30°46.2′，东经 122°27.1′。隶属于舟山市嵊泗县，距大陆最近点 47.73 千米。因位于小龙礁北面，第二次全国海域地名普查时命今名。岸线长 79 米，面积 293 平方米。基岩岛。无植被。

小龙礁 (Xiǎolóng Jiāo)

北纬 30°46.2′，东经 122°27.1′。隶属于舟山市嵊泗县，距大陆最近点 47.75 千米。《浙江省海域地名录》（1988）、《中国海域地名志》（1989）、舟山市地图（1990）、《浙江省嵊泗县地名志》（1990）、《舟山岛礁图集》（1991）、《中国海域地名图集》（1991）、《浙江海岛志》（1998）、《嵊泗县志》（2007）、《全国海岛名称与代码》（2008）和2010年浙江省人民政府公布的第一批无居民海岛名称中均记为小龙礁。岸线长93米，面积297平方米，最高点高程7米。基岩岛，由上侏罗统茶湾组熔结凝灰岩、凝灰岩等构成。无植被。

北嘴头礁 (Běizuǐtoú Jiāo)

北纬30°46.2′，东经122°39.2′。位于舟山市嵊泗县马鞍列岛中部，北距东绿华岛约5.19千米，距大陆最近点66.61千米。又名下三横山-1。《浙江海岛志》（1998）记为84号无名岛。《嵊泗县志》（2007）和《全国海岛名称与代码》（2008）记为下三横山-1。2010年浙江省人民政府公布的第一批无居民海岛名称中记为北嘴头礁。该岛与周围海岛整体形似一只螃蟹，其位于岛群北侧，似螃蟹的嘴巴，故名。岸线长109米，面积548平方米，最高点高程8.5米。基岩岛。长有草丛和灌木。属马鞍列岛海洋特别保护区。

扁担峙螺礁 (Biǎndanzhìluó Jiāo)

北纬30°46.2′，东经122°44.3′。位于舟山市嵊泗县马鞍列岛中部，距大陆最近点74.51千米。又名上黄礁-2。《浙江海岛志》（1998）记为81号无名岛。《嵊泗县志》（2007）和《全国海岛名称与代码》（2008）记为上黄礁-2。2010年浙江省人民政府公布的第一批无居民海岛名称中记为扁担峙螺礁。因岛形狭长，两端高起，如扁担而得名。岸线长344米，面积2 583平方米，最高点高程13.5米。基岩岛，由燕山晚期钾长花岗岩构成。长有草丛。岩滩生长藤壶、贻贝、螺等贝、藻类生物。属马鞍列岛海洋特别保护区。

上黄东大岛 (Shànghuáng Dōngdà Dǎo)

北纬30°46.2′，东经122°44.4′。位于舟山市嵊泗县马鞍列岛中部，距大陆最近点74.66千米。第二次全国海域地名普查时命今名。岸线长210米，面积721平方米。基岩岛。无植被。属马鞍列岛海洋特别保护区。

北嘴头南岛 (Běizuǐtóu Nándǎo)

北纬30°46.2′，东经122°39.2′。位于舟山市嵊泗县马鞍列岛中部，北距东绿华岛约 5.25 千米，距大陆最近点 66.61 千米。因位于北嘴头礁南边，第二次全国海域地名普查时命今名。岸线长 47 米，面积 167 平方米。基岩岛。无植被。属马鞍列岛海洋特别保护区。

中黄屿北岛 (Zhōnghuángyǔ Běidǎo)

北纬 30°46.1′，东经 122°44.5′。位于舟山市嵊泗县马鞍列岛中部，距大陆最近点 74.78 千米。第二次全国海域地名普查时命今名。岸线长 185 米，面积 737 平方米。基岩岛。无植被。属马鞍列岛海洋特别保护区。

蟹脚北礁 (Xièjiǎo Běijiāo)

北纬 30°46.1′，东经 122°39.2′。位于舟山市嵊泗县马鞍列岛中部，北距东绿华岛约 5.26 千米，距大陆最近点 66.62 千米。又名下三横山-2。《浙江海岛志》(1998) 记为 85 号无名岛。《嵊泗县志》(2007) 和《全国海岛名称与代码》(2008) 记为下三横山-2。2010 年浙江省人民政府公布的第一批无居民海岛名称中记为蟹脚北礁。周围海岛整体形似一只螃蟹，该岛似一只蟹脚，相对位置偏北，故名。岸线长 169 米，面积 1 533 平方米，最高点高程 7 米。基岩岛。长有草丛。属马鞍列岛海洋特别保护区。

蟹脚北小岛 (Xièjiǎo Běixiǎo Dǎo)

北纬 30°46.1′，东经 122°39.2′。位于舟山市嵊泗县马鞍列岛中部，北距东绿华岛约 5.27 千米，距大陆最近点 66.61 千米。因位于蟹脚中礁北侧，第二次全国海域地名普查时命今名。岸线长 49 米，面积 108 平方米。基岩岛。无植被。属马鞍列岛海洋特别保护区。

蟹脚北大岛 (Xièjiǎo Běidà Dǎo)

北纬 30°46.1′，东经 122°39.3′。位于舟山市嵊泗县马鞍列岛中部，北距东绿华岛约 5.27 千米，距大陆最近点 66.66 千米。因位于蟹脚北礁附近，面积较大，第二次全国海域地名普查时命今名。岸线长 112 米，面积 786 平方米。基岩岛。无植被。属马鞍列岛海洋特别保护区。

蟹脚中礁 (Xièjiǎo Zhōngjiāo)

北纬 30°46.1′，东经 122°39.3′。位于舟山市嵊泗县马鞍列岛中部，北距东绿华岛约 5.33 千米，距大陆最近点 66.64 千米。又名下三横山-3。《浙江海岛志》（1998）记为 87 号无名岛。《嵊泗县志》（2007）和《全国海岛名称与代码》（2008）记为下三横山-3。2010 年浙江省人民政府公布的第一批无居民海岛名称中记为蟹脚中礁。周围海岛整体形似一只螃蟹，该岛似一只蟹脚，相对位置居中，故名。岸线长 173 米，面积 1 173 平方米，最高点高程 13.4 米。基岩岛。长有草丛和灌木。属马鞍列岛海洋特别保护区。

蟹脚中小岛 (Xièjiǎo Zhōngxiǎo Dǎo)

北纬 30°46.1′，东经 122°39.3′。位于舟山市嵊泗县马鞍列岛中部，北距东绿华岛约 5.38 千米，距大陆最近点 66.7 千米。因位于蟹脚中礁附近，面积较小，第二次全国海域地名普查时命今名。岸线长 90 米，面积 253 平方米。基岩岛。无植被。属马鞍列岛海洋特别保护区。

西嘴头礁 (Xīzuǐtóu Jiāo)

北纬 30°46.1′，东经 122°39.2′。位于舟山市嵊泗县马鞍列岛中部，北距东绿华岛约 5.38 千米，距大陆最近点 66.64 千米。又名下三横山-4。《浙江海岛志》（1998）记为 89 号无名岛。《嵊泗县志》（2007）和《全国海岛名称与代码》（2008）记为下三横山-4。2010 年浙江省人民政府公布的第一批无居民海岛名称中记为西嘴头礁。周围海岛整体形似一只螃蟹，该岛位于岛群西侧，似螃蟹的嘴巴，故名。岸线长 151 米，面积 980 平方米，最高点高程 12 米。基岩岛。长有草丛和灌木。属马鞍列岛海洋特别保护区。

乌纱帽礁 (Wushāmào Jiāo)

北纬 30°46.1′，东经 122°22.6′。位于舟山市嵊泗县北鼎星岛北部海域，南距北鼎星岛约 910 米，距大陆最近点 40.96 千米。曾名纱帽礁。《浙江省海域地名录》（1988）、舟山市地图（1990）、《浙江省嵊泗县地名志》（1990）、《舟山岛礁图集》（1991）和《中国海域地名图集》（1991）均记为乌纱帽礁。礁形中高、两端低，酷似封建时代的官帽，故名纱帽礁。因与黄龙乡纱帽礁重名，1985 年更为今名。岸线长 46 米，面积 159 平方米，最高点高程 3.2 米。基岩岛。无植被。

蟹脚南礁（Xièjiǎo Nánjiāo）

北纬 30°46.1′，东经 122°39.3′。位于舟山市嵊泗县马鞍列岛中部，北距东绿华岛约 5.41 千米，距大陆最近点 66.69 千米。又名下三横山 -5。《浙江海岛志》(1998)记为 90 号无名岛。《嵊泗县志》（2007）和《全国海岛名称与代码》（2008）记为下三横山 -5。2010 年浙江省人民政府公布的第一批无居民海岛名称中记为蟹脚南礁。周围海岛整体形似一只螃蟹，该岛似一只蟹脚，相对位置偏南，故名。岸线长 203 米，面积 962 平方米，最高点高程 7.5 米。基岩岛。长有草丛。属马鞍列岛海洋特别保护区。

东黄屿北岛（Dōnghuángyǔ Běidǎo）

北纬 30°46.1′，东经 122°44.8′。位于舟山市嵊泗县马鞍列岛中部，距大陆最近点 75.34 千米。第二次全国海域地名普查时命今名。岸线长 158 米，面积 744 平方米。基岩岛。无植被。属马鞍列岛海洋特别保护区。

大毛峰岛（Dàmáofēng Dǎo）

北纬 30°46.0′，东经 122°26.7′。隶属于舟山市嵊泗县，距大陆最近点 47.1 千米。又名大毛峰礁、大毛烘、大毛峰。《中国海洋岛屿简况》（1980）记为大毛烘。《浙江省海域地名录》（1988）、《中国海岸带和海涂资源综合调查图集》（1988）、《嵊泗县志》（2007）和《全国海岛名称与代码》（2008）均记为大毛峰礁。《中国海域地名志》（1989）记为大毛峰。舟山市地图（1990）、《浙江省嵊泗县地名志》（1990）、《舟山岛礁图集》（1991）、《中国海域地名图集》（1991）、《浙江海岛志》（1998）、舟山市政区图（2008）和 2010 年浙江省人民政府公布的第一批无居民海岛名称中均记为大毛峰岛。因形似毛峰（当地对蚂蚁的俗称），面积较大而得名。岸线长 1.53 千米，面积 0.118 1 平方千米，最高点高程 52.5 米。基岩岛，由上侏罗统茶湾组熔结凝灰岩、凝灰岩夹凝灰质砂岩及燕山晚期侵入钾长花岗岩构成。岛中部有采石活动，西南侧有填海工程，并建有简易码头 1 座，西北侧建有白色灯塔 1 座。

菜园后小山西岛（Càiyuán Hòuxiǎoshān Xīdǎo）

北纬 30°46.0′，东经 122°23.4′。位于舟山市嵊泗县北鼎星岛北部海域，南距北鼎星岛约 350 米，距大陆最近点 42.23 千米。第二次全国海域地名普查时命今名。岸线长 60 米，面积 244 平方米。基岩岛。无植被。

东黄屿西岛（Dōnghuángyǔ Xīdǎo）

北纬 30°46.0′，东经 122°44.8′。位于舟山市嵊泗县马鞍列岛中部，距大陆最近点 75.39 千米。第二次全国海域地名普查时命今名。岸线长 136 米，面积 442 平方米。基岩岛。无植被。属马鞍列岛海洋特别保护区。

车盘礁（Chēpán Jiāo）

北纬 30°46.0′，东经 122°23.6′。位于舟山市嵊泗县北鼎星岛北部海域，南距北鼎星岛约 410 米，距大陆最近点 42.52 千米。因该礁形似牵绞船只上滩的工具——车盘而得名。又名后小山-1、后小山-2。《浙江省海域地名录》（1988）、《浙江省嵊泗县地名志》（1990）、《舟山岛礁图集》（1991）、《中国海域地名图集》（1991）和 2010 年浙江省人民政府公布的第一批无居民海岛名称中均记为车盘礁。《浙江海岛志》（1998）记为 94 号无名岛。《嵊泗县志》（2007）记为后小山-2。《全国海岛名称与代码》（2008）记为后小山-1。岸线长 18 米，面积 20 平方米，最高点高程 6.2 米。基岩岛，由上侏罗统茶湾组熔结凝灰岩、凝灰岩等构成。无植被。岩滩生长藤壶、贻贝、螺等贝、藻类生物。

牛背脊礁（Niúbèijǐ Jiāo）

北纬 30°46.0′，东经 122°23.3′。位于舟山市嵊泗县北鼎星岛北部海域，南距北鼎星岛约 310 米，距大陆最近点 42.11 千米。又名牛背脊岛、牛背脊。《中国海域地名图集》（1991）和 2010 年浙江省人民政府公布的第一批无居民海岛名称中记为牛背脊礁。《浙江海岛志》（1998）记为牛背脊岛。《嵊泗县志》（2007）和《全国海岛名称与代码》（2008）记为牛背脊。因岛形狭长，表面光滑隆起，似牛背得名。岸线长 160 米，面积 1 582 平方米，最高点高程 14 米。基岩岛，由上侏罗统茶湾组熔结凝灰岩、凝灰岩等构成。长有草丛。岩滩生长藤壶、贻贝、螺等贝、藻类生物。

中门礁（Zhōngmén Jiāo）

北纬 30°45.9′，东经 122°22.6′。位于舟山市嵊泗县北鼎星岛北部海域，南距北鼎星岛约 660 米，距大陆最近点 41.13 千米。《舟山岛礁图集》（1991）、

《浙江海岛志》（1998）、《嵊泗县志》（2007）、《全国海岛名称与代码》（2008）和2010 年浙江省人民政府公布的第一批无居民海岛名称中均记为中门礁。岸线长 117 米，面积 1 001 平方米，最高点高程 9.4 米。基岩岛，由上侏罗统茶湾组熔结凝灰岩、凝灰岩等构成。无植被。岩滩生长藤壶、贻贝、螺等贝、藻类生物。

中皇坟北礁 (Zhōnghuángfén Běijiāo)

北纬 30°45.9′，东经 122°22.7′。位于舟山市嵊泗县北鼎星岛北部海域，南距北鼎星岛约 530 米，距大陆最近点 41.25 千米。又名小门礁、中皇坟西岛-1。《中国海域地名图集》（1991）记为小门礁。《浙江海岛志》（1998）记为 99 号无名岛。《嵊泗县志》（2007）和《全国海岛名称与代码》（2008）记为中皇坟西岛-1。2010 年浙江省人民政府公布的第一批无居民海岛名称中记为中皇坟北礁。岸线长 86 米，面积 455 平方米，最高点高程 12.4 米。基岩岛，由上侏罗统茶湾组熔结凝灰岩、凝灰岩夹凝灰质砂岩等构成。无植被。岩滩生长藤壶、贻贝、螺等贝、藻类生物。

中皇坟东大岛 (Zhōnghuángfén Dōngdà Dǎo)

北纬 30°45.8′，东经 122°22.6′。位于舟山市嵊泗县北鼎星岛北部海域，南距北鼎星岛约 610 米，距大陆最近点 41.14 千米。第二次全国海域地名普查时命今名。岸线长 96 米，面积 682 平方米。基岩岛。长有草丛。

中皇坟东小岛 (Zhōnghuángfén Dōngxiǎo Dǎo)

北纬 30°45.8′，东经 122°22.6′。位于舟山市嵊泗县北鼎星岛北部海域，南距北鼎星岛约 600 米，距大陆最近点 41.18 千米。第二次全国海域地名普查时命今名。岸线长 60 米，面积 282 平方米。基岩岛。无植被。

长礁嘴礁 (Chángjiāozuǐ Jiāo)

北纬 30°45.8′，东经 122°22.8′。位于舟山市嵊泗县北鼎星岛北部海域，南距北鼎星岛约 340 米，距大陆最近点 41.38 千米。又名里皇坟岛 -1。《浙江海岛志》（1998）记为 101 号无名岛。《嵊泗县志》（2007）和《全国海岛名称与代码》（2008）记为里皇坟岛-1。2010 年浙江省人民政府公布的第一批无居民海岛名称中记为长礁嘴礁。岸线长 336 米，面积 2 495 平方米，最高点高程 10.8 米。

基岩岛，由上侏罗统茶湾组熔结凝灰岩、凝灰岩等构成。地势低平，海岸破碎。无植被。岩滩生长藤壶、贻贝、螺等贝、藻类生物。

金鸡山北上岛 (Jīnjīshān Běishàng Dǎo)

北纬 30°45.8′，东经 122°26.9′。隶属于舟山市嵊泗县，距大陆最近点 47.66 千米。第二次全国海域地名普查时命今名。岸线长 127 米，面积 416 平方米。基岩岛。无植被。

金鸡山北下岛 (Jīnjīshān Běixià Dǎo)

北纬 30°45.7′，东经 122°26.9′。隶属于舟山市嵊泗县，距大陆最近点 47.76 千米。第二次全国海域地名普查时命今名。岸线长 74 米，面积 371 平方米。基岩岛。无植被。

北鼎星东北礁 (Běidǐngxīng Dōngběi Jiāo)

北纬 30°45.7′，东经 122°23.4′。位于舟山市嵊泗县北鼎星岛东部海域，西距北鼎星岛约 10 米，距大陆最近点 42.45 千米。又名北鼎星岛-1。《浙江海岛志》（1998）记为 104 号无名岛。《嵊泗县志》（2007）和《全国海岛名称与代码》（2008）记为北鼎星岛-1。2010 年浙江省人民政府公布的第一批无居民海岛名称中记为北鼎星东北礁。因位于北鼎星岛东北侧，由之派生得名。岸线长 91 米，面积 504 平方米，最高点高程 10 米。基岩岛，由上侏罗统茶湾组熔结凝灰岩、凝灰岩等构成。无植被。岩滩生长藤壶、贻贝、螺等贝、藻类生物。

北鼎星东上岛 (Běidǐngxīng Dōngshàng Dǎo)

北纬 30°45.7′，东经 122°23.4′。位于舟山市嵊泗县北鼎星岛东部海域，西距北鼎星岛约 10 米，距大陆最近点 42.47 千米。位于北鼎星岛东面，相对位置偏北（上），第二次全国海域地名普查时命今名。岸线长 62 米，面积 236 平方米。基岩岛。无植被。

台南山东岛 (Táinánshān Dōngdǎo)

北纬 30°45.6′，东经 122°39.6′。位于舟山市嵊泗县马鞍列岛中部，北距东绿华岛约 6.42 千米，距大陆最近点 67.47 千米。第二次全国海域地名普查时命今名。岸线长 39 米，面积 120 平方米。基岩岛。无植被。属马鞍列岛海洋特别保护区。

北鼎星东下岛 (Běidǐngxīng Dōngxià Dǎo)

北纬 30°45.5′，东经 122°23.5′。位于舟山市嵊泗县北鼎星岛东部海域，西距北鼎星岛约 20 米，距大陆最近点 42.65 千米。因位于北鼎星岛东面，相对位置偏南（下），第二次全国海域地名普查时命今名。岸线长 107 米，面积 325 平方米。基岩岛。无植被。

菜园外礁 (Càiyuán Wàijiāo)

北纬 30°45.5′，东经 122°30.6′。隶属于舟山市嵊泗县，距大陆最近点 53.58 千米。又名外礁、半洋。《浙江省海域地名录》(1988)、《中国海域地名志》(1989)、舟山市地图（1990)、《浙江省嵊泗县地名志》(1990)、《舟山岛礁图集》(1991）和《中国海域地名图集》(1991）均记为外礁。第二次全国海域地名普查时更名为菜园外礁。岸线长 74 米，面积 192 平方米，最高点高程 7 米。基岩岛。无植被。建有白色灯桩 1 座。

台南山南岛 (Táinánshān Nándǎo)

北纬 30°45.5′，东经 122°39.6′。位于舟山市嵊泗县马鞍列岛中部，北距东绿华岛约 6.49 千米，距大陆最近点 67.43 千米。第二次全国海域地名普查时命今名。岸线长 402 米，面积 6 538 平方米。基岩岛。长有草丛。属马鞍列岛海洋特别保护区。

台南小屿 (Táinán Xiǎoyǔ)

北纬 30°45.5′，东经 122°39.6′。位于舟山市嵊泗县马鞍列岛中部，北距东绿华岛约 6.56 千米，距大陆最近点 67.41 千米。又名台南山、台南山-1。《中国海洋岛屿简况》(1980)、《中国海域地名志》(1989) 和《中国海域地名图集》(1991) 均记为台南山。《浙江海岛志》(1998) 记为 107 号无名岛。《嵊泗县志》(2007) 和《全国海岛名称与代码》(2008) 均记为台南山-1。2010 年浙江省人民政府公布的第一批无居民海岛名称中记为台南小屿。岸线长 45 米，面积 159 平方米，最高点高程 23.8 米。基岩岛，由燕山晚期钾长花岗岩构成。无植被。属马鞍列岛海洋特别保护区。

北鼎星东外岛（Běidǐngxīng Dōngwài Dǎo）

北纬 30°45.4′，东经 122°23.6′。位于舟山市嵊泗县北鼎星岛东部海域，西距北鼎星岛约 80 米，距大陆最近点 42.86 千米。因位于北鼎星岛东面，居外侧，第二次全国海域地名普查时命今名。岸线长 49 米，面积 189 平方米。基岩岛。无植被。

北鼎星岛（Běidǐngxīng Dǎo）

北纬 30°45.4′，东经 122°23.3′。隶属于舟山市嵊泗县，距大陆最近点 41.78 千米。曾名鼎星、北丁兴山、北丁星、北鼎新、丁星、丁兴、北丁兴，又名北鼎星。宋乾道《四明图经・昌国》、宋宝庆《昌国县志》、元延祐《四明志》和明天启《四明志》均记为“丁兴”。清、民国时期写作北丁兴山、北丁兴、丁星、北丁星、鼎星，民国《定海县志・列岛分图六》注为北鼎新。鸦片战争期间，英国殖民者称伊里亚特岛（以里亚特岛）。清光绪《新译海道图说》载：“距拉司夫岛西北角一又四分里之三，有数小岛曰以里亚特岛。昔有英兵船布勒勿，于数小岛西南面停泊，受北面大风而能遮护。”1904 年 4 月 25 日，清末中国海军第一舰——“海天”舰在该岛西北面乌纱帽礁触礁沉没。明代《筹海图编》附图北丁兴。清道光《定海全境舆图》记为北汀心。《中国海洋岛屿简况》（1980）记为北鼎星。《浙江省海域地名录》（1988）、《中国海域地名志》（1989）、《浙江省嵊泗县地名志》（1990）、《舟山岛礁图集》（1991）、《中国海域地名图集》（1991）、《浙江海岛志》（1998）、《嵊泗县志》（2007）和《全国海岛名称与代码》（2008）均记为北鼎星岛。该岛岛形狭长，似捕捞作业中抛碇的“碇身”，谐音为“鼎星”。与黄龙乡的南鼎星岛好似一起从南、北两端抛碇锚泊，该岛居北，故名。

岸线长 10.27 千米，面积 0.782 平方千米，最高点高程 144 米。岛呈狭三角形，北南走向，北端为宽边，南端如尖角。岛长 2.29 千米，宽 809 米。基岩岛，由上侏罗统茶湾组熔结凝灰岩、凝灰岩等，间夹凝灰质砂岩及九里坪组流纹斑岩构成。岛上遍长茅草、小竹、芦柴，并植有小片黑松、剑麻等。北端与后小山之间有一条 150 米宽的水道，岩滩生长藤壶、贻贝、螺等贝、藻类生物。周围水深 3 ～ 6 米。有居民海岛。2009 年户籍人口 1 人，常住人口 50 人。岛上有开山采石活动，建有码头 4 座，设有自动气象观测站。岛上有海底电缆与其他岛相连，用水靠船外运。

篷礁 (Péng Jiāo)

北纬 30°45.3′，东经 122°40.1′。位于舟山市嵊泗县马鞍列岛中部，北距东绿华岛约 7.22 千米，距大陆最近点 68.29 千米。又名蓬礁、篷礁-1。《中国海洋岛屿简况》(1980)、《中国海域地名志》(1989)、《浙江省嵊泗县地名志》(1990)、《舟山岛礁图集》(1991)、《中国海域地名图集》(1991) 和 2010 年浙江省人民政府公布的第一批无居民海岛名称中均记为篷礁。《浙江省海域地名录》(1988) 和《浙江海岛志》(1998) 记为蓬礁。《嵊泗县志》(2007) 和《全国海岛名称与代码》(2008) 记为篷礁 -1。因岛岩高耸，周围常有浪花，远望似航船上挂的篷帆，故名。岸线长 179 米，面积 2 237 平方米，最高点高程 7.2 米。基岩岛，由燕山晚期钾长花岗岩构成。地势低平，北部有岩峰耸立。无植被。建有铁塔 1 座。属马鞍列岛海洋特别保护区。

帆礁 (Fān Jiāo)

北纬 30°45.2′，东经 122°40.1′。位于舟山市嵊泗县马鞍列岛中部，北距东绿华岛约 7.15 千米，距大陆最近点 68.34 千米。又名篷礁、篷礁-2。《中国海洋岛屿简况》(1980)、《中国海域地名志》(1989) 和《中国海域地名图集》(1991) 均记为篷礁。《浙江海岛志》(1998) 记为 112 号无名岛。《嵊泗县志》(2007) 和《全国海岛名称与代码》(2008) 记为篷礁-2。2010 年浙江省人民政府公布的第一批无居民海岛名称中记为帆礁。因岛岩高耸，周围常有浪花，远望似航船上挂的篷帆，故名。岸线长 198 米，面积 2 531 平方米，最高点高程 20.5 米。基岩岛，由燕山晚期钾长花岗岩构成。地势低平，上有岩峰高耸。无植被。属马鞍列岛海洋特别保护区。

金鸡外长南岛 (Jīnjī Wàicháng Nándǎo)

北纬 30°45.2′，东经 122°28.0′。隶属于舟山市嵊泗县，距大陆最近点 49.76 千米。第二次全国海域海岛地名普查时命今名。岸线长 161 米，面积 1 186 平方米。基岩岛，由上侏罗统茶湾组熔结凝灰岩、凝灰岩等构成。无植被。

中长岛 (Zhōngcháng Dǎo)

北纬 30°45.1′，东经 122°28.1′。隶属于舟山市嵊泗县，距大陆最近点 49.8

千米。第二次全国海域地名普查时命今名。岸线长 213 米，面积 1 747 平方米。基岩岛。无植被。

中长南岛 (Zhōngcháng Nándǎo)

北纬 30°45.1′，东经 122°28.1′。隶属于舟山市嵊泗县，距大陆最近点 49.88 千米。因位于中长岛南侧，第二次全国海域地名普查时命今名。岸线长 89 米，面积 507 平方米。基岩岛。无植被。

中长东外岛 (Zhōngcháng Dōngwài Dǎo)

北纬 30°45.1′，东经 122°28.1′。隶属于舟山市嵊泗县，距大陆最近点 49.91 千米。因位于中长岛东面靠外，第二次全国海域地名普查时命今名。岸线长 94 米，面积 359 平方米。基岩岛。无植被。

小金鸡北岛 (Xiǎojīnjī Běidǎo)

北纬 30°45.0′，东经 122°28.2′。隶属于舟山市嵊泗县，距大陆最近点 50.17 千米。第二次全国海域地名普查时命今名。岸线长 33 米，面积 89 平方米。基岩岛。无植被。

金鸡尾巴礁 (Jīnjī Wěiba Jiāo)

北纬 30°45.0′，东经 122°28.2′。隶属于舟山市嵊泗县，距大陆最近点 50.19 千米。又名小金鸡岛-1。《浙江海岛志》（1998）记为 117 号无名岛。《嵊泗县志》（2007）和《全国海岛名称与代码》（2008）记为小金鸡岛-1。2010 年浙江省人民政府公布的第一批无居民海岛名称中记为金鸡尾巴礁。岸线长 37 米，面积 91 平方米，最高点高程 12.2 米。基岩岛，由上侏罗统茶湾组熔结凝灰岩、凝灰岩等构成。无植被。

金鸡蛋礁 (Jīnjīdàn Jiāo)

北纬 30°44.9′，东经 122°28.3′。隶属于舟山市嵊泗县，距大陆最近点 50.21 千米。又名小金鸡岛-2。《浙江海岛志》（1998）记为 118 号无名岛。《嵊泗县志》（2007）和《全国海岛名称与代码》（2008）记为小金鸡岛-2。2010 年浙江省人民政府公布的第一批无居民海岛名称中记为金鸡蛋礁。因邻近金鸡尾巴礁，形似鸡蛋，故名。岸线长 270 米，面积 2 158 平方米，最高点高程 12.1 米。

基岩岛，由燕山晚期侵入钾长花岗岩构成。无植被。

金鸡蛋东南岛 (Jīnjīdàn Dōngnán Dǎo)

北纬 30°44.9′，东经 122°28.3′。隶属于舟山市嵊泗县，距大陆最近点 50.31 千米。因位于金鸡蛋礁东南侧，第二次全国海域地名普查时命今名。岸线长 36 米，面积 88 平方米。基岩岛。无植被。

金鸡山东岛 (Jīnjīshān Dōngdǎo)

北纬 30°44.9′，东经 122°27.9′。隶属于舟山市嵊泗县，距大陆最近点 49.69 千米。第二次全国海域地名普查时命今名。岸线长 11 米，面积 8 平方米。基岩岛。无植被。

前小山西岛 (Qiánxiǎoshān Xīdǎo)

北纬 30°44.8′，东经 122°23.2′。位于舟山市嵊泗县北鼎星岛西南部海域，距大陆最近点 42.75 千米。第二次全国海域地名普查时命今名。岸线长 49 米，面积 179 平方米。基岩岛。无植被。

泗礁山北大岛 (Sìjiāoshān Běidà Dǎo)

北纬 30°44.7′，东经 122°26.4′。隶属于舟山市嵊泗县，距大陆最近点 47.46 千米。第二次全国海域地名普查时命今名。岸线长 165 米，面积 1 430 平方米。基岩岛。无植被。

草鞋头礁 (Cǎoxiétóu Jiāo)

北纬 30°44.7′，东经 122°23.9′。位于舟山市嵊泗县北鼎星岛东南部海域，距大陆最近点 43.81 千米。又名草鞋耙礁-2。《中国海洋岛屿简况》(1980) 有记载，但无名。《浙江海岛志》(1998) 记为 122 号无名岛。《嵊泗县志》(2007) 和《全国海岛名称与代码》(2008) 记为草鞋耙礁-2。2010 年浙江省人民政府公布的第一批无居民海岛名称中记为草鞋头礁。因岛似草鞋头，故名。岸线长 165 米，面积 1 829 平方米，最高点高程 10.8 米。基岩岛，由上侏罗统茶湾组熔结凝灰岩、凝灰岩等构成。无植被。岩滩生长藤壶、贻贝、螺等贝、藻类生物。

中门柱礁 (Zhōngménzhù Jiāo)

北纬 30°44.7′，东经 122°26.9′。隶属于舟山市嵊泗县，距大陆最近点

48.35 千米。《浙江省海域地名录》（1988）、《浙江省嵊泗县地名志》（1990）、舟山市地图（1990）、《舟山岛礁图集》（1991）和《中国海域地名图集》（1991）均记为中门柱礁。该礁因处剑门（水道）中央，故名。岸线长 31 米，面积 70 平方米，最高点高程 6.5 米。基岩岛。无植被。

前小山南上岛 (Qiánxiǎoshān Nánshàng Dǎo)

北纬 30°44.6′，东经 122°23.3′。位于舟山市嵊泗县北鼎星岛南部海域，距大陆最近点 42.94 千米。第二次全国海域地名普查时命今名。岸线长 21 米，面积 35 平方米。基岩岛。无植被。

金鸡山南岛 (Jīnjīshān Nándǎo)

北纬 30°44.6′，东经 122°26.9′。隶属于舟山市嵊泗县，距大陆最近点 48.34 千米。第二次全国海域地名普查时命今名。岸线长 44 米，面积 151 平方米。基岩岛。无植被。

前小山南下岛 (Qiánxiǎoshān Nánxià Dǎo)

北纬 30°44.6′，东经 122°23.2′。位于舟山市嵊泗县北鼎星岛南部海域，距大陆最近点 42.93 千米。第二次全国海域地名普查时命今名。岸线长 18 米，面积 25 平方米。基岩岛。无植被。

龙门礁 (Lóngmén Jiāo)

北纬 30°44.1′，东经 123°08.7′。隶属于舟山市嵊泗县，距大陆最近点 113.46 千米。又名龙门礁岛。《浙江省海域地名录》（1988）、舟山市地图（1990）、《浙江省嵊泗县地名志》（1990）、《舟山岛礁图集》（1991）、《浙江海岛志》（1998）、《嵊泗县志》（2007）和《全国海岛名称与代码》（2008）均记为龙门礁。《中国海域地名志》（1989）记为龙门礁岛。因近华礁（以西岳华山得名），以华山东北之龙门山得名。岸线长 180 米，面积 1 480 平方米，最高点高程 36 米。基岩岛。无植被。

崤礁 (Xiáo Jiāo)

北纬 30°44.1′，东经 123°08.7′。隶属于舟山市嵊泗县，距大陆最近点 113.53 千米。《浙江省嵊泗县地名志》（1990）和《舟山岛礁图集》（1991）记为峭礁。因居于以西岳华山命名的华礁东侧，故借用华山以东之河南省峭山命名。岸线长 25 米，面积 31 平方米，最高点高程 5.6 米。基岩岛。无植被。

华礁 (Huá Jiāo)

北纬 30°44.1′，东经 123°08.6′。隶属于舟山市嵊泗县，距大陆最近点 113.15 千米。曾名童岛，又名海礁、大块。《中国海洋岛屿简况》（1980）记为海礁。《浙江省海域地名录》（1988）、《中国海域地名志》（1989）、《浙江省嵊泗县地名志》（1990）、《中国海域地名图集》（1991）、《浙江海岛志》（1998）、《嵊泗县志》（2007）和《全国海岛名称与代码》（2008）均记为华礁。是附近岛屿中最大岛，习称“大块”。按其位置在群礁之西，借用西岳华山之名，称为华礁。岸线长 1.04 千米，面积 0.023 7 平方千米，最高点高程 46.7 米。基岩岛。长有草丛。立有“海礁”（童岛）标志牌。岛西侧建有水泥平台，设有自动气象观测站、信号发射台，建有白色灯塔 1 座。岛上有一座蓄水池。

武当礁 (Wǔdāng Jiāo)

北纬 30°44.1′，东经 123°08.7′。隶属于舟山市嵊泗县，距大陆最近点 113.55 千米。《浙江省海域地名录》（1988）、《浙江省嵊泗县地名志》（1990）和《舟山岛礁图集》（1991）均记为武当礁。因地处以西岳华山命名的华礁东侧，故用华山东南的湖北武当山命名。岸线长 38 米，面积 73 平方米，最高点高程 5 米。基岩岛。无植被。

洪涛礁 (Hóngtāo Jiāo)

北纬 30°44.1′，东经 123°09.3′。隶属于舟山市嵊泗县，距大陆最近点 114.54 千米。又名海礁。《中国海域地名志》（1989）记为海礁。《浙江省海域地名录》（1988）、舟山市地图（1990）、《浙江省嵊泗县地名志》（1990）和《舟山岛礁图集》（1991）均记为洪涛礁。因地处以北岳恒山命名的恒礁西北侧，故用恒山之西的洪涛山命名。岸线长 16 米，面积 11 平方米，最高点高程 5.2 米。基岩岛。无植被。

熊耳礁 (Xióng'ěr Jiāo)

北纬 30°44.1′，东经 123°09.3′。隶属于舟山市嵊泗县，距大陆最近点

114.57千米。《浙江省海域地名录》(1988)、舟山市地图(1990)、《浙江省嵊泗县地名志》(1990)和《舟山岛礁图集》(1991)均记为熊耳礁。因位于以北岳恒山命名的恒礁西侧,故以恒山以北之熊耳山命名。岸线长70米,面积306平方米,最高点高程13.3米。基岩岛。无植被。

太岳礁 (Tàiyuè Jiāo)

北纬30°44.1′,东经123°09.3′。隶属于舟山市嵊泗县,距大陆最近点114.54千米。又名海礁。《中国海域地名志》(1989)记为海礁。《浙江省海域地名录》(1988)、舟山市地图(1990)、《浙江省嵊泗县地名志》(1990)和《舟山岛礁图集》(1991)均记为太岳礁。因地处以北岳恒山命名的恒礁西侧,故用恒山西南之太岳山命名。岸线长44米,面积117平方米,最高点高程36.5米。基岩岛。无植被。

太白礁 (Tàibái Jiāo)

北纬30°44.1′,东经123°09.4′。隶属于舟山市嵊泗县,距大陆最近点114.67千米。又名海礁、南岳礁。《中国海洋岛屿简况》(1980)记为海礁。《浙江省海域地名录》(1988)和《浙江省嵊泗县地名志》(1990)记为太白礁。《中国海域地名志》(1989)记为南岳礁。因位于以北岳恒山命名的恒礁东侧,故借用恒山东南的太白山命名。岸线长93米,面积407平方米,最高点高程10.2米。基岩岛。无植被。

恒礁 (Héng Jiāo)

北纬30°44.1′,东经123°09.4′。隶属于舟山市嵊泗县,距大陆最近点114.56千米。又名海礁、小块。《中国海洋岛屿简况》(1980)记为海礁。《浙江省海域地名录》(1988)、《中国海域地名志》(1989)、舟山市地图(1990)、《浙江省嵊泗县地名志》(1990)、《中国海域地名图集》(1991)、《浙江海岛志》(1998)、《嵊泗县志》(2007)和《全国海岛名称与代码》(2008)均记为恒礁。东南与泰礁紧邻,面积较小,习称“小块”。按其处于群礁偏北侧,借北岳恒山之名称恒礁。岸线长365米,面积7 611平方米,最高点高程59米。基岩岛,由上侏罗统茶湾组熔结凝灰岩、凝灰岩等构成。长有草丛。建有大地测控点1个,简易蓄水池1座。

嵊山北上岛 (Shèngshān Běishàng Dǎo)

北纬 30°44.1′，东经 122°48.7′。位于舟山市嵊泗县马鞍列岛南部，距大陆最近点 82.27 千米。第二次全国海域地名普查时命今名。岸线长 74 米，面积 248 平方米。基岩岛。无植被。属马鞍列岛海洋特别保护区。

泰礁 (Tài Jiāo)

北纬 30°44.0′，东经 123°09.4′。隶属于舟山市嵊泗县，距大陆最近点 114.69 千米。曾名小块。《浙江省海域地名录》(1988)、《中国海域地名志》(1989)、舟山市地图(1990)、《浙江省嵊泗县地名志》(1990)、《舟山岛礁图集》(1991)、《中国海域地名图集》(1991)、《浙江海岛志》(1998)、《嵊泗县志》(2007)和《全国海岛名称与代码》(2008)均记为泰礁。借用东岳泰山之名，故名。西北与恒礁紧邻，较小，故统称小块。岸线长 280 米，面积 4 012 平方米，最高点高程 31 米。基岩岛，由上侏罗统茶湾组熔结凝灰岩、凝灰岩等构成。长有草丛。建有海礁领海基点方位碑 1 个，立于岛最高点，由花岗岩制成。

扑脑壳屿 (Pūnǎoké Yǔ)

北纬 30°44.0′，东经 122°49.4′。位于舟山市嵊泗县马鞍列岛南部，距大陆最近点 83.3 千米。又名后岭头屿-1。《浙江海岛志》(1998) 记为 128 号无名岛。《嵊泗县志》(2007)和《全国海岛名称与代码》(2008) 记为后岭头屿-1。2010 年浙江省人民政府公布的第一批无居民海岛名称中记为扑脑壳屿。因该岛地势陡峭，如大圆塔屿向西北凸出的前额，故名。岸线长 241 米，面积 1 808 平方米，最高点高程 18 米。基岩岛，由燕山晚期钾长花岗岩构成。地势略陡，东高西低。无植被。属马鞍列岛海洋特别保护区。

枸杞北岛 (Gǒuqǐ Běidǎo)

北纬 30°44.0′，东经 122°46.5′。位于舟山市嵊泗县马鞍列岛南部，南距枸杞岛约 330 米，距大陆最近点 78.78 千米。因位于枸杞岛北面，第二次全国海域地名普查时命今名。岸线长 41 米，面积 105 平方米。基岩岛。无植被。岛顶部建有旗杆 1 处。属马鞍列岛海洋特别保护区。

泰薄礁 (Tàibó Jiāo)

北纬 30°44.0′，东经 123°09.5′。隶属于舟山市嵊泗县，距大陆最近点 114.78 千米。《浙江省海域地名录》（1988）、《浙江省嵊泗县地名志》（1990）和《舟山岛礁图集》（1991）均记为泰薄礁。因该礁居于以东岳泰山命名的泰礁东侧，故借用泰山以东之泰薄顶命名。岸线长 11 米，面积 8 平方米，最高点高程 4.7 米。基岩岛。无植被。是中华人民共和国领海基点所在海岛。

嵩礁 (Sōng Jiāo)

北纬 30°44.0′，东经 123°08.9′。隶属于舟山市嵊泗县，距大陆最近点 113.77 千米。又名海礁、中块。《中国海洋岛屿简况》（1980）记为海礁。《浙江省海域地名录》（1988）、《中国海域地名志》（1989）、舟山市地图（1990）、《浙江省嵊泗县地名志》（1990）、《舟山岛礁图集》（1991）、《中国海域地名图集》（1991）、《浙江海岛志》（1998）、《嵊泗县志》（2007）和《全国海岛名称与代码》（2008）均记为嵩礁。因岛居海礁岛群中部，称“中块”。借用中岳嵩山之名，称嵩礁。岸线长 447 米，面积 8 836 平方米，最高点高程 19 米。基岩岛，由上侏罗统茶湾组熔结凝灰岩、凝灰岩夹凝灰质砂岩等构成。长有草丛。建有大地测控点 1 个，领海基点方向碑 1 座，淡水池塘 1 处。

崂礁 (Láo Jiāo)

北纬 30°44.0′，东经 123°09.4′。隶属于舟山市嵊泗县，距大陆最近点 114.77 千米。《浙江省海域地名录》（1988）和《浙江省嵊泗县地名志》（1990）记为崂礁。该礁地处以东岳泰山命名的泰礁东南侧，故借用泰山以东之崂山命名。岸线长 38 米，面积 91 平方米，最高点高程 7.9 米。基岩岛。无植被。

大圆塔屿 (Dàyuántǎ Yǔ)

北纬 30°44.0′，东经 122°49.5′。位于舟山市嵊泗县马鞍列岛南部，距大陆最近点 83.33 千米。曾名油塌山，又名后岭头屿、后岭头、大圆塔、大塔。清光绪《江苏沿海图说》记为“油塌山”，为谐音误写。附近有大塔自然村，村名即由该岛得名。《中国海洋岛屿简况》（1980）记为后岭头。《浙江省海域地名录》（1988）、《中国海域地名志》（1989）、《浙江省嵊泗县地名志》（1990）、

《舟山岛礁图集》（1991）、《中国海域地名图集》（1991）、《浙江海岛志》（1998）、《嵊泗县志》（2007）、舟山市政区图（2008）和《全国海岛名称与代码》（2008）均记为后岭头屿。2010年浙江省人民政府公布的第一批无居民海岛名称中记为大圆塔屿。因岛形椭圆，四壁陡峭，如圆形石塔，且面积较大而得名。当地群众多称其为大圆塔或大塔。岸线长486米，面积0.013 2平方千米，最高点高程48.8米。基岩岛，由燕山晚期钾长花岗岩构成。长有草丛和灌木。岩滩生长藤壶、贻贝、螺等贝、藻类生物。属马鞍列岛海洋特别保护区。

小捣臼屿 (Xiǎodǎojiù Yǔ)

北纬30°44.0′，东经122°47.1′。位于舟山市嵊泗县马鞍列岛南部，南距枸杞岛约280米，距大陆最近点79.68千米。又名小捣臼屿-1。《中国海洋岛屿简况》（1980）、《浙江省海域地名录》（1988）、舟山市地图（1990）、《浙江省嵊泗县地名志》（1990）、《舟山岛礁图集》（1991）、《浙江海岛志》（1998）、舟山市政区图（2008）和2010年浙江省人民政府公布的第一批无居民海岛名称中均记为小捣臼屿。《嵊泗县志》（2007）和《全国海岛名称与代码》（2008）记为小捣臼屿-1。因岛形似舂米的石臼（俗称捣臼），且面积较小，故名。岸线长398米，面积6 680平方米，最高点高程28.5米。基岩岛，由燕山晚期钾长花岗岩构成。长有草丛和灌木。岩滩生长藤壶、贻贝、螺、紫菜等贝、藻类生物。建有白色灯桩1座。属马鞍列岛海洋特别保护区。

大圆塔屿南岛 (Dàyuántǎyǔ Nándǎo)

北纬30°44.0′，东经122°49.4′。位于舟山市嵊泗县马鞍列岛南部，距大陆最近点83.34千米。因位于大圆塔屿南面，第二次全国海域地名普查时命今名。岸线长154米，面积402平方米。基岩岛。无植被。属马鞍列岛海洋特别保护区。

牛屙礁 (Niú'ē Jiāo)

北纬30°44.0′，东经122°22.7′。位于舟山市嵊泗县北鼎星岛南部海域，距大陆最近点42.57千米。《中国海洋岛屿简况》（1980）、《浙江省海域地名录》（1988）、《中国海域地名志》（1989）、《浙江省嵊泗县地名志》（1990）、《舟山岛礁图集》（1991）、《中国海域地名图集》（1991）、《浙江海岛志》（1998）、

《嵊泗县志》（2007）、《全国海岛名称与代码》（2008）和2010年浙江省人民政府公布的第一批无居民海岛名称中均记为牛屙礁。因岛呈圆形，似一堆牛粪，故名。岸线长212米，面积1 825平方米，最高点高程11.6米。基岩岛，由上侏罗统茶湾组熔结凝灰岩、凝灰岩等构成。长有草丛。岩滩生长藤壶、贻贝、螺、紫菜等贝、藻类生物。建有码头2座，白色灯桩1座。

捣臼屿北岛 (Dǎojiùyǔ Běidǎo)

北纬30°44.0′，东经122°47.2′。位于舟山市嵊泗县马鞍列岛南部，南距枸杞岛约210米，距大陆最近点79.87千米。因位于捣臼屿北面，第二次全国海域地名普查时命今名。岸线长16米，面积17平方米。基岩岛。无植被。属马鞍列岛海洋特别保护区。

小圆塔屿 (Xiǎoyuántǎ Yǔ)

北纬30°44.0′，东经122°49.4′。位于舟山市嵊泗县马鞍列岛南部，距大陆最近点83.36千米。曾名后岭头，又名后岭头屿-2。《浙江海岛志》（1998）记为134号无名岛。《嵊泗县志》（2007）和《全国海岛名称与代码》（2008）记为后岭头屿-2。2010年浙江省人民政府公布的第一批无居民海岛名称中记为小圆塔屿。因岛形椭圆，四壁陡峭，如圆形石塔，且面积较小，故名。岛顶部有两块岩石，前者似人，后者似其影，“影”“岭”谐音，故原名后岭头。岸线长238米，面积3 587平方米，最高点高程32.1米。基岩岛。长有草丛和灌木。属马鞍列岛海洋特别保护区。

小圆塔西岛 (Xiǎoyuántǎ Xīdǎo)

北纬30°43.9′，东经122°49.4′。位于舟山市嵊泗县马鞍列岛南部，距大陆最近点83.37千米。因位于小圆塔屿西部，第二次全国海域地名普查时命今名。岸线长40米，面积107平方米。基岩岛。无植被。属马鞍列岛海洋特别保护区。

捣臼屿 (Dǎojiù Yǔ)

北纬30°43.9′，东经122°47.2′。位于舟山市嵊泗县马鞍列岛南部，距大陆最近点79.7千米。又名小捣臼屿-2。《嵊泗县志》（2007）和《全国海岛名称与代码》（2008）记为小捣臼屿-2。2010年浙江省人民政府公布的第一批无居民海岛名称中记为捣臼屿。因岛形似舂米的石臼得名。岸线长 1.33 千米，面积 0.026 8 平方千米，最高点高程 28.5 米。基岩岛。长有草丛和灌木。属马鞍列岛海洋特别保护区。

羊角嘴礁 (Yángjiǎozuǐ Jiāo)

北纬 30°43.9′，东经 122°46.6′。位于舟山市嵊泗县马鞍列岛南部，南距枸杞岛约 130 米，距大陆最近点 78.93 千米。曾名羊公礁。民国《定海县志》附图标作羊公礁。《浙江省海域地名录》（1988）、舟山市地图（1990）、《浙江省嵊泗县地名志》（1990）、《舟山岛礁图集》（1991）、《中国海域地名图集》（1991）、《浙江海岛志》（1998）、《嵊泗县志》（2007）、《全国海岛名称与代码》（2008）和 2010 年浙江省人民政府公布的第一批无居民海岛名称中均记为羊角嘴礁。因岛东南端岩峰尖，形似羊角，南面有枸杞岛向北伸出的山嘴，故名。岸线长 121 米，面积 550 平方米，最高点高程 5.2 米。基岩岛。无植被。属马鞍列岛海洋特别保护区。

大中城东岛 (Dàzhōngchéng Dōngdǎo)

北纬 30°43.9′，东经 122°49.5′。位于舟山市嵊泗县马鞍列岛南部，距大陆最近点 83.46 千米。因位于大中城礁东侧，第二次全国海域地名普查时命今名。岸线长 141 米，面积 1 299 平方米。基岩岛。无植被。属马鞍列岛海洋特别保护区。

大中城礁 (Dàzhōngchéng Jiāo)

北纬 30°43.9′，东经 122°49.4′。位于舟山市嵊泗县马鞍列岛南部，距大陆最近点 83.44 千米。又名嵊山-1。《浙江海岛志》（1998）记为 136 号无名岛。《嵊泗县志》（2007）和《全国海岛名称与代码》（2008）记为嵊山-1。2010 年浙江省人民政府公布的第一批无居民海岛名称中记为大中城礁。因岛形狭长，如一道城墙横亘，故名。岸线长 39 米，面积 121 平方米，最高点高程 5.6 米。基岩岛，由燕山晚期钾长花岗岩构成。长有草丛。岩滩生长藤壶、贻贝、螺等贝、藻类生物。属马鞍列岛海洋特别保护区。

羊角嘴西南岛 (Yángjiǎozuǐ Xī'nán Dǎo)

北纬 30°43.9′，东经 122°46.6′。位于舟山市嵊泗县马鞍列岛南部，南距枸杞岛约 120 米，距大陆最近点 78.93 千米。因位于羊角嘴礁西南面，第二次全国海域地名普查时命今名。岸线长 30 米，面积 49 平方米。基岩岛。无植被。属马鞍列岛海洋特别保护区。

北鸟屙屿 (Běiniǎo'ē Yǔ)

北纬 30°43.9′，东经 122°46.6′。位于舟山市嵊泗县马鞍列岛南部，南距枸杞岛约 50 米，距大陆最近点 78.94 千米。曾名羊公礁、羊角嘴礁，又名北鸟屙礁。原常与羊角嘴礁合称为羊角嘴礁。民国《定海县志》附图标作羊公礁。《浙江省嵊泗县地名志》（1990）、《浙江海岛志》（1998）和《全国海岛名称与代码》（2008）均记为北鸟屙礁。《嵊泗县志》（2007）和 2010 年浙江省人民政府公布的第一批无居民海岛名称中记为北鸟屙屿。因常有海鸥在岛上栖息，岛上多鸟粪，故名。岸线长 297 米，面积 1 679 平方米，最高点高程 15.1 米。基岩岛，由燕山晚期钾长花岗岩构成。长有草丛。岩滩生长藤壶、贻贝、螺、紫菜等贝、藻类生物。属马鞍列岛海洋特别保护区。

小中城礁 (Xiǎozhōngchéng Jiāo)

北纬 30°43.9′，东经 122°49.5′。位于舟山市嵊泗县马鞍列岛南部，距大陆最近点 83.52 千米。又名嵊山-2。《浙江海岛志》(1998) 记为 139 号无名岛。《嵊泗县志》（2007）和《全国海岛名称与代码》（2008）记为嵊山-2。2010 年浙江省人民政府公布的第一批无居民海岛名称中记为小中城礁。因靠近大中城礁，由之派生得名。岸线长 94 米，面积 619 平方米，最高点高程 23.7 米。基岩岛，由燕山晚期钾长花岗岩构成。无植被。岩滩生长藤壶、贻贝、螺等贝、藻类生物。属马鞍列岛海洋特别保护区。

北鸟屙东岛 (Běiniǎo'ē Dōngdǎo)

北纬 30°43.9′，东经 122°46.6′。位于舟山市嵊泗县马鞍列岛南部，南距枸杞岛约 30 米，距大陆最近点 79 千米。因位于北鸟屙屿东部，第二次全国海域地名普查时命今名。岸线长 194 米，面积 1 345 平方米。基岩岛。无植被。属马鞍列岛海洋特别保护区。

嵊山北下岛 (Shèngshān Běixià Dǎo)

北纬 30°43.8′，东经 122°48.9′。位于舟山市嵊泗县马鞍列岛南部，距大陆最近点 82.67 千米。第二次全国海域地名普查时命今名。岸线长 47 米，面积 172 平方米。基岩岛。无植被。属马鞍列岛海洋特别保护区。

嵊山东上岛 (Shèngshān Dōngshàng Dǎo)

北纬 30°43.7′，东经 122°49.7′。位于舟山市嵊泗县马鞍列岛南部，距大陆最近点 83.84 千米。第二次全国海域地名普查时命今名。岸线长 39 米，面积 111 平方米。基岩岛。无植被。属马鞍列岛海洋特别保护区。

嵊山东下岛 (Shèngshān Dōngxià Dǎo)

北纬 30°43.6′，东经 122°49.7′。位于舟山市嵊泗县马鞍列岛南部，距大陆最近点 83.96 千米。第二次全国海域地名普查时命今名。岸线长 129 米，面积 670 平方米。基岩岛。无植被。属马鞍列岛海洋特别保护区。

坎屿 (Kǎn Yǔ)

北纬 30°43.6′，东经 122°48.1′。位于舟山市嵊泗县马鞍列岛南部，距大陆最近点 81.44 千米。曾名灰袋山、槛礁、铅礁，又名坎礁、嵌礁。清光绪《江苏沿海图说》记为灰袋山："灰袋山，在陈钱山箱子岙口北，距澳口半里。"《浙江省海域地名录》（1988）、《浙江省嵊泗县地名志》（1990）、《舟山岛礁图集》（1991）、《浙江海岛志》（1998）、《嵊泗县志》（2007）和《全国海岛名称与代码》（2008）均记为坎礁。《中国海域地名图集》（1991）记为嵌礁。2010 年浙江省人民政府公布的第一批无居民海岛名称中记为坎屿。因地处箱子岙湾门口中央，犹如门槛得名槛礁，谐音歧化为坎礁。也作铅礁，为谐音误写。岸线长 189 米，面积 1 308 平方米，最高点高程 13.1 米。基岩岛，由燕山晚期钾长花岗岩构成。无植被。岩滩生长藤壶、贻贝、螺、紫菜等贝、藻类生物。建有白色灯桩 1 个。属马鞍列岛海洋特别保护区。

坎礁 (Kǎn Jiāo)

北纬 30°43.6′，东经 122°48.1′。位于舟山市嵊泗县马鞍列岛南部，距大陆最近点 81.46 千米。《中国海域地名志》（1989）和《中国海域地名图集》（1991）记为坎礁。因位于坎屿附近，面积较小而得名。岸线长 186 米，面积 1 043 平方米，最高点高程 20 米。基岩岛。长有草丛。属马鞍列岛海洋特别保护区。

鼠尾北岛（Shǔwěi Běidǎo）

北纬 30°43.5′，东经 122°30.0′。隶属于舟山市嵊泗县，距大陆最近点 53.66 千米。因位于鼠尾礁北侧附近，第二次全国海域地名普查时命今名。岸线长 52 米，面积 199 平方米。基岩岛。无植被。

鼠尾礁（Shǔwěi Jiāo）

北纬 30°43.5′，东经 122°30.0′。隶属于舟山市嵊泗县，距大陆最近点 53.64 千米。又名西半洋礁。《浙江海岛志》（1998）记为 144 号无名岛。《全国海岛名称与代码》（2008）记为西半洋礁。2010 年浙江省人民政府公布的第一批无居民海岛名称中记为鼠尾礁。岸线长 100 米，面积 517 平方米，最高点高程 5.7 米。基岩岛，由燕山晚期钾长花岗岩构成。无植被。

黄峙螺礁（Huángzhìluó Jiāo）

北纬 30°43.5′，东经 122°47.6′。位于舟山市嵊泗县马鞍列岛南部，西距枸杞岛约 40 米，距大陆最近点 80.75 千米。又名枸杞岛-1。《浙江海岛志》（1998）记为 140 号无名岛。《嵊泗县志》（2007）和《全国海岛名称与代码》（2008）记为枸杞岛-1。2010 年浙江省人民政府公布的第一批无居民海岛名称中记为黄峙螺礁。岸线长 304 米，面积 1 121 平方米，最高点高程 9 米。基岩岛。无植被。属马鞍列岛海洋特别保护区。

花轿礁（Huājiào Jiāo）

北纬 30°43.5′，东经 122°30.7′。隶属于舟山市嵊泗县，距大陆最近点 54.73 千米。曾名花轿山。清光绪《崇明县志》记为花轿山。民国《定海县志·列岛分图六》标注为花轿礁。《浙江省海域地名录》（1988）、《中国海域地名志》（1989）、舟山市地图（1990）、《浙江省嵊泗县地名志》（1990）、《舟山岛礁图集》（1991）、《中国海域地名图集》（1991）、《浙江海岛志》（1998）、《嵊泗县志》（2007）、《全国海岛名称与代码》（2008）和 2010 年浙江省人民政府公布的第一批无居民海岛名称中均记为花轿礁。因岛屿呈立柱状，形如轿身，东、西两侧各有百米长礁石一个，形如轿杠，远望酷似漂浮海面的一顶轿子，故名。岸线长 132 米，面积 509 平方米，最高点高程 16.8 米。基岩岛，由燕山晚期钾长花岗岩构成。长有草丛和灌木。

鼠爪礁东岛 (Shǔzhuǎjiāo Dōngdǎo)

北纬 30°43.5′，东经 122°29.9′。隶属于舟山市嵊泗县，距大陆最近点 53.63 千米。因位于鼠爪礁东面，第二次全国海域地名普查时命今名。岸线长 36 米，面积 90 平方米。基岩岛。无植被。

鼠爪礁 (Shǔzhuǎ Jiāo)

北纬 30°43.5′，东经 122°29.9′。隶属于舟山市嵊泗县，距大陆最近点 53.59 千米。又名西半洋礁-1。《浙江海岛志》（1998）记为 145 号无名岛。《全国海岛名称与代码》（2008）记为西半洋礁-1。2010 年浙江省人民政府公布的第一批无居民海岛名称中记为鼠爪礁。岸线长 97 米，面积 546 平方米，最高点高程 7.9 米。基岩岛，由燕山晚期钾长花岗岩构成。无植被。

鼠爪礁东南岛 (Shǔzhuǎjiāo Dōngnán Dǎo)

北纬 30°43.4′，东经 122°30.0′。隶属于舟山市嵊泗县，距大陆最近点 53.73 千米。因位于鼠爪礁东南面，第二次全国海域地名普查时命今名。岸线长 125 米，面积 598 平方米。基岩岛。无植被。

酱缸盖礁 (Jiànggānggài Jiāo)

北纬 30°43.4′，东经 122°30.0′。隶属于舟山市嵊泗县，距大陆最近点 53.76 千米。又名老鼠山-1、烤道盖。《浙江海岛志》（1998）记为 146 号无名岛。《嵊泗县志》（2007）和《全国海岛名称与代码》（2008）记为老鼠山-1。2010 年浙江省人民政府公布的第一批无居民海岛名称中记为酱缸盖礁。因岛近圆形，中部隆起，犹如旧时竹制的酱缸盖子，故名。因南有烤道洞，该岛形似盖子，故又称烤道盖。岸线长 68 米，面积 256 平方米，最高点高程 5 米。基岩岛，由燕山晚期钾长花岗岩构成。地势低平。长有草丛。

老鼠山东岛 (Lǎoshǔshān Dōngdǎo)

北纬 30°43.4′，东经 122°30.0′。隶属于舟山市嵊泗县，距大陆最近点 53.78 千米。第二次全国海域地名普查时命今名。岸线长 34 米，面积 91 平方米。基岩岛。无植被。

枸杞东岛（Gǒuqǐ Dōngdǎo）

北纬30°43.1′，东经122°47.4′。位于舟山市嵊泗县马鞍列岛南部，距枸杞岛约50米，距大陆最近点80.64千米。因位于枸杞岛东面，第二次全国海域地名普查时命今名。岸线长42米，面积129平方米。基岩岛。无植被。属马鞍列岛海洋特别保护区。

西半洋北岛（Xībànyáng Běidǎo）

北纬30°43.1′，东经122°40.0′。位于舟山市嵊泗县枸杞岛西部海域，东距枸杞岛约8.38千米，距大陆最近点69.12千米。又名西半洋礁-1。《嵊泗县志》（2007）记为西半洋礁-1。第二次全国海域地名普查时更名为西半洋北岛，因位于西半洋礁北侧而得名。岸线长146米，面积1 250平方米，最高点高程5.7米。基岩岛。无植被。属马鞍列岛海洋特别保护区。

平块礁（Píngkuài Jiāo）

北纬30°43.1′，东经122°47.7′。位于舟山市嵊泗县马鞍列岛南部，北距枸杞岛约180米，距大陆最近点81.04千米。曾名鹅礁，又名鹅礁-1。《浙江海岛志》（1998）记为150号无名岛。《嵊泗县志》（2007）和《全国海岛名称与代码》（2008）记为鹅礁-1。2010年浙江省人民政府公布的第一批无居民海岛名称中记为平块礁。因岛形低平而得名。与高块礁、钥匙湾礁、小南块礁、大南块礁4岛相邻，基底相连，远望似鹅，故统称鹅礁。岸线长62米，面积258平方米，最高点高程9米。基岩岛，由燕山晚期钾长花岗岩构成。无植被。岩滩生长藤壶、贻贝、螺、紫菜等贝、藻类生物。岛顶部竖有标志旗1杆。属马鞍列岛海洋特别保护区。

嵊山南里岛（Shèngshān Nánlǐ Dǎo）

北纬30°43.1′，东经122°48.6′。位于舟山市嵊泗县马鞍列岛南部，距大陆最近点82.46千米。第二次全国海域地名普查时命今名。岸线长211米，面积1 607平方米。基岩岛。无植被。属马鞍列岛海洋特别保护区。

嵊山西小岛（Shèngshān Xīxiǎo Dǎo）

北纬30°43.1′，东经122°48.3′。位于舟山市嵊泗县马鞍列岛南部，距大陆最近点81.92千米。第二次全国海域地名普查时命今名。岸线长101米，面积

468 平方米。基岩岛。无植被。属马鞍列岛海洋特别保护区。

西半洋礁 (Xībànyáng Jiāo)

北纬 30°43.1′，东经 122°40.0′。位于舟山市嵊泗县枸杞岛西部海域，东距枸杞岛约 8.35 千米，距大陆最近点 69.19 千米。又名北鸟屙礁、西半洋礁岛。《中国海洋岛屿简况》(1980)、《浙江省海域地名录》(1988)、《浙江省嵊泗县地名志》(1990)、《中国海域地名图集》(1991)和《嵊泗县志》(2007) 均记为西半洋礁。《中国海域地名志》(1989) 记为西半洋礁岛。《全国海岛名称与代码》(2008) 记为北鸟屙礁。岸线长 176 米，面积 1 930 平方米，最高点高程 7 米。基岩岛。无植被。建有红白相间灯桩 1 座。属马鞍列岛海洋特别保护区。

平块东里岛 (Píngkuài Dōnglǐ Dǎo)

北纬 30°43.1′，东经 122°47.7′。位于舟山市嵊泗县马鞍列岛南部，北距枸杞岛约 240 米，距大陆最近点 81.04 千米。因位于平块礁东侧，且距平块礁较平块东外岛相对靠里，第二次全国海域地名普查时命今名。岸线长 82 米，面积 283 平方米。基岩岛。无植被。属马鞍列岛海洋特别保护区。

西半洋南岛 (Xībànyáng Nándǎo)

北纬 30°43.1′，东经 122°40.0′。位于舟山市嵊泗县枸杞岛西部海域，东距枸杞岛约 8.31 千米，距大陆最近点 69.16 千米。因位于西半洋礁南侧，第二次全国海域地名普查时命今名。岸线长 115 米，面积 685 平方米。基岩岛。无植被。属马鞍列岛海洋特别保护区。

钥匙湾礁 (Yàoshiwān Jiāo)

北纬 30°43.1′，东经 122°47.7′。位于舟山市嵊泗县马鞍列岛南部，北距枸杞岛约 210 米，距大陆最近点 81.04 千米。曾名鹅礁，又名鹅礁-2。《浙江海岛志》(1998) 记为 151 号无名岛。《嵊泗县志》(2007) 和《全国海岛名称与代码》(2008) 记为鹅礁-2。2010 年浙江省人民政府公布的第一批无居民海岛名称中记为钥匙湾礁。因岛形弯曲似钥匙得名。与平块礁、高块礁、小南块礁、大南块礁 4 岛相邻，基底相连，远望似鹅，故统称为鹅礁。岸线长 61 米，面积 233 平方米，最高点高程 8.1 米。基岩岛，由燕山晚期钾长花岗岩构成。无植被。岩滩生长藤壶、贻贝、螺、紫菜等贝、藻类生物。属马鞍列岛海洋特别保护区。

平块东外岛（Píngkuài Dōngwài Dǎo）

北纬 30°43.1′，东经 122°47.7′。位于舟山市嵊泗县马鞍列岛南部，北距枸杞岛约 250 米，距大陆最近点 81.08 千米。因位于平块礁东侧，距平块礁较平块东里岛远，相对靠外，第二次全国海域地名普查时命今名。岸线长 149 米，面积 808 平方米。基岩岛。无植被。属马鞍列岛海洋特别保护区。

高块礁（Gāokuài Jiāo）

北纬 30°43.0′，东经 122°47.7′。位于舟山市嵊泗县马鞍列岛南部，北距枸杞岛约 250 米，距大陆最近点 81.05 千米。又名鹅礁、鹅礁-3。《浙江省海域地名录》（1988）、舟山市地图（1990）、《浙江省嵊泗县地名志》（1990）、《舟山岛礁图集》（1991）、《中国海域地名图集》（1991）和《浙江海岛志》（1998）均记为鹅礁。《嵊泗县志》（2007）和《全国海岛名称与代码》（2008）记为鹅礁-3。2010 年浙江省人民政府公布的第一批无居民海岛名称中记为高块礁。与中块礁、长块礁同属三礁（群礁），在三礁中地势最高，故名。与平块礁、钥匙湾礁、小南块礁、大南块礁 4 岛相邻，基底相连，远望似鹅，故统称鹅礁。岸线长 185 米，面积 1 616 平方米，最高点高程 21.4 米。基岩岛，由燕山晚期钾长花岗岩构成。长有草丛。岩滩生长藤壶、贻贝、螺、紫菜等贝、藻类生物。属马鞍列岛海洋特别保护区。

高块南岛（Gāokuài Nándǎo）

北纬 30°43.0′，东经 122°47.7′。位于舟山市嵊泗县马鞍列岛南部，北距枸杞岛约 270 米，距大陆最近点 81.05 千米。因位于高块礁南侧，第二次全国海域地名普查时命今名。岸线长 56 米，面积 220 平方米。基岩岛。无植被。属马鞍列岛海洋特别保护区。

嵊山西南岛（Shèngshān Xī'nán Dǎo）

北纬 30°43.0′，东经 122°48.4′。位于舟山市嵊泗县马鞍列岛南部，距大陆最近点 82.1 千米。第二次全国海域地名普查时命今名。岸线长 28 米，面积 42 平方米。基岩岛。无植被。属马鞍列岛海洋特别保护区。

外湾礁 (Wàiwān Jiāo)

北纬 30°43.0′，东经 122°49.8′。位于舟山市嵊泗县马鞍列岛南部，距大陆最近点 84.32 千米。又名嵊山-4。《浙江海岛志》(1998) 记为 155 号无名岛。《嵊泗县志》(2007) 和《全国海岛名称与代码》(2008) 记为嵊山-4。2010 年浙江省人民政府公布的第一批无居民海岛名称中记为外湾礁。岸线长 152 米，面积 1 469 平方米，最高点高程 7.2 米。基岩岛，由燕山晚期钾长花岗岩构成。无植被。岩滩生长藤壶、贻贝、螺等贝、藻类生物。属马鞍列岛海洋特别保护区。

小南块礁 (Xiǎonánkuài Jiāo)

北纬 30°43.0′，东经 122°47.7′。位于舟山市嵊泗县马鞍列岛南部，北距枸杞岛约 300 米，距大陆最近点 81.05 千米。曾名鹅礁，又名鹅礁-4。《浙江海岛志》(1998) 记为 154 号无名岛。《嵊泗县志》(2007) 和《全国海岛名称与代码》(2008) 记为鹅礁-4。2010 年浙江省人民政府公布的第一批无居民海岛名称中记为小南块礁。与高块礁、钥匙湾礁、平块礁、大南块礁 4 岛相邻，基底相连，远望似鹅，故统称鹅礁。因在鹅礁各岛屿中，位置靠南，面积较小得名。岸线长 96 米，面积 500 平方米，最高点高程 8.8 米。基岩岛，由燕山晚期钾长花岗岩构成。无植被。岩滩生长藤壶、贻贝、螺、紫菜等贝、藻类生物。属马鞍列岛海洋特别保护区。

涛韵礁 (Tāoyùn Jiāo)

北纬 30°43.0′，东经 122°28.6′。隶属于舟山市嵊泗县，距大陆最近点 51.95 千米。曾名稻桶礁。《浙江省海域地名录》(1988)、《浙江省嵊泗县地名志》(1990) 和《舟山岛礁图集》(1991) 均记为涛韵礁。因形似稻桶，又名稻桶礁。因重名，1985 年谐音雅化为涛韵礁。岸线长 63 米，面积 313 平方米，最高点高程 5 米。基岩岛。无植被。

小夹堂礁 (Xiǎojiātáng Jiāo)

北纬 30°43.0′，东经 122°48.5′。位于舟山市嵊泗县马鞍列岛南部，距大陆最近点 82.4 千米。又名嵊山-5、嵊山-10。《浙江海岛志》(1998) 记为 156 号无名岛。《嵊泗县志》(2007) 记为嵊山-5。《全国海岛名称与代码》(2008)

记为嵊山-10。2010年浙江省人民政府公布的第一批无居民海岛名称中记为小夹堂礁。岸线长121米，面积717平方米，最高点高程6.5米。基岩岛，由燕山晚期钾长花岗岩构成。地势陡峻。长有草丛。岩滩生长藤壶、贻贝、螺等贝、藻类生物。属马鞍列岛海洋特别保护区。

大南块礁 (Dà'nánkuài Jiāo)

北纬30°43.0′，东经122°47.7′。位于舟山市嵊泗县马鞍列岛南部，北距枸杞岛约360米，距大陆最近点81.07千米。曾名鹅礁，又名鹅礁-5。《浙江海岛志》（1998）记为157号无名岛。《嵊泗县志》（2007）和《全国海岛名称与代码》（2008）记为鹅礁-5。2010年浙江省人民政府公布的第一批无居民海岛名称中记为大南块礁。与高块礁、钥匙湾礁、平块礁、小南块礁4岛相邻，基底相连，远望似鹅，故统称为鹅礁。因在鹅礁各岛屿中，位置靠南，面积较大得名。岸线长209米，面积1 411平方米，最高点高程11.2米。基岩岛，由燕山晚期钾长花岗岩构成。无植被。岩滩生长藤壶、贻贝、螺、紫菜等贝、藻类生物。属马鞍列岛海洋特别保护区。

枸杞岛 (Gǒuqǐ Dǎo)

北纬30°43.0′，东经122°46.4′。隶属于舟山市嵊泗县，位于马鞍列岛南部，距大陆最近点77.32千米。又名勾奇山、枸杞山。清光绪《江苏沿海图说》记为枸杞山。《中国海洋岛屿简况》（1980）记为勾奇山。《浙江省海域地名录》（1988）、《中国海岸带和海涂资源综合调查图集》（1988）、《中国海域地名志》（1989）、舟山市地图（1990）、《浙江省嵊泗县地名志》（1990）、《舟山岛礁图集》（1991）、《中国海域地名图集》（1991）、《浙江海岛志》（1998）、《嵊泗县志》（2007）、舟山市政区图（2008）和《全国海岛名称与代码》（2008）均记为枸杞岛。因枸杞岙附近遍生中药材枸杞灌木而得名。

岸线长27.02千米，面积5.785 7平方千米，最高点高程199.3米。岛呈"T"形，近似铁锚。由中心向东北、西南、东南延伸成三条块，构成西南向、东南向两宽阔港湾。长4.33千米，宽3.26千米。基岩岛，东北部为流纹质凝灰岩，其余为花岗岩和钾长花岗岩。北部和东北部山顶多裸岩，表土瘠薄，植被稀疏。

中部、西南部和南部山腰以下，土层较厚，树木葱茏，尤以西南部老虎山一带，东南部五里碑一带为佳。土壤有滨海盐土、潮土、水稻土、红壤、粗骨土5个土类。岛上植被多为黑松，另有杉树、毛竹，并有少量果木和观赏花木。山上有野生枸杞，可做中药材。野生动物有海鸥、海燕、老鹰、麻雀、水獭、黄鼠狼、蛇等。岸潮线生长螺、佛手、贻贝、紫菜、海大麦、石花草、红毛、青苔等贝、藻类生物。岸线曲折，北和西北岸多陡岩，东和西南岸有沙滩分布。岛周围水深：东北4.2～9.2米，西北8～13.4米，西南10～15.8米，东南13～23.5米。

有居民海岛，为枸杞乡人民政府驻地。2009年户籍人口8 487人，常住人口9 440人。主要产业为渔业捕捞、贻贝养殖和贻贝产品加工等，功能定位为现代渔业。工业以贻贝精深加工为主，船舶修造、制冰等为辅。其中华利水产有限责任公司是岛上最大的贻贝精深加工企业，“东珠”牌商标获得“浙江省著名商标”称号。2009年养殖面积10 250亩，是浙江省“贻贝之乡”。军民共建文明岛，建有军民文体广场近7 000平方米。具有得天独厚的“渔、港、景”资源优势，有明代摩崖石刻“山海奇观”，气势雄伟，渔乡风情古朴浓郁，四季分明，气候宜人，是理想的旅游、观光、避暑之地。岛上有环山公路多条，通往大部分自然村。建有码头多座，有水库、山塘、坑道井等水资源设施，饮水较宽裕。属马鞍列岛海洋特别保护区。

嵊山南小礁 (Shèngshān Nánxiǎo Jiāo)

北纬30°42.9′，东经122°48.8′。位于舟山市嵊泗县马鞍列岛南部，距大陆最近点82.89千米。又名嵊山-9。《中国海洋岛屿简况》（1980）有记载，但无名。《浙江海岛志》（1998）记为153号无名岛。《全国海岛名称与代码》（2008）记为嵊山-9。2010年浙江省人民政府公布的第一批无居民海岛名称中记为嵊山南小礁。岸线长63米，面积271平方米，最高点高程6.7米。基岩岛。长有草丛和灌木。属马鞍列岛海洋特别保护区。

馈礁 (Kuì Jiāo)

北纬30°42.9′，东经122°48.8′。位于舟山市嵊泗县马鞍列岛南部，距大陆最近点82.85千米。《浙江省海域地名录》（1988）、《中国海域地名志》（1989）、《浙江省嵊泗县地名志》（1990）、《舟山岛礁图集》（1991）、《中国海域地名图集》（1991）、《浙江海岛志》（1998）、《嵊泗县志》（2007）、《全国海岛名称与代码》（2008）和2010年浙江省人民政府公布的第一批无居民海岛名称中均记为馈礁。岛呈椭圆形，屿面光滑，酷似糕馈（年糕之类米食的俗称），故名。岸线长204米，面积1 182平方米，最高点高程20.1米。基岩岛。长有灌木。属马鞍列岛海洋特别保护区。

神堂阁礁 (Shéntánggé Jiāo)

北纬30°42.8′，东经122°44.3′。位于舟山市嵊泗县马鞍列岛南部，东距枸杞岛约1.4千米，距大陆最近点75.82千米。《浙江省嵊泗县地名志》（1990）和《舟山岛礁图集》（1991）记为神堂阁礁。因礁形宛如昔日渔家的神堂，故名。岸线长534米，面积9 904平方米，最高点高程13.2米。基岩岛。长有草丛。属马鞍列岛海洋特别保护区。

小戢北礁 (Xiǎojí Běijiāo)

北纬30°42.8′，东经122°03.0′。位于舟山市嵊泗县崎岖列岛北部，距大陆最近点20.1千米。又名小戢山-1。《浙江海岛志》（1998）记为165号无名岛。《嵊泗县志》（2007）和《全国海岛名称与代码》（2008）记为小戢山-1。2010年浙江省人民政府公布的第一批无居民海岛名称中记为小戢北礁。岸线长161米，面积732平方米，最高点高程16.9米。基岩岛，由上侏罗统大爽组含角砾熔结凝灰岩、凝灰岩构成。长有草丛。

乱石礁 (Luànshí Jiāo)

北纬30°42.8′，东经122°44.4′。位于舟山市嵊泗县马鞍列岛南部，东距枸杞岛约1.21千米，距大陆最近点76.09千米。《浙江省嵊泗县地名志》（1990）、《舟山岛礁图集》（1991）、《浙江海岛志》（1998）、《嵊泗县志》（2007）、《全国海岛名称与代码》（2008）和2010年浙江省人民政府公布的第一批无居民海岛名称中均记为乱石礁。该岛附近水下多乱石，易伤船，故名。岸线长216米，面积1 681平方米，最高点高程12.1米。基岩岛，由燕山晚期钾长花岗岩构成。无植被。岩滩生长藤壶、贻贝、螺、紫菜等贝、藻类生物。属马鞍列岛海洋特别保护区。

泗礁山北上岛 (Sìjiāoshān Běishàng Dǎo)

北纬 30°42.8′，东经 122°29.6′。隶属于舟山市嵊泗县，距大陆最近点 53.5 千米。与泗礁山北下岛相比，位置相对靠北（上），第二次全国海域地名普查时命今名。岸线长 70 米，面积 291 平方米。基岩岛。无植被。

小戢东礁 (Xiǎojí Dōngjiāo)

北纬 30°42.8′，东经 122°03.1′。位于舟山市嵊泗县崎岖列岛北部，距大陆最近点 20.14 千米。又名小戢山-3。《浙江海岛志》(1998) 记为 166 号无名岛。《嵊泗县志》(2007) 和《全国海岛名称与代码》(2008) 记为小戢山-3。2010 年浙江省人民政府公布的第一批无居民海岛名称中记为小戢东礁。岸线长 142 米，面积 1 331 平方米，最高点高程 16.6 米。基岩岛，由上侏罗统大爽组含角砾熔结凝灰岩、凝灰岩构成。长有草丛。

小戢中礁 (Xiǎojí Zhōngjiāo)

北纬 30°42.8′，东经 122°03.0′。位于舟山市嵊泗县崎岖列岛北部，距大陆最近点 20.13 千米。又名小戢山-2。《浙江海岛志》(1998) 记为 167 号无名岛。《嵊泗县志》(2007) 和《全国海岛名称与代码》(2008) 记为小戢山-2。2010 年浙江省人民政府公布的第一批无居民海岛名称中记为小戢中礁。岸线长 192 米，面积 1 258 平方米，最高点高程 13.3 米。基岩岛，由上侏罗统大爽组含角砾熔结凝灰岩、凝灰岩构成。长有草丛和灌木。

北稻桶礁 (Běidàotǒng Jiāo)

北纬 30°42.8′，东经 122°49.8′。位于舟山市嵊泗县马鞍列岛南部，距大陆最近点 84.43 千米。又名嵊山-7、嵊山-5。《浙江海岛志》(1998) 记为 168 号无名岛。《嵊泗县志》(2007) 记为嵊山-7。《全国海岛名称与代码》(2008) 记为嵊山-5。2010 年浙江省人民政府公布的第一批无居民海岛名称中记为北稻桶礁。因岛形似稻桶，且位于周围岛群的偏北处，故名。岸线长 119 米，面积 710 平方米，最高点高程 20.7 米。基岩岛，由燕山晚期钾长花岗岩构成。无植被。岩滩生长藤壶、贻贝、螺、紫菜等贝、藻类生物。属马鞍列岛海洋特别保护区。

泗礁山北下岛（Sìjiāoshān Běixià Dǎo）

北纬 30°42.8′，东经 122°29.4′。隶属于舟山市嵊泗县，距大陆最近点 53.26 千米。因与泗礁山北上岛相比，位置相对靠南（下），第二次全国海域地名普查时命今名。岸线长 50 米，面积 201 平方米。基岩岛。无植被。

枸杞马鞍山东岛（Gǒuqǐ Mǎ'ānshān Dōngdǎo）

北纬 30°42.7′，东经 122°44.8′。位于舟山市嵊泗县马鞍列岛南部，东距枸杞岛约 580 米，距大陆最近点 76.79 千米。第二次全国海域地名普查时命今名。岸线长 63 米，面积 273 平方米。基岩岛。无植被。属马鞍列岛海洋特别保护区。

岗脚礁（Gǎngjiǎo Jiāo）

北纬 30°42.7′，东经 122°49.8′。位于舟山市嵊泗县马鞍列岛南部，距大陆最近点 84.42 千米。又名嵊山-8、嵊山-6。《浙江海岛志》（1998）记为 174 号无名岛。《嵊泗县志》（2007）记为嵊山-8。《全国海岛名称与代码》（2008）记为嵊山-6。2010 年浙江省人民政府公布的第一批无居民海岛名称中记为岗脚礁。岸线长 232 米，面积 1 425 平方米，最高点高程 28 米。基岩岛，由燕山晚期钾长花岗岩构成。无植被。岩滩生长藤壶、贻贝、螺等贝、藻类生物。属马鞍列岛海洋特别保护区。

小马鞍山（Xiǎomǎ'ān Shān）

北纬 30°42.7′，东经 122°44.8′。位于舟山市嵊泗县马鞍列岛南部，东距枸杞岛约 630 米，距大陆最近点 76.74 千米。《浙江省海域地名录》（1988）、《浙江省嵊泗县地名志》（1990）、《舟山岛礁图集》（1991）和《中国海域地名图集》（1991）均记为小马鞍山。岸线长 65 米，面积 242 平方米，最高点高程 3.5 米。基岩岛。无植被。属马鞍列岛海洋特别保护区。

螺峙螺礁（Luózhìluó Jiāo）

北纬 30°42.7′，东经 122°49.9′。位于舟山市嵊泗县马鞍列岛南部，距大陆最近点 84.68 千米。又名嵊山-9、嵊山-7。《浙江海岛志》（1998）记为 178 号无名岛。《嵊泗县志》（2007）记为嵊山-9。《全国海岛名称与代码》（2008）记为嵊山-7。2010 年浙江省人民政府公布的第一批无居民海岛名称中记为螺峙螺礁。岛形圆而隆起，似海螺，光秃无植被，故名。“峙螺”为当地群众对无植被岛礁的称呼。岸线长 84 米，面积 479 平方米，最高点高程 15.2 米。基岩岛，由燕山晚期钾长花岗岩构成。无植被。岩滩生长藤壶、贻贝、螺等贝、藻类生物。属马鞍列岛海洋特别保护区。

嵊山东小岛 (Shèngshān Dōngxiǎo Dǎo)

北纬 30°42.6′，东经 122°50.0′。位于舟山市嵊泗县马鞍列岛南部，距大陆最近点 84.82 千米。第二次全国海域地名普查时命今名。岸线长 45 米，面积 154 平方米。基岩岛。无植被。属马鞍列岛海洋特别保护区。

淡菜屿 (Dàncài Yǔ)

北纬 30°42.6′，东经 122°32.2′。隶属于舟山市嵊泗县，距大陆最近点 57.5 千米。《中国海洋岛屿简况》（1980）、《浙江省海域地名录》（1988）、《中国海域地名志》（1989）、舟山市地图（1990）、《浙江省嵊泗县地名志》（1990）、《舟山岛礁图集》（1991）、《中国海域地名图集》（1991）、《浙江海岛志》（1998）、《嵊泗县志》（2007）、舟山市政区图（2008）、《全国海岛名称与代码》（2008）和 2010 年浙江省人民政府公布的第一批无居民海岛名称中均记为淡菜屿。因岛旁曾产淡菜（贻贝），又与淡菜礁相邻，故名。岸线长 1.11 千米，面积 0.035 7 平方千米，最高点高程 38.4 米。基岩岛，由燕山晚期侵入钾长花岗岩构成。地势平缓。

淡菜礁 (Dàncài Jiāo)

北纬 30°42.6′，东经 122°32.3′。隶属于舟山市嵊泗县，距大陆最近点 57.79 千米。又名淡菜屿-1。《浙江海岛志》（1998）记为 176 号无名岛。《嵊泗县志》（2007）和《全国海岛名称与代码》（2008）记为淡菜屿-1。2010 年浙江省人民政府公布的第一批无居民海岛名称中记为淡菜礁。因岛旁曾产淡菜（贻贝），故名。岸线长 242 米，面积 1 462 平方米，最高点高程 12.8 米。基岩岛，由燕山晚期侵入钾长花岗岩构成。西侧为狭长海沟槽，产贻贝。长有草丛和灌木。

淡菜南岛 (Dàncài Nándǎo)

北纬 30°42.6′，东经 122°32.3′。隶属于舟山市嵊泗县，距大陆最近点

57.71 千米。又名淡菜屿-3。《全国海岛名称与代码》（2008）记为淡菜屿-3。第二次全国海域地名普查时更为今名，因位于淡菜屿南侧而得名。岸线长 71 米，面积 244 平方米，最高点高程 3.5 米。基岩岛。无植被。

鸟屙礁 (Niǎo'ē Jiāo)

北纬 30°42.6′，东经 122°47.1′。位于舟山市嵊泗县马鞍列岛南部，西距枸杞岛约 260 米，距大陆最近点 80.37 千米。《浙江省海域地名录》（1988）、《浙江省嵊泗县地名志》（1990）、《舟山岛礁图集》（1991）和《中国海域地名图集》（1991）均记为鸟屙礁。常有海鸥在礁上栖息，岛上多鸟粪，故名。岸线长 19 米，面积 21 平方米，最高点高程 1.8 米。基岩岛。无植被。属马鞍列岛海洋特别保护区。

悬水北岛 (Xuánshuǐ Běidǎo)

北纬 30°42.6′，东经 122°46.3′。位于舟山市嵊泗县马鞍列岛南部，东距枸杞岛约 40 米，距大陆最近点 79.14 千米。第二次全国海域地名普查时命今名，因位于沙角悬水礁北侧而得名。岸线长 51 米，面积 115 平方米，最高点高程 10 米。基岩岛。无植被。属马鞍列岛海洋特别保护区。

东嘴头南礁 (Dōngzuǐtóu Nánjiāo)

北纬 30°42.6′，东经 122°32.3′。隶属于舟山市嵊泗县，距大陆最近点 57.79 千米。又名淡菜屿-2。《浙江海岛志》（1998）记为 177 号无名岛。《嵊泗县志》（2007）和《全国海岛名称与代码》（2008）记为淡菜屿-2。2010 年浙江省人民政府公布的第一批无居民海岛名称中记为东嘴头南礁。岸线长 143 米，面积 521 平方米，最高点高程 41.2 米。基岩岛，由燕山晚期侵入钾长花岗岩构成。地势平缓。无植被。

沙角悬水礁 (Shājiǎo Xuánshuǐ Jiāo)

北纬 30°42.6′，东经 122°46.3′。位于舟山市嵊泗县马鞍列岛南部，东距枸杞岛约 50 米，距大陆最近点 79.16 千米。《浙江省海域地名录》（1988）、《浙江省嵊泗县地名志》（1990）、《舟山岛礁图集》（1991）和《中国海域地名图集》（1991）均记为沙角悬水礁。岸线长 65 米，面积 182 平方米，最高点高程 9 米。基岩岛。无植被。属马鞍列岛海洋特别保护区。

淡菜东南岛 (Dàncài Dōngnán Dǎo)

北纬 30°42.5′，东经 122°32.3′。隶属于舟山市嵊泗县，距大陆最近点 57.82 千米。又名淡菜屿 -4。《全国海岛名称与代码》（2008）记为淡菜屿 -4。第二次全国海域地名普查时更为今名，因位于淡菜屿东南面而得名。岸线长 61 米，面积 237 平方米，最高点高程 5 米。基岩岛。无植被。

嵊山东大岛 (Shèngshān Dōngdà Dǎo)

北纬 30°42.5′，东经 122°50.0′。位于舟山市嵊泗县马鞍列岛南部，距大陆最近点 84.88 千米。第二次全国海域地名普查时命今名。岸线长 82 米，面积 487 平方米。基岩岛。无植被。属马鞍列岛海洋特别保护区。

枸杞东下岛 (Gǒuqǐ Dōngxià Dǎo)

北纬 30°42.5′，东经 122°46.9′。位于舟山市嵊泗县马鞍列岛南部，西距枸杞岛约 30 米，距大陆最近点 80.15 千米。因位于枸杞岛东面，位置相对靠南（下），第二次全国海域地名普查时命今名。岸线长 56 米，面积 154 平方米。基岩岛。无植被。属马鞍列岛海洋特别保护区。

小淡菜屿 (Xiǎodàncài Yǔ)

北纬 30°42.5′，东经 122°32.6′。隶属于舟山市嵊泗县，距大陆最近点 58.19 千米。曾名淡菜礁，又名狮子礁。民国《定海县志·册一》记为淡菜礁。《中国海洋岛屿简况》（1980）、《浙江省海域地名录》（1988）、《中国海域地名志》（1989）、舟山市地图（1990）、《浙江省嵊泗县地名志》（1990）、《舟山岛礁图集》（1991）、《中国海域地名图集》（1991）、《浙江海岛志》（1998）、《嵊泗县志》（2007）、舟山市政区图（2008）、《全国海岛名称与代码》（2008）和 2010 年浙江省人民政府公布的第一批无居民海岛名称中均记为小淡菜屿。因紧邻淡菜屿，面积较小，故名。又因岛形如狮子，外地渔民称狮子礁。岸线长 569 米，面积 9 523 平方米，最高点高程 30.5 米。基岩岛，由燕山晚期钾长花岗岩构成。地形崎岖，中部有巨大裂隙贯穿东西。长有草丛和灌木。岩滩上生长贻贝。

龙角礁 (Lóngjiǎo Jiāo)

北纬 30°42.5′，东经 122°46.0′。位于舟山市嵊泗县马鞍列岛南部，北距枸

杞岛约 140 米，距大陆最近点 78.73 千米。又名上龙头礁-1。《浙江海岛志》（1998）记为 179 号无名岛。《嵊泗县志》（2007）和《全国海岛名称与代码》（2008）记为上龙头礁-1。2010 年浙江省人民政府公布的第一批无居民海岛名称中记为龙角礁。岸线长 134 米，面积 416 平方米，最高点高程 9.9 米。基岩岛，由燕山晚期钾长花岗岩构成。无植被。岩滩生长藤壶、贻贝、螺、紫菜等贝、藻类生物。属马鞍列岛海洋特别保护区。

小淡菜东岛（Xiǎodàncài Dōngdǎo）

北纬 30°42.4′，东经 122°32.6′。隶属于舟山市嵊泗县，距大陆最近点 58.32 千米。又名淡菜屿-2。《全国海岛名称与代码》（2008）记为淡菜屿-2。第二次全国海域地名普查时更为今名。因位于小淡菜屿东侧而得名。岸线长 29 米，面积 55 平方米。基岩岛。无植被。

扑南嘴礁（Pūnánzuǐ Jiāo）

北纬 30°42.4′，东经 122°49.5′。位于舟山市嵊泗县马鞍列岛南部，距大陆最近点 84.18 千米。又名嵊山-10、嵊山-8。《浙江海岛志》（1998）记为 181 号无名岛。《嵊泗县志》（2007）记为嵊山-10。《全国海岛名称与代码》（2008）记为嵊山-8。2010 年浙江省人民政府公布的第一批无居民海岛名称中记为扑南嘴礁。因该岛紧靠南向村西侧山嘴，似向南扑出，故名。岸线长 145 米，面积 728 平方米，最高点高程 10 米。基岩岛，由燕山晚期钾长花岗岩构成。地势陡峻。长有草丛和灌木。岩滩生长藤壶、贻贝、螺等贝、藻类生物。属马鞍列岛海洋特别保护区。

小淡菜南岛（Xiǎodàncài Nándǎo）

北纬 30°42.4′，东经 122°32.6′。隶属于舟山市嵊泗县，距大陆最近点 58.3 千米。因位于小淡菜屿南部附近，第二次全国海域地名普查时命今名。岸线长 42 米，面积 137 平方米。基岩岛。无植被。

三块岩东岛（Sānkuàiyán Dōngdǎo）

北纬 30°42.4′，东经 122°32.7′。隶属于舟山市嵊泗县，距大陆最近点 58.5 千米。第二次全国海域地名普查时命今名。岸线长 34 米，面积 91 平方米。基岩岛。无植被。建有码头 1 座，白色灯桩 1 座。

龙珠礁（Lóngzhū Jiāo）

北纬 30°42.4′，东经 122°46.0′。位于舟山市嵊泗县马鞍列岛南部，北距枸杞岛约 310 米，距大陆最近点 78.69 千米。又名上龙头礁-3、上龙头礁、上龙头、上龙头礁岛。《中国海洋岛屿简况》（1980）记为上龙头。《浙江省海域地名录》（1988）、舟山市地图（1990）、《舟山岛礁图集》（1991）和《中国海域地名图集》（1991）均记为上龙头礁。《中国海域地名志》（1989）记为上龙头礁岛。《浙江海岛志》（1998）记为 184 号无名岛。《嵊泗县志》（2007）和《全国海岛名称与代码》（2008）记为上龙头礁-3。2010 年浙江省人民政府公布的第一批无居民海岛名称中记为龙珠礁。岸线长 94 米，面积 471 平方米，最高点高程 15 米。基岩岛，由燕山晚期钾长花岗岩构成。无植被。岩滩生长藤壶、贻贝、螺等贝、藻类生物。属马鞍列岛海洋特别保护区。

龙须礁（Lóngxū Jiāo）

北纬 30°42.3′，东经 122°46.0′。位于舟山市嵊泗县马鞍列岛南部，北距枸杞岛约 350 米，距大陆最近点 78.67 千米。又名上龙头礁、上龙头礁-4。《中国海洋岛屿简况》（1980）记为上龙头。舟山市地图（1990）和《舟山岛礁图集》（1991）记为上龙头礁。《浙江海岛志》（1998）记为 186 号无名岛。《嵊泗县志》（2007）和《全国海岛名称与代码》（2008）记为上龙头礁-4。2010 年浙江省人民政府公布的第一批无居民海岛名称中记为龙须礁。岸线长 257 米，面积 1 875 平方米，最高点高程 20.2 米。基岩岛，由燕山晚期钾长花岗岩构成。长有草丛。岩滩生长藤壶、贻贝、螺等贝、藻类生物。属马鞍列岛海洋特别保护区。

龙须西南岛（Lóngxū Xī'nán Dǎo）

北纬 30°42.3′，东经 122°45.9′。位于舟山市嵊泗县马鞍列岛南部，北距枸杞岛约 410 米，距大陆最近点 78.67 千米。因位于龙须礁西南面，第二次全国海域地名普查时命今名。岸线长 54 米，面积 183 平方米。基岩岛。无植被。属马鞍列岛海洋特别保护区。

江爿北岛（Jiāngpán Běidǎo）

北纬 30°42.3′，东经 122°45.5′。位于舟山市嵊泗县马鞍列岛南部，北距枸

杞岛约 40 米，距大陆最近点 77.95 千米。因位于江爿礁北侧，第二次全国海域地名普查时命今名。岸线长 172 米，面积 941 平方米。基岩岛。无植被。属马鞍列岛海洋特别保护区。

小浪岗北岛 (Xiǎolànggǎng Běidǎo)

北纬 30°42.2′，东经 122°47.1′。位于舟山市嵊泗县马鞍列岛南部，西距枸杞岛约 20 米，距大陆最近点 80.5 千米。因位于小浪岗礁北部附近，第二次全国海域地名普查时命今名。岸线长 74 米，面积 318 平方米。基岩岛。无植被。属马鞍列岛海洋特别保护区。

小浪岗礁 (Xiǎolànggǎng Jiāo)

北纬 30°42.2′，东经 122°47.1′。位于舟山市嵊泗县马鞍列岛南部，西距枸杞岛约 10 米，距大陆最近点 80.47 千米。又名枸杞岛-2。《浙江海岛志》(1998）记为 190 号无名岛。《嵊泗县志》（2007）和《全国海岛名称与代码》（2008）记为枸杞岛-2。2010 年浙江省人民政府公布的第一批无居民海岛名称中记为小浪岗礁。因周围海浪较大，该礁犹如山冈矗立，故名。岸线长 173 米，面积 1 005 平方米，最高点高程 11.7 米。基岩岛，由燕山晚期钾长花岗岩构成。地势低平。无植被。岩滩生长藤壶、贻贝、螺、紫菜等贝类、藻类生物。顶部竖有铁柱。属马鞍列岛海洋特别保护区。

边岛 (Biān Dǎo)

北纬 30°42.2′，东经 122°31.2′。隶属于舟山市嵊泗县，距大陆最近点 56.32 千米。第二次全国海域地名普查时命今名。岸线长 67 米，面积 322 平方米。基岩岛。无植被。

江爿礁 (Jiāngpán Jiāo)

北纬 30°42.2′，东经 122°45.4′。位于舟山市嵊泗县马鞍列岛南部，北距枸杞岛约 130 米，距大陆最近点 77.88 千米。又名江爿礁-3。舟山市地图（1990）、《浙江省嵊泗县地名志》（1990）、《舟山岛礁图集》（1991）、《中国海域地名图集》（1991）和《浙江海岛志》（1998）均记为江爿礁。《嵊泗县志》（2007）和《全国海岛名称与代码》（2008）记为江爿礁-3。2010 年浙江省人民政府公布的第一批无居民海岛名称中记为江爿礁。因冬季多海鸥（当地方言称海鸥为“江爿”）在岛上栖息而得名。岸线长 62 米，面积 191 平方米，最高点高程 5.5 米。基岩岛，由燕山晚期钾长花岗岩构成。无植被。岩滩生长藤壶、贻贝、螺、紫菜等贝、藻类生物。属马鞍列岛海洋特别保护区。

南长涂小山北岛 (Nánchángtú Xiǎoshān Běidǎo)

北纬 30°42.2′，东经 122°28.7′。隶属于舟山市嵊泗县，距大陆最近点 52.59 千米。第二次全国海域地名普查时命今名。岸线长 51 米，面积 199 平方米。基岩岛。无植被。

小江爿礁 (Xiǎojiāngpán Jiāo)

北纬 30°42.2′，东经 122°45.4′。位于舟山市嵊泗县马鞍列岛南部，北距枸杞岛约 150 米，距大陆最近点 77.9 千米。又名江爿礁-2。《浙江海岛志》(1998) 记为 188 号无名岛。《嵊泗县志》(2007) 和《全国海岛名称与代码》(2008) 记为江爿礁-2。2010 年浙江省人民政府公布的第一批无居民海岛名称中记为小江爿礁。因紧邻江爿礁，且面积较小而得名。岸线长 33 米，面积 84 平方米，最高点高程 2.2 米。基岩岛，由燕山晚期钾长花岗岩构成。无植被。岩滩生长藤壶、贻贝、螺、紫菜等贝、藻类生物。属马鞍列岛海洋特别保护区。

外江爿礁 (Wàijiāngpán Jiāo)

北纬 30°42.2′，东经 122°45.4′。位于舟山市嵊泗县马鞍列岛南部，北距枸杞岛约 160 米，距大陆最近点 77.9 千米。又名江爿礁-1。《浙江海岛志》(1998) 记为 191 号无名岛。《嵊泗县志》(2007) 和《全国海岛名称与代码》(2008) 记为江爿礁-1。2010 年浙江省人民政府公布的第一批无居民海岛名称中记为外江爿礁。因地处江爿礁东南侧，相对靠外，故名。岸线长 61 米，面积 166 平方米，最高点高程 4.7 米。基岩岛，由燕山晚期钾长花岗岩构成。地势低平。无植被。岩滩生长藤壶、贻贝、螺、紫菜等贝、藻类生物。属马鞍列岛海洋特别保护区。

和尚头岛 (Héshangtóu Dǎo)

北纬 30°42.2′，东经 122°31.5′。隶属于舟山市嵊泗县，距大陆最近点 56.89 千米。因礁体上有一块光滑的大石头，形似一和尚头，第二次全国海域地名普查时命今名。岸线长 98 米，面积 732 平方米。基岩岛。长有草丛和灌木。

鳗鱼头小岛（Mányútóu Xiǎodǎo）

北纬 30°42.1′，东经 122°49.8′。位于舟山市嵊泗县马鞍列岛南部，距大陆最近点 84.67 千米。第二次全国海域地名普查时命今名。岸线长 119 米，面积 530 平方米。基岩岛。无植被。属马鞍列岛海洋特别保护区。

南长涂小山南岛（Nánchángtú Xiǎoshān Nándǎo）

北纬 30°42.1′，东经 122°28.7′。隶属于舟山市嵊泗县，距大陆最近点 52.69 千米。第二次全国海域地名普查时命今名。岸线长 56 米，面积 241 平方米。基岩岛。无植被。

劈开山屿（Pīkāishān Yǔ）

北纬 30°42.0′，东经 122°31.7′。隶属于舟山市嵊泗县，距大陆最近点 57.23 千米。《浙江省海域地名录》（1988）、《中国海域地名志》（1989）、舟山市地图（1990）、《浙江省嵊泗县地名志》（1990）、《舟山岛礁图集》（1991）、《中国海域地名图集》（1991）、《浙江海岛志》（1998）、《嵊泗县志》（2007）、《全国海岛名称与代码》（2008）和 2010 年浙江省人民政府公布的第一批无居民海岛名称中均记为劈开山屿。岸线长 272 米，面积 2 031 平方米，最高点高程 25.7 米。基岩岛，由燕山晚期钾长花岗岩构成。

桶礁北岛（Tǒngjiāo Běidǎo）

北纬 30°42.0′，东经 122°47.2′。位于舟山市嵊泗县马鞍列岛南部，西距枸杞岛约 150 米，距大陆最近点 80.84 千米。第二次全国海域地名普查时命今名。岸线长 86 米，面积 338 平方米。基岩岛。无植被。属马鞍列岛海洋特别保护区。

沙鳗礁（Shāmán Jiāo）

北纬 30°42.0′，东经 122°30.5′。隶属于舟山市嵊泗县，距大陆最近点 55.4 千米。曾名老虎礁，又名松满礁。民国时期海图标名为老虎礁。《中国海洋岛屿简况》（1980）记为松满礁 。《浙江省海域地名录》（1988）、《中国海域地名志》（1989）、舟山市地图（1990）、《浙江省嵊泗县地名志》（1990）、《舟山岛礁图集》（1991）、《中国海域地名图集》（1991）、《浙江海岛志》（1998）、《嵊泗县志》

（2007）、《全国海岛名称与代码》（2008）和 2010 年浙江省人民政府公布的第一批无居民海岛名称中均记为沙鳗礁。因礁色褐黄，狭长似沙鳗，半沉半浮在海面，故名。也称松满礁，为沙鳗的谐音误写。岸线长 292 米，面积 4 601 平方米，最高点高程 11.1 米。基岩岛，由燕山晚期钾长花岗岩构成。无植被。

沙鳗西小岛 (Shāmán Xīxiǎo Dǎo)

北纬 30°42.0′，东经 122°30.4′。隶属于舟山市嵊泗县，距大陆最近点 55.37 千米。因位于沙鳗礁西侧附近，且面积较小，第二次全国海域地名普查时命今名。岸线长 49 米，面积 178 平方米。基岩岛。无植被。

五龙洞礁 (Wǔlóngdòng Jiāo)

北纬 30°41.9′，东经 122°31.2′。隶属于舟山市嵊泗县，距大陆最近点 56.49 千米。曾名香炉礁，又名桶礁、洞礁。民国时期海图标作香炉礁。《中国海洋岛屿简况》（1980）、舟山市地图（1990）、《浙江省嵊泗县地名志》（1990）、《舟山岛礁图集》（1991）和《嵊泗县志》（2007）均记为洞礁。《浙江省海域地名录》（1988）和《中国海域地名志》（1989）、《中国海域地名图集》（1991）、《浙江海岛志》（1998）和《全国海岛名称与代码》（2008）均记为桶礁。2010 年浙江省人民政府公布的第一批无居民海岛名称中记为五龙洞礁。因岛顶上有石穴，故名洞礁，因重名，加前缀“五龙”。岸线长 251 米，面积 2 467 平方米，最高点高程 10.7 米。基岩岛，由燕山晚期钾长花岗岩构成。长有草丛。建有白色灯桩 1 座。

泗礁山西南岛 (Sìjiāoshān Xī'nán Dǎo)

北纬 30°41.7′，东经 122°25.4′。隶属于舟山市嵊泗县，距大陆最近点 48.26 千米。第二次全国海域地名普查时命今名。岸线长 60 米，面积 286 平方米。基岩岛。无植被。

小中柱东大岛 (Xiǎozhōngzhù Dōngdà Dǎo)

北纬 30°41.6′，东经 122°25.3′。隶属于舟山市嵊泗县，距大陆最近点 48.18 千米。因位于小中柱东礁附近，面积较大，第二次全国海域地名普查时命今名。岸线长 96 米，面积 599 平方米。基岩岛。无植被。

门坎礁 (Ménkǎn Jiāo)

北纬 30°41.6′，东经 122°46.4′。位于舟山市嵊泗县马鞍列岛南部，北距枸杞岛约 600 米，距大陆最近点 79.7 千米。又名门前礁、门前礁-1。《中国海洋岛屿简况》（1980）、舟山市地图（1990）、《舟山岛礁图集》（1991）和舟山市政区图（2008）均记为门前礁。《浙江海岛志》（1998）记为 205 号无名岛。《嵊泗县志》（2007）和《全国海岛名称与代码》（2008）记为门前礁-1。2010 年浙江省人民政府公布的第一批无居民海岛名称中记为门坎礁。因与门前礁相邻得名。岸线长 117 米，面积 252 平方米，最高点高程 7.3 米。基岩岛，由燕山晚期钾长花岗岩构成。无植被。岩滩生长藤壶、贻贝、螺、紫菜等贝、藻类生物。属马鞍列岛海洋特别保护区。

一粒珠礁 (Yílìzhū Jiāo)

北纬 30°41.6′，东经 122°47.7′。位于舟山市嵊泗县马鞍列岛南部，北距枸杞岛约 1.13 千米，距大陆最近点 81.73 千米。又名小宫礁-1。《浙江海岛志》（1998）记为 209 号无名岛。《嵊泗县志》（2007）和《全国海岛名称与代码》（2008）记为小宫礁-1。2010 年浙江省人民政府公布的第一批无居民海岛名称中记为一粒珠礁。岛形圆而小，被喻为一粒珠子，故名。岸线长 98 米，面积 509 平方米，最高点高程 7.2 米。基岩岛，由上侏罗统茶湾组熔结凝灰岩、凝灰岩构成。无植被。岩滩生长藤壶、贻贝、螺、紫菜等贝、藻类生物。属马鞍列岛海洋特别保护区。

小中柱东礁 (Xiǎozhōngzhù Dōngjiāo)

北纬 30°41.6′，东经 122°25.3′。隶属于舟山市嵊泗县，距大陆最近点 48.15 千米。又名小中柱山-1。《浙江海岛志》（1998）记为 207 号无名岛。《嵊泗县志》（2007）和《全国海岛名称与代码》（2008）记为小中柱山-1。2010 年浙江省人民政府公布的第一批无居民海岛名称中记为小中柱东礁。岸线长 75 米，面积 239 平方米，最高点高程 5 米。基岩岛，由上侏罗统茶湾组熔结凝灰岩、凝灰岩等构成。长有草丛。

门坎礁南小岛 (Ménkǎnjiāo Nánxiǎo Dǎo)

北纬 30°41.6′，东经 122°46.4′。位于舟山市嵊泗县马鞍列岛南部，北距枸

杞岛约620米，距大陆最近点79.74千米。因位于门坎礁南面，面积较小，第二次全国海域地名普查时命今名。面积约7平方米。基岩岛。无植被。属马鞍列岛海洋特别保护区。

小中柱东小岛 (Xiǎozhōngzhù Dōngxiǎo Dǎo)

北纬30°41.6′，东经122°25.3′。隶属于舟山市嵊泗县，距大陆最近点48.17千米。因位于小中柱东礁附近，面积较小，第二次全国海域地名普查时命今名。岸线长56米，面积172平方米。基岩岛。长有草丛。

门坎礁南大岛 (Ménkǎnjiāo Nándà Dǎo)

北纬30°41.6′，东经122°46.4′。位于舟山市嵊泗县马鞍列岛南部，北距枸杞岛约640米，距大陆最近点79.74千米。因位于门坎礁南面，面积较大，第二次全国海域地名普查时命今名。岸线长225米，面积520平方米。基岩岛。无植被。属马鞍列岛海洋特别保护区。

大旗杆南岛 (Dàqígān Nándǎo)

北纬30°41.5′，东经122°26.7′。隶属于舟山市嵊泗县，距大陆最近点50.36千米。第二次全国海域地名普查时命今名。岸线长48米，面积172平方米。基岩岛。无植被。岛东侧建有黄黑相间灯桩1座。

花烛凤屿 (Huāzhúfèng Yǔ)

北纬30°41.5′，东经122°27.5′。隶属于舟山市嵊泗县，距大陆最近点51.48千米。《中国海洋岛屿简况》(1980)有记载，但无名。《浙江省海域地名录》(1988)、《中国海域地名志》(1989)、舟山市地图(1990)、《浙江省嵊泗县地名志》(1990)、《舟山岛礁图集》(1991)、《中国海域地名图集》(1991)、《浙江海岛志》(1998)、《嵊泗县志》(2007)、舟山市政区图(2008)、《全国海岛名称与代码》(2008)和2010年浙江省人民政府公布的第一批无居民海岛名称中均记为花烛凤屿。该岛与南侧花烛龙屿仅一水之隔，成对并峙，合成“吕”字形，故美称花烛凤屿。岸线长231米，面积2 757平方米，最高点高程22.9米。基岩岛，由上侏罗统茶湾组熔结凝灰岩、凝灰岩等构成。长有草丛和灌木。

门前礁（Ménqián Jiāo）

北纬 30°41.5′，东经 122°46.5′。位于舟山市嵊泗县马鞍列岛南部，北距枸杞岛约 720 米，距大陆最近点 79.97 千米。又名门前礁 -2、门前礁岛。《浙江省海域地名录》（1988）、舟山市地图（1990）、《浙江省嵊泗县地名志》（1990）、《舟山岛礁图集》（1991）、《中国海域地名图集》（1991）、《浙江海岛志》（1998）和 2010 年浙江省人民政府公布的第一批无居民海岛名称中均记为门前礁。《中国海域地名志》（1989）记为门前礁岛。《嵊泗县志》（2007）和《全国海岛名称与代码》（2008）记为门前礁 -2。岸线长 211 米，面积 2 000 平方米，最高点高程 7.3 米。基岩岛，由燕山晚期钾长花岗岩构成。无植被。岩滩生长藤壶、贻贝、螺、紫菜等贝、藻类生物。建有黑白相间灯桩 1 座。属马鞍列岛海洋特别保护区。

花烛龙屿（Huāzhúlóng Yǔ）

北纬 30°41.4′，东经 122°27.5′。隶属于舟山市嵊泗县，距大陆最近点 51.49 千米。《中国海洋岛屿简况》（1980）有记载，但无名。《浙江省海域地名录》（1988）、《中国海域地名志》（1989）、舟山市地图（1990）、《浙江省嵊泗县地名志》（1990）、《舟山岛礁图集》（1991）、《中国海域地名图集》（1991）、《浙江海岛志》（1998）、《嵊泗县志》（2007）、舟山市政区图（2008）、《全国海岛名称与代码》（2008）和 2010 年浙江省人民政府公布的第一批无居民海岛名称中均记为花烛龙屿。该岛北面与花烛凤屿并立，两屿皆小而山高、坡陡、峰尖、环生山花葛藤，甚似一对花烛，故名。岸线长 176 米，面积 1 979 平方米，最高点高程 28.6 米。基岩岛，由上侏罗统茶湾组熔结凝灰岩、凝灰岩等构成。高耸陡峻，尖峰顶，南岸悬崖壁立。长有草丛和灌木。

大礁南大岛（Dàjiāo Nándà Dǎo）

北纬 30°41.2′，东经 122°25.3′。隶属于舟山市嵊泗县，距大陆最近点 48.49 千米。第二次全国海域地名普查时命今名。岸线长 63 米，面积 215 平方米。基岩岛。无植被。

马迹铁墩山南岛（Mǎjì Tiědūnshān Nándǎo）

北纬 30°41.1′，东经 122°25.5′。隶属于舟山市嵊泗县，距大陆最近点

48.89 千米。第二次全国海域地名普查时命今名。岸线长 39 米，面积 121 平方米。基岩岛。无植被。

马关大羊角北岛 (Mǎguān Dàyángjiǎo Běidǎo)

北纬 30°41.1′，东经 122°26.9′。隶属于舟山市嵊泗县，距大陆最近点 50.92 千米。第二次全国海域地名普查时命今名。岸线长 84 米，面积 328 平方米。基岩岛。长有草丛。

小羊角礁 (Xiǎoyángjiǎo Jiāo)

北纬 30°41.0′，东经 122°26.9′。隶属于舟山市嵊泗县，距大陆最近点 50.91 千米。又名大羊角礁 -2。《浙江省嵊泗县地名志》(1990)、《舟山岛礁图集》(1991) 和 2010 年浙江省人民政府公布的第一批无居民海岛名称中均记为小羊角礁。《浙江海岛志》(1998) 记为 222 号无名岛。《嵊泗县志》(2007) 和《全国海岛名称与代码》(2008) 记为大羊角礁-2。岸线长 92 米，面积 439 平方米，最高点高程 5.5 米。基岩岛，由上侏罗统茶湾组熔结凝灰岩、凝灰岩等构成。长有草丛。潮间带下生长藤壶、贻贝、紫菜等贝、藻类生物。

羊角东礁 (Yángjiǎo Dōngjiāo)

北纬 30°41.0′，东经 122°26.9′。隶属于舟山市嵊泗县，距大陆最近点 50.9 千米。又名大羊角礁 -3。《浙江海岛志》(1998) 记为 221 号无名岛。《嵊泗县志》(2007) 和《全国海岛名称与代码》(2008) 记为大羊角礁-3。2010 年浙江省人民政府公布的第一批无居民海岛名称中记为羊角东礁。因位于羊角南礁东北侧得名。岸线长 131 米，面积 694 平方米，最高点高程 8.7 米。基岩岛，由上侏罗统茶湾组熔结凝灰岩、凝灰岩等构成。无植被。潮间带下生长藤壶、贻贝、紫菜等贝、藻类生物。

羊角南礁 (Yángjiǎo Nánjiāo)

北纬 30°41.0′，东经 122°26.8′。隶属于舟山市嵊泗县，距大陆最近点 50.86 千米。又名大羊角礁-5。《浙江海岛志》(1998) 记为 223 号无名岛。《嵊泗县志》(2007) 和《全国海岛名称与代码》(2008) 记为大羊角礁-5。2010 年浙江省人民政府公布的第一批无居民海岛名称中记为羊角南礁。岸线长 283 米，面积 1 263 平方米，最高点高程 8.1 米。基岩岛，由上侏罗统茶湾组熔结凝灰岩、凝灰岩等构成。无植被。潮间带下生长藤壶、贻贝、紫菜等贝、藻类生物。

小狮子礁 (Xiǎoshīzi Jiāo)

北纬 30°41.0′，东经 122°28.3′。隶属于舟山市嵊泗县，距大陆最近点 52.97 千米。又名里马廊山 -1。《浙江海岛志》(1998）记为 225 号无名岛。《嵊泗县志》(2007）和《全国海岛名称与代码》(2008）记为里马廊山-1。2010 年浙江省人民政府公布的第一批无居民海岛名称中记为小狮子礁。因岛形如狮子，面积小而得名。岸线长 191 米，面积 1 837 平方米，最高点高程 20.9 米。基岩岛，由上侏罗统茶湾组熔结凝灰岩、凝灰岩等构成。西南高，东北低，地形复杂，北侧悬崖高峻。长有草丛和灌木。岛东侧有红白相间灯桩 1 座。

里马廊山北岛 (Lǐmǎlángshān Běidǎo)

北纬 30°40.9′，东经 122°28.1′。隶属于舟山市嵊泗县，距大陆最近点 52.78 千米。第二次全国海域地名普查时命今名。岸线长 30 米，面积 36 平方米。基岩岛。无植被。

里马廊西北礁 (Lǐmǎláng Xīběi Jiāo)

北纬 30°40.9′，东经 122°28.2′。隶属于舟山市嵊泗县，距大陆最近点 52.82 千米。又名里马廊山-2。《浙江海岛志》(1998）记为 227 号无名岛。《嵊泗县志》(2007）和《全国海岛名称与代码》(2008）记为里马廊山-2。2010 年浙江省人民政府公布的第一批无居民海岛名称中记为里马廊西北礁。岸线长 220 米，面积 1 203 平方米，最高点高程 15 米。基岩岛，由上侏罗统茶湾组熔结凝灰岩、凝灰岩等构成。长有草丛。潮间带下生长藤壶、贻贝、紫菜等贝、藻类生物。

大鹅礁 (Dà'é Jiāo)

北纬 30°40.9′，东经 122°33.3′。位于舟山市嵊泗县大黄龙岛北部海域，南距大黄龙岛约 10 米，距大陆最近点 60.43 千米。又名大黄龙岛-1。《浙江海岛志》(1998）记为 230 号无名岛。《嵊泗县志》(2007）和《全国海岛名称与代码》(2008）记为大黄龙岛-1。2010 年浙江省人民政府公布的第一批无居民海岛名称中记为大鹅礁。因海岛形似大鹅而得名。岸线长 77 米，面积 401 平方米，最高点高程 10.1 米。基岩岛。无植被。

小鹅岛 (Xiǎo'é Dǎo)

北纬 30°40.9′，东经 122°33.4′。位于舟山市嵊泗县大黄龙岛北部海域，南距大黄龙岛约 10 米，距大陆最近点 60.56 千米。因位于大鹅礁附近，且面积小于大鹅礁，第二次全国海域地名普查时命今名。岸线长 46 米，面积 170 平方米。基岩岛。无植被。

里马廊南礁 (Lǐmǎláng Nánjiāo)

北纬 30°40.8′，东经 122°28.3′。隶属于舟山市嵊泗县，距大陆最近点 53.09 千米。又名里马廊山-3。《浙江海岛志》（1998）记为 231 号无名岛。《嵊泗县志》（2007）和《全国海岛名称与代码》（2008）记为里马廊山-3。2010 年浙江省人民政府公布的第一批无居民海岛名称中记为里马廊南礁。岸线长 141 米，面积 578 平方米，最高点高程 12.7 米。基岩岛。长有草丛。

马廊礁 (Mǎláng Jiāo)

北纬 30°40.8′，东经 122°28.3′。隶属于舟山市嵊泗县，距大陆最近点 53.1 千米。《浙江省海域地名录》（1988）、《浙江省嵊泗县地名志》（1990）和《舟山岛礁图集》（1991）均记为马廊礁。岸线长 36 米，面积 75 平方米，最高点高程 8 米。基岩岛。无植被。

里马廊山南上岛 (Lǐmǎlángshān Nánshàng Dǎo)

北纬 30°40.8′，东经 122°28.3′。隶属于舟山市嵊泗县，距大陆最近点 53.13 千米。第二次全国海域地名普查时命今名。岸线长 49 米，面积 108 平方米。基岩岛。无植被。

里马廊山南下岛 (Lǐmǎlángshān Nánxià Dǎo)

北纬 30°40.7′，东经 122°28.3′。隶属于舟山市嵊泗县，距大陆最近点 53.24 千米。第二次全国海域地名普查时命今名。岸线长 187 米，面积 461 平方米。基岩岛。无植被。

小梅子北岛 (Xiǎoméizi Běidǎo)

北纬 30°40.6′，东经 122°34.3′。位于舟山市嵊泗县大黄龙岛东北部海域，西距大黄龙岛约 540 米，距大陆最近点 62.03 千米。因位于小梅子岛北面，第二次全国海域地名普查时命今名。岸线长 51 米，面积 192 平方米。基岩岛。无植被。

稻蓬山 (Dàopéng Shān)

北纬 30°40.5′，东经 122°33.1′。位于舟山市嵊泗县大黄龙岛北部海域，距大黄龙岛约 10 米，距大陆最近点 62.33 千米。因海岛形似稻蓬，当地习称稻蓬山。岸线长 118 米，面积 1 041 平方米。基岩岛。无植被。

马廊北礁 (Mǎláng Běijiāo)

北纬 30°40.5′，东经 122°28.8′。隶属于舟山市嵊泗县，距大陆最近点 54.05 千米。又名外马廊山-1。《浙江海岛志》（1998）记为 236 号无名岛。《嵊泗县志》（2007）和《全国海岛名称与代码》（2008）记为外马廊山-1。2010 年浙江省人民政府公布的第一批无居民海岛名称中记为马廊北礁。因位于马廊东北礁北面而得名。岸线长 44 米，面积 130 平方米，最高点高程 15 米。基岩岛，由上侏罗统茶湾组熔结凝灰岩、凝灰岩等构成。无植被。潮间带下生长藤壶、贻贝、紫菜等贝、藻类生物。

马廊北礁西岛 (Mǎláng Běijiāo Xīdǎo)

北纬 30°40.5′，东经 122°28.7′。隶属于舟山市嵊泗县，距大陆最近点 54.01 千米。因位于马廊北礁西侧，第二次全国海域地名普查时命今名。岸线长 102 米，面积 281 平方米。基岩岛。无植被。

小梅子岛 (Xiǎoméizi Dǎo)

北纬 30°40.5′，东经 122°34.3′。位于舟山市嵊泗县大黄龙岛东北部海域，西距大黄龙岛约 370 米，距大陆最近点 61.95 千米。又名小梅子。《中国海洋岛屿简况》（1980）记为小梅子。《浙江省海域地名录》（1988）、《中国海岸带和海涂资源综合调查图集》（1988）、《中国海域地名志》（1989）、舟山市地图（1990）、《浙江省嵊泗县地名志》（1990）、《舟山岛礁图集》（1991）、《中国海域地名图集》（1991）、《浙江海岛志》（1998）、《嵊泗县志》（2007）、舟山市政区图（2008）、《全国海岛名称与代码》（2008）和 2010 年浙江省人民政府公布的第一批无居民海岛名称中均记为小梅子岛。因岛北宽南窄，形甚似小梅童鱼，故名。岸线长 1.38 千米，面积 0.076 2 平方千米，最高点高程 41.9 米。基岩岛，由燕山晚期钾长花岗岩构成。岛上有废弃采石场 1 处，废弃房屋若干，码头 1 座。

马廊东北礁 (Mǎláng Dōngběi Jiāo)

北纬 30°40.4′，东经 122°28.7′。隶属于舟山市嵊泗县，距大陆最近点 53.99 千米。又名外马廊山-2。《浙江海岛志》（1998）记为 235 号无名岛。《嵊泗县志》（2007）和《全国海岛名称与代码》（2008）记为外马廊山-2。2010 年浙江省人民政府公布的第一批无居民海岛名称中记为马廊东北礁。岸线长 186 米，面积 1 979 平方米，最高点高程 20.2 米。基岩岛，由上侏罗统茶湾组熔结凝灰岩、凝灰岩等构成。长有草丛。附近岛礁众多，水域环境复杂，鱼类资源丰富。潮间带下生长藤壶、贻贝、紫菜等贝、藻类生物。

城门头礁 (Chéngméntóu Jiāo)

北纬 30°40.3′，东经 122°25.4′。隶属于舟山市嵊泗县，距大陆最近点 49.42 千米。又名城门头岛、城门头。《浙江海岛志》（1998）和《全国海岛名称与代码》（2008）记为城门头岛。《嵊泗县志》（2007）记为城门头。2010 年浙江省人民政府公布的第一批无居民海岛名称中记为城门头礁。因岛上有一座巍峨石崖，上狭下阔，左右对称，形如残缺的石城门矗立在急流之中，故名。岸线长 194 米，面积 1 795 平方米，最高点高程 24.2 米。基岩岛，由上侏罗统茶湾组熔结凝灰岩、凝灰岩等构成。地形崎岖，地势陡峻。

外马廊山西岛 (Wàimǎlángshān Xīdǎo)

北纬 30°40.3′，东经 122°28.6′。隶属于舟山市嵊泗县，距大陆最近点 53.87 千米。第二次全国海域地名普查时命今名。岸线长 53 米，面积 216 平方米。基岩岛。无植被。

城门头西岛 (Chéngméntóu Xīdǎo)

北纬 30°40.3′，东经 122°25.4′。隶属于舟山市嵊泗县，距大陆最近点 49.39 千米。因位于城门头礁西部，第二次全国海域地名普查时命今名。岸线长

128 米，面积 923 平方米。基岩岛。长有草丛。

里马蹄礁（Lǐmǎtí Jiāo）

北纬 30°40.3′，东经 122°26.2′。隶属于舟山市嵊泗县，距大陆最近点 50.49 千米。《中国海洋岛屿简况》（1980）、《浙江省海域地名录》（1988）、《中国海域地名志》（1989）、舟山市地图（1990）、《浙江省嵊泗县地名志》（1990）、《舟山岛礁图集》（1991）、《中国海域地名图集》（1991）、《浙江海岛志》（1998）、《嵊泗县志》（2007）、《全国海岛名称与代码》（2008）和 2010 年浙江省人民政府公布的第一批无居民海岛名称中均记为里马蹄礁。岸线长 127 米，面积 1 161 平方米，最高点高程 5.2 米。基岩岛，由上侏罗统茶湾组熔结凝灰岩、凝灰岩等构成。无植被。潮间带下生长藤壶、贻贝、紫菜等贝类和藻类生物。岛上建有灯柱、系缆柱。附近有渔船作业。

磨盘礁（Mòpán Jiāo）

北纬 30°40.2′，东经 122°29.0′。隶属于舟山市嵊泗县，距大陆最近点 54.58 千米。曾名黄礁。《浙江省海域地名录》（1988）、舟山市地图（1990）、《浙江省嵊泗县地名志》（1990）、《舟山岛礁图集》（1991）、《中国海域地名图集》（1991）、《浙江海岛志》（1998）、《嵊泗县志》（2007）和《全国海岛名称与代码》（2008）均记为磨盘礁。原以礁面黄色得名黄礁。因礁形圆滑平坦，似磨盘，故习称磨盘礁。岸线长 132 米，面积 898 平方米，最高点高程 14.8 米。基岩岛。长有草丛和灌木。

磨盘小岛（Mòpán Xiǎodǎo）

北纬 30°40.2′，东经 122°28.9′。隶属于舟山市嵊泗县，距大陆最近点 54.56 千米。因位于磨盘礁附近，面积小，第二次全国海域地名普查时命今名。岸线长 71 米，面积 357 平方米。基岩岛。无植被。

大黄龙西岛（Dàhuánglóng Xīdǎo）

北纬 30°40.1′，东经 122°32.8′。位于舟山市嵊泗县大黄龙岛西部海域，距大黄龙岛约 120 米，距大陆最近点 60.21 千米。因位于大黄龙岛西面，第二次全国海域地名普查时命今名。岸线长 21 米，面积 36 平方米。基岩岛。无植被。

小黄龙岛（Xiǎohuánglóng Dǎo）

北纬 30°40.1′，东经 122°31.8′。位于舟山市嵊泗县大黄龙岛西部海域，东距大黄龙岛约 380 米，距大陆最近点 57.65 千米。又名小黄龙、小黄龙山。南宋乾道《四明图经》有记载以来，与大黄龙岛合称黄龙山。清光绪《崇明县志》汛地图标注为小黄龙山。清光绪《江苏沿海图说》中载西名为勃罗司岛。民国《定海县志》附图标注为小黄龙。《中国海洋岛屿简况》（1980）记为小黄龙山。《浙江省海域地名录》（1988）、《中国海域地名志》（1989）、舟山市地图（1990）、《浙江省嵊泗县地名志》（1990）、《舟山岛礁图集》（1991）、《中国海域地名图集》（1991）、《浙江海岛志》（1998）、《嵊泗县志》（2007）、舟山市政区图（2008）和《全国海岛名称与代码》（2008）均记为小黄龙岛。因岛形狭长似游龙，岩土黄色，面积小于大黄龙岛，故名。

岸线长 7.36 千米，面积 1.083 1 平方千米，最高点高程 162.8 米。岛长 2.38 千米，宽 953 米。基岩岛，除西北端及中部出露岩石为燕山晚期钾长花岗岩外，其余大部分为上侏罗统茶湾组熔结凝灰岩、凝灰岩，间夹凝灰质砂岩。生长白茅草丛、黑松林等，植被覆盖率达 60.0%。周围水深 2.5～10 米。有居民海岛。2009 年户籍人口 1 人，常住人口 25 人。岛上有开山采石行为，山体破坏严重。建有码头 6 座。岛上只有山间小道。有电缆与大黄龙岛相连，有水井等水资源供人畜使用。潮间带生物丰富，岸潮线有牡蛎、石蟹、螺及各种海藻，附近海域产大黄鱼、小黄鱼、乌贼、鲳鱼、海鳗、虾、蟹等。岛西北、西南侧海域是主要近洋张网桁地，著名的“黄龙虾米”多产于此。

马廊南山脚礁（Mǎláng Nánshānjiǎo Jiāo）

北纬 30°40.0′，东经 122°28.9′。隶属于舟山市嵊泗县，距大陆最近点 54.53 千米。又名外马廊山-3。《浙江海岛志》（1998）记为 243 号无名岛。《嵊泗县志》（2007）和《全国海岛名称与代码》（2008）记为外马廊山-3。2010 年浙江省人民政府公布的第一批无居民海岛名称中记为马廊南山脚礁。岸线长 68 米，面积 336 平方米，最高点高程 6.9 米。基岩岛，由燕山晚期钾长花岗岩构成。长有草丛。潮间带下生长藤壶、贻贝、紫菜等贝、藻类生物。

小黄龙东岛 (Xiǎohuánglóng Dōngdǎo)

北纬 30°40.0′，东经 122°32.2′。位于舟山市嵊泗县大黄龙岛西部海域，西距小黄龙岛约 20 米，距大陆最近点 59.35 千米。因位于小黄龙岛东面，第二次全国海域地名普查时命今名。岸线长 80 米，面积 238 平方米。基岩岛。长有草丛和灌木。

碎墨礁北岛 (Suìmòjiāo Běidǎo)

北纬 30°39.9′，东经 122°17.7′。位于舟山市嵊泗县徐公岛北部海域，南距徐公岛约 1.57 千米，距大陆最近点 39.57 千米。因位于碎墨礁北面，第二次全国海域地名普查时命今名。岸线长 57 米，面积 76 平方米。基岩岛。无植被。

碎墨礁 (Suìmò Jiāo)

北纬 30°39.9′，东经 122°17.7′。位于舟山市嵊泗县徐公岛北部海域，南距徐公岛约 1.53 千米，距大陆最近点 39.56 千米。曾名碎卵黄礁。《浙江省海域地名录》（1988）、舟山市地图（1990）、《浙江省嵊泗县地名志》（1990）、《舟山岛礁图集》（1991）、《中国海域地名图集》（1991）、《浙江海岛志》（1998）、《全国海岛名称与代码》（2008）和 2010 年浙江省人民政府公布的第一批无居民海岛名称中均记为碎墨礁。因岛形椭圆似卵，但高潮位时岸线破碎，当地群众习称碎卵黄礁。后因其岩石表面呈黑色，故名。岸线长 104 米，面积 272 平方米，最高点高程 9.2 米。基岩岛，由上侏罗统茶湾组熔结凝灰岩、凝灰岩等构成。无植被。潮间带下生长藤壶、贻贝、紫菜等贝、藻类生物。

大黄龙东礁 (Dàhuánglóng Dōngjiāo)

北纬 30°39.9′，东经 122°34.9′。位于舟山市嵊泗县大黄龙岛东部海域，西距大黄龙岛约 10 米，距大陆最近点 63.5 千米。又名大黄龙岛-2。《浙江海岛志》（1998）记为 247 号无名岛。《嵊泗县志》（2007）、《全国海岛名称与代码》（2008）记为大黄龙岛-2。2010 年浙江省人民政府公布的第一批无居民海岛名称中记为大黄龙东礁。因位于大黄龙岛东部而得名。岸线长 114 米，面积 929 平方米，最高点高程 8 米。基岩岛，由燕山晚期钾长花岗岩构成。无植被。附近海域鱼类资源丰富。

碎墨礁西南岛 (Suìmòjiāo Xī'nán Dǎo)

北纬 30°39.9′，东经 122°17.7′。位于舟山市嵊泗县徐公岛北部海域，南距徐公岛约 1.48 千米，距大陆最近点 39.58 千米。因位于碎墨礁西南面，第二次全国海域地名普查时命今名。岸线长 80 米，面积 137 平方米。基岩岛。无植被。

大黄龙东外岛 (Dàhuánglóng Dōngwài Dǎo)

北纬 30°39.9′，东经 122°35.0′。位于舟山市嵊泗县大黄龙岛东部海域，西距大黄龙岛约 70 米，距大陆最近点 63.57 千米。因位于大黄龙东礁东侧（外侧），第二次全国海域地名普查时命今名。岸线长 50 米，面积 195 平方米。基岩岛。无植被。

墨北岛 (Mòběi Dǎo)

北纬 30°39.8′，东经 122°17.8′。位于舟山市嵊泗县徐公岛北部海域，南距徐公岛约 1.52 千米，距大陆最近点 39.7 千米。因位于墨礁北侧，第二次全国海域地名普查时命今名。岸线长 56 米，面积 183 平方米。基岩岛。无植被。

墨北小岛 (Mòběi Xiǎodǎo)

北纬 30°39.8′，东经 122°17.8′。位于舟山市嵊泗县徐公岛北部海域，南距徐公岛约 1.52 千米，距大陆最近点 39.7 千米。因位于墨礁北侧，面积较小，第二次全国海域地名普查时命今名。岸线长 15 米，面积 16 平方米。基岩岛。无植被。

外马蹄礁 (Wàimǎtí Jiāo)

北纬 30°39.8′，东经 122°26.1′。隶属于舟山市嵊泗县，距大陆最近点 50.75 千米。《中国海洋岛屿简况》（1980）、《浙江省海域地名录》（1988）、《中国海域地名志》（1989）、舟山市地图（1990）、《浙江省嵊泗县地名志》（1990）、《舟山岛礁图集》（1991）、《中国海域地名图集》（1991）、《浙江海岛志》（1998）、《嵊泗县志》（2007）、《全国海岛名称与代码》（2008）和 2010 年浙江省人民政府公布的第一批无居民海岛名称中均记为外马蹄礁。岸线长 161 米，面积 1 812 平方米，最高点高程 7.3 米。基岩岛，由上侏罗统茶湾组熔结凝灰岩、凝灰岩等构成。岛色褚黄，地势低平。无植被。潮间带生长藤壶、贻贝、紫菜等贝、藻类生物。建有白色灯桩 1 座。

墨礁（Mò Jiāo）

北纬 30°39.8′，东经 122°17.8′。位于舟山市嵊泗县徐公岛北部海域，南距徐公岛约 1.46 千米，距大陆最近点 39.7 千米。又名卵黄、卵黄礁。《中国海洋岛屿简况》（1980）记为卵黄。《浙江省海域地名录》（1988）、《中国海域地名志》（1989）、舟山市地图（1990）、《浙江省嵊泗县地名志》（1990）、《舟山岛礁图集》（1991）、《中国海域地名图集》（1991）、《浙江海岛志》（1998）、《嵊泗县志》（2007）、《全国海岛名称与代码》（2008）和 2010 年浙江省人民政府公布的第一批无居民海岛名称中均记为墨礁。以岩石表面呈黑色，故名。因岛形椭圆似卵，当地群众习称卵黄礁。岸线长 171 米，面积 1 943 平方米，最高点高程 13.5 米。基岩岛，由上侏罗统茶湾组熔结凝灰岩、凝灰岩等构成。长有草丛。潮间带下生长藤壶、贻贝、紫菜等贝、藻类生物。

大黄龙岛（Dàhuánglóng Dǎo）

北纬 30°39.8′，东经 122°33.6′。隶属于舟山市嵊泗县，距大陆最近点 60.15 千米。又名大黄龙山。《中国海洋岛屿简况》（1980）和《嵊泗县志》（2007）记为大黄龙山。《浙江省海域地名录》（1988）、《中国海域地名志》（1989）、舟山市地图（1990）、《浙江省嵊泗县地名志》（1990）、《舟山岛礁图集》（1991）、《中国海域地名图集》（1991）、《浙江海岛志》（1998）、舟山市政区图（2008）和《全国海岛名称与代码》（2008）均记为大黄龙岛。因山势雄伟，土呈黄色，远望似黄龙盘海，面积较小黄龙岛大而得名。

岸线长 22.16 千米，面积 5.215 3 平方千米，最高点高程 223.5 米。最高点石屋岗顶为嵊泗列岛第二高峰。岛形如梧桐叶，长 4.11 千米，宽 3.2 千米。基岩岛，出露岩石绝大部分为燕山晚期侵入花岗岩，仅在南缘为上侏罗统酸性火山岩、沉积岩。岛东半部多露岩，土质瘠薄；西半部山峦土层较厚，多植黑松。岛上少大块平地，民房多建在山腰以下坡地。全岛林地以黑松为主。野生动物有老鹰、乌鸦、海鸥、水獭等。沿岸生长螺、牡蛎、石蟹、紫菜等。岛岸曲折，湾澳环列。周围水深近处 3～7 米，外围达 7 米以上。

有居民海岛，为黄龙乡人民政府驻地。2009 年户籍人口 9 225 人，常住人口 10 646 人。主要产业为渔业、工业、石材业和服务业等，渔业是其支柱产业。有各类渔船 200 多艘，有远洋（境外）北太鱿钓船，还有近洋涨网、海底串、蟹笼、单拖等多种作业。近海水产应有尽有，素有“虾米之乡”“鱼粉之乡”美称。乡村企业有水产冷冻、船舶修造、机修、蒸干鱼粉等厂。岛上交通以小路为主，有简易公路连接南港、东嘴头、大岙等地。南港为渔船出入主要港口，各岙均建有岸壁码头，另建有 500 吨级码头和防浪堤。岛南、北端各建灯桩 1 座。岛上民居依山而建，居居相连、错落有致，被誉为“海上的布达拉宫”；岛上古迹奇石颇多，已开发的有元宝石（东海云龙）、纶巾石（又名孔明帽）、神猴石、心字石、一指泉、荷花石、喜鹊石、元元门等 20 余处。县级文物有明万历年间的“瀚海风清”石刻，清光绪年间的“东海云龙”石刻和“勒石永遵碑”，记载清同治时期大黄龙岛渔业生产等状况。岛上有山塘、坑道井等水资源设施，有电缆与外岛相通。

赤膊中岛 (Chìbó Zhōngdǎo)

北纬 30°39.7′，东经 122°34.7′。位于舟山市嵊泗县大黄龙岛东南海域，西距大黄龙岛约 10 米，距大陆最近点 63.31 千米。该岛位于赤膊上岛和赤膊下岛之间，第二次全国海域地名普查时命今名。岸线长 26 米，面积 50 平方米。基岩岛。无植被。

赤膊上岛 (Chìbó Shàngdǎo)

北纬 30°39.7′，东经 122°34.7′。位于舟山市嵊泗县大黄龙岛东南海域，西距大黄龙岛约 10 米，距大陆最近点 63.29 千米。因与赤膊下岛相比，该岛位置相对偏北（上），第二次全国海域地名普查时命今名。岸线长 66 米，面积 288 平方米。基岩岛。长有草丛。

赤膊下岛 (Chìbó Xiàdǎo)

北纬 30°39.6′，东经 122°34.7′。位于舟山市嵊泗县大黄龙岛东南海域，西距大黄龙岛约 10 米，距大陆最近点 63.32 千米。因与赤膊上岛相比，该岛位置相对偏南（下），第二次全国海域地名普查时命今名。岸线长 26 米，面积 48 平方米。基岩岛。无植被。

乌龟头礁 (Wūguītóu Jiāo)

北纬 30°39.6′，东经 122°00.6′。位于舟山市嵊泗县崎岖列岛中部，距大陆最近点 23.86 千米。又名小乌龟岛-1。《浙江海岛志》（1998）记为 251 号无名岛。《嵊泗县志》（2007）和《全国海岛名称与代码》（2008）记为小乌龟岛-1。2010 年浙江省人民政府公布的第一批无居民海岛名称中记为乌龟头礁。因位于小乌龟岛西北岸外 5 米，由此得名。岸线长 157 米，面积 1 508 平方米，最高点高程 15 米。基岩岛，由燕山晚期钾长花岗岩构成。长有草丛。

小乌龟岛 (Xiǎowūguī Dǎo)

北纬 30°39.6′，东经 122°00.7′。位于舟山市嵊泗县崎岖列岛中部，距大陆最近点 23.88 千米。《中国海洋岛屿简况》（1980）、《浙江省海域地名录》（1988）、《中国海域地名志》（1989）、舟山市地图（1990）、《浙江省嵊泗县地名志》（1990）、《舟山岛礁图集》（1991）、《中国海域地名图集》（1991）、《浙江海岛志》（1998）、《嵊泗县志》（2007）、舟山市政区图（2008）和《全国海岛名称与代码》（2008）均记为小乌龟岛。岸线长 447 米，面积 9 219 平方米，最高点高程 18 米。基岩岛。无植被。岛上建有黑白相间灯桩 1 座。

笔套山东岛 (Bǐtàoshān Dōngdǎo)

北纬 30°39.6′，东经 122°17.8′。位于舟山市嵊泗县徐公岛北部海域，南距徐公岛约 1.01 千米，距大陆最近点 39.99 千米。第二次全国海域地名普查时命今名。岸线长 58 米，面积 145 平方米。基岩岛。无植被。

南岸礁 (Nán'àn Jiāo)

北纬 30°39.5′，东经 122°34.7′。位于舟山市嵊泗县大黄龙岛东南海域，北距大黄龙岛约 120 米，距大陆最近点 63.46 千米。又名赤膊山-1。《浙江海岛志》（1998）记为 255 号无名岛。《嵊泗县志》（2007）和《全国海岛名称与代码》（2008）记为赤膊山-1。2010 年浙江省人民政府公布的第一批无居民海岛名称中记为南岸礁。因位于大黄龙岛东部东嘴头村以南，以相对位置得名。岸线长 110 米，面积 888 平方米，最高点高程 6 米。基岩岛，由燕山晚期钾长花岗岩构成。岛岸低平，中间高起。无植被。

笔套西礁 (Bǐtào Xījiāo)

北纬 30°39.4′，东经 122°17.6′。位于舟山市嵊泗县徐公岛北部海域，南距徐公岛约 680 米，距大陆最近点 39.94 千米。又名笔套山-1。《浙江海岛志》（1998）记为 1168 号无名岛。《嵊泗县志》（2007）和《全国海岛名称与代码》（2008）记为笔套山-1。2010 年浙江省人民政府公布的第一批无居民海岛名称中记为笔套西礁。岸线长 146 米，面积 555 平方米，最高点高程 10.3 米。基岩岛，由上侏罗统茶湾组熔结凝灰岩、凝灰岩等构成。长有草丛。

扁担西外岛 (Biǎndan Xīwài Dǎo)

北纬 30°39.4′，东经 122°34.2′。位于舟山市嵊泗县大黄龙岛南部海域，北距大黄龙岛约 190 米，距大陆最近点 62.8 千米。因位于扁担西屿外侧，第二次全国海域地名普查时命今名。岸线长 51 米，面积 178 平方米。基岩岛。无植被。

大铜钱礁 (Dàtóngqián Jiāo)

北纬 30°39.3′，东经 122°17.1′。位于舟山市嵊泗县徐公岛北部海域，南距徐公岛约 230 米，距大陆最近点 39.44 千米。《浙江省海域地名录》（1988）、舟山市地图（1990）、《浙江省嵊泗县地名志》（1990）、《舟山岛礁图集》（1991）、《中国海域地名图集》（1991）、《浙江海岛志》（1998）、《嵊泗县志》（2007）、《全国海岛名称与代码》（2008）和 2010 年浙江省人民政府公布的第一批无居民海岛名称中均记为大铜钱礁。因岛屿平坦，表面黄色，似古铜钱而得名。岸线长 104 米，面积 400 平方米，最高点高程 9.7 米。基岩岛，由上侏罗统茶湾组熔结凝灰岩、凝灰岩等构成。无植被。

扁担西屿 (Biǎndan Xīyǔ)

北纬 30°39.3′，东经 122°34.2′。位于舟山市嵊泗县大黄龙岛南部海域，北距大黄龙岛约 260 米，距大陆最近点 62.82 千米。又名扁担山-2、扁担山。《浙江省嵊泗县地名志》（1990）记为扁担山。《浙江海岛志》（1998）记为 261 号无名岛。《嵊泗县志》（2007）和《全国海岛名称与代码》（2008）记为扁担山-2。2010 年浙江省人民政府公布的第一批无居民海岛名称中记为扁担西屿。岸线长 330 米，面积 6 497 平方米，最高点高程 25.5 米。基岩岛，由燕山晚期钾长花岗岩构成。长有草丛和灌木。

西小山西岛 (Xīxiǎoshān Xīdǎo)

北纬 30°39.0′，东经 122°30.3′。位于舟山市嵊泗县大黄龙岛西部海域，东距大黄龙岛约 3.67 千米，距大陆最近点 57.48 千米。第二次全国海域地名普查时命今名。岸线长 81 米，面积 524 平方米。基岩岛。长有草丛。

颗珠山 (Kēzhū Shān)

北纬 30°39.0′，东经 122°02.3′。位于舟山市嵊泗县崎岖列岛中部，距大陆最近点 25.42 千米。又名壳子山。清光绪《江苏沿海图说》和民国《崇明县志》记为壳子山。《中国海洋岛屿简况》（1980）记为壳子山。《浙江省海域地名录》（1988）、《中国海岸带和海涂资源综合调查图集》（1988）、《中国海域地名志》（1989）、舟山市地图（1990）、《浙江省嵊泗县地名志》（1990）、《舟山岛礁图集》（1991）、《中国海域地名图集》（1991）、《浙江海岛志》（1998）、《嵊泗县志》（2007）和《全国海岛名称与代码》（2008）均记为颗珠山。岛呈"七"字形，东部岸湾形似马蹄铁壳，又名壳子山，后谐音为颗珠山。岸线长 3.43 千米，面积 0.300 3 平方千米，最高点高程 16 米。基岩岛。长有草丛。建有东海大桥桥墩，东海大桥穿越该岛。

西小山南岛 (Xīxiǎoshān Nándǎo)

北纬 30°39.0′，东经 122°30.4′。位于舟山市嵊泗县大黄龙岛西部海域，东距大黄龙岛约 3.58 千米，距大陆最近点 57.62 千米。第二次全国海域地名普查时命今名。岸线长 81 米，面积 520 平方米。基岩岛。无植被。

蛤蟆嘴礁 (Hámazuǐ Jiāo)

北纬 30°39.0′，东经 122°34.1′。位于舟山市嵊泗县大黄龙岛南部海域，距大陆最近点 62.93 千米。又名大黄龙山-3。《浙江海岛志》（1998）记为 272 号无名岛。《嵊泗县志》（2007）和《全国海岛名称与代码》（2008）记为大黄龙山-3。2010 年浙江省人民政府公布的第一批无居民海岛名称中记为蛤蟆嘴礁。因岛形如蛤蟆蹲伏，如大黄龙岛伸出的山嘴，故名。岸线长 138 米，面积 1 145 平方米，最高点高程 18.3 米。基岩岛，由燕山晚期钾长花岗岩构成。无植被。

外宝南岛 (Wàibǎo Nándǎo)

北纬 30°38.9′，东经 122°35.2′。位于舟山市嵊泗县大黄龙岛南部海域，北距大黄龙岛约 1.54 千米，距大陆最近点 64.49 千米。第二次全国海域地名普查时命今名。岸线长 88 米，面积 349 平方米。基岩岛。无植被。

里三块岛 (Lǐsānkuài Dǎo)

北纬 30°38.8′，东经 122°34.0′。位于舟山市嵊泗县大黄龙岛南部海域，北距大黄龙岛约 10 米，距大陆最近点 62.88 千米。与三块礁和中三块岛相比，该岛更近大黄龙岛，位于较里侧，第二次全国海域地名普查时命今名。岸线长 88 米，面积 387 平方米。基岩岛。无植被。

小长东岛 (Xiǎocháng Dōngdǎo)

北纬 30°38.8′，东经 122°17.7′。位于舟山市嵊泗县徐公岛东部海域，西距徐公岛约 70 米，距大陆最近点 40.79 千米。第二次全国海域地名普查时命今名。岸线长 129 米，面积 460 平方米。基岩岛。无植被。

中三块岛 (Zhōngsānkuài Dǎo)

北纬 30°38.8′，东经 122°34.1′。位于舟山市嵊泗县大黄龙岛南部海域，北距大黄龙岛约 10 米，距大陆最近点 63 千米。该岛位于里三块岛和三块礁之间，第二次全国海域地名普查时命今名。岸线长 63 米，面积 245 平方米。基岩岛。无植被。

南鼎星岛 (Nándǐngxīng Dǎo)

北纬 30°38.8′，东经 122°30.8′。位于舟山市嵊泗县大黄龙岛西部海域，东距大黄龙岛约 2.68 千米，距大陆最近点 57.81 千米。曾名南丁兴、南汀心、南鼎新，又名南鼎星。原海图标名南鼎新。明代《筹海图编》附图作南丁兴。清道光《定海全境舆图》记为南汀心。《中国海洋岛屿简况》（1980）记为南鼎星。《浙江省海域地名录》（1988）、《中国海岸带和海涂资源综合调查图集》（1988）、《中国海域地名志》（1989）、舟山市地图（1990）、《浙江省嵊泗县地名志》（1990）、《舟山岛礁图集》（1991）、《中国海域地名图集》（1991）、《浙江海岛志》（1998）、《嵊泗县志》（2007）、舟山市政区图（2008）、《全国海岛名称与代码》（2008）

和2010年浙江省人民政府公布的第一批无居民海岛名称中均记为南鼎星岛。岸线长3.85千米，面积0.409 6平方千米，最高点高程115.3米。基岩岛，由上侏罗统茶湾组熔结凝灰岩、凝灰岩等构成。地势西北高、东南低，岛岸陡峭，上部较缓，西北部土层较厚，东南部土层较薄，顶部多鹅卵石，呈红、青、黄诸色。顶部建有红白相间灯塔1座。

镬脐岛 (Huòqí Dǎo)

北纬30°38.8′，东经122°03.0′。位于舟山市嵊泗县崎岖列岛中部，距大陆最近点26.89千米。又名镬脐。《中国海洋岛屿简况》（1980）记为镬脐。《浙江省海域地名录》（1988）、《中国海域地名志》（1989）、舟山市地图（1990）、《浙江省嵊泗县地名志》（1990）、《舟山岛礁图集》（1991）、《中国海域地名图集》（1991）、《浙江海岛志》（1998）、《嵊泗县志》（2007）和《全国海岛名称与代码》（2008）均记为镬脐岛。因岛呈椭圆形，中心隆起，似铁镬底中心尖突的"镬脐"，故名。岸线长373米，面积4 740平方米，最高点高程19.7米。基岩岛。长有草丛和灌木。

西口礁 (Xīkǒu Jiāo)

北纬30°38.8′，东经122°16.8′。位于舟山市嵊泗县徐公岛西部海域，东距徐公岛约10米，距大陆最近点39.69千米。又名徐公岛-2。《浙江海岛志》（1998）记为278号无名岛。《嵊泗县志》（2007）和《全国海岛名称与代码》（2008）记为徐公岛-2。2010年浙江省人民政府公布的第一批无居民海岛名称中记为西口礁。岸线长124米，面积832平方米，最高点高程8.6米。基岩岛，由上侏罗统九里坪组流纹斑岩构成。地势较缓。无植被。

三块礁 (Sānkuài Jiāo)

北纬30°38.8′，东经122°34.0′。位于舟山市嵊泗县大黄龙岛南部海域，北距大黄龙岛约70米，距大陆最近点63千米。《浙江省海域地名录》（1988）、《浙江省嵊泗县地名志》（1990）、《舟山岛礁图集》（1991）和《中国海域地名图集》（1991）均记为三块礁。原将里三块岛、中三块岛和该岛统称三块礁，因该岛面积最大而得名。岸线长162米，面积1 685平方米，最高点高程6米。基岩岛。

无植被。

徐公岛 (Xúgōng Dǎo)

北纬 30°38.7′，东经 122°17.0′。隶属于舟山市嵊泗县，距大陆最近点 39.52 千米。《中国海洋岛屿简况》(1980)、《浙江省海域地名录》(1988)、《中国海岸带和海涂资源综合调查图集》(1988)、《中国海域地名志》(1989)、舟山市地图(1990)、《浙江省嵊泗县地名志》(1990)、《舟山岛礁图集》(1991)、《中国海域地名图集》(1991)、《浙江海岛志》(1998)、《嵊泗县志》(2007)、舟山市政区图(2008)和《全国海岛名称与代码》(2008)均记为徐公岛。据传，数百年前，有徐、王两姓人士来岛定居，供奉明朝大将军徐达像，建小庙于岛上，后称此岛为徐公岛。

岸线长 10.08 千米，面积 1.288 2 平方千米，最高点高程 133.2 米。岛形特别，呈“>”形，似由两个条块分别从西北、西南伸展而来，在东面相会。岛整体呈西南—东北走向，长 2.13 千米，宽 1.26 千米。基岩岛，岛上出露岩石为上侏罗统中—酸性火山岩、沉积岩，西北、西南端为酸性熔岩。东侧崖壁陡峭，习称猢狲屁股，岸边多岩块。该岛土层较厚，植有成片黑松。全岛森林覆盖率 12.2%。周围水深：西北、东南两侧 5 米以下，北端 8 米，南端 14 米以上。有居民海岛。2009 年有户籍人口 1 人，常住人口 521 人。岛上有采石场 1 个，码头 5 座，变电站 1 座，信号发射塔 2 座，自动气象观测站 1 座，防浪堤 1 条。岛上交通以小路为主。有电缆通外岛，但施工主要靠柴油发电，水靠外运。

南鼎星西小岛 (Nándǐngxīng Xīxiǎo Dǎo)

北纬 30°38.7′，东经 122°30.8′。位于舟山市嵊泗县大黄龙岛西部海域，东距大黄龙岛约 3.22 千米，距大陆最近点 58.39 千米。因位于南鼎星岛西侧附近，且面积较小，第二次全国海域地名普查时命今名。岸线长 85 米，面积 568 平方米。基岩岛。无植被。

东小屿 (Dōngxiǎo Yǔ)

北纬 30°38.5′，东经 122°31.2′。位于舟山市嵊泗县大黄龙岛西部海域，东距大黄龙岛约 2.69 千米，距大陆最近点 59.1 千米。《浙江省海域地名录》(1988)、

《中国海域地名志》(1989)、舟山市地图(1990)、《浙江省嵊泗县地名志》(1990)、《舟山岛礁图集》(1991)、《中国海域地名图集》(1991)、《浙江海岛志》(1998)、《嵊泗县志》(2007)、《全国海岛名称与代码》(2008)和2010年浙江省人民政府公布的第一批无居民海岛名称中均记为东小屿。岸线长274米，面积4 898平方米，最高点高程22米。基岩岛，由上侏罗统茶湾组熔结凝灰岩、凝灰岩等构成。长有草丛和灌木。

南小屿 (Nánxiǎo Yǔ)

北纬30°38.4′，东经122°31.0′。位于舟山市嵊泗县大黄龙岛西部海域，东距大黄龙岛约2.97千米，距大陆最近点58.9千米。《中国海洋岛屿简况》(1980)有记载，但无名。《浙江省海域地名录》(1988)、《中国海域地名志》(1989)、舟山市地图(1990)、《浙江省嵊泗县地名志》(1990)、《舟山岛礁图集》(1991)、《中国海域地名图集》(1991)、《浙江海岛志》(1998)、《嵊泗县志》(2007)、《全国海岛名称与代码》(2008)和2010年浙江省人民政府公布的第一批无居民海岛名称中均记为南小屿。岸线长239米，面积3 184平方米，最高点高程23.7米。基岩岛，由上侏罗统茶湾组熔结凝灰岩、凝灰岩等构成。无植被。

驼背网地礁 (Tuóbèi Wǎngdì Jiāo)

北纬30°38.4′，东经122°31.2′。位于舟山市嵊泗县大黄龙岛西部海域，东距大黄龙岛约2.68千米，距大陆最近点59.23千米。又名南小屿-1。《浙江海岛志》(1998)记为286号无名岛。《嵊泗县志》(2007)和《全国海岛名称与代码》(2008)记为南小屿-1。2010年浙江省人民政府公布的第一批无居民海岛名称中记为驼背网地礁。因岛屿中部凸起如驼背，周围多鱼类，撒网捕鱼活动频繁，故名。岸线长161米，面积1 698平方米，最高点高程5.8米。基岩岛，由上侏罗统茶湾组熔结凝灰岩、凝灰岩等构成。四周低平，中间略高。无植被。

白节半洋东岛 (Báijié Bànyáng Dōngdǎo)

北纬30°38.2′，东经122°22.5′。隶属于舟山市嵊泗县，距大陆最近点47.52千米。第二次全国海域地名普查时命今名。岸线长41米，面积104平方米。基岩岛。无植被。

鹰窠山东岛 (Yīngkēshān Dōngdǎo)

北纬 30°38.2′，东经 122°25.4′。隶属于舟山市嵊泗县，距大陆最近点 51.44 千米。第二次全国海域地名普查时命今名。岸线长 45 米，面积 158 平方米。基岩岛。无植被。

鹰爪礁 (Yīngzhǎo Jiāo)

北纬 30°38.1′，东经 122°25.1′。隶属于舟山市嵊泗县，距大陆最近点 51.09 千米。又名鹰窠山 -2。《中国海洋岛屿简况》(1980) 有记载，但无名。《浙江省海域地名录》(1988)、舟山市地图 (1990)、《浙江省嵊泗县地名志》(1990)、《舟山岛礁图集》(1991)、《浙江海岛志》(1998) 和 2010 年浙江省人民政府公布的第一批无居民海岛名称中均记为鹰爪礁。《嵊泗县志》(2007) 和《全国海岛名称与代码》(2008) 记为鹰窠山-2。岸线长 171 米，面积 1 736 平方米，最高点高程 12.1 米。基岩岛，由上侏罗统高坞组熔结凝灰岩、凝灰岩等构成。无植被。岛上有钢管柱，原为保护牌。

小鹰礁 (Xiǎoyīng Jiāo)

北纬 30°38.1′，东经 122°25.2′。隶属于舟山市嵊泗县，距大陆最近点 51.29 千米。又名鹰窠山-1。《浙江海岛志》(1998) 记为 291 号无名岛。《嵊泗县志》(2007) 和《全国海岛名称与代码》(2008) 记为鹰窠山-1。2010 年浙江省人民政府公布的第一批无居民海岛名称中记为小鹰礁。岸线长 37 米，面积 75 平方米，最高点高程 30 米。基岩岛，由上侏罗统高坞组熔结凝灰岩构成。长有草丛。

鹰窠山西岛 (Yīngkēshān Xīdǎo)

北纬 30°38.1′，东经 122°25.1′。隶属于舟山市嵊泗县，距大陆最近点 51.13 千米。第二次全国海域地名普查时命今名。岸线长 86 米，面积 463 平方米。基岩岛。长有草丛和灌木。

大烂冬瓜岛 (Dàlàndōngguā Dǎo)

北纬 30°38.0′，东经 122°16.6′。位于舟山市嵊泗县徐公岛南部海域，北距徐公岛约 490 米，距大陆最近点 40.27 千米。《中国海洋岛屿简况》(1980)、《浙江省海域地名录》（1988）、《中国海岸带和海涂资源综合调查图集》（1988）、《中国海域地名志》（1989）、舟山市地图（1990）、《浙江省嵊泗县地名志》（1990）、《舟山岛礁图集》（1991）、《中国海域地名图集》（1991）、《浙江海岛志》（1998）、《嵊泗县志》（2007）、舟山市政区图（2008）、《全国海岛名称与代码》（2008）和2010年浙江省人民政府公布的第一批无居民海岛名称中均记为大烂冬瓜岛。因岛形似冬瓜，南端有裂缝，像冬瓜的烂块，故名。岸线长1.5千米，面积0.080 1平方千米，最高点高程64.7米。基岩岛，由上侏罗统九里坪组流纹斑岩构成。岛岸海蚀崖壁立，尤以南岸为甚，上部较缓。长有草丛和灌木。由嵊泗县人民政府颁发林权证，林地面积127亩。

冬瓜子礁 (Dōngguāzǐ Jiāo)

北纬30°38.0′，东经122°16.7′。位于舟山市嵊泗县徐公岛南部海域，北距徐公岛约700米，距大陆最近点40.64千米。《浙江省嵊泗县地名志》（1990）和《舟山岛礁图集》（1991）记为冬瓜子礁。因位于大烂冬瓜岛附近而得名。岸线长123米，面积753平方米，最高点高程18米。基岩岛。长有草丛和灌木。

龙礁北岛 (Lóngjiāo Běidǎo)

北纬30°37.9′，东经122°17.4′。位于舟山市嵊泗县徐公岛南部海域，北距徐公岛约1.06千米，距大陆最近点41.53千米。又名龙礁、龙礁-1。《中国海洋岛屿简况》（1980）、《中国海域地名志》（1989）和《中国海域地名图集》（1991）均记为龙礁。《全国海岛名称与代码》（2008）记为龙礁-1。因重名，第二次全国海域地名普查时更为今名，因位于龙礁北部附近而得名。岸线长107米，面积639平方米，最高点高程8米。基岩岛。无植被。

小烂冬瓜北岛 (Xiǎolàndōngguā Běidǎo)

北纬30°37.9′，东经122°16.4′。位于舟山市嵊泗县徐公岛南部海域，北距徐公岛约830米，距大陆最近点40.28千米。第二次全国海域地名普查时命今名。岸线长95米，面积472平方米。基岩岛。无植被。

龙礁 (Lóng Jiāo)

北纬30°37.9′，东经122°17.4′。位于舟山市嵊泗县徐公岛南部海域，北距徐公岛约 1.09 千米，距大陆最近点 41.54 千米。又名龙礁-1。《中国海洋岛屿简况》（1980）、《浙江省海域地名录》（1988）、《中国海域地名志》（1989）、舟山市地图（1990）、《浙江省嵊泗县地名志》（1990）、《舟山岛礁图集》（1991）、《中国海域地名图集》（1991）、《浙江海岛志》（1998）和 2010 年浙江省人民政府公布的第一批无居民海岛名称中均记为龙礁。《嵊泗县志》（2007）和《全国海岛名称与代码》（2008）记为龙礁 - 1。该岛南端高耸，中部和东北端较低平，形似游龙，故名。岸线长 195 米，面积 1 242 平方米，最高点高程 8.6 米。基岩岛，由上侏罗统茶湾组熔结凝灰岩、凝灰岩等构成。无植被。建有黑白相间灯桩 1 座。

龙尾礁 (Lóngwěi Jiāo)

北纬 30°37.9′，东经 122°17.4′。位于舟山市嵊泗县徐公岛南部海域，北距徐公岛约 1.09 千米，距大陆最近点 41.53 千米。又名龙礁-2。《浙江海岛志》（1998）记为 298 号无名岛。《嵊泗县志》（2007）和《全国海岛名称与代码》（2008）记为龙礁-2。2010 年浙江省人民政府公布的第一批无居民海岛名称中记为龙尾礁。因位于龙礁附近，形似龙尾，故名。岸线长 148 米，面积 725 平方米，最高点高程 8.6 米。基岩岛，由上侏罗统茶湾组熔结凝灰岩、凝灰岩等构成。无植被。

小白节礁 (Xiǎobáijié Jiāo)

北纬 30°37.9′，东经 122°25.1′。隶属于舟山市嵊泗县，距大陆最近点 51.33 千米。又名小白节山-1。《浙江海岛志》（1998）记为 300 号无名岛。《嵊泗县志》（2007）和《全国海岛名称与代码》（2008）记为小白节山-1。2010 年浙江省人民政府公布的第一批无居民海岛名称中记为小白节礁。岸线长 37 米，面积 108 平方米，最高点高程 5 米。基岩岛，由上侏罗统高坞组熔结凝灰岩构成。无植被。

小烂冬瓜南岛 (Xiǎolàndōngguā Nándǎo)

北纬 30°37.8′，东经 122°16.4′。位于舟山市嵊泗县徐公岛南部海域，北距徐公岛约 990 米，距大陆最近点 40.43 千米。第二次全国海域地名普查时命今名。岸线长 45 米，面积 127 平方米。基岩岛。无植被。

藤壶礁 (Ténghú Jiāo)

北纬 30°37.6′，东经 122°27.3′。隶属于舟山市嵊泗县，距大陆最近点

54.45 千米。又名半边山-1。《浙江海岛志》（1998）记为 304 号无名岛。《嵊泗县志》（2007）和《全国海岛名称与代码》（2008）记为半边山-1。2010 年浙江省人民政府公布的第一批无居民海岛名称中记为藤壶礁。因岛形似藤壶而得名。岸线长 250 米，面积 1 738 平方米，最高点高程 15.6 米。基岩岛，由上侏罗统茶湾组熔结凝灰岩、凝灰岩等构成。长有草丛。

半边山北上岛 (Bànbiānshān Běishàng Dǎo)

北纬 30°37.6′，东经 122°27.2′。隶属于舟山市嵊泗县，距大陆最近点 54.37 千米。第二次全国海域地名普查时命今名。岸线长 37 米，面积 107 平方米。基岩岛。无植被。

小节南礁 (Xiǎojié Nánjiāo)

北纬 30°37.6′，东经 122°25.2′。隶属于舟山市嵊泗县，距大陆最近点 51.76 千米。又名小白节山-2。《浙江海岛志》（1998）记为 306 号无名岛。《嵊泗县志》（2007）和《全国海岛名称与代码》（2008）记为小白节山-2。2010 年浙江省人民政府公布的第一批无居民海岛名称中记为小节南礁。岸线长 101 米，面积 711 平方米，最高点高程 13.3 米。基岩岛，由上侏罗统高坞组熔结凝灰岩构成。无植被。

鱼眼屿 (Yúyǎn Yǔ)

北纬 30°37.6′，东经 122°28.4′。隶属于舟山市嵊泗县，距大陆最近点 55.96 千米。《中国海洋岛屿简况》（1980）有记载，但无名。《浙江省海域地名录》（1988）、《中国海域地名志》（1989）、舟山市地图（1990）、《浙江省嵊泗县地名志》（1990）、《舟山岛礁图集》（1991）、《中国海域地名图集》（1991）、《浙江海岛志》（1998）、《嵊泗县志》（2007）、舟山市政区图（2008）、《全国海岛名称与代码》（2008）和 2010 年浙江省人民政府公布的第一批无居民海岛名称中均记为鱼眼屿。因岛圆小似鱼眼，故名。岸线长 399 米，面积 9 679 平方米，最高点高程 25.6 米。基岩岛，由上侏罗统茶湾组熔结凝灰岩、凝灰岩等构成。地势由东南向西北倾斜，四岸光滑陡峭，山坡多垒石。长有草丛和灌木。

半边山北下岛 (Bànbiānshān Běixià Dǎo)

北纬 30°37.6′，东经 122°27.2′。隶属于舟山市嵊泗县，距大陆最近点 54.39 千米。第二次全国海域地名普查时命今名。岸线长 41 米，面积 122 平方米。基岩岛。无植被。

手肘北岛 (Shǒuzhǒu Děidǎo)

北纬 30°37.6′，东经 122°24.9′。隶属于舟山市嵊泗县，距大陆最近点 51.44 千米。因位于手肘礁北部，第二次全国海域地名普查时命今名。岸线长 119 米，面积 973 平方米。基岩岛。无植被。

白节间礁 (Báijié Jiānjiāo)

北纬 30°37.5′，东经 122°25.3′。隶属于舟山市嵊泗县，距大陆最近点 51.83 千米。又名白节山-1。《浙江海岛志》（1998）记为 307 号无名岛。《嵊泗县志》（2007）和《全国海岛名称与代码》（2008）记为白节山-1。2010 年浙江省人民政府公布的第一批无居民海岛名称中记为白节间礁。岸线长 216 米，面积 1 165 平方米，最高点高程 5.8 米。基岩岛，由上侏罗统高坞组熔结凝灰岩构成。无植被。

手肘礁 (Shǒuzhǒu Jiāo)

北纬 30°37.5′，东经 122°24.9′。隶属于舟山市嵊泗县，距大陆最近点 51.44 千米。又名白节长礁-1、长礁-2。《浙江省嵊泗县地名志》（1990）记为长礁 -2 。《浙江海岛志》（1998）记为 313 号无名岛。《嵊泗县志》（2007）和《全国海岛名称与代码》（2008）记为白节长礁-1。2010 年浙江省人民政府公布的第一批无居民海岛名称中记为手肘礁。因海岛形似手肘而得名。岸线长 290 米，面积 2 988 平方米，最高点高程 8.7 米。基岩岛，由上侏罗统高坞组熔结凝灰岩构成。长有草丛。

东边礁 (Dōngbiān Jiāo)

北纬 30°37.5′，东经 122°27.5′。隶属于舟山市嵊泗县，距大陆最近点 54.95 千米。又名半边山-2。《浙江海岛志》（1998）记为 312 号无名岛。《嵊泗县志》（2007）和《全国海岛名称与代码》（2008）记为半边山-2 。2010 年浙江省人民政府公布的第一批无居民海岛名称记为东边礁。岸线长 108 米，面积 483 平方米，最高点高程 8.7 米。基岩岛，由上侏罗统茶湾组熔结凝灰岩、凝灰岩构成。长有草丛。

白节长礁 (Báijié Chángjiāo)

北纬 30°37.5′，东经 122°24.9′。隶属于舟山市嵊泗县，距大陆最近点 51.44 千米。又名长礁。《中国海洋岛屿简况》（1980）记为长礁。《浙江省海域地名录》（1988）、《中国海域地名志》（1989）、舟山市地图（1990）、《浙江省嵊泗县地名志》（1990）、《舟山岛礁图集》（1991）、《中国海域地名图集》（1991）、《浙江海岛志》（1998）、《嵊泗县志》（2007）、《全国海岛名称与代码》（2008）和 2010 年浙江省人民政府公布的第一批无居民海岛名称中均记为白节长礁。原名长礁，以礁形狭长得名。因重名，加前缀“白节”。岸线长 142 米，面积 1 306 平方米，最高点高程 8.7 米。基岩岛，由上侏罗统高坞组熔结凝灰岩构成。无植被。

东嘴头大礁 (Dōngzuǐtóu Dàjiāo)

北纬 30°37.5′，东经 122°25.7′。隶属于舟山市嵊泗县，距大陆最近点 52.53 千米。又名东咀头大礁。舟山市地图（1990）、《舟山岛礁图集》（1991）和《全国海岛名称与代码》（2008）均记为东咀头大礁。《浙江省嵊泗县地名志》（1990）、《浙江海岛志》（1998）、《嵊泗县志》（2007）和 2010 年浙江省人民政府公布的第一批无居民海岛名称中均记为东嘴头大礁。岸线长 20 米，面积 27 平方米，最高点高程 5.8 米。基岩岛，由上侏罗统高坞组熔结凝灰岩构成。无植被。

西边礁 (Xībiān Jiāo)

北纬 30°37.5′，东经 122°27.2′。隶属于舟山市嵊泗县，距大陆最近点 54.55 千米。又名半边山-3。《浙江海岛志》（1998）记为 314 号无名岛。《嵊泗县志》（2007）和《全国海岛名称与代码》（2008）记为半边山-3。2010 年浙江省人民政府公布的第一批无居民海岛名称中记为西边礁。岸线长 118 米，面积 694 平方米，最高点高程 7.9 米。基岩岛，由上侏罗统茶湾组熔结凝灰岩、凝灰岩构成。无植被。

白节半边山西岛 (Báijié Bànbiānshān Xīdǎo)

北纬 30°37.4′，东经 122°27.2′。隶属于舟山市嵊泗县，距大陆最近点 54.6 千米。第二次全国海域地名普查时命今名。岸线长 43 米，面积 124 平方米。基岩岛。无植被。

半边山东里岛 (Bànbiānshān Dōnglǐ Dǎo)

北纬 30°37.4′，东经 122°27.7′。隶属于舟山市嵊泗县，距大陆最近点 55.26 千米。第二次全国海域地名普查时命今名。岸线长 67 米，面积 356 平方米。基岩岛。无植被。

白节船礁西岛 (Báijié Chuánjiāo Xīdǎo)

北纬 30°37.4′，东经 122°27.1′。隶属于舟山市嵊泗县，距大陆最近点 54.48 千米。第二次全国海域地名普查时命今名。岸线长 34 米，面积 89 平方米。基岩岛。无植被。

薄刀嘴北上岛 (Bódāozuǐ Běishàng Dǎo)

北纬 30°37.3′，东经 122°08.6′。位于舟山市嵊泗县崎岖列岛中部，距大陆最近点 33.24 千米。较薄刀嘴北下岛位置相对偏北（上），第二次全国海域地名普查时命今名。岸线长 50 米，面积 197 平方米。基岩岛。无植被。

南边礁 (Nánbiān Jiāo)

北纬 30°37.3′，东经 122°27.5′。隶属于舟山市嵊泗县，距大陆最近点 55.08 千米。又名半边山-4。《浙江海岛志》（1998）记为 320 号无名岛。《嵊泗县志》（2007）和《全国海岛名称与代码》（2008）记为半边山-4。2010 年浙江省人民政府公布的第一批无居民海岛名称中记为南边礁。岸线长 64 米，面积 234 平方米，最高点高程 4.9 米。基岩岛，由上侏罗统茶湾组熔结凝灰岩、凝灰岩，间夹凝灰质砂岩构成。无植被。潮间带以下多螺、贝和藻类生物。

半边大礁 (Bànbiān Dàjiāo)

北纬 30°37.2′，东经 122°27.9′。隶属于舟山市嵊泗县，距大陆最近点 55.78 千米。曾名大礁。《浙江省海域地名录》（1988）、舟山市地图（1990）、《浙江省嵊泗县地名志》(1990)、《舟山岛礁图集》(1991)、《浙江海岛志》(1998)、《嵊泗县志》(2007)、《全国海岛名称与代码》(2008)和2010年浙江省人民政府公布的第一批无居民海岛名称中均记为半边大礁。因在附近海岛中面积最大，故名大礁，因重名，加前缀“半边”。岸线长99米，面积470平方米，最高点高程5.6米。基岩岛，由上侏罗统茶湾组熔结凝灰岩、凝灰岩，间夹凝灰质砂岩构成。无植被。

破锣鼓大礁（Pòluógǔ Dàjiāo）

北纬30°37.2′，东经122°25.7′。隶属于舟山市嵊泗县，距大陆最近点52.86千米。曾名破大箩，又名破罗鼓大礁、破大鼓大礁、破大锣大礁。《浙江省海域地名录》(1988)、《浙江海岛志》(1998)、《嵊泗县志》(2007)和《全国海岛名称与代码》(2008)均记为破罗鼓大礁。舟山市地图(1990)记为破大鼓大礁。《浙江省嵊泗县地名志》(1990)、《舟山岛礁图集》(1991)和《中国海域地名图集》(1991)均记为破大锣大礁。2010年浙江省人民政府公布的第一批无居民海岛名称中记为破锣鼓大礁。因岛形如箩筐，得名破大箩，谐音而成。岸线长97米，面积523平方米，最高点高程4.6米。基岩岛，由上侏罗统高坞组熔结凝灰岩构成。长有草丛。潮间带以下多螺、贝和藻类生物。附近海域岛礁众多，水况复杂，鱼类资源丰富。

薄刀嘴北下岛（Bódāozuǐ Běixià Dǎo）

北纬30°37.2′，东经122°08.4′。位于舟山市嵊泗县崎岖列岛中部，距大陆最近点33.32千米。因较薄刀嘴北上岛位置相对偏南（下），第二次全国海域地名普查时命今名。岸线长147米，面积914平方米。基岩岛。无植被。

白节东倚礁（Báijié Dōngyǐ Jiāo）

北纬30°37.2′，东经122°25.6′。隶属于舟山市嵊泗县，距大陆最近点52.76千米。又名白节山-2。《浙江海岛志》(1998)记为324号无名岛。《嵊泗县志》(2007)和《全国海岛名称与代码》(2008)记为白节山-2。2010年浙江省人民政府公布的第一批无居民海岛名称中记为白节东倚礁。岸线长92米，面积580平方米，最高点高程9.4米。基岩岛。长有草丛和灌木。

薄刀嘴南上岛 (Bódāozuǐ Nánshàng Dǎo)

北纬 30°36.8′，东经 122°08.7′。位于舟山市嵊泗县崎岖列岛中部，距大陆最近点 34.19 千米。第二次全国海域地名普查时命今名。岸线长 68 米，面积 183 平方米。基岩岛。无植被。

薄刀嘴南下岛 (Bódāozuǐ Nánxià Dǎo)

北纬 30°36.8′，东经 122°08.7′。位于舟山市嵊泗县崎岖列岛中部，距大陆最近点 34.22 千米。第二次全国海域地名普查时命今名。岸线长 44 米，面积 150 平方米。基岩岛。无植被。

薄刀嘴南岛 (Bódāozuǐ Nándǎo)

北纬 30°36.8′，东经 122°08.3′。位于舟山市嵊泗县崎岖列岛中部，距大陆最近点 33.92 千米。第二次全国海域地名普查时命今名。基岩岛。岸线长 26 米，面积 52 平方米。无植被。

小田螺礁 (Xiǎotiánluó Jiāo)

北纬 30°36.7′，东经 122°28.9′。隶属于舟山市嵊泗县，距大陆最近点 57.6 千米。《浙江省海域地名录》(1988)、舟山市地图(1990)、《浙江省嵊泗县地名志》(1990)、《舟山岛礁图集》(1991)、《中国海域地名图集》(1991)、《浙江海岛志》(1998)、《嵊泗县志》(2007)、《全国海岛名称与代码》(2008)和 2010 年浙江省人民政府公布的第一批无居民海岛名称中均记为小田螺礁。岸线长 120 米，面积 992 平方米，最高点高程 8.6 米。基岩岛，由上侏罗统茶湾组熔结凝灰岩、凝灰岩构成。无植被。潮间带以下多螺、贝和藻类生物。

南山脚礁 (Nánshānjiǎo Jiāo)

北纬 30°36.7′，东经 122°25.4′。隶属于舟山市嵊泗县，距大陆最近点 52.91 千米。又名南小山-1。《浙江海岛志》(1998)记为 333 号无名岛。《嵊泗县志》(2007)和《全国海岛名称与代码》(2008)记为南小山-1。2010 年浙江省人民政府公布的第一批无居民海岛名称中记为南山脚礁。岸线长 232 米，面积 3 092 平方米，最高点高程 27.6 米。基岩岛，由上侏罗统高坞组熔结凝灰岩。地势陡峻，高耸。长有草丛。潮间带以下多螺、贝和藻类生物。

田螺西里岛（Tiánluó Xīlǐ Dǎo）

北纬 30°36.7′，东经 122°28.8′。隶属于舟山市嵊泗县，距大陆最近点 57.51 千米。第二次全国海域地名普查时命今名。岸线长 17 米，面积 24 平方米。基岩岛。无植被。

田螺西外岛（Tiánluó Xīwài Dǎo）

北纬 30°36.7′，东经 122°28.8′。隶属于舟山市嵊泗县，距大陆最近点 57.47 千米。第二次全国海域地名普查时命今名。岸线长 97 米，面积 657 平方米。基岩岛。无植被。

南山嘴礁（Nánshānzuǐ Jiāo）

北纬 30°36.7′，东经 122°25.4′。隶属于舟山市嵊泗县，距大陆最近点 52.93 千米。又名南小山-2。《浙江海岛志》（1998）记为 335 号无名岛。《嵊泗县志》（2007）和《全国海岛名称与代码》（2008）记为南小山-2。2010 年浙江省人民政府公布的第一批无居民海岛名称中记为南山嘴礁。岸线长 106 米，面积 789 平方米，最高点高程 8.2 米。基岩岛，由上侏罗统高坞组熔结凝灰岩构成。无植被。潮间带以下多螺、贝和藻类生物。

烂灰塘屿（Lànhuītáng Yǔ）

北纬 30°36.6′，东经 122°36.6′。隶属于舟山市嵊泗县，距大陆最近点 23.52 千米。曾名烂灰塘。《中国海洋岛屿简况》（1980）、《浙江省海域地名录》（1988）、《中国海域地名志》（1989）、舟山市地图（1990）、《浙江省嵊泗县地名志》（1990）、《舟山岛礁图集》（1991）、《中国海域地名图集》（1991）、《浙江海岛志》（1998）、《嵊泗县志》（2007）、《全国海岛名称与代码》（2008）和 2010 年浙江省人民政府公布的第一批无居民海岛名称中均记为烂灰塘屿。因近岸水浅，海水浑浊而得名。原与烂灰塘礁合称为烂灰塘。岸线长 577 米，面积 5 858 平方米，最高点高程 13.3 米。基岩岛，由上侏罗统大爽组含角砾熔结凝灰岩、凝灰岩，间夹沉积凝灰岩构成。顶部平坦，岸壁陡峭。长有草丛。

烂灰塘礁（Lànhuītáng Jiāo）

北纬 30°36.6′，东经 122°36.5′。隶属于舟山市嵊泗县，距大陆最近点 23.5

千米。曾名烂灰塘，又名烂灰塘礁屿。《中国海洋岛屿简况》（1980）和《中国海域地名志》（1989）记为烂灰塘礁屿。《浙江省海域地名录》（1988）、舟山市地图（1990）、《浙江省嵊泗县地名志》（1990）、《舟山岛礁图集》（1991）、《中国海域地名图集》（1991）、《浙江海岛志》（1998）、《嵊泗县志》（2007）、《全国海岛名称与代码》（2008）和2010年浙江省人民政府公布的第一批无居民海岛名称中均记为烂灰塘礁。因附近海域水深较浅，海水浑浊而得名。原与烂灰塘屿合称为烂灰塘，1985年海域地名普查后命今名。岸线长263米，面积1 825平方米，最高点高程6米。基岩岛，由上侏罗统大爽组含角砾熔结凝灰岩、凝灰岩，间夹沉积凝灰岩构成。顶部平坦。无植被。

磨石头屿（Mòshítou Yǔ）

北纬30°36.5′，东经122°36.8′。隶属于舟山市嵊泗县，距大陆最近点23.88千米。《浙江省海域地名录》（1988）、《中国海域地名志》（1989）、舟山市地图（1990）、《浙江省嵊泗县地名志》（1990）、《舟山岛礁图集》（1991）、《中国海域地名图集》（1991）均记为磨石头屿。因岛面较平坦，中部略凹，形似磨刀石，故名。岸线长510米，面积6 107平方米，最高点高程13.6米。基岩岛。长有草丛和灌木。

磨石头南岛（Mòshítou Nándǎo）

北纬30°36.5′，东经122°36.8′。隶属于舟山市嵊泗县，距大陆最近点23.94千米。因位于磨石头屿南侧，第二次全国海域地名普查时命今名。岸线长79米，面积214平方米。基岩岛。无植被。

圣姑礁东岛（Shènggūjiāo Dōngdǎo）

北纬30°35.9′，东经122°04.0′。位于舟山市嵊泗县崎岖列岛南部海域，距大陆最近点32.39千米。第二次全国海域地名普查时命今名。岸线长77米，面积407平方米。基岩岛。无植被。

圣姑礁西岛（Shènggūjiāo Xīdǎo）

北纬30°35.9′，东经122°03.9′。位于舟山市嵊泗县崎岖列岛南部海域，距大陆最近点32.34千米。第二次全国海域地名普查时命今名。岸线长50米，面积 139 平方米。基岩岛。无植被。

前姑礁 (Qiángū Jiāo)

北纬 30°35.9′，东经 122°03.8′。位于舟山市嵊泗县崎岖列岛南部海域，距大陆最近点 32.24 千米。又名圣姑礁。《中国海洋岛屿简况》(1980) 记为圣姑礁。《浙江省海域地名录》(1988)、《中国海域地名志》(1989)、舟山市地图 (1990)、《浙江省嵊泗县地名志》(1990)、《舟山岛礁图集》(1991)、《中国海域地名图集》(1991)、《浙江海岛志》(1998)、《嵊泗县志》(2007)、《全国海岛名称与代码》(2008) 和 2010 年浙江省人民政府公布的第一批无居民海岛名称中均记为前姑礁。与中姑礁相邻，以位置得名。岸线长 281 米，面积 2 290 平方米，最高点高程 13.1 米。基岩岛，由燕山晚期侵入的钾长花岗岩构成。无植被。

中姑礁 (Zhōnggū Jiāo)

北纬 30°35.9′，东经 122°03.9′。位于舟山市嵊泗县崎岖列岛南部海域，距大陆最近点 32.3 千米。又名圣姑礁。《中国海洋岛屿简况》(1980) 记为圣姑礁 。《浙江省海域地名录》(1988)、《中国海域地名志》(1989)、舟山市地图 (1990)、《浙江省嵊泗县地名志》(1990)、《舟山岛礁图集》(1991)、《中国海域地名图集》(1991)、《浙江海岛志》(1998)、《嵊泗县志》(2007)、《全国海岛名称与代码》(2008) 和 2010 年浙江省人民政府公布的第一批无居民海岛名称中均记为中姑礁。岸线长 289 米，面积 4 068 平方米，最高点高程 13.9 米。基岩岛，由燕山晚期侵入的钾长花岗岩构成。长有草丛和灌木。顶部建有白色灯桩 1 座。

贴饼山北岛 (Tiēbǐngshān Běidǎo)

北纬 30°35.8′，东经 121°35.1′。隶属于舟山市嵊泗县，距大陆最近点 23.75 千米。第二次全国海域地名普查时命今名。岸线长 33 米，面积 79 平方米。基岩岛。无植被。

贴饼小礁 (Tiēbǐng Xiǎojiāo)

北纬 30°35.8′，东经 121°35.3′。位于舟山市嵊泗县，距大陆最近点 23.85 千米。又名贴饼山东北。《浙江海岛志》(1998) 记为 372 号无名岛。《嵊泗县志》(2007) 记为贴饼山东北。《全国海岛名称与代码》(2008) 记为无名岛

SSZ1。2010年浙江省人民政府公布的第一批无居民海岛名称中记为贴饼小礁。岸线长140米，面积970平方米，最高点高程13.5米。基岩岛，由上侏罗统大爽组含角砾熔结凝灰岩构成。顶部平坦，岸壁陡峭。长有草丛。

贴饼山东南岛 (Tiēbǐngshān Dōngnán Dǎo)

北纬30°35.7′，东经121°35.2′。隶属于舟山市嵊泗县，距大陆最近点23.94千米。第二次全国海域地名普查时命今名。岸线长56米，面积160平方米。基岩岛。无植被。

老人礁 (Lǎorén Jiāo)

北纬30°35.7′，东经122°07.7′。位于舟山市嵊泗县崎岖列岛南部海域，距大陆最近点35.22千米。曾名老大礁。民国《定海县志》记为老大礁："老大礁，镬盖档，在小羊山东南。"《中国海洋岛屿简况》(1980)、《浙江省海域地名录》(1988)、《中国海域地名志》(1989)、舟山市地图(1990)、《浙江省嵊泗县地名志》(1990)、《舟山岛礁图集》(1991)、《中国海域地名图集》(1991)、《浙江海岛志》(1998)、《嵊泗县志》(2007)、《全国海岛名称与代码》(2008)和2010年浙江省人民政府公布的第一批无居民海岛名称中均记为老人礁。礁上有一块白色岩石，远望似扎头巾的老翁，故名。岸线长270米，面积1 899平方米，最高点高程12米。基岩岛，由上侏罗统茶湾组熔结凝灰岩、凝灰岩构成。长有草丛。

大山塘岛 (Dàshāntáng Dǎo)

北纬30°35.7′，东经122°01.5′。隶属于舟山市嵊泗县崎岖列岛南部海域，距大陆最近点30.68千米。曾名大三唐、遮堂山，又名大塘。清光绪《松江府续志》记为遮堂山："遮堂山，在葫芦山东塌饼山，在遮堂山东。"清光绪《江苏沿海图说》记为大三唐。鸦片战争期间，英国殖民者将之与小山塘北岛合称海盗湾岛。《中国海洋岛屿简况》(1980)记为大塘。《浙江省海域地名录》(1988)、《中国海岸带和海涂资源综合调查图集》(1988)、《中国海域地名志》(1989)、舟山市地图(1990)、《浙江省嵊泗县地名志》(1990)、《舟山岛礁图集》(1991)、《中国海域地名图集》(1991)、《浙江海岛志》(1998)、《嵊泗县志》

（2007）、舟山市政区图（2008）和《全国海岛名称与代码》（2008）均记为大山塘岛。附近海岛众多，距离相近，远望如海塘横亘海上，且该岛面积较大，故名。岸线长 4.06 千米，面积 0.424 9 平方千米，最高点高程 77 米。岛形似如意，东西走向。长 1.17 千米，宽 585 米。基岩岛，出露岩石为燕山晚期侵入的钾长花岗岩。长有稀疏黑松和少量草丛。周围水深 10～20 米。有居民海岛。岛北部建有码头 1 座，西部有平房，现房屋已废弃。岛上曾有采石活动，现采石场已废弃。岛民已迁移。

小山塘北岛 (Xiǎoshāntáng Běidǎo)

北纬 30°35.6′，东经 122°02.1′。隶属于舟山市嵊泗县崎岖列岛南部海域，西距大山塘岛约 280 米，距大陆最近点 31.45 千米。曾名小三唐，又名小塘。清光绪《江苏沿海图说》记为小三唐，系谐音误写。鸦片战争期间，英国殖民者将之与大山塘岛合称为海盗湾岛。《中国海洋岛屿简况》（1980）记为小塘。《中国海域地名志》（1989）、舟山市地图（1990）、《浙江省嵊泗县地名志》（1990）、《舟山岛礁图集》（1991）、《中国海域地名图集》（1991）、《浙江海岛志》（1998）、《嵊泗县志》（2007）和《全国海岛名称与代码》（2008）均记为小山塘北岛。附近海岛众多，距离相近，远望如海塘横亘海上。该岛面积小，在众多海岛中位置居北，故名。岸线长 2.07 千米，面积 0.118 9 平方千米，最高点高程 43.9 米。岛椭圆形，东北微尖，西南—东北走向。长 400 米，宽 150 米。基岩岛，出露岩石为燕山晚期侵入的钾长花岗岩。长有少量草丛。周围水深 1.5～14 米。有居民海岛。岛南端和东北端分别建有简易码头 1 座，有平房若干，现房屋已废弃。岛上曾有采石活动，现采石场已废弃。岛民已迁移。

大贴饼岛 (Dàtiēbǐng Dǎo)

北纬 30°35.6′，东经 122°02.8′。位于舟山市嵊泗县崎岖列岛南部海域，距大陆最近点 31.92 千米。曾名塌饼山，又名大塔饼。清光绪《崇明县志》汛地图中有名称记载，称塌饼山。民国《定海县志》记为大塔饼："大塔饼、小塔饼，在大羊山西北"。塌饼、塔饼、贴饼都是对当地方言音的不同写法。《中国海洋岛屿简况》（1980）记为大塔饼。《浙江省海域地名录》（1988）、《中国海岸带和海涂资源综合调查图集》(1988)、《中国海域地名志》(1989)、舟山市地图(1990)、《浙江省嵊泗县地名志》(1990)、《舟山岛礁图集》(1991)、《中国海域地名图集》(1991)、《浙江海岛志》(1998)、《嵊泗县志》(2007)和《全国海岛名称与代码》(2008)均记为大贴饼岛。从东南方向望,该岛形似大饼,故名。岸线长1.41千米,面积0.110 1平方千米,最高点高程53.1米。基岩岛。长有草丛。有若干房屋,有人常住。南侧有促淤堤,整岛被炸平。北侧有码头1座。

筲箕北岛 (Shāojī Běidǎo)

北纬30°35.6′,东经122°07.8′。位于舟山市嵊泗县崎岖列岛南部海域,距大陆最近点35.5千米。因位于筲箕岛北面,第二次全国海域地名普查时命今名。岸线长42米,面积125平方米。基岩岛。无植被。

小半礁 (Xiǎobàn Jiāo)

北纬30°35.5′,东经122°00.7′。位于舟山市嵊泗县崎岖列岛南部海域,东距大山塘岛约720米,距大陆最近点30.88千米。又名半山-1。《浙江海岛志》(1998)记为400号无名岛。《嵊泗县志》(2007)和《全国海岛名称与代码》(2008)记为半山-1。2010年浙江省人民政府公布的第一批无居民海岛名称中记为小半礁。岸线长102米,面积512平方米,最高点高程4米。基岩岛,由燕山晚期侵入的钾长花岗岩构成。岛上岩石比较破碎。无植被。

筲箕东岛 (Shāojī Dōngdǎo)

北纬30°35.5′,东经122°08.0′。位于舟山市嵊泗县崎岖列岛南部海域,距大陆最近点35.82千米。因位于筲箕岛东面,第二次全国海域地名普查时命今名。岸线长48米,面积181平方米。基岩岛。无植被。

筲箕岛 (Shāojī Dǎo)

北纬30°35.4′,东经122°07.7′。位于舟山市嵊泗县崎岖列岛南部海域,距大陆最近点35.38千米。曾名沙基、扫箕、扫帚,又名筲箕。清光绪《江苏沿海图说》和民国《定海县志》有岛名记载。当地群众偶也称作沙基、扫箕、扫帚等,均为谐音之误。1984年改现名。《中国海洋岛屿简况》(1980)记为筲箕。《浙江省海域地名录》（1988）、《中国海岸带和海涂资源综合调查图集》（1988）、《中国海域地名志》（1989）、舟山市地图（1990）、《浙江省嵊泗县地名志》（1990）、《舟山岛礁图集》（1991）、《中国海域地名图集》（1991）、《浙江海岛志》（1998）、《嵊泗县志》（2007）、舟山市政区图（2008）、《全国海岛名称与代码》（2008）和2010年浙江省人民政府公布的第一批无居民海岛名称中均记为箐箕岛。因岛形似淘米箐箕而得名。岸线长2.89千米，面积0.279 5平方千米，最高点高程75米。基岩岛，由上侏罗统茶湾组熔结凝灰岩、凝灰岩，间夹凝灰质砂岩构成。建有码头1座，白色灯桩1座。

外后门岛 (Wàihòumén Dǎo)

北纬30°35.4′，东经122°05.7′。位于舟山市嵊泗县崎岖列岛南部海域，距大陆最近点33.97千米。曾名后门山，又名野猪礁。清光绪《江苏沿海图说》和民国《定海县志》记为后门山。西紧邻大洋山里后门村，故名外后门。《中国海洋岛屿简况》（1980）记为野猪礁。《浙江省海域地名录》（1988）、《中国海岸带和海涂资源综合调查图集》（1988）、《中国海域地名志》（1989）、舟山市地图（1990）、《浙江省嵊泗县地名志》（1990）、《舟山岛礁图集》（1991）、《中国海域地名图集》（1991）、《浙江海岛志》（1998）、《嵊泗县志》（2007）、舟山市政区图（2008）、《全国海岛名称与代码》（2008）和2010年浙江省人民政府公布的第一批无居民海岛名称中均记为外后门岛。岸线长2.32千米，面积0.105 3平方千米，最高点高程31.6米。基岩岛，由上侏罗统茶湾组熔结凝灰岩、凝灰岩，间夹凝灰质砂岩构成。建有码头2座，废弃房屋1座，电力塔1座，红白相间灯桩1座。

外后门南岛 (Wàihòumén Nándǎo)

北纬30°35.3′，东经122°05.9′。位于舟山市嵊泗县崎岖列岛南部海域，距大陆最近点34.67千米。因位于外后门岛南侧，第二次全国海域地名普查时命今名。岸线长54米，面积164平方米。基岩岛。无植被。

下礁 (Xià Jiāo)

北纬30°35.3′，东经122°02.1′。位于舟山市嵊泗县崎岖列岛南部海域，北距小山塘北岛约 150 米，距大陆最近点 32.13 千米。曾名黄礁，又名王礁。因岩石色黄，民国《定海县志》记为黄礁。《中国海洋岛屿简况》（1980）记为王礁。《浙江省海域地名录》（1988）、《中国海域地名志》（1989）、舟山市地图（1990）、《浙江省嵊泗县地名志》（1990）、《舟山岛礁图集》（1991）、《中国海域地名图集》（1991）、《浙江海岛志》（1998）、《嵊泗县志》（2007）、《全国海岛名称与代码》（2008）和 2010 年浙江省人民政府公布的第一批无居民海岛名称中均记为下礁。岸线长 220 米，面积 2 532 平方米，最高点高程 6.5 米。基岩岛，由燕山晚期侵入的钾长花岗岩构成。长有草丛。

蒲帽南大岛 (Púmào Nándà Dǎo)

北纬 30°35.2′，东经 122°01.2′。位于舟山市嵊泗县崎岖列岛南部海域，北距大山塘岛约 50 米，距大陆最近点 31.62 千米。第二次全国海域地名普查时命今名。岸线长 234 米，面积 717 平方米。基岩岛。无植被。

小筲箕礁 (Xiǎoshāojī Jiāo)

北纬 30°35.2′，东经 122°07.6′。位于舟山市嵊泗县崎岖列岛南部海域，距大陆最近点 35.98 千米。又名鸡娘礁、筲箕岛-1。《浙江海岛志》（1998）记为 413 号无名岛。《嵊泗县志》（2007）和《全国海岛名称与代码》（2008）记为筲箕岛-1。2010 年浙江省人民政府公布的第一批无居民海岛名称中记为小筲箕礁。因位于筲箕岛南侧，面积小，故名。当地群众习称鸡娘礁。岸线长 87 米，面积 436 平方米，最高点高程 4.5 米。基岩岛，由上侏罗统茶湾组熔结凝灰岩、凝灰岩构成。无植被。

外节礁 (Wàijié Jiāo)

北纬 30°35.2′，东经 121°44.0′。隶属于舟山市嵊泗县，距大陆最近点 29.13 千米。曾名外截，又名小白山-1。《浙江海岛志》（1998）记为 415 号无名岛。《嵊泗县志》（2007）和《全国海岛名称与代码》（2008）记为小白山-1。2010 年浙江省人民政府公布的第一批无居民海岛名称中记为外节礁。该岛与中节屿、里节屿紧贴，形似破碎断裂成三截。该岛最远，故名外截，写作外节。岸线长 120 米，面积 849 平方米，最高点高程 3.9 米。基岩岛，由上侏罗统大爽组含角砾熔结凝灰岩构成。无植被。

中节屿 (Zhōngjié Yǔ)

北纬 30°35.2′，东经 121°43.9′。隶属于舟山市嵊泗县，距大陆最近点 29.15 千米。曾名中截，又名小白山-2。《浙江海岛志》（1998）记为 417 号无名岛。《嵊泗县志》（2007）和《全国海岛名称与代码》（2008）记为小白山-2。2010 年浙江省人民政府公布的第一批无居民海岛名称中记为中节屿。该岛与外节礁、里节屿紧贴，形似破碎断裂成三截。该岛居中，故名中截，写作中节。岸线长 152 米，面积 1 327 平方米，最高点高程 10 米。基岩岛，由上侏罗统大爽组含角砾熔结凝灰岩构成。无植被。

蛇舌礁 (Shéshé Jiāo)

北纬 30°35.1′，东经 122°09.8′。位于舟山市嵊泗县崎岖列岛南部海域，距大陆最近点 37.68 千米。又名外鸟头。《中国海洋岛屿简况》（1980）有记载，但无名。《浙江省海域地名录》（1988）、《中国海域地名志》（1989）、舟山市地图（1990）、《浙江省嵊泗县地名志》（1990）、《舟山岛礁图集》（1991）、《中国海域地名图集》（1991）、《浙江海岛志》（1998）、《嵊泗县志》（2007）、《全国海岛名称与代码》（2008）和 2010 年浙江省人民政府公布的第一批无居民海岛名称中均记为蛇舌礁。岛形如鸟首，当地群众习称外鸟头。岸线长 283 米，面积 4 931 平方米，最高点高程 21.5 米。基岩岛，由上侏罗统茶湾组熔结凝灰岩、凝灰岩构成。无植被。

里节屿 (Lǐjié Yǔ)

北纬 30°35.1′，东经 121°43.9′。隶属于舟山市嵊泗县，距大陆最近点 29.17 千米。曾名里截，又名小白山-3。《浙江海岛志》（1998）记为 418 号无名岛。《嵊泗县志》（2007）和《全国海岛名称与代码》（2008）记为小白山-3。2010 年浙江省人民政府公布的第一批无居民海岛名称中记为里节屿。该岛与外节礁、中节屿紧贴，形似破碎断裂成三截。该岛靠里，故名里截，写作里节。岸线长 262 米，面积 3 869 平方米，最高点高程 13 米。基岩岛，由上侏罗统大爽组含角砾熔结凝灰岩构成。长有草丛和灌木。

虎啸蛇岛 (Hǔxiàoshé Dǎo)

北纬 30°35.1′，东经 122°09.2′。位于舟山市嵊泗县崎岖列岛南部海域，距大陆最近点 37.15 千米。曾名虎筱蛇，又名虎啸蛇。清光绪《江苏沿海图说》和民国《定海县志》记为虎筱蛇。《中国海洋岛屿简况》（1980）记为虎啸蛇。《浙江省海域地名录》（1988）、《中国海域地名志》（1989）、舟山市地图（1990）、《浙江省嵊泗县地名志》（1990）、《舟山岛礁图集》（1991）、《中国海域地名图集》（1991）、《浙江海岛志》（1998）、《嵊泗县志》（2007）、舟山市政区图（2008）、《全国海岛名称与代码》（2008）和 2010 年浙江省人民政府公布的第一批无居民海岛名称中均记为虎啸蛇岛。岛形狭长弯曲似蛇，“虎啸蛇”是当地方言对乌梢蛇称呼的谐音，故名。岸线长 3.51 千米，面积 0.330 1 平方千米，最高点高程 83 米。基岩岛，由上侏罗统茶湾组熔结凝灰岩、凝灰岩，间夹凝灰质砂岩构成。岛上建有白色灯桩 1 座。有淡水塘。

野黄盘岛 (Yěhuángpán Dǎo)

北纬 30°34.9′，东经 121°34.2′。隶属于舟山市嵊泗县，距大陆最近点 24.42 千米。曾名黄盘山、蜈蚣山、涨网山，又名野王盘、野黄盘。清乾隆《乍浦志》记为野黄盘。清光绪《江苏沿海图说》记为野王盘。又因岛形似蜈蚣，又称蜈蚣山。鸦片战争期间，英国殖民者称其为好司岛。1976 年版 1:50 000 海图标注为涨网山，因附近为张网作业渔场得名。《中国海洋岛屿简况》（1980）记为野王盘。《中国海域地名志》（1989）记为野黄盘。《浙江省海域地名录》（1988）、《中国海岸带和海涂资源综合调查图集》（1988）、舟山市地图（1990）、《浙江省嵊泗县地名志》（1990）、《舟山岛礁图集》（1991）、《中国海域地名图集》（1991）、《浙江海岛志》（1998）、《嵊泗县志》（2007）、舟山市政区图（2008）、《全国海岛名称与代码》（2008）和 2010 年浙江省人民政府公布的第一批无居民海岛名称中均记为野黄盘岛。因岛南峰形状椭圆，似腰子，岩石色黄，得名黄盘山。因与平湖市王盘山（又名黄盘山）重名，1985 年更为野黄盘岛。岸线长 1.94 千米，面积 0.070 4 平方千米，最高点高程 45.3 米。基岩岛，由上侏罗统大爽组含角砾熔结凝灰岩、凝灰岩，间夹沉积凝灰岩构成。顶部平坦，岸壁陡峭。岛上有废弃码头 1 座，废弃房屋若干。附近有渔民捕鱼作业。

南野黄盘岛（Nányěhuángpán Dǎo）

北纬 30°34.7′，东经 121°34.1′。隶属于舟山市嵊泗县，距大陆最近点 24.85 千米。因位于野黄盘岛南部，第二次全国海域地名普查时命今名。岸线长 973 米，面积 0.041 1 平方千米。基岩岛。岛上有废弃房屋若干。附近有渔民捕鱼作业。

大白山南岛（Dàbáishān Nándǎo）

北纬 30°34.3′，东经 121°43.2′。隶属于舟山市嵊泗县，距大陆最近点 30.68 千米。第二次全国海域地名普查时命今名。岸线长 62 米，面积 170 平方米。基岩岛。无植被。

钮子山北小岛（Niǔzishān Běixiǎo Dǎo）

北纬 30°34.0′，东经 121°43.0′。隶属于舟山市嵊泗县，距大陆最近点 31.18 千米。第二次全国海域地名普查时命今名。岸线长 260 米，面积 447 平方米。基岩岛。无植被。

钮子山北大岛（Niǔzishān Běidà Dǎo）

北纬 30°34.0′，东经 121°42.9′。隶属于舟山市嵊泗县，距大陆最近点 31.18 千米。第二次全国海域地名普查时命今名。岸线长 145 米，面积 1 272 平方米。基岩岛。长有草丛和灌木。

钮子山东北岛（Niǔzishān Dōngběi Dǎo）

北纬 30°34.0′，东经 121°43.0′。隶属于舟山市嵊泗县，距大陆最近点 31.21 千米。第二次全国海域地名普查时命今名。岸线长 37 米，面积 64 平方米。基岩岛。无植被。

马镫礁（Mǎdèng Jiāo）

北纬 30°33.9′，东经 122°08.5′。位于舟山市嵊泗县崎岖列岛南部海域，距大陆最近点 38.78 千米。又名西马鞍岛-1。《浙江海岛志》（1998）记为 431 号无名岛。《嵊泗县志》（2007）和《全国海岛名称与代码》（2008）记为西马鞍岛-1。2010 年浙江省人民政府公布的第一批无居民海岛名称中记为马镫礁。岸线长 126 米，面积 1 179 平方米，最高点高程 6 米。基岩岛，由上侏罗统茶湾组熔结凝灰岩、凝灰岩构成。无植被。

西马鞍北岛 (Xīmǎ'ān Běidǎo)

北纬 30°33.9′，东经 122°07.9′。位于舟山市嵊泗县崎岖列岛南部海域，距大陆最近点 38.42 千米。因位于西马鞍礁北侧，第二次全国海域地名普查时命今名。岸线长 77 米，面积 370 平方米。基岩岛。无植被。

西马鞍礁 (Xīmǎ'ān Jiāo)

北纬 30°33.9′，东经 122°07.9′。位于舟山市嵊泗县崎岖列岛南部海域，距大陆最近点 38.43 千米。曾名马鸾山、马鸾，又名小马鞍山。清光绪《江苏沿海图说》记为马鸾山："马鸾山同，在马鞍山西。"民国《定海县志》记为马鸾。《中国海洋岛屿简况》(1980) 记为小马鞍山。《浙江省海域地名录》(1988)、《中国海域地名志》(1989)、舟山市地图 (1990)、《浙江省嵊泗县地名志》(1990)、《舟山岛礁图集》(1991)、《中国海域地名图集》(1991)、《浙江海岛志》(1998)、《嵊泗县志》(2007)、《全国海岛名称与代码》(2008) 和 2010 年浙江省人民政府公布的第一批无居民海岛名称中均记为西马鞍礁。岸线长 134 米，面积 1 098 平方米，最高点高程 10 米。基岩岛，由上侏罗统茶湾组熔结凝灰岩、凝灰岩构成。无植被。

滩浒鸡娘东北岛 (Tānxǔ Jīniáng Dōngběi Dǎo)

北纬 30°33.8′，东经 121°35.3′。隶属于舟山市嵊泗县，距大陆最近点 27.24 千米。第二次全国海域地名普查时命今名。岸线长 17 米，面积 24 平方米。基岩岛。无植被。

脚骨南岛 (Jiǎogǔ Nándǎo)

北纬 30°33.7′，东经 121°43.9′。隶属于舟山市嵊泗县，距大陆最近点 31.9 千米。第二次全国海域地名普查时命今名。岸线长 211 米，面积 2 162 平方米。基岩岛。长有草丛。

脚板北岛 (Jiǎobǎn Běidǎo)

北纬 30°33.6′，东经 121°43.9′。隶属于舟山市嵊泗县，距大陆最近点 31.97 千米。第二次全国海域地名普查时命今名。岸线长 103 米，面积 522 平方米。基岩岛。无植被。

鱼头屿 (Yútóu Yǔ)

北纬 30°33.5′，东经 121°42.0′。隶属于舟山市嵊泗县，距大陆最近点 31.65 千米。曾名斗牛山，又名对口山-1。《浙江海岛志》（1998）记为 436 号无名岛。《嵊泗县志》（2007）和《全国海岛名称与代码》（2008）记为对口山-1。2010 年浙江省人民政府公布的第一批无居民海岛名称中记为鱼头屿。因岛形似鱼头而得名。原与鱼尾礁合称对口山。岛如两牛相斗，又称斗牛山。岸线长 655 米，面积 9 276 平方米，最高点高程 13 米。基岩岛，由上侏罗统大爽组含角砾熔结凝灰岩、凝灰岩，间夹沉积凝灰岩构成。顶部平缓，岸壁陡峭。长有草丛和灌木。

鱼尾礁 (Yúwěi Jiāo)

北纬 30°33.5′，东经 121°42.2′。隶属于舟山市嵊泗县，距大陆最近点 31.83 千米。曾名斗牛山，又名闯牛山。《中国海洋岛屿简况》（1980）记为闯牛山。《浙江海岛志》（1998）记为 437 号无名岛。《全国海岛名称与代码》（2008）和 2010 年浙江省人民政府公布的第一批无居民海岛名称中记为鱼尾礁。因该岛外形似鱼尾而得名。原与鱼头屿合称对口山。岛如两牛相斗，又称斗牛山。岸线长 189 米，面积 1 628 平方米，最高点高程 3 米。基岩岛，由上侏罗统大爽组含角砾熔结凝灰岩、凝灰岩，间夹沉积凝灰岩构成。无植被。

对口山屿北岛 (Duìkǒushānyǔ Běidǎo)

北纬 30°33.5′，东经 121°42.2′。隶属于舟山市嵊泗县，距大陆最近点 31.83 千米。第二次全国海域地名普查时命今名。岸线长 45 米，面积 164 平方米。基岩岛。无植被。

北白澎礁 (Běibáipéng Jiāo)

北纬 30°26.6′，东经 122°55.9′。位于舟山市嵊泗县浪岗山列岛北部，距大陆最近点 97.58 千米。《浙江省海域地名录》（1988）、《浙江省嵊泗县地名志》（1990）和《中国海域地名图集》（1991）均记为北白澎礁。“白澎”为白篷的谐音，因附近水深，白浪扑礁，激起篷状浪瀑，故名。因地处浪岗山列岛北部，故冠以“北”词。岸线长 67 米，面积 316 平方米，最高点高程 5.8 米。基岩岛。无植被。

香供弄东岛 (Xiānggònglòng Dōngdǎo)

北纬 30°26.4′，东经 122°56.2′。位于舟山市嵊泗县浪岗山列岛北部，距大陆最近点 97.7 千米。因位于香供弄礁东部，第二次全国海域地名普查时命今名。岸线长 102 米，面积 712 平方米。基岩岛。无植被。

香供弄礁 (Xiānggònglòng Jiāo)

北纬 30°26.4′，东经 122°56.1′。位于舟山市嵊泗县浪岗山列岛北部，距大陆最近点 97.63 千米。又名下官弄礁、下官龙。《中国海洋岛屿简况》（1980）记为下官龙。《浙江省海域地名录》（1988）、《浙江海岛志》（1998）、《嵊泗县志》（2007）和《全国海岛名称与代码》（2008）均记为下官弄礁。《浙江省嵊泗县地名志》（1990）、《中国海域地名图集》（1991）和 2010 年浙江省人民政府公布的第一批无居民海岛名称中均记为香供弄礁。传说，旧时有渔民在此采贻贝时遇险，断粮断水，祈神后得救，故名。岸线长 155 米，面积 1 520 平方米，最高点高程 21.4 米。基岩岛，由上侏罗统茶湾组熔结凝灰岩、凝灰岩，间夹凝灰质砂岩构成。地形崎岖，岩石嶙峋。无植被。

横砖碟北岛 (Héngzhìléi Běidǎo)

北纬 30°26.4′，东经 122°56.3′。位于舟山市嵊泗县浪岗山列岛北部，距大陆最近点 97.8 千米。因位于横砖碟北侧，第二次全国海域地名普查时命今名。岸线长 75 米，面积 387 平方米。基岩岛。无植被。

东白澎礁 (Dōngbáipéng Jiāo)

北纬 30°26.4′，东经 122°56.5′。位于舟山市嵊泗县浪岗山列岛北部，距大陆最近点 98.08 千米。《浙江省海域地名录》（1988）、《浙江省嵊泗县地名志》（1990）和《中国海域地名图集》（1991）均记为东白澎礁。“白澎”为“白篷”的谐音。因附近水深，白浪扑礁，激起篷状浪瀑，且地处浪岗山列岛东部而得名。岸线长 70 米，面积 267 平方米，最高点高程 3.5 米。基岩岛。无植被。

横砖碟 (Héng Zhìléi)

北纬 30°26.4′，东经 122°56.3′。位于舟山市嵊泗县浪岗山列岛北部，距大陆最近点 97.75 千米。《浙江省嵊泗县地名志》（1990）记为横砖碟。因该岛呈南北走势，横亘在海上而得名。岸线长 193 米，面积 2 368 平方米，最高点高程 8 米。基岩岛。无植被。

浪岗东块南岛 (Lànggǎng Dōngkuài Nándǎo)

北纬 30°26.3′，东经 122°56.4′。位于舟山市嵊泗县浪岗山列岛北部，距大陆最近点 97.83 千米。第二次全国海域地名普查时命今名。岸线长 48 米，面积 180 平方米。基岩岛。无植被。

浪岗东块小岛 (Lànggǎng Dōngkuài Xiǎodǎo)

北纬 30°26.3′，东经 122°56.4′。位于舟山市嵊泗县浪岗山列岛北部，距大陆最近点 97.86 千米。第二次全国海域地名普查时命今名。岸线长 67 米，面积 276 平方米。基岩岛。无植被。

横痔礋南岛 (Héngzhìléi Nándǎo)

北纬 30°26.3′，东经 122°56.3′。位于舟山市嵊泗县浪岗山列岛北部，距大陆最近点 97.68 千米。因位于横痔礋南部，第二次全国海域地名普查时命今名。岸线长 278 米，面积 2 752 平方米。基岩岛。无植被。

笋浜门东礁 (Sǔnbāngmén Dōngjiāo)

北纬 30°25.9′，东经 122°55.9′。位于舟山市嵊泗县浪岗山列岛南部，距大陆最近点 96.83 千米。又名松柏门礁、松柏门礁-2。《中国海域地名志》（1989）记为松柏门礁。《浙江海岛志》（1998）记为 522 号无名岛。《嵊泗县志》（2007）和《全国海岛名称与代码》（2008）均记为松柏门礁-2。2010 年浙江省人民政府公布的第一批无居民海岛名称中记为笋浜门东礁。因位于笋浜门礁东侧而得名。岸线长 288 米，面积 3 918 平方米，最高点高程 14.7 米。基岩岛，由上侏罗统茶湾组熔结凝灰岩、凝灰岩，间夹凝灰质砂岩构成。无植被。

里鹭鸶礁 (Lǐlùsī Jiāo)

北纬 30°25.9′，东经 122°56.0′。位于舟山市嵊泗县浪岗山列岛南部，距大陆最近点 96.9 千米。《浙江省嵊泗县地名志》（1990）和《舟山岛礁图集》（1991）记为里鹭鸶礁。东与中鹭鸶礁、外鹭鸶礁东西并列，因三块礁上常有鹭鸶结群栖息，且该礁居西，近大岛，故名。岸线长 27 米，面积 45 平方米，最高点高程 2.5 米。基岩岛。无植被。

中鹭鸶礁 (Zhōnglùsī Jiāo)

北纬 30°25.9′，东经 122°56.0′。位于舟山市嵊泗县浪岗山列岛南部，距大陆最近点 96.93 千米。《浙江省嵊泗县地名志》(1990)和《舟山岛礁图集》(1991)记为中鹭鸶礁。该岛位于里鹭鸶礁和外鹭鸶礁之间，故名。岸线长 117 米，面积 447 平方米，最高点高程 10 米。基岩岛。无植被。

笋浜门礁 (Sŭnbāngmén Jiāo)

北纬 30°25.9′，东经 122°55.9′。位于舟山市嵊泗县浪岗山列岛南部，距大陆最近点 96.78 千米。又名松柏门礁、松柏门礁-1、松柏门。《中国海洋岛屿简况》(1980)记为松柏门。《浙江省海域地名录》(1988)和《浙江海岛志》(1998)记为松柏门礁。《浙江省嵊泗县地名志》(1990)和 2010 年浙江省人民政府公布的第一批无居民海岛名称中记为笋浜门礁。《嵊泗县志》(2007)和《全国海岛名称与代码》(2008)记为松柏门礁-1。岛上岩石尖耸、密布，如笋尖，地处水道中央，似门户，故名。岸线长 154 米，面积 1 575 平方米，最高点高程 41.7 米。基岩岛，由上侏罗统茶湾组熔结凝灰岩、凝灰岩，间夹凝灰质砂岩构成。长有草丛。

外鹭鸶礁 (Wàilùsī Jiāo)

北纬 30°25.9′，东经 122°56.0′。位于舟山市嵊泗县浪岗山列岛南部，距大陆最近点 96.97 千米。舟山市地图(1990)、《浙江省嵊泗县地名志》(1990)和《舟山岛礁图集》(1991)均记为外鹭鸶礁。西与中鹭鸶礁、里鹭鸶礁东西并列，因三岛上常有鹭鸶结群栖息，且该岛靠外，故名。岸线长 109 米，面积 786 平方米，最高点高程 6 米。基岩岛。无植被。

笋浜门南岛 (Sŭnbāngmén Nándăo)

北纬 30°25.9′，东经 122°55.9′。位于舟山市嵊泗县浪岗山列岛南部，距大陆最近点 96.78 千米。因位于笋浜门礁南侧，第二次全国海域地名普查时命今名。岸线长 46 米，面积 166 平方米。基岩岛。无植被。

长峙礌东岛 (Chángzhìléi Dōngdăo)

北纬 30°25.9′，东经 122°55.8′。位于舟山市嵊泗县浪岗山列岛南部，距大陆最近点 96.65 千米。因位于长峙礌东部附近，第二次全国海域地名普查时命今名。岸线长 66 米，面积 259 平方米。基岩岛。无植被。

长莳碟（Cháng Zhìléi）

北纬 30°25.9′，东经 122°55.7′。位于舟山市嵊泗县浪岗山列岛南部，距大陆最近点 96.45 千米。又名长莳礁。《中国海洋岛屿简况》（1980）和《浙江省嵊泗县地名志》（1990）记为长莳碟。《浙江省海域地名录》（1988）和《中国海域地名志》（1989）记为长莳礁。因礁形狭长，故名。岸线长 357 米，面积 3 036 平方米，最高点高程 12 米。基岩岛。无植被。

浪岗西块北岛（Lànggǎng Xīkuài Běidǎo）

北纬 30°25.9′，东经 122°55.6′。位于舟山市嵊泗县浪岗山列岛南部，距大陆最近点 96.31 千米。第二次全国海域地名普查时命今名。岸线长 61 米，面积 293 平方米。基岩岛。无植被。

浪岗西块东岛（Lànggǎng Xīkuài Dōngdǎo）

北纬 30°25.8′，东经 122°55.8′。位于舟山市嵊泗县浪岗山列岛南部，距大陆最近点 96.57 千米。第二次全国海域地名普查时命今名。岸线长 101 米，面积 621 平方米。基岩岛。无植被。

石蒲莳碟（Shípú Zhìléi）

北纬 30°25.8′，东经 122°55.6′。位于舟山市嵊泗县浪岗山列岛南部，距大陆最近点 96.17 千米。舟山市地图（1990）、《浙江省嵊泗县地名志》（1990）和《舟山岛礁图集》（1991）均记为石蒲莳碟。岛呈圆形，上小下大，形似圆蒲瓜得名。莳碟为当地群众对岩礁形小岛的称呼。岸线长 91 米，面积 360 平方米，最高点高程 7 米。基岩岛。无植被。

浪岗西块南岛（Lànggǎng Xīkuài Nándǎo）

北纬 30°25.7′，东经 122°55.7′。位于舟山市嵊泗县浪岗山列岛南部，距大陆最近点 96.29 千米。第二次全国海域地名普查时命今名。岸线长 41 米，面积 131 平方米。基岩岛。无植被。

南白澎礁（Nánbáipéng Jiāo）

北纬 30°25.7′，东经 122°55.5′。位于舟山市嵊泗县浪岗山列岛南部，距大陆最近点 96.07 千米。《中国海域地名志》（1989）和《浙江省嵊泗县地名志》（1990）记为南白澎礁。为浪岗山列岛南端岛屿之一，附近流急浪高，巨浪拍岛，汹涌澎湃，故名。岸线长 100 米，面积 792 平方米，最高点高程 5 米。基岩岛。无植被。

附录一

《中国海域海岛地名志·浙江卷》未入志海域名录[①]

一、海湾

标准名称	汉语拼音	行政区	地理位置	
			北纬	东经
大牛角湾	Dàniújiǎo Wān	浙江省宁波市象山县	29°36.8′	122°01.2′
浑水塘湾	Húnshuǐtáng Wān	浙江省宁波市象山县	29°36.5′	122°01.2′
爵溪湾	Juéxī Wān	浙江省宁波市象山县	29°30.0′	121°57.4′
螺球湾	Luóqiú Wān	浙江省宁波市象山县	29°27.7′	122°11.0′
官船湾	Guānchuán Wān	浙江省宁波市象山县	29°27.4′	122°11.1′
白沙湾	Báishā Wān	浙江省宁波市象山县	29°26.8′	121°58.6′
流水坑湾	Liúshuǐkēng Wān	浙江省宁波市象山县	29°26.4′	122°13.0′
东沙澳	Dōngshā Ào	浙江省宁波市象山县	29°26.0′	121°57.9′
花洞岙湾	Huādòng'ào Wān	浙江省宁波市象山县	29°26.0′	122°12.3′
燥谷仓湾	Zàogǔcāng Wān	浙江省宁波市象山县	29°25.8′	122°12.1′
南韭山西北大湾	Nánjiǔshān Xīběi Dàwān	浙江省宁波市象山县	29°25.8′	122°11.4′
南韭山东南大湾	Nánjiǔshān Dōngnán Dàwān	浙江省宁波市象山县	29°25.7′	122°12.5′
大潭湾	Dàtán Wān	浙江省宁波市象山县	29°25.5′	122°11.1′
捣臼湾	Dǎojiù Wān	浙江省宁波市象山县	29°25.5′	122°10.6′
乌贼湾	Wūzéi Wān	浙江省宁波市象山县	29°25.0′	122°10.7′
大漠北湾	Dàmò Běiwān	浙江省宁波市象山县	29°24.8′	122°00.5′
大漠东湾	Dàmò Dōngwān	浙江省宁波市象山县	29°24.6′	122°00.9′
大漠西南湾	Dàmò Xīnánwān	浙江省宁波市象山县	29°24.4′	122°00.7′
石米湾	Shímǐ Wān	浙江省宁波市象山县	29°20.1′	121°56.9′
李氏湾	Lǐshì Wān	浙江省宁波市象山县	29°12.4′	121°57.7′
风箱湾	Fēngxiāng Wān	浙江省宁波市象山县	29°12.4′	122°02.4′

① 根据2018年6月8日民政部、国家海洋局发布的《中国部分海域海岛标准名称》整理。

标准名称	汉语拼音	行政区	地理位置	
			北纬	东经
小庙背后湾	Xiǎomiào Bèihòu Wān	浙江省宁波市象山县	29°12.2′	121°57.7′
岙门口	Àomén Kǒu	浙江省宁波市象山县	29°12.1′	122°02.1′
黄泥崩湾	Huángníbēng Wān	浙江省宁波市象山县	29°12.0′	121°58.0′
大崩阔湾	Dàbēngkuò Wān	浙江省宁波市象山县	29°11.8′	122°03.0′
黄沙湾	Huángshā Wān	浙江省宁波市象山县	29°11.1′	121°58.4′
白马湾	Báimǎ Wān	浙江省宁波市象山县	29°10.9′	122°02.8′
洋船湾	Yángchuán Wān	浙江省宁波市象山县	29°10.6′	122°03.7′
沙腰湾	Shāyāo Wān	浙江省宁波市象山县	29°10.1′	122°00.8′
双宫岙	Shuānggōng Ào	浙江省宁波市象山县	29°10.0′	122°02.4′
磬沙窟湾	Qìngshākū Wān	浙江省宁波市象山县	29°09.9′	122°02.7′
孙孔湾	Sūnkǒng Wān	浙江省宁波市象山县	29°09.4′	122°01.5′
大沙湾	Dàshā Wān	浙江省宁波市象山县	29°08.6′	121°58.6′
昌了湾	Chāngle Wān	浙江省宁波市象山县	29°08.3′	121°58.6′
小湾	Xiǎo Wān	浙江省宁波市象山县	29°08.1′	121°58.8′
平岩头湾	Píngyántóu Wān	浙江省宁波市象山县	29°07.7′	121°58.7′
华云湾	Huáyún Wān	浙江省宁波市象山县	29°07.2′	121°58.9′
山沙湾	Shānshā Wān	浙江省宁波市象山县	29°06.7′	121°52.8′
胡宝洞澳	Húbǎodòng Ào	浙江省宁波市象山县	29°06.6′	121°53.7′
黄沙岙	Huángshā Ào	浙江省宁波市象山县	29°06.4′	121°52.2′
丁板岙	Dīngbǎn Ào	浙江省宁波市象山县	29°06.0′	121°51.9′
锅湾	Guō Wān	浙江省宁波市象山县	29°05.9′	121°58.4′
直落岙	Zhíluò Ào	浙江省宁波市象山县	29°05.6′	121°50.9′
田蟹坑湾	Tiánxièkēng Wān	浙江省宁波市象山县	29°05.5′	121°51.3′
龙头坑湾	Lóngtóukēng Wān	浙江省宁波市象山县	29°05.1′	121°47.8′
后冲湾	Hòuchōng Wān	浙江省宁波市象山县	29°05.0′	121°50.0′
软澳	Ruǎn Ào	浙江省宁波市象山县	29°04.8′	121°49.9′
倒船湾	Dàochuán Wān	浙江省宁波市象山县	29°04.5′	121°50.2′

标准名称	汉语拼音	行政区	地理位置	
			北纬	东经
黄泥岙	Huángní Ào	浙江省宁波市象山县	29°04.5′	121°47.8′
高度岙	Gāodù Ào	浙江省宁波市象山县	29°04.3′	121°48.2′
青水岙	Qīngshuǐ Ào	浙江省宁波市象山县	29°04.2′	121°49.9′
倒船澳	Dàochuán Ào	浙江省宁波市象山县	29°04.0′	121°57.5′
花岙	Huā Ào	浙江省宁波市象山县	29°03.8′	121°48.7′
天作塘湾	Tiānzuòtáng Wān	浙江省宁波市象山县	29°03.8′	121°49.9′
后沙头湾	Hòushātóu Wān	浙江省宁波市象山县	29°03.7′	121°57.5′
小花岙	Xiǎohuā Ào	浙江省宁波市象山县	29°03.5′	121°49.0′
脈脚岙	Pāijiǎo Ào	浙江省宁波市象山县	29°03.4′	121°49.8′
打鱼澳	Dǎyú Ào	浙江省温州市洞头县	28°00.5′	121°04.1′
棺材大澳	Guāncai Dà'ào	浙江省温州市洞头县	27°59.0′	121°04.8′
西沙澳	Xīshā Ào	浙江省温州市洞头县	27°59.0′	121°05.7′
马澳	Mǎ Ào	浙江省温州市洞头县	27°58.9′	121°07.4′
畚箕澳	Běnjī Ào	浙江省温州市洞头县	27°58.4′	121°07.9′
观音礁澳	Guānyīnjiāo Ào	浙江省温州市洞头县	27°57.6′	121°08.2′
状元澳	Zhuàngyuan Ào	浙江省温州市洞头县	27°53.7′	121°07.5′
想思澳	Xiǎngsī Ào	浙江省温州市洞头县	27°53.6′	121°08.6′
网寮澳	Wǎngliáo Ào	浙江省温州市洞头县	27°52.7′	121°02.4′
澳底湾	Àodǐ Wān	浙江省温州市洞头县	27°52.2′	121°04.9′
胜利澳	Shènglì Ào	浙江省温州市洞头县	27°52.0′	121°11.1′
桐澳	Tóng Ào	浙江省温州市洞头县	27°52.0′	121°03.7′
大背澳	Dàbèi Ào	浙江省温州市洞头县	27°51.2′	121°04.1′
东郎澳	Dōngláng Ào	浙江省温州市洞头县	27°51.1′	121°02.3′
正澳	Zhèng Ào	浙江省温州市洞头县	27°51.0′	121°01.4′
官财澳	Guāncái Ào	浙江省温州市洞头县	27°50.9′	121°03.6′
东沙港	Dōngshā Gǎng	浙江省温州市洞头县	27°50.6′	121°10.5′
垄头澳	Lǒngtóu Ào	浙江省温州市洞头县	27°50.0′	121°10.4′
白叠澳	Báidié Ào	浙江省温州市洞头县	27°49.6′	121°05.8′

标准名称	汉语拼音	行政区	地理位置	
			北纬	东经
白露门	Báilùmén	浙江省温州市洞头县	27°47.9′	121°07.6′
国姓澳	Guóxìng Ào	浙江省温州市平阳县	27°28.7′	121°03.6′
火焜澳	Huǒkūn Ào	浙江省温州市平阳县	27°27.4′	121°05.4′
南麂港	Nánjǐ Gǎng	浙江省温州市平阳县	27°27.4′	121°04.3′
炎亭湾	Yántíng Wān	浙江省温州市苍南县	27°26.7′	120°39.1′
牛鼻澳	Niúbí Ào	浙江省温州市苍南县	27°24.5′	120°38.5′
石澳	Shí Ào	浙江省温州市苍南县	27°23.8′	120°38.6′
赤溪港	Chìxī Gǎng	浙江省温州市苍南县	27°20.0′	120°31.6′
流岐澳	Liúqí Ào	浙江省温州市苍南县	27°19.4′	120°32.7′
长岩澳	Chángyán Ào	浙江省温州市苍南县	27°19.2′	120°33.4′
深湾	Shēn Wān	浙江省温州市苍南县	27°18.7′	120°33.4′
信智港	Xìnzhì Gǎng	浙江省温州市苍南县	27°18.2′	120°32.9′
风湾	Fēng Wān	浙江省温州市苍南县	27°17.5′	120°33.0′
头缯澳	Tóuzēng Ào	浙江省温州市苍南县	27°11.5′	120°27.5′
三星澳	Sānxīng Ào	浙江省温州市苍南县	27°11.3′	120°27.6′
南坪澳	Nánpíng Ào	浙江省温州市苍南县	27°11.0′	120°29.5′
义吾澳	Yìwú Ào	浙江省温州市苍南县	27°10.7′	120°29.3′
归儿澳	Guī'ér Ào	浙江省温州市苍南县	27°10.4′	120°29.0′
大己澳	Dàjǐ Ào	浙江省温州市苍南县	27°09.6′	120°31.0′
己澳	Jǐ Ào	浙江省温州市苍南县	27°09.1′	120°31.2′
东澳	Dōng Ào	浙江省温州市瑞安市	27°38.8′	120°49.7′
大峡湾	Dàxiá Wān	浙江省温州市瑞安市	27°38.1′	121°12.7′
壳菜澳	Kēcài Ào	浙江省温州市瑞安市	27°38.0′	121°12.3′
北坑澳	Běikēng Ào	浙江省温州市瑞安市	27°38.0′	121°10.4′
淡菜澳	Dàncài Ào	浙江省温州市瑞安市	27°37.8′	121°12.1′
东龙澳	Dōnglóng Ào	浙江省温州市瑞安市	27°37.7′	121°10.2′
娘娘澳	Niángniáng Ào	浙江省温州市瑞安市	27°37.3′	121°11.7′
北裤裆澳	Běi Kùdāng Ào	浙江省温州市瑞安市	27°37.3′	121°12.6′

标准名称	汉语拼音	行政区	地理位置	
			北纬	东经
长澳	Cháng Ào	浙江省温州市瑞安市	27°36.9′	121°13.4′
清水澳	Qīngshuǐ Ào	浙江省温州市瑞安市	27°36.9′	121°13.0′
南裤裆澳	Nán Kùdāng Ào	浙江省温州市瑞安市	27°36.7′	121°12.2′
六里湾	Liùlǐ Wān	浙江省嘉兴市平湖市	30°38.0′	121°09.4′
东沙湾	Dōngshā Wān	浙江省嘉兴市平湖市	30°36.7′	121°08.7′
西沙湾	Xīshā Wān	浙江省嘉兴市平湖市	30°36.1′	121°08.4′
山湾	Shān Wān	浙江省嘉兴市平湖市	30°35.6′	121°05.3′
樟州港	Zhāngzhōu Gǎng	浙江省舟山市普陀区	29°55.0′	122°25.0′
塔湾	Tǎ Wān	浙江省舟山市普陀区	29°49.0′	122°18.3′
虾峙港	Xiāzhì Gǎng	浙江省舟山市普陀区	29°45.3′	122°14.0′
河泥漕港	Hénícáo Gǎng	浙江省舟山市普陀区	29°44.5′	122°18.1′
苍洞湾	Cāngdòng Wān	浙江省舟山市普陀区	29°40.0′	122°09.0′
田岙湾	Tián'ào Wān	浙江省舟山市普陀区	29°39.8′	122°10.2′
龙潭岙	Lóngtán Ào	浙江省舟山市岱山县	30°25.5′	122°21.2′
挈网坑湾	Qièwǎngkēng Wān	浙江省舟山市岱山县	30°20.5′	121°58.9′
大东岙湾	Dàdōng'ào Wān	浙江省舟山市岱山县	30°19.7′	121°58.5′
翁沙里湾	Wēngshālǐ Wān	浙江省舟山市岱山县	30°18.9′	121°55.4′
塘旋湾	Tángxuán Wān	浙江省舟山市岱山县	30°18.6′	121°55.7′
龙峙岙湾	Lóngzhì'ào Wān	浙江省舟山市岱山县	30°18.1′	121°58.0′
前沙头湾	Qiánshātóu Wān	浙江省舟山市岱山县	30°17.7′	121°57.6′
鬅坑湾	Bèngkēng Wān	浙江省舟山市岱山县	30°15.7′	122°24.5′
大长涂山岛南沙头湾	Dàchángtúshāndǎo Nánshātóu Wān	浙江省舟山市岱山县	30°14.0′	122°17.7′
北岙湾	Běi'ào Wān	浙江省舟山市岱山县	30°13.8′	122°29.3′
东坑湾	Dōngkēng Wān	浙江省舟山市岱山县	30°13.8′	122°31.6′
西沙头湾	Xīshātóu Wān	浙江省舟山市岱山县	30°13.6′	122°28.5′
大岙	Dà Ào	浙江省舟山市岱山县	30°12.2′	122°35.1′
南小岙	Nán Xiǎo'ào	浙江省舟山市岱山县	30°12.1′	122°35.1′

标准名称	汉语拼音	行政区	地理位置	
			北纬	东经
西湾	Xī Wān	浙江省舟山市嵊泗县	30°51.2′	122°40.2′
南湾	Nán Wān	浙江省舟山市嵊泗县	30°50.9′	122°41.8′
南岙湾	Nán'ào Wān	浙江省舟山市嵊泗县	30°46.8′	122°47.3′
后头湾	Hòutou Wān	浙江省舟山市嵊泗县	30°43.9′	122°49.2′
后滩湾	Hòutān Wān	浙江省舟山市嵊泗县	30°43.5′	122°27.9′
箱子岙湾	Xiāngzǐ'ào Wān	浙江省舟山市嵊泗县	30°43.4′	122°48.3′
干斜岙湾	Gānxié'ào Wān	浙江省舟山市嵊泗县	30°43.0′	122°45.5′
大玉湾	Dàyù Wān	浙江省舟山市嵊泗县	30°42.7′	122°49.2′
北港	Běi Gǎng	浙江省舟山市嵊泗县	30°40.2′	122°33.2′
南港	Nán Gǎng	浙江省舟山市嵊泗县	30°39.4′	122°33.8′
东湾	Dōng Wān	浙江省舟山市嵊泗县	30°37.0′	122°08.7′
山塘湾	Shāntáng Wān	浙江省舟山市嵊泗县	30°35.5′	122°01.7′
浪通门避风港	Làngtōngmén Bìfēng Gǎng	浙江省台州市椒江区	28°27.5′	121°54.5′
坎门湾	Kǎnmén Wān	浙江省台州市玉环市	28°04.6′	121°15.0′
鲜迭港	Xiāndié Gǎng	浙江省台州市玉环市	28°02.5′	121°10.0′
洋市湾	Yángshì Wān	浙江省台州市三门县	29°02.1′	121°39.9′
大域湾	Dàyù Wān	浙江省台州市三门县	28°57.8′	121°42.0′
山后湾	Shānhòu Wān	浙江省台州市三门县	28°57.0′	121°42.8′
三娘湾	Sānniáng Wān	浙江省台州市三门县	28°56.3′	121°43.0′
秤钩湾	Chènggōu Wān	浙江省台州市三门县	28°54.3′	121°41.6′
彰化湾	Zhānghuà Wān	浙江省台州市三门县	28°53.3′	121°40.8′
篾爿澳	Mièpán Ào	浙江省台州市温岭市	28°22.8′	121°38.8′
水桶澳	Shuǐtǒng Ào	浙江省台州市温岭市	28°20.9′	121°39.3′
车关北湾	Chēguān Běiwān	浙江省台州市温岭市	28°16.6′	121°37.2′
车关南湾	Chēguān Nánwān	浙江省台州市温岭市	28°16.2′	121°37.2′
下港	Xià Gǎng	浙江省台州市临海市	28°48.7′	121°40.3′
清水岙	Qīngshuǐ Ào	浙江省台州市临海市	28°47.7′	121°51.5′

标准名称	汉语拼音	行政区	地理位置	
			北纬	东经
小坑澳	Xiǎokēng Ào	浙江省台州市临海市	28°46.0′	121°49.4′
倒水澳	Dàoshuǐ Ào	浙江省台州市临海市	28°45.5′	121°53.6′
网对岙	Wǎngduì Ào	浙江省台州市临海市	28°44.2′	121°50.9′
黄夫岙	Huángfū Ào	浙江省台州市临海市	28°43.8′	121°51.2′
倒退流湾	Dàotuìliú Wān	浙江省台州市临海市	28°43.6′	121°51.8′

二、水道

标准名称	汉语拼音	行政区	地理位置	
			北纬	东经
汀子门	Tīngzǐ Mén	浙江省	29°45.8′	122°00.1′
荷叶港	Héyè Gǎng	浙江省宁波市北仑区	29°58.6′	121°48.4′
蛟门	Jiāo Mén	浙江省宁波市北仑区	29°58.1′	121°48.3′
穿山港	Chuānshān Gǎng	浙江省宁波市北仑区	29°54.9′	121°55.5′
横江	Héng Jiāng	浙江省宁波市北仑区	29°54.7′	122°00.0′
上洋门	Shàngyáng Mén	浙江省宁波市北仑区	29°54.5′	122°01.2′
水礁门	Shuǐjiāo Mén	浙江省宁波市北仑区	29°54.2′	122°00.8′
外峙江	Wàizhì Jiāng	浙江省宁波市北仑区	29°53.2′	122°01.3′
牛轭港	Niú'è Gǎng	浙江省宁波市北仑区	29°53.2′	122°00.5′
外干门	Wàigān Mén	浙江省宁波市象山县	29°38.0′	121°57.4′
白墩港	Báidūn Gǎng	浙江省宁波市象山县	29°32.3′	121°48.5′
高泥港	Gāoní Gǎng	浙江省宁波市象山县	29°32.3′	121°45.4′
山下港	Shānxià Gǎng	浙江省宁波市象山县	29°32.1′	121°46.8′
墙头港	Qiángtóu Gǎng	浙江省宁波市象山县	29°32.1′	121°46.9′
洋北港	Yángběi Gǎng	浙江省宁波市象山县	29°30.8′	121°48.1′
黄溪港	Huángxī Gǎng	浙江省宁波市象山县	29°30.0′	121°47.7′
垟头港	Yángtóu Gǎng	浙江省宁波市象山县	29°30.0′	121°47.2′
里竹门	Lǐzhú Mén	浙江省宁波市象山县	29°27.9′	122°13.4′
中竹门	Zhōngzhú Mén	浙江省宁波市象山县	29°27.9′	122°14.0′

标准名称	汉语拼音	行政区	地理位置	
			北纬	东经
牛犢门	Niú'àng Mén	浙江省宁波市象山县	29°27.9′	122°12.8′
外竹门	Wàizhú Mén	浙江省宁波市象山县	29°27.9′	122°14.6′
双山门	Shuāngshān Mén	浙江省宁波市象山县	29°27.2′	122°11.8′
龙洞门	Lóngdòng Mén	浙江省宁波市象山县	29°24.8′	121°58.2′
蚊虫山门	Wénchóngshān Mén	浙江省宁波市象山县	29°24.6′	122°10.6′
蟹钳港	Xièqián Gǎng	浙江省宁波市象山县	29°20.7′	121°47.5′
关头埠水道	Guāntóubù Shuǐdào	浙江省宁波市象山县	29°19.6′	121°49.3′
马岙门	Mǎ'ào Mén	浙江省宁波市象山县	29°18.0′	121°47.0′
崇门头	Chóng Méntóu	浙江省宁波市象山县	29°17.5′	121°48.1′
干门港	Gānmén Gǎng	浙江省宁波市象山县	29°14.1′	121°58.2′
铜头门	Tóngtóu Mén	浙江省宁波市象山县	29°13.8′	121°59.8′
象山乌龟门	Xiàngshān Wūguī Mén	浙江省宁波市象山县	29°11.3′	121°56.9′
象山中门	Xiàngshān Zhōngmén	浙江省宁波市象山县	29°11.3′	121°56.7′
边门	Biān Mén	浙江省宁波市象山县	29°11.2′	121°56.4′
石烂门	Shílàn Mén	浙江省宁波市象山县	29°09.6′	121°58.6′
乌岩港	Wūyán Gǎng	浙江省宁波市象山县	29°08.4′	121°52.2′
珠门港	Zhūmén Gǎng	浙江省宁波市象山县	29°06.5′	121°47.0′
金高椅港	Jīngāoyǐ Gǎng	浙江省宁波市象山县	29°05.8′	121°49.8′
老爷门	Lǎoyé Mén	浙江省宁波市象山县	29°03.5′	121°47.8′
金七门	Jīnqī Mén	浙江省宁波市象山县	29°03.0′	121°56.8′
青水门	Qīngshuǐ Mén	浙江省宁波市宁海县	29°29.9′	121°35.3′
铜山门	Tóngshān Mén	浙江省宁波市宁海县	29°29.4′	121°34.4′
石沿港	Shíyán Gǎng	浙江省宁波市奉化市	29°33.5′	121°40.9′
桐南港	Tóngnán Gǎng	浙江省宁波市奉化市	29°32.5′	121°34.8′
大门港	Dàmén Gǎng	浙江省温州市洞头县	27°59.3′	121°04.0′
小花岗门	Xiǎohuāgǎng Mén	浙江省温州市洞头县	27°52.9′	121°08.6′
洞头港	Dòngtóu Gǎng	浙江省温州市洞头县	27°49.1′	121°08.6′

标准名称	汉语拼音	行政区	地理位置	
			北纬	东经
西北门	Xīběi Mén	浙江省温州市洞头县	27°48.9′	121°05.6′
斩断尾门	Zhǎnduànwěi Mén	浙江省温州市平阳县	27°28.9′	121°03.8′
后麂门	Hòujǐ Mén	浙江省温州市平阳县	27°28.5′	121°07.2′
琵琶门	Pípá Mén	浙江省温州市苍南县	27°30.2′	120°39.7′
南门港	Nánmén Gǎng	浙江省温州市苍南县	27°20.0′	120°34.4′
孝屿门	Xiàoyǔ Mén	浙江省温州市苍南县	27°14.8′	120°32.6′
大离门	Dàlí Mén	浙江省温州市苍南县	27°14.8′	120°32.3′
北门	Běi Mén	浙江省温州市苍南县	27°11.4′	120°31.1′
门仔边水道	Ménzǎibiān Shuǐdào	浙江省温州市苍南县	27°11.2′	120°30.4′
三岔港	Sānchà Gǎng	浙江省温州市苍南县	27°11.1′	120°30.8′
八尺门	Bāchǐ Mén	浙江省温州市苍南县	27°09.9′	120°28.0′
凤凰门	Fènghuáng Mén	浙江省温州市瑞安市	27°41.6′	120°49.2′
龙珠水道	Lóngzhū Shuǐdào	浙江省温州市瑞安市	27°39.2′	120°57.1′
峙门	Zhì Mén	浙江省温州市瑞安市	27°38.6′	120°56.1′
八字门	Bāzì Mén	浙江省温州市瑞安市	27°37.3′	121°21.3′
西门港	Xīmén Gǎng	浙江省温州市乐清市	28°20.7′	121°11.8′
白溪港	Báixī Gǎng	浙江省温州市乐清市	28°19.4′	121°09.6′
大孟门	Dàmèng Mén	浙江省嘉兴市平湖市	30°35.7′	121°07.8′
蒲山门	Púshān Mén	浙江省嘉兴市平湖市	30°35.6′	121°08.1′
菜荠门	Càiqí Mén	浙江省嘉兴市平湖市	30°35.1′	121°07.5′
凉帽山西水道	Liángmàoshān Xīshuǐdào	浙江省舟山市定海区	30°07.1′	122°09.6′
凉帽山东水道	Liángmàoshān Dōngshuǐdào	浙江省舟山市定海区	30°07.1′	122°09.8′
肮脏门	Āngzāng Mén	浙江省舟山市定海区	30°06.3′	121°51.5′
髫果门	Tiáoguǒ Mén	浙江省舟山市定海区	30°06.1′	121°50.6′
甘池门	Gānchí Mén	浙江省舟山市定海区	30°05.2′	121°49.2′
富翅门	Fùchì Mén	浙江省舟山市定海区	30°05.2′	121°58.5′
洋螺门	Yángluó Mén	浙江省舟山市定海区	29°59.5′	122°01.6′

标准名称	汉语拼音	行政区	地理位置	
			北纬	东经
螺头门	Luótóu Mén	浙江省舟山市定海区	29°59.5′	122°02.6′
火烧门	Huǒshāo Mén	浙江省舟山市定海区	29°58.8′	122°05.9′
响水门	Xiǎngshuǐ Mén	浙江省舟山市定海区	29°58.8′	122°06.5′
盘峙南水道	Pánzhì Nánshuǐdào	浙江省舟山市定海区	29°58.2′	122°04.8′
东岠水道	Dōngjù Shuǐdào	浙江省舟山市定海区	29°58.1′	122°07.5′
松山门	Sōngshān Mén	浙江省舟山市定海区	29°57.8′	122°08.2′
青浜门	Qīngbāng Mén	浙江省舟山市普陀区	30°11.9′	122°41.7′
羊峙门	Yángzhì Mén	浙江省舟山市普陀区	29°56.8′	122°25.3′
马峙门	Mǎzhì Mén	浙江省舟山市普陀区	29°56.1′	122°16.8′
乌沙门	Wūshā Mén	浙江省舟山市普陀区	29°50.7′	122°22.5′
鹁鸪门	Bógū Mén	浙江省舟山市普陀区	29°49.8′	122°19.1′
葛藤水道	Gěténg Shuǐdào	浙江省舟山市普陀区	29°42.2′	122°12.2′
黄沙门	Huángshā Mén	浙江省舟山市普陀区	29°41.2′	122°13.7′
小山门	Xiǎoshān Mén	浙江省舟山市普陀区	29°41.1′	122°14.2′
长腊门	Chánglà Mén	浙江省舟山市普陀区	29°39.5′	122°14.0′
鹅卵门	Éluǎn Mén	浙江省舟山市普陀区	29°38.7′	122°13.5′
桥头门	Qiáotóu Mén	浙江省舟山市岱山县	30°28.8′	122°16.7′
小峙门	Xiǎozhì Mén	浙江省舟山市岱山县	30°20.5′	121°53.7′
无名峙港	Wúmíngzhì Gǎng	浙江省舟山市岱山县	30°20.1′	121°58.0′
峙岗门	Zhìgǎng Mén	浙江省舟山市岱山县	30°19.3′	121°55.9′
小鱼山港	Xiǎoyúshān Gǎng	浙江省舟山市岱山县	30°18.8′	121°56.7′
楝槌港	Liànchuí Gǎng	浙江省舟山市岱山县	30°17.6′	121°57.7′
竹屿港	Zhúyǔ Gǎng	浙江省舟山市岱山县	30°17.2′	122°14.1′
多子港	Duōzǐ Gǎng	浙江省舟山市岱山县	30°16.5′	122°21.8′
樱连门	Yīnglián Mén	浙江省舟山市岱山县	30°14.8′	122°25.9′
蜘蛛门	Zhīzhū Mén	浙江省舟山市岱山县	30°14.6′	122°27.5′
小门头	Xiǎo Méntóu	浙江省舟山市岱山县	30°14.4′	122°12.8′
南庄门	Nánzhuāng Mén	浙江省舟山市岱山县	30°13.8′	122°16.8′

标准名称	汉语拼音	行政区	地理位置	
			北纬	东经
大门头	Dà Méntóu	浙江省舟山市岱山县	30°13.8′	122°12.5′
桐盘门	Tóngpán Mén	浙江省舟山市岱山县	30°13.6′	122°28.0′
岱山菜花门	Dàishān Càihuā Mén	浙江省舟山市岱山县	30°13.3′	122°33.8′
大长山水道	Dàchángshān Shuǐdào	浙江省舟山市岱山县	30°10.1′	122°07.8′
乌岩头门	Wūyántóu Mén	浙江省舟山市岱山县	30°10.1′	122°08.3′
大盘门	Dàpán Mén	浙江省舟山市嵊泗县	30°47.6′	122°46.3′
头块门	Tóukuài Mén	浙江省舟山市嵊泗县	30°46.6′	122°47.7′
顶流门	Dǐngliú Mén	浙江省舟山市嵊泗县	30°45.9′	122°23.4′
嵊泗中门	Shèngsì Zhōngmén	浙江省舟山市嵊泗县	30°45.1′	122°22.3′
大岙门	Dà'ào Mén	浙江省舟山市嵊泗县	30°39.9′	122°32.6′
颗珠门	Kēzhū Mén	浙江省舟山市嵊泗县	30°38.8′	122°02.5′
老人家门	Lǎorénjiā Mén	浙江省舟山市嵊泗县	30°35.8′	122°07.7′
浪通门	Làngtōng Mén	浙江省台州市椒江区	28°27.3′	121°55.1′
西门口	Xīmén Kǒu	浙江省台州市路桥区	28°29.5′	121°36.6′
黄礁门	Huángjiāo Mén	浙江省台州市路桥区	28°29.0′	121°38.2′
鹿颈门	Lùjǐng Mén	浙江省台州市三门县	29°06.9′	121°41.3′
青门	Qīng Mén	浙江省台州市三门县	29°05.8′	121°41.6′
长杓门	Chángsháo Mén	浙江省台州市三门县	29°03.9′	121°40.8′
米筛门	Mǐshāi Mén	浙江省台州市三门县	29°03.8′	121°40.7′
狗头门	Gǒutóu Mén	浙江省台州市三门县	29°03.3′	121°39.9′
鲎门	Hòu Mén	浙江省台州市三门县	29°02.4′	121°40.6′
被絮门	Bèixù Mén	浙江省台州市三门县	28°58.4′	121°41.6′
牛头门	Niútóu Mén	浙江省台州市三门县	28°54.4′	121°40.8′
北港水道	Běigǎng Shuǐdào	浙江省台州市温岭市	28°25.7′	121°39.5′
南港水道	Nángǎng Shuǐdào	浙江省台州市温岭市	28°25.2′	121°40.0′
九洞门	Jiǔdòng Mén	浙江省台州市温岭市	28°24.9′	121°40.1′
捣米门	Dǎomǐ Mén	浙江省台州市温岭市	28°21.2′	121°38.9′

标准名称	汉语拼音	行政区	地理位置	
			北纬	东经
东门头港	Dōngméntóu Gǎng	浙江省台州市温岭市	28°20.4′	121°12.8′
小钓浜水道	Xiǎodiàobāng Shuǐdào	浙江省台州市温岭市	28°18.2′	121°38.6′
中钓浜水道	Zhōngdiàobāng Shuǐdào	浙江省台州市温岭市	28°17.9′	121°39.2′
温岭乌龟门	Wēnlǐng Wūguī Mén	浙江省台州市温岭市	28°15.1′	121°36.7′
桂岙门	Guì'ào Mén	浙江省台州市温岭市	28°15.0′	121°35.5′
横屿门	Héngyǔ Mén	浙江省台州市温岭市	28°14.8′	121°36.0′
二蒜门	Èrsuàn Mén	浙江省台州市温岭市	28°13.5′	121°38.6′
红珠屿门	Hóngzhūyǔ Mén	浙江省台州市临海市	28°49.9′	121°42.0′
壳门	Ké Mén	浙江省台州市临海市	28°46.3′	121°49.9′
马鞍门	Mǎ'ān Mén	浙江省台州市临海市	28°43.5′	121°51.5′

三、滩

标准名称	汉语拼音	行政区	地理位置	
			北纬	东经
高新涂	Gāoxīn Tú	浙江省宁波市北仑区	29°56.2′	121°51.5′
大目涂	Dàmù Tú	浙江省宁波市象山县	29°23.4′	121°56.9′
蟹钳涂	Xièqián Tú	浙江省宁波市象山县	29°21.4′	121°47.4′
牛轭垮	Niú'èkuǎ	浙江省宁波市象山县	29°05.6′	121°47.0′
大南田涂	Dànántián Tú	浙江省宁波市象山县	29°05.4′	121°54.0′
蛇蟠涂	Shépán Tú	浙江省宁波市宁海县	29°09.9′	121°31.7′
东中央涂	Dōngzhōngyāng Tú	浙江省温州市	27°59.9′	120°44.6′
灵昆浅滩	Língkūn Qiǎntān	浙江省温州市龙湾区	27°56.7′	120°55.9′
活水潭涂	Huóshuǐtán Tú	浙江省温州市洞头县	27°52.9′	121°07.6′
北岙后涂	Běi'ào Hòutú	浙江省温州市洞头县	27°50.9′	121°08.7′
盐东滩	Yándōng Tān	浙江省嘉兴市	30°32.9′	120°59.7′
黄道关滩	Huángdàoguān Tān	浙江省嘉兴市海盐县	30°24.3′	120°55.1′
塔山滩	Tǎshān Tān	浙江省嘉兴市海宁市	30°20.6′	120°44.3′

标准名称	汉语拼音	行政区	地理位置	
			北纬	东经
小满涂	Xiǎomǎn Tú	浙江省舟山市定海区	30°11.8′	122°01.7′
深水涂	Shēnshuǐ Tú	浙江省舟山市定海区	30°11.5′	122°01.3′
青天湾涂	Qīngtiānwān Tú	浙江省舟山市定海区	30°11.0′	121°58.0′
桃花涂	Táohuā Tú	浙江省舟山市定海区	30°10.6′	121°56.4′
东江涂	Dōngjiāng Tú	浙江省舟山市定海区	30°09.6′	121°58.9′
大沙湾涂	Dàshāwān Tú	浙江省舟山市定海区	30°06.6′	121°55.5′
马峙外涂	Mǎzhì Wàitú	浙江省舟山市定海区	30°05.8′	122°12.3′
黄沙涂	Huángshā Tú	浙江省舟山市定海区	30°05.5′	122°14.4′
外长峙涂	Wàichángzhì Tú	浙江省舟山市定海区	29°57.5′	122°11.8′
百步沙	Bǎibù Shā	浙江省舟山市普陀区	29°59.3′	122°23.3′
塘头涂	Tángtóu Tú	浙江省舟山市普陀区	29°59.2′	122°19.7′
顺母涂	Shùnmǔ Tú	浙江省舟山市普陀区	29°56.8′	122°19.9′
大乌石塘滩	Dàwūshítáng Tān	浙江省舟山市普陀区	29°55.2′	122°24.2′
大涂面涂	Dàtúmiàn Tú	浙江省舟山市普陀区	29°52.5′	122°16.8′
小北涂	Xiǎoběi Tú	浙江省舟山市普陀区	29°44.2′	122°09.0′
洞礁涂	Dòngjiāo Tú	浙江省舟山市岱山县	30°28.3′	122°17.9′
后沙滩	Hòu Shātān	浙江省舟山市岱山县	30°27.6′	122°22.5′
东沙涂	Dōngshā Tú	浙江省舟山市岱山县	30°19.1′	122°07.6′
双峰涂	Shuāngfēng Tú	浙江省舟山市岱山县	30°17.0′	122°13.0′
西车头涂	Xīchētóu Tú	浙江省舟山市岱山县	30°14.9′	122°15.1′
圆山沙咀头涂	Yuánshān Shāzuǐtou Tú	浙江省舟山市岱山县	30°13.5′	122°16.4′
大馋头涂	Dàchántóu Tú	浙江省舟山市岱山县	30°11.2′	122°08.7′
会城岙滩	Huìchéng'ào Tān	浙江省舟山市嵊泗县	30°43.2′	122°30.1′
边岙沙	Biān'ào Shā	浙江省舟山市嵊泗县	30°42.3′	122°31.3′
高场湾沙滩	Gāochǎngwān Shātān	浙江省舟山市嵊泗县	30°42.3′	122°28.8′
小沙	Xiǎo Shā	浙江省舟山市嵊泗县	30°42.2′	122°30.1′
岙门滩	Àomén Tān	浙江省舟山市嵊泗县	30°38.8′	122°17.1′

标准名称	汉语拼音	行政区	地理位置	
			北纬	东经
高泥沙	Gāoní Shā	浙江省舟山市嵊泗县	30°38.4′	122°03.7′
大岙滩	Dà'ào Tān	浙江省舟山市嵊泗县	30°38.2′	122°03.0′
小高泥沙	Xiǎogāoní Shā	浙江省舟山市嵊泗县	30°38.1′	122°04.0′
东岙滩	Dōng'ào Tān	浙江省舟山市嵊泗县	30°38.0′	122°03.0′
芦成澳滩	Lúchéng'ào Tān	浙江省舟山市嵊泗县	30°37.0′	121°38.0′
北澳滩	Běi'ào Tān	浙江省舟山市嵊泗县	30°36.9′	121°37.0′
西沙门涂	Xīshāmén Tú	浙江省台州市玉环市	28°12.6′	121°23.1′

四、岬角

标准名称	汉语拼音	行政区	地理位置	
			北纬	东经
外雉山嘴	Wàizhìshān Zuǐ	浙江省宁波市北仑区	29°58.0′	121°47.6′
鳎鳗山嘴	Tǎmánshān Zuǐ	浙江省宁波市北仑区	29°57.2′	121°57.6′
杨公山嘴	Yánggōngshān Zuǐ	浙江省宁波市北仑区	29°57.0′	121°48.7′
老鼠山嘴	Lǎoshǔshān Zuǐ	浙江省宁波市北仑区	29°56.5′	121°50.1′
龙山火叉嘴	Lóngshān Huǒchā Zuǐ	浙江省宁波市北仑区	29°56.5′	121°56.5′
棺材嘴	Guāncái Zuǐ	浙江省宁波市北仑区	29°54.7′	122°01.5′
涨水潮嘴	Zhǎngshuǐcháo Zuǐ	浙江省宁波市北仑区	29°54.4′	122°06.7′
公鹅嘴	Gōng'é Zuǐ	浙江省宁波市北仑区	29°54.2′	122°06.0′
连柱山嘴	Liánzhùshān Zuǐ	浙江省宁波市北仑区	29°54.1′	122°00.8′
小屯山嘴	Xiǎotúnshān Zuǐ	浙江省宁波市北仑区	29°54.1′	122°08.0′
沙湾嘴	Shāwān Zuǐ	浙江省宁波市北仑区	29°54.0′	122°05.6′
火叉嘴	Huǒchā Zuǐ	浙江省宁波市北仑区	29°53.8′	122°00.3′
山湾嘴	Shānwān Zuǐ	浙江省宁波市北仑区	29°53.8′	122°00.7′
龙冲嘴	Lóngchōng Zuǐ	浙江省宁波市北仑区	29°53.7′	122°08.0′
长拖横嘴	Chángtuōhéng Zuǐ	浙江省宁波市北仑区	29°53.5′	122°01.2′
上宅嘴	Shàngzhái Zuǐ	浙江省宁波市北仑区	29°53.5′	122°04.8′
寿门头	Shòumén Tóu	浙江省宁波市北仑区	29°53.5′	122°00.7′

标准名称	汉语拼音	行政区	地理位置	
			北纬	东经
竹湾山嘴	Zhúwānshān Zuǐ	浙江省宁波市北仑区	29°53.3′	122°03.6′
峙头角	Zhìtóu Jiǎo	浙江省宁波市北仑区	29°52.9′	122°08.2′
百步嵩嘴	Bǎibùsōng Zuǐ	浙江省宁波市北仑区	29°51.3′	122°04.9′
盛岙嘴	Shèng'ào Zuǐ	浙江省宁波市北仑区	29°51.1′	122°04.3′
外游山嘴	Wàiyóushān Zuǐ	浙江省宁波市镇海区	29°58.7′	121°45.0′
叭门咀	Bāmén Zuǐ	浙江省宁波市象山县	29°44.1′	122°18.5′
牛鼻子嘴	Niúbízi Zuǐ	浙江省宁波市象山县	29°37.6′	122°01.8′
老虎咀	Lǎohǔ Zuǐ	浙江省宁波市象山县	29°37.1′	121°58.1′
虎舌头岬角	Hǔshétou Jiǎjiǎo	浙江省宁波市象山县	29°36.5′	122°01.4′
外张咀	Wàizhāng Zuǐ	浙江省宁波市象山县	29°35.9′	121°59.3′
鲁家角	Lǔjiā Jiǎo	浙江省宁波市象山县	29°34.0′	121°45.5′
石塘咀	Shítáng Zuǐ	浙江省宁波市象山县	29°33.5′	121°44.7′
蛇山咀	Shéshān Zuǐ	浙江省宁波市象山县	29°32.8′	121°46.8′
高泥咀	Gāoní Zuǐ	浙江省宁波市象山县	29°32.7′	121°44.6′
白岩山咀	Báiyánshān Zuǐ	浙江省宁波市象山县	29°32.4′	122°57.4′
金岙角	Jīn'ào Jiǎo	浙江省宁波市象山县	29°32.3′	121°43.6′
蛤蚆咀	Hábā Zuǐ	浙江省宁波市象山县	29°32.2′	121°46.8′
乌沙角	Wūshā Jiǎo	浙江省宁波市象山县	29°31.1′	121°40.4′
里东咀	Lǐdōng Zuǐ	浙江省宁波市象山县	29°26.0′	122°12.8′
外东咀	Wàidōng Zuǐ	浙江省宁波市象山县	29°25.9′	122°13.3′
捣臼岩咀	Dǎojiùyán Zuǐ	浙江省宁波市象山县	29°25.6′	122°10.7′
大漠榴子嘴	Dàmòliúzi Zuǐ	浙江省宁波市象山县	29°24.7′	122°00.9′
中咀	Zhōng Zuǐ	浙江省宁波市象山县	29°24.4′	122°00.5′
稻桶岩嘴	Dàotǒngyán Zuǐ	浙江省宁波市象山县	29°24.4′	122°00.9′
板进咀	Bǎnjìn Zuǐ	浙江省宁波市象山县	29°17.1′	121°58.8′
庙湾咀	Miàowān Zuǐ	浙江省宁波市象山县	29°16.8′	121°58.6′
短咀头	Duǎnzuǐ Tóu	浙江省宁波市象山县	29°16.6′	121°58.4′
上岩咀	Shàngyán Zuǐ	浙江省宁波市象山县	29°15.9′	121°58.1′

标准名称	汉语拼音	行政区	地理位置	
			北纬	东经
老鼠桥嘴	Lǎoshǔqiáo Zuǐ	浙江省宁波市象山县	29°15.8′	121°59.4′
园山咀	Yuánshān Zuǐ	浙江省宁波市象山县	29°15.8′	121°58.5′
鹤头山咀	Hètóushān Zuǐ	浙江省宁波市象山县	29°15.5′	121°58.0′
缸窑咀	Gāngyáo Zuǐ	浙江省宁波市象山县	29°15.2′	121°58.1′
小湾咀头	Xiǎowānzuǐ Tóu	浙江省宁波市象山县	29°13.7′	121°58.2′
夜壶咀头	Yèhúzuǐ Tóu	浙江省宁波市象山县	29°12.3′	122°02.0′
小坝咀头	Xiǎobàzuǐ Tóu	浙江省宁波市象山县	29°12.3′	122°02.7′
舢板头	Shānbǎn Tóu	浙江省宁波市象山县	29°12.1′	121°57.1′
黄泥崩咀	Huángníbēng Zuǐ	浙江省宁波市象山县	29°12.1′	121°58.0′
小湾咀	Xiǎowān Zuǐ	浙江省宁波市象山县	29°11.6′	121°57.9′
水湾礁咀	Shuǐwānjiāo Zuǐ	浙江省宁波市象山县	29°11.6′	121°58.4′
尾咀头	Wěizuǐ Tóu	浙江省宁波市象山县	29°11.4′	122°03.2′
中咀头	Zhōngzuǐ Tóu	浙江省宁波市象山县	29°11.2′	122°01.8′
长山咀头	Chángshānzuǐ Tóu	浙江省宁波市象山县	29°10.5′	121°58.7′
眼睛山咀	Yǎnjīngshān Zuǐ	浙江省宁波市象山县	29°10.0′	121°58.1′
狮子尾巴	Shīzī Wěiba	浙江省宁波市象山县	29°09.9′	121°58.6′
舱板咀头	Cāngbǎnzuǐ Tóu	浙江省宁波市象山县	29°09.9′	122°00.9′
大牛角咀头	Dàniújiǎozuǐ Tóu	浙江省宁波市象山县	29°09.8′	122°02.6′
乌缆咀头	Wūlǎnzuǐ Tóu	浙江省宁波市象山县	29°09.4′	122°01.9′
东瓜岩嘴	Dōngguāyán Zuǐ	浙江省宁波市象山县	29°09.3′	122°00.7′
马鞍头	Mǎ'ān Tóu	浙江省宁波市象山县	29°08.9′	121°58.9′
昌了岗头	Chānglegǎng Tóu	浙江省宁波市象山县	29°08.3′	121°58.5′
半边山嘴	Bànbiānshān Zuǐ	浙江省宁波市象山县	29°08.2′	121°58.7′
紫菜岩嘴	Zǐcàiyán Zuǐ	浙江省宁波市象山县	29°07.8′	121°58.8′
象山长嘴头	Xiàngshān Chángzuǐ Tóu	浙江省宁波市象山县	29°07.3′	121°58.9′
下平岩咀	Xiàpíngyán Zuǐ	浙江省宁波市象山县	29°07.1′	121°58.9′
双坝咀	Shuāngbà Zuǐ	浙江省宁波市象山县	29°06.8′	121°59.0′

标准名称	汉语拼音	行政区	地理位置	
			北纬	东经
野猪咀	Yězhū Zuǐ	浙江省宁波市象山县	29°06.7′	121°53.6′
龙头背埠头	Lóngtóubèibù Tóu	浙江省宁波市象山县	29°06.3′	121°58.5′
小岩咀头	Xiǎoyánzuǐ Tóu	浙江省宁波市象山县	29°05.7′	121°58.1′
金竹岗嘴	Jīnzhúgǎng Zuǐ	浙江省宁波市象山县	29°05.6′	121°58.4′
外门头	Wàimén Tóu	浙江省宁波市象山县	29°05.6′	121°50.3′
龙洞岗嘴	Lóngdònggǎng Zuǐ	浙江省宁波市象山县	29°05.0′	121°58.3′
象鼻咀	Xiàngbí Zuǐ	浙江省宁波市象山县	29°05.0′	121°49.8′
腰咀头	Yāozuǐ Tóu	浙江省宁波市象山县	29°03.8′	121°55.9′
蟹钳咀头	Xièqiánzuǐ Tóu	浙江省宁波市象山县	29°03.6′	121°50.1′
黄泥狗头	Huángnígǒu Tóu	浙江省宁波市象山县	29°03.4′	121°56.3′
孔亮咀	Kǒngliàng Zuǐ	浙江省宁波市象山县	29°03.0′	121°56.8′
龟鱼嘴	Guīyú Zuǐ	浙江省宁波市宁海县	29°30.6′	121°36.7′
双盘山嘴	Shuāngpánshān Zuǐ	浙江省宁波市宁海县	29°11.0′	121°32.0′
焦头山嘴	Jiāotóushān Zuǐ	浙江省宁波市宁海县	29°10.2′	121°30.3′
黄岩头	Huángyán Tóu	浙江省宁波市奉化市	29°34.1′	121°42.5′
狮子角	Shīzi Jiǎo	浙江省宁波市奉化市	29°30.5′	121°31.1′
龙湾头	Lóngwān Tóu	浙江省温州市龙湾区	27°58.0′	120°48.4′
祠堂浦头	Cítángpǔ Tóu	浙江省温州市洞头县	28°00.3′	121°03.7′
上山咀	Shàngshān Zuǐ	浙江省温州市洞头县	28°00.1′	121°11.7′
龙船头咀	Lóngchuántóu Zuǐ	浙江省温州市洞头县	27°59.2′	121°07.3′
沙岙咀	Shā’ào Zuǐ	浙江省温州市洞头县	27°58.6′	121°07.9′
猪头咀	Zhūtóu Zuǐ	浙江省温州市洞头县	27°58.2′	121°08.3′
老鼠尾巴	Lǎoshǔ Wěiba	浙江省温州市洞头县	27°54.5′	121°09.2′
水鸡头	Shuǐjī Tóu	浙江省温州市洞头县	27°52.7′	121°07.3′
蛇塘头	Shétáng Tóu	浙江省温州市洞头县	27°51.7′	121°08.8′
山东岙鼻	Shāndōng’ào Bí	浙江省温州市洞头县	27°50.9′	121°04.0′
东头尾	Dōngtou Wěi	浙江省温州市洞头县	27°49.6′	121°13.3′
钓鱼台嘴	Diàoyútái Zuǐ	浙江省温州市洞头县	27°49.3′	121°10.7′

标准名称	汉语拼音	行政区	地理位置	
			北纬	东经
沙岙鼻	Shā'ào Bí	浙江省温州市洞头县	27°49.3′	121°05.4′
娘娘洞尾	Niángniángdòng Wěi	浙江省温州市洞头县	27°49.1′	121°09.1′
七艚鼻头	Qīcáobí Tóu	浙江省温州市洞头县	27°46.9′	121°04.3′
白岩头嘴	Báiyántou Zuǐ	浙江省温州市平阳县	27°28.6′	121°03.2′
后隆嘴	Hòulóng Zuǐ	浙江省温州市平阳县	27°28.4′	121°04.9′
竹屿东嘴头	Zhúyǔ Dōngzuǐ Tóu	浙江省温州市平阳县	27°28.1′	121°07.1′
虎尾	Hǔ Wěi	浙江省温州市苍南县	27°22.8′	120°33.6′
大渔角	Dàyú Jiǎo	浙江省温州市苍南县	27°21.9′	120°38.7′
大坪头鼻	Dàpíngtóu Bí	浙江省温州市苍南县	27°19.0′	120°33.5′
烟水尾	Yānshuǐ Wěi	浙江省温州市苍南县	27°18.5′	120°33.3′
员屿角	Yuányǔ Jiǎo	浙江省温州市苍南县	27°17.7′	120°33.7′
长水尾	Chángshuǐ Wěi	浙江省温州市苍南县	27°17.1′	120°33.0′
三脚坪嘴	Sānjiǎopíng Zuǐ	浙江省温州市苍南县	27°16.9′	120°32.7′
龙头山嘴	Lóngtóushān Zuǐ	浙江省温州市苍南县	27°16.4′	120°31.3′
鸡头鼻	Jītóu Bí	浙江省温州市苍南县	27°12.1′	120°25.8′
表尾鼻	Biǎowěi Bí	浙江省温州市苍南县	27°12.0′	120°25.6′
深澳鼻	Shēn'ào Bí	浙江省温州市苍南县	27°11.5′	120°25.4′
乌什婆鼻	Wūshénpó Bí	浙江省温州市苍南县	27°10.7′	120°26.1′
贼仔澳鼻	Zéizǎi'ào Bí	浙江省温州市苍南县	27°09.7′	120°27.9′
东鼻头	Dōngbí Tóu	浙江省温州市苍南县	27°08.6′	120°29.1′
猪头嘴	Zhūtóu Zuǐ	浙江省温州市瑞安市	27°41.9′	120°54.0′
单万船嘴	Dānwànchuán Zuǐ	浙江省温州市瑞安市	27°41.6′	120°54.6′
北嘴头	Běizuǐ Tóu	浙江省温州市瑞安市	27°41.6′	120°55.3′
北齿头	Běichǐ Tóu	浙江省温州市瑞安市	27°39.1′	120°50.1′
南龙头	Nánlóng Tóu	浙江省温州市瑞安市	27°39.0′	120°58.1′
南齿头	Nánchǐ Tóu	浙江省温州市瑞安市	27°38.3′	120°49.2′
关头波角	Guāntóubō Jiǎo	浙江省温州市瑞安市	27°38.0′	121°13.0′

标准名称	汉语拼音	行政区	地理位置	
			北纬	东经
东山头	Dōngshān Tóu	浙江省温州市乐清市	28°14.8′	121°07.9′
大鹅头	Dà'é Tóu	浙江省温州市乐清市	28°12.6′	121°07.3′
小鹅头	Xiǎo'é Tóu	浙江省温州市乐清市	28°12.1′	121°06.4′
高嵩山头	Gāosōngshān Tóu	浙江省温州市乐清市	28°11.1′	121°06.2′
淡水头	Dànshuǐ Tóu	浙江省温州市乐清市	28°10.2′	121°05.8′
石码头	Shímǎ Tóu	浙江省温州市乐清市	28°06.8′	121°00.8′
沙头	Shā Tóu	浙江省温州市乐清市	28°02.6′	121°00.0′
六亩咀	Liùmǔ Zuǐ	浙江省嘉兴市海盐县	30°26.2′	120°57.2′
灯光山咀	Dēngguāngshān Zuǐ	浙江省嘉兴市平湖市	30°34.8′	121°02.6′
雄鹅头山嘴	Xióng'étóushān Zuǐ	浙江省舟山市定海区	30°12.1′	122°03.0′
洪脚洞山嘴	Hóngjiǎodòngshān Zuǐ	浙江省舟山市定海区	30°12.1′	122°02.4′
小满山咀	Xiǎomǎnshān Zuǐ	浙江省舟山市定海区	30°11.9′	122°01.6′
火川山嘴	Huǒchuānshān Zuǐ	浙江省舟山市定海区	30°11.0′	121°57.0′
长春山嘴	Chángchūnshān Zuǐ	浙江省舟山市定海区	30°10.2′	121°56.2′
乌岩嘴	Wūyán Zuǐ	浙江省舟山市定海区	30°09.5′	122°05.5′
鬔下山嘴	Bèngxiàshān Zuǐ	浙江省舟山市定海区	30°09.4′	122°05.3′
太婆山嘴	Tàipóshān Zuǐ	浙江省舟山市定海区	30°09.4′	121°56.6′
长了尚山嘴	Chángleshàngshān Zuǐ	浙江省舟山市定海区	30°09.3′	121°59.2′
舟山岛中山嘴	Zhōushāndǎo Zhōngshān Zuǐ	浙江省舟山市定海区	30°09.2′	121°56.9′
舟山岛东山嘴	Zhōushāndǎo Dōngshān Zuǐ	浙江省舟山市定海区	30°09.2′	122°00.7′
短了尚山嘴	Duǎnleshàngshān Zuǐ	浙江省舟山市定海区	30°09.2′	121°59.6′
黄岩山嘴	Huángyánshān Zuǐ	浙江省舟山市定海区	30°09.2′	122°04.1′
庙山嘴	Miàoshān Zuǐ	浙江省舟山市定海区	30°09.0′	122°06.9′
长冲山嘴	Chángchōngshān Zuǐ	浙江省舟山市定海区	30°08.9′	121°57.2′
定海老鹰咀	Dìnghǎi Lǎoyīng Zuǐ	浙江省舟山市定海区	30°07.7′	122°07.8′
龙王跳咀	Lóngwángtiào Zuǐ	浙江省舟山市定海区	30°07.1′	122°10.0′

标准名称	汉语拼音	行政区	地理位置	
			北纬	东经
鹰头山嘴	Yīngtóushān Zuǐ	浙江省舟山市定海区	30°06.9′	121°56.7′
定海短跳嘴	Dìnghǎi Duǎntiào Zuǐ	浙江省舟山市定海区	30°06.9′	122°09.6′
小岙山嘴	Xiǎo'àoshān Zuǐ	浙江省舟山市定海区	30°06.6′	121°56.9′
小狗头颈嘴	Xiǎogǒutóujǐng Zuǐ	浙江省舟山市定海区	30°06.6′	121°57.0′
大狗头颈嘴	Dàgǒutóujǐng Zuǐ	浙江省舟山市定海区	30°06.5′	121°57.2′
五龙桥山嘴	Wǔlóngqiáoshān Zuǐ	浙江省舟山市定海区	30°06.2′	121°59.2′
定海外山嘴	Dìnghǎi Wàishān Zuǐ	浙江省舟山市定海区	30°05.9′	122°11.2′
册子岛长冲嘴	Cèzǐdǎo Chángchōng Zuǐ	浙江省舟山市定海区	30°05.8′	121°54.6′
响礁门山嘴	Xiǎngjiāoménshān Zuǐ	浙江省舟山市定海区	30°05.8′	121°59.2′
外岗	Wàigǎng	浙江省舟山市定海区	30°05.4′	121°54.7′
小龙王山嘴	Xiǎolóngwángshān Zuǐ	浙江省舟山市定海区	30°05.2′	121°52.4′
牛脚蹄嘴	Niújiǎotí Zuǐ	浙江省舟山市定海区	30°05.1′	121°59.0′
大沙鱼洞	Dàshāyú Dòng	浙江省舟山市定海区	30°05.1′	121°49.6′
大龙王山嘴	Dàlóngwángshān Zuǐ	浙江省舟山市定海区	30°05.1′	121°52.0′
沥表嘴	Lìbiǎo Zuǐ	浙江省舟山市定海区	30°05.0′	121°49.2′
大樟树岙山嘴	Dàzhāngshù'ào shān Zuǐ	浙江省舟山市定海区	30°05.0′	121°53.2′
蒋家山嘴	Jiǎngjiāshān Zuǐ	浙江省舟山市定海区	30°04.9′	121°51.7′
大鹏山岛中山嘴	Dàpéngshāndǎo Zhōngshān Zuǐ	浙江省舟山市定海区	30°04.8′	121°49.2′
小碗山嘴	Xiǎowǎnshān Zuǐ	浙江省舟山市定海区	30°04.7′	121°50.9′
小山嘴	Xiǎoshān Zuǐ	浙江省舟山市定海区	30°04.4′	121°49.3′
小西堠嘴	Xiǎoxīhòu Zuǐ	浙江省舟山市定海区	30°04.4′	121°53.3′
老庙山嘴	Lǎomiàoshān Zuǐ	浙江省舟山市定海区	30°04.3′	121°58.7′
定海大山嘴	Dìnghǎi Dàshān Zuǐ	浙江省舟山市定海区	30°04.2′	121°49.2′
埠头山嘴	Bùtóushān Zuǐ	浙江省舟山市定海区	30°04.1′	121°49.5′

标准名称	汉语拼音	行政区	地理位置	
			北纬	东经
龙眼山嘴	Lóngyǎnshān Zuǐ	浙江省舟山市定海区	30°03.9′	121°58.0′
上雄鹅嘴	Shàngxióng'é Zuǐ	浙江省舟山市定海区	30°03.4′	121°54.6′
下雄鹅嘴	Xiàxióng'é Zuǐ	浙江省舟山市定海区	30°03.3′	121°54.9′
钓山嘴	Diàoshān Zuǐ	浙江省舟山市定海区	30°03.2′	121°58.0′
铁路山嘴	Tiělùshān Zuǐ	浙江省舟山市定海区	30°00.9′	121°55.5′
小黄泥坎山嘴	Xiǎohuángníkǎn shān Zuǐ	浙江省舟山市定海区	30°00.5′	121°50.7′
龙洞山嘴	Lóngdòngshān Zuǐ	浙江省舟山市定海区	30°00.2′	121°50.5′
沙鱼礁山嘴	Shāyújiāoshān Zuǐ	浙江省舟山市定海区	30°00.1′	121°55.6′
过秦角	Guòqín Jiǎo	浙江省舟山市定海区	30°00.1′	122°04.3′
青龙山嘴	Qīnglóngshān Zuǐ	浙江省舟山市定海区	29°59.7′	121°55.1′
外凉亭上咀	Wàiliángtíng Shàngzuǐ	浙江省舟山市定海区	29°59.6′	121°50.3′
六局坑山嘴	Liùjúkēngshān Zuǐ	浙江省舟山市定海区	29°59.4′	121°54.4′
冲嘴山	Chōng Zuǐshān	浙江省舟山市定海区	29°59.4′	122°02.7′
后山嘴	Hòushān Zuǐ	浙江省舟山市定海区	29°59.3′	122°09.7′
鸡龙礁山嘴	Jīlóngjiāoshān Zuǐ	浙江省舟山市定海区	29°59.3′	121°54.2′
南瓜山嘴	Nánguāshān Zuǐ	浙江省舟山市定海区	29°59.0′	122°02.3′
上岙山咀	Shàng'àoshān Zuǐ	浙江省舟山市定海区	29°58.9′	121°53.2′
断桥山嘴	Duànqiáoshān Zuǐ	浙江省舟山市定海区	29°58.7′	121°53.0′
刺山咀	Cìshān Zuǐ	浙江省舟山市定海区	29°58.4′	121°50.9′
牛角咀	Niújiǎo Zuǐ	浙江省舟山市定海区	29°58.3′	121°51.6′
前山嘴	Qiánshān Zuǐ	浙江省舟山市定海区	29°58.1′	122°09.5′
鸡冠礁嘴	Jīguānjiāo Zuǐ	浙江省舟山市定海区	29°57.9′	122°04.1′
紫岙山嘴	Zǐ'àoshān Zuǐ	浙江省舟山市定海区	29°57.7′	122°02.1′
大渠角	Dàqú Jiǎo	浙江省舟山市定海区	29°57.7′	122°06.6′
刺山岛长冲嘴	Cìshāndǎo Chángchōng Zuǐ	浙江省舟山市定海区	29°57.6′	122°04.0′
穿鼻嘴头	Chuānbízuǐ Tóu	浙江省舟山市定海区	29°57.5′	122°05.0′
梅湾山嘴	Méiwānshān Zuǐ	浙江省舟山市定海区	29°57.4′	122°01.7′

标准名称	汉语拼音	行政区	地理位置	
			北纬	东经
潮力嘴	Cháolì Zuǐ	浙江省舟山市定海区	29°57.3′	122°04.1′
潮力山嘴	Cháolìshān Zuǐ	浙江省舟山市定海区	29°57.3′	122°01.5′
牛角山嘴	Niújiǎoshān Zuǐ	浙江省舟山市定海区	29°57.1′	122°01.4′
定海狗头颈嘴	Dìnghǎi Gǒutóujǐng Zuǐ	浙江省舟山市定海区	29°56.9′	122°09.1′
狗头颈山嘴	Gǒutóujǐngshān Zuǐ	浙江省舟山市定海区	29°56.7′	122°01.6′
小南岙山嘴	Xiǎonán'àoshān Zuǐ	浙江省舟山市定海区	29°56.4′	122°01.6′
螺头角	Luótóu Jiǎo	浙江省舟山市定海区	29°56.0′	122°02.2′
老鼠角	Lǎoshǔ Jiǎo	浙江省舟山市定海区	29°49.4′	122°18.4′
铁钉咀	Tiědīng Zuǐ	浙江省舟山市普陀区	30°12.9′	122°38.1′
七石咀	Qīshí Zuǐ	浙江省舟山市普陀区	30°03.7′	122°15.4′
风洞咀	Fēngdòng Zuǐ	浙江省舟山市普陀区	29°59.2′	122°22.0′
普陀东咀头	Pǔtuó Dōngzuǐ Tóu	浙江省舟山市普陀区	29°56.9′	122°14.1′
里小山	Lǐxiǎoshān	浙江省舟山市普陀区	29°52.4′	122°16.3′
外小山	Wàixiǎoshān	浙江省舟山市普陀区	29°52.2′	122°16.4′
青山角	Qīngshān Jiǎo	浙江省舟山市普陀区	29°49.9′	122°24.7′
新牙咀	Xīnyá Zuǐ	浙江省舟山市普陀区	29°49.1′	122°10.9′
六横岬	Liùhéng Jiǎ	浙江省舟山市普陀区	29°47.5′	122°07.4′
乌石角	Wūshí Jiǎo	浙江省舟山市普陀区	29°46.8′	122°19.4′
白菓角	Báiguǒ Jiǎo	浙江省舟山市普陀区	29°46.5′	122°07.9′
尖咀头	Jiānzuǐ Tóu	浙江省舟山市普陀区	29°44.1′	122°15.6′
虾峙角	Xiāzhì Jiǎo	浙江省舟山市普陀区	29°44.0′	122°18.4′
金兴角	Jīnxìng Jiǎo	浙江省舟山市普陀区	29°43.7′	122°17.2′
石子咀	Shízǐ Zuǐ	浙江省舟山市岱山县	30°28.7′	122°22.2′
西扎钩嘴	Xīzhāgōu Zuǐ	浙江省舟山市岱山县	30°25.2′	122°23.6′
施毛山嘴	Shīmáoshān Zuǐ	浙江省舟山市岱山县	30°20.2′	122°11.0′
黄鼠狼尾巴	Huángshǔláng Wěiba	浙江省舟山市岱山县	30°20.2′	122°07.8′
外木楝槌嘴	Wàimùliànchuí Zuǐ	浙江省舟山市岱山县	30°19.9′	121°58.9′

标准名称	汉语拼音	行政区	地理位置	
			北纬	东经
湖庄潭山咀	Húzhuāngtánshān Zuǐ	浙江省舟山市岱山县	30°19.6′	121°57.6′
老厂基木楝槌嘴	Lǎochǎngjī Mùliànchuí Zuǐ	浙江省舟山市岱山县	30°19.3′	121°58.5′
长跳咀	Chángtiào Zuǐ	浙江省舟山市岱山县	30°19.1′	122°07.1′
湖底木楝槌嘴	Húdǐ Mùliànchuí Zuǐ	浙江省舟山市岱山县	30°18.7′	121°58.4′
塘旋湾山咀	Tángxuánwānshān Zuǐ	浙江省舟山市岱山县	30°18.6′	121°55.5′
长礁山咀	Chángjiāoshān Zuǐ	浙江省舟山市岱山县	30°18.2′	121°58.3′
长礁木楝槌嘴	Chángjiāo Mùliànchuí Zuǐ	浙江省舟山市岱山县	30°17.9′	121°57.8′
鲞骷头	Xiǎngkū Tóu	浙江省舟山市岱山县	30°16.4′	122°24.2′
火叉咀头	Huǒchāzuǐ Tóu	浙江省舟山市岱山县	30°16.3′	122°17.6′
龙头岙山咀	Lóngtóu'àoshān Zuǐ	浙江省舟山市岱山县	30°15.7′	122°15.3′
大劈开	Dàpīkāi	浙江省舟山市岱山县	30°14.8′	122°21.5′
小沙咀	Xiǎoshā Zuǐ	浙江省舟山市岱山县	30°14.7′	122°22.8′
南咀头	Nánzuǐ Tóu	浙江省舟山市岱山县	30°14.4′	122°26.2′
矮连咀	Ǎilián Zuǐ	浙江省舟山市岱山县	30°14.4′	122°24.6′
狗嘴哺	Gǒuzuǐbǔ	浙江省舟山市岱山县	30°14.3′	120°20.4′
背阴山咀	Bèiyīnshān Zuǐ	浙江省舟山市岱山县	30°14.2′	122°24.4′
鸭头	Yā Tóu	浙江省舟山市岱山县	30°14.0′	122°29.2′
大浦头	Dàpǔ Tóu	浙江省舟山市岱山县	30°14.0′	122°12.6′
岙洞角	Àodòng Jiǎo	浙江省舟山市岱山县	30°13.9′	122°29.5′
串心咀	Chuànxīn Zuǐ	浙江省舟山市岱山县	30°13.8′	122°24.0′
中段山咀	Zhōngduànshān Zuǐ	浙江省舟山市岱山县	30°13.8′	122°17.0′
冲头	Chōng Tóu	浙江省舟山市岱山县	30°13.8′	122°10.6′
大南咀	Dànán Zuǐ	浙江省舟山市岱山县	30°13.5′	122°31.3′
小黄沙山咀	Xiǎohuángshāshān Zuǐ	浙江省舟山市岱山县	30°12.9′	122°11.3′
黄狼山咀	Huánglángshān Zuǐ	浙江省舟山市岱山县	30°12.8′	122°38.8′
黄礁咀	Huángjiāo Zuǐ	浙江省舟山市岱山县	30°12.8′	122°08.1′

标准名称	汉语拼音	行政区	地理位置	
			北纬	东经
门脚咀头	Ménjiǎozuǐ Tóu	浙江省舟山市岱山县	30°12.6′	122°40.3′
后门山咀	Hòuménshān Zuǐ	浙江省舟山市岱山县	30°12.1′	122°10.5′
岱山西山嘴	Dàishān Xīshān Zuǐ	浙江省舟山市岱山县	30°11.7′	122°11.4′
黄沙山咀	Huángshāshān Zuǐ	浙江省舟山市岱山县	30°11.5′	122°12.2′
外跳嘴	Wàitiào Zuǐ	浙江省舟山市岱山县	30°09.4′	122°10.8′
老鹰岩嘴	Lǎoyīngyán Zuǐ	浙江省舟山市岱山县	30°09.1′	122°10.3′
外嘴头	Wàizuǐ Tóu	浙江省舟山市嵊泗县	30°51.4′	122°41.4′
龙舌嘴	Lóngshé Zuǐ	浙江省舟山市嵊泗县	30°50.8′	122°41.6′
黄岩嘴	Huángyán Zuǐ	浙江省舟山市嵊泗县	30°49.7′	122°38.5′
过浪嘴头	Guòlàngzuǐ Tóu	浙江省舟山市嵊泗县	30°49.2′	122°39.5′
铜礁嘴头	Tóngjiāozuǐ Tóu	浙江省舟山市嵊泗县	30°48.9′	122°38.8′
野猫洞南嘴头	Yěmāodòng Nánzuǐ Tóu	浙江省舟山市嵊泗县	30°47.2′	122°46.5′
壁下南嘴头	Bìxià Nánzuǐ Tóu	浙江省舟山市嵊泗县	30°46.9′	122°47.2′
虎把头	Hǔbǎ Tóu	浙江省舟山市嵊泗县	30°46.2′	122°23.6′
金鸡山岛外山嘴	Jīnjīshāndǎo Wàishān Zuǐ	浙江省舟山市嵊泗县	30°45.2′	122°28.0′
北石垄嘴	Běishílǒng Zuǐ	浙江省舟山市嵊泗县	30°44.5′	122°26.8′
毛洋嘴	Máoyáng Zuǐ	浙江省舟山市嵊泗县	30°43.7′	122°46.5′
双胖嘴	Shuāngpàng Zuǐ	浙江省舟山市嵊泗县	30°43.5′	122°48.1′
外山嘴半边	Wàishān Zuǐbànbiān	浙江省舟山市嵊泗县	30°43.2′	122°47.7′
龙舌嘴头	Lóngshézuǐ Tóu	浙江省舟山市嵊泗县	30°42.8′	122°46.9′
老鹰窝嘴	Lǎoyīngwō Zuǐ	浙江省舟山市嵊泗县	30°42.6′	122°45.9′
江爿嘴	Jiāngpán Zuǐ	浙江省舟山市嵊泗县	30°42.3′	122°45.4′
田岙山嘴	Tián’àoshān Zuǐ	浙江省舟山市嵊泗县	30°41.9′	122°29.3′
龙尾嘴	Lóngwěi Zuǐ	浙江省舟山市嵊泗县	30°40.4′	122°31.3′
江家山嘴	Jiāngjiāshān Zuǐ	浙江省舟山市嵊泗县	30°39.9′	122°32.8′
钻头嘴	Zuàntóu Zuǐ	浙江省舟山市嵊泗县	30°37.8′	122°04.0′
浪下嘴	Làngxià Zuǐ	浙江省舟山市嵊泗县	30°37.1′	121°37.7′

标准名称	汉语拼音	行政区	地理位置	
			北纬	东经
老虎头	Lǎohǔ Tóu	浙江省舟山市嵊泗县	30°36.7′	121°38.0′
酒埕山嘴	Jiǔchéngshān Zuǐ	浙江省舟山市嵊泗县	30°35.8′	122°04.7′
狗头咀	Gǒutóu Zuǐ	浙江省台州市椒江区	28°30.1′	121°54.5′
丁钩咀	Dīnggōu Zuǐ	浙江省台州市椒江区	28°29.6′	121°52.8′
高梨头	Gāolí Tóu	浙江省台州市椒江区	28°28.9′	121°54.2′
杨府咀	Yángfǔ Zuǐ	浙江省台州市椒江区	28°27.3′	121°53.8′
南磊坑咀	Nánlěikēng Zuǐ	浙江省台州市椒江区	28°27.1′	121°53.6′
半箕坎嘴	Bànjīkǎn Zuǐ	浙江省台州市椒江区	28°26.1′	121°52.5′
木杓头	Mùsháo Tóu	浙江省台州市椒江区	28°26.0′	121°52.7′
马道咀	Mǎdào Zuǐ	浙江省台州市椒江区	28°25.7′	121°52.1′
朴树咀	Pǔshù Zuǐ	浙江省台州市路桥区	28°33.8′	121°35.7′
老鸦咀	Lǎoyā Zuǐ	浙江省台州市路桥区	28°33.6′	121°35.9′
上屿咀	Shàngyǔ Zuǐ	浙江省台州市路桥区	28°33.5′	121°35.4′
西屿咀	Xīyǔ Zuǐ	浙江省台州市路桥区	28°32.9′	121°38.6′
后山咀	Hòu Shān Zuǐ	浙江省台州市路桥区	28°32.8′	121°39.1′
南屿咀	Nányǔ Zuǐ	浙江省台州市路桥区	28°32.8′	121°38.7′
东廊咀头	Dōnglángzuǐ Tóu	浙江省台州市路桥区	28°32.2′	121°39.0′
鲜鳗皮咀	Xiānmánpí Zuǐ	浙江省台州市路桥区	28°32.0′	121°38.8′
米嘴头	Mǐzuǐ Tóu	浙江省台州市路桥区	28°32.0′	121°37.3′
南山咀头	Nánshānzuǐ Tóu	浙江省台州市路桥区	28°31.7′	121°38.8′
同头嘴	Tóngtóu Zuǐ	浙江省台州市路桥区	28°31.1′	121°37.8′
猢狲头咀	Húsūntóu Zuǐ	浙江省台州市路桥区	28°30.5′	121°37.2′
两个庙咀	Liǎnggèmiào Zuǐ	浙江省台州市路桥区	28°29.6′	121°37.5′
西门口咀	Xīménkǒu Zuǐ	浙江省台州市路桥区	28°29.3′	121°36.6′
湾头咀	Wāntóu Zuǐ	浙江省台州市路桥区	28°28.9′	121°37.1′
黄礁咀头	Huángjiāozuǐ Tóu	浙江省台州市路桥区	28°28.8′	121°38.9′
小山咀	Xiǎoshān Zuǐ	浙江省台州市路桥区	28°28.7′	121°37.5′
竹兰咀	Zhúlán Zuǐ	浙江省台州市路桥区	28°28.1′	121°38.4′

标准名称	汉语拼音	行政区	地理位置	
			北纬	东经
鹁鸪咀头	Bógūzuǐ Tóu	浙江省台州市路桥区	28°28.0′	121°39.0′
南黄夫礁咀	Nánhuángfūjiāo Zuǐ	浙江省台州市路桥区	28°27.9′	121°39.6′
里咀头	Lǐzuǐ Tóu	浙江省台州市路桥区	28°27.7′	121°39.1′
长浪咀	Chánglàng Zuǐ	浙江省台州市路桥区	28°27.6′	121°37.6′
牛捕咀	Niúbǔ Zuǐ	浙江省台州市路桥区	28°27.5′	121°37.7′
南屿嘴	Nányǔ Zuǐ	浙江省台州市路桥区	28°27.4′	121°37.8′
寡妇岩嘴	Guǎfuyán Zuǐ	浙江省台州市路桥区	28°27.3′	121°39.3′
小犁头嘴	Xiǎolítóu Zuǐ	浙江省台州市玉环市	28°15.1′	121°25.7′
红头基嘴	Hóngtóujī Zuǐ	浙江省台州市玉环市	28°14.4′	121°10.1′
北面岩头	Běimiànyán Tóu	浙江省台州市玉环市	28°14.4′	121°10.3′
鼻头梁岗嘴	Bítóuliánggǎng Zuǐ	浙江省台州市玉环市	28°14.3′	121°10.7′
分水山咀	Fēnshuǐshān Zuǐ	浙江省台州市玉环市	28°13.0′	121°11.8′
大岙咀	Dà'ào Zuǐ	浙江省台州市玉环市	28°11.6′	121°23.4′
断岙嘴	Duàn'ào Zuǐ	浙江省台州市玉环市	28°10.4′	121°23.2′
乌岩咀	Wūyán Zuǐ	浙江省台州市玉环市	28°10.0′	121°11.8′
木勺头咀	Mùsháotóu Zuǐ	浙江省台州市玉环市	28°09.3′	121°19.9′
北山咀头	Běishānzuǐ Tóu	浙江省台州市玉环市	28°09.1′	121°10.5′
红咀头	Hóngzuǐ Tóu	浙江省台州市玉环市	28°08.3′	121°08.0′
东披头	Dōngpī Tóu	浙江省台州市玉环市	28°07.8′	121°23.5′
南披头	Nánpī Tóu	浙江省台州市玉环市	28°07.4′	121°23.1′
海蜇岙咀	Hǎizhé'ào Zuǐ	浙江省台州市玉环市	28°06.5′	121°17.4′
白墩咀	Báidūn Zuǐ	浙江省台州市玉环市	28°06.5′	121°08.1′
赤口嘴	Chìkǒu Zuǐ	浙江省台州市玉环市	28°05.8′	121°17.4′
茶山咀	Cháshān Zuǐ	浙江省台州市玉环市	28°05.7′	121°20.5′
玉岙尾	Yù'ào Wěi	浙江省台州市玉环市	28°05.6′	121°17.6′
水咀头	Shuǐzuǐ Tóu	浙江省台州市玉环市	28°05.5′	121°30.4′
老爷鼻头	Lǎoyebí Tóu	浙江省台州市玉环市	28°05.5′	121°20.6′
面前山咀	Miànqiánshān Zuǐ	浙江省台州市玉环市	28°04.9′	121°15.3′

标准名称	汉语拼音	行政区	地理位置	
			北纬	东经
南山尾	Nánshān Wěi	浙江省台州市玉环市	28°04.3′	121°16.8′
坎门头	Kǎnmén Tóu	浙江省台州市玉环市	28°04.3′	121°17.5′
黄门山咀	Huángménshān Zuǐ	浙江省台州市玉环市	28°03.8′	121°14.9′
牛头颈嘴	Niútóujǐng Zuǐ	浙江省台州市玉环市	28°03.4′	121°13.4′
乌龟头	Wūguī Tóu	浙江省台州市玉环市	28°03.4′	121°08.8′
包老爷咀	Bāolǎoye Zuǐ	浙江省台州市玉环市	28°02.6′	121°10.7′
大岩头	Dàyán Tóu	浙江省台州市玉环市	28°02.3′	121°09.2′
赤头山嘴	Chìtóushān Zuǐ	浙江省台州市三门县	29°06.4′	121°37.5′
黄岩嘴头	Huángyánzuǐ Tóu	浙江省台州市三门县	29°06.3′	121°38.9′
八分嘴头	Bāfēnzuǐ Tóu	浙江省台州市三门县	29°06.3′	121°38.7′
老鹰嘴头	Lǎoyīngzuǐ Tóu	浙江省台州市三门县	29°06.2′	121°39.0′
拦嘴头	Lánzuǐ Tóu	浙江省台州市三门县	29°05.9′	121°38.6′
乌龟嘴头	Wūguīzuǐ Tóu	浙江省台州市三门县	29°04.9′	121°37.8′
虎头山嘴	Hǔtóushān Zuǐ	浙江省台州市三门县	29°04.4′	121°37.9′
门头嘴	Méntóu Zuǐ	浙江省台州市三门县	29°03.2′	121°39.8′
鹰头	Yīng Tóu	浙江省台州市三门县	29°03.1′	121°38.9′
柴爿花嘴	Cháipánhuā Zuǐ	浙江省台州市三门县	29°02.8′	121°39.9′
双沙嘴	Shuāngshā Zuǐ	浙江省台州市三门县	29°02.2′	121°39.4′
下礁头	Xiàjiāo Tóu	浙江省台州市三门县	29°01.9′	121°40.4′
平岩嘴	Píngyán Zuǐ	浙江省台州市三门县	29°01.7′	121°41.0′
黄茅拦嘴	Huángmáolán Zuǐ	浙江省台州市三门县	29°01.5′	121°41.7′
下洋山嘴	Xiàyángshān Zuǐ	浙江省台州市三门县	29°01.4′	121°40.7′
长拦嘴	Chánglán Zuǐ	浙江省台州市三门县	29°01.3′	121°41.9′
龙口嘴	Lóngkǒu Zuǐ	浙江省台州市三门县	29°01.2′	121°32.7′
上牛脚	Shàngniújiǎo	浙江省台州市三门县	29°00.9′	121°41.4′
小牛嘴	Xiǎoniú Zuǐ	浙江省台州市三门县	29°00.8′	121°42.6′
下牛脚	Xiàniújiǎo	浙江省台州市三门县	29°00.8′	121°41.6′
木杓嘴	Mùsháo Zuǐ	浙江省台州市三门县	29°00.5′	121°41.0′

标准名称	汉语拼音	行政区	地理位置	
			北纬	东经
猫山嘴	Māoshān Zuǐ	浙江省台州市三门县	28°58.6′	121°40.1′
钳嘴头	Qiánzuǐ Tóu	浙江省台州市三门县	28°58.3′	121°40.4′
推出岩	Tuīchūyán	浙江省台州市三门县	28°58.2′	121°40.7′
塌蛇头	Tāshé Tóu	浙江省台州市三门县	28°58.1′	121°40.7′
太平山嘴	Tàipíngshān Zuǐ	浙江省台州市三门县	28°58.1′	121°41.7′
蟹钳嘴	Xièqián Zuǐ	浙江省台州市三门县	28°57.9′	121°41.8′
牛嘴头	Niúzuǐ Tóu	浙江省台州市三门县	28°57.8′	121°42.4′
馒头岙嘴	Mántou'ào Zuǐ	浙江省台州市三门县	28°57.7′	121°41.8′
红岩嘴	Hóngyán Zuǐ	浙江省台州市三门县	28°57.5′	121°42.3′
鳗礁嘴	Mánjiāo Zuǐ	浙江省台州市三门县	28°57.5′	121°42.7′
跳头嘴	Tiàotóu Zuǐ	浙江省台州市三门县	28°57.2′	121°32.0′
牛尾堂嘴	Niúwěitáng Zuǐ	浙江省台州市三门县	28°56.7′	121°43.8′
木杓山嘴	Mùsháoshān Zuǐ	浙江省台州市三门县	28°56.4′	121°43.4′
屿平嘴	Yǔpíng Zuǐ	浙江省台州市三门县	28°55.4′	121°42.4′
干头嘴	Gāntóu Zuǐ	浙江省台州市三门县	28°53.0′	121°38.6′
马俑嘴	Mǎyǒng Zuǐ	浙江省台州市温岭市	28°26.1′	121°38.3′
连后嘴头	Liánhòuzuǐ Tóu	浙江省台州市温岭市	28°26.1′	121°39.6′
老鼠尾咀	Láoshǔwěi Zuǐ	浙江省台州市温岭市	28°26.0′	121°39.2′
水珠头	Shuǐzhū Tóu	浙江省台州市温岭市	28°25.8′	121°38.4′
老虎山尾	Lǎohǔshān Wěi	浙江省台州市温岭市	28°25.8′	121°40.2′
高乌嘴	Gāowū Zuǐ	浙江省台州市温岭市	28°25.7′	121°38.6′
下尾嘴	Xiàwěi Zuǐ	浙江省台州市温岭市	28°25.4′	121°40.3′
稻厂嘴	Dàochǎng Zuǐ	浙江省台州市温岭市	28°25.3′	121°39.1′
高埠嘴头	Gāobùzuǐ Tóu	浙江省台州市温岭市	28°25.2′	121°39.8′
北头嘴	Běitou Zuǐ	浙江省台州市温岭市	28°25.0′	121°40.6′
下岐脚	Xiàqíjiǎo	浙江省台州市温岭市	28°25.0′	121°38.7′
土地棚岙嘴	Tǔdìpéng'ào Zuǐ	浙江省台州市温岭市	28°24.9′	121°38.4′
上岐脚	Shàngqíjiǎo	浙江省台州市温岭市	28°24.8′	121°38.5′

标准名称	汉语拼音	行政区	地理位置	
			北纬	东经
洞门东嘴头	Dòngméndōngzuǐ Tóu	浙江省台州市温岭市	28°24.7′	121°41.2′
蟹钳嘴头	Xièqiánzuǐ Tóu	浙江省台州市温岭市	28°24.6′	121°39.5′
瓜篓柄嘴	Guālǒubǐng Zuǐ	浙江省台州市温岭市	28°24.6′	121°40.2′
虎瓦咀头	Hǔwǎzuǐ Tóu	浙江省台州市温岭市	28°24.4′	121°39.7′
下尾嘴头	Xiàwěizuǐ Tóu	浙江省台州市温岭市	28°24.2′	121°39.5′
仙人桥头	Xiānrénqiáo Tóu	浙江省台州市温岭市	28°23.3′	121°38.6′
狮子头	Shīzi Tóu	浙江省台州市温岭市	28°23.0′	121°41.5′
发财头	Fācái Tóu	浙江省台州市温岭市	28°22.8′	121°39.1′
大猫头	Dàmāo Tóu	浙江省台州市温岭市	28°22.5′	121°40.5′
阴苛下咀	Yīnkēxià Zuǐ	浙江省台州市温岭市	28°22.3′	121°41.2′
丁勾头	Dīnggōu Tóu	浙江省台州市温岭市	28°22.0′	121°39.5′
白谷嘴	Báigǔ Zuǐ	浙江省台州市温岭市	28°21.2′	121°39.4′
鹭鸶嘴头	Lùsīzuǐ Tóu	浙江省台州市温岭市	28°18.3′	121°27.6′
大斗山嘴	Dàdòushān Zuǐ	浙江省台州市温岭市	28°17.8′	121°26.8′
南面咀头	Nánmiànzuǐ Tóu	浙江省台州市温岭市	28°17.8′	121°38.6′
穿心嘴	Chuānxīn Zuǐ	浙江省台州市温岭市	28°17.6′	121°39.7′
牛头	Niú Tóu	浙江省台州市温岭市	28°17.5′	121°41.1′
着火嘴	Zháohuǒ Zuǐ	浙江省台州市温岭市	28°17.3′	121°40.5′
红珊嘴头	Hóngshānzuǐ Tóu	浙江省台州市温岭市	28°17.1′	121°38.3′
尖浜头嘴	Jiānbāngtóu Zuǐ	浙江省台州市温岭市	28°16.8′	121°40.6′
小拦头嘴	Xiǎolántóu Zuǐ	浙江省台州市温岭市	28°16.4′	121°37.3′
东北嘴	Dōngběi Zuǐ	浙江省台州市温岭市	28°16.4′	121°44.2′
涨水礁头	Zhǎngshuǐjiāo Tóu	浙江省台州市温岭市	28°16.1′	121°34.7′
九爪头嘴	Jiǔzhuǎtóu Zuǐ	浙江省台州市温岭市	28°15.1′	121°33.5′
老山嘴头	Lǎoshānzuǐ Tóu	浙江省台州市温岭市	28°14.1′	121°38.6′
白龙头	Báilóng Tóu	浙江省台州市温岭市	28°13.5′	121°37.8′
大脚头	Dàjiǎo Tóu	浙江省台州市临海市	28°48.7′	121°52.0′

标准名称	汉语拼音	行政区	地理位置	
			北纬	东经
丁枪咀	Dīngqiāng Zuǐ	浙江省台州市临海市	28°48.2′	121°52.3′
蚂蚁咀	Máyǐ Zuǐ	浙江省台州市临海市	28°48.1′	121°51.1′
乌沙咀头	Wūshāzuǐ Tóu	浙江省台州市临海市	28°47.9′	121°51.7′
茄咀头	Qiézuǐ Tóu	浙江省台州市临海市	28°47.6′	121°51.7′
大岗脚	Dàgǎngjiǎo	浙江省台州市临海市	28°47.1′	121°51.4′
磨石头	Móshí Tóu	浙江省台州市临海市	28°46.9′	121°51.2′
乌烟头	Wūyān Tóu	浙江省台州市临海市	28°46.5′	121°50.1′
壳门头	Kémén Tóu	浙江省台州市临海市	28°46.2′	121°49.7′
湾咀头	Wānzuǐ Tóu	浙江省台州市临海市	28°45.5′	121°49.0′
乌咀头	Wūzuǐ Tóu	浙江省台州市临海市	28°45.2′	121°51.4′
小岙咀头	Xiǎo'àozuǐ Tóu	浙江省台州市临海市	28°44.7′	121°50.7′
银顶礁咀	Yíndǐngjiāo Zuǐ	浙江省台州市临海市	28°44.2′	121°50.8′
短咀	Duǎn Zuǐ	浙江省台州市临海市	28°44.2′	121°52.1′
长咀	Cháng Zuǐ	浙江省台州市临海市	28°43.9′	121°52.2′
南山嘴	Nánshān Zuǐ	浙江省台州市临海市	28°42.9′	121°55.0′
丁枪头	Dīngqiāng Tóu	浙江省台州市临海市	28°42.6′	121°48.2′
双峙	Shuāngzhì	浙江省台州市临海市	28°42.4′	121°46.3′
老虎山嘴	Lǎohǔshān Zuǐ	浙江省台州市临海市	28°42.3′	121°55.1′
打落峙	Dǎluòzhì	浙江省台州市临海市	28°41.1′	121°47.6′

五、河口

标准名称	汉语拼音	行政区	地理位置	
			北纬	东经
凫溪河口	Fúxī Hékǒu	浙江省宁波市宁海县	29°25.0′	121°26.6′
白溪河口	Báixī Hékǒu	浙江省宁波市宁海县	29°15.1′	121°34.8′
蓝田浦	Lántián Pǔ	浙江省温州市龙湾区	27°56.8′	120°51.0′
清江口	Qīngjiāng Kǒu	浙江省温州市乐清市	28°17.1′	121°04.3′

附录二

《中国海域海岛地名志・浙江卷第二册》索引

D

E

F

G

J

O

P

Q

R

S

T

X

Y